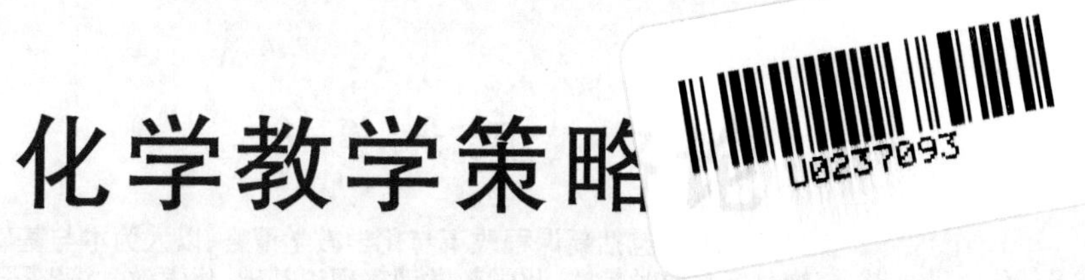

化学教学策略

黄 梅 李远蓉 宋乃庆 著

科学出版社
北 京

内 容 简 介

本书共六章，包括新课程改革与化学教学策略、以人为本与基础教育改革、三维目标与教学策略、化学教学策略理论基础、化学教学策略研究、化学教学策略实践篇。本书内容亲切有趣，通俗易懂，操作性、可读性强，具有较强的理论应用与指导价值。

本书可作为高等学校师范专业的本科生和研究生学科教学论教材，也可以作为中小学教师各级培训的学习教材，还可供教学论与学科教学论研究者参考。

图书在版编目(CIP)数据

化学教学策略论/黄梅，李远蓉，宋乃庆著. —北京：科学出版社，2013.2
ISBN 978-7-03-036725-9

Ⅰ.①化… Ⅱ.①黄…②李…③宋… Ⅲ.①化学教学-教学研究-高等学校-教材 Ⅳ.①O6-42

中国版本图书馆CIP数据核字(2013)第031759号

责任编辑：丁 里 / 责任校对：包志虹
责任印制：张 伟/ 封面设计：迷底书装

科学出版社出版
北京东黄城根北街16号
邮政编码：100717
http://www.sciencep.com
北京虎彩文化传播有限公司 印刷
科学出版社发行 各地新华书店经销
*
2013年2月第 一 版 开本：787×1092 1/16
2022年7月第三次印刷 印张：16
字数：408 000

定价：59.00元

(如有印装质量问题，我社负责调换)

前　言

目前，我国新课程改革已经全面展开。从课程改革的实践来看，一线教师缺乏教学策略的理论与实践的指导，已经成为影响教学效果和学生发展的主要因素。从教学研究来看，现有的教学理论还没有为整合的新课程目标提供选择教学策略的理论武器，许多研究或者只是一种经验的推广，没有上升到理论层次；或者是理论阐述，联系实际不够，可操作性和实践性不强。结合化学学科特点的教学策略研究更是较少并且不够系统，注重人本取向的化学教学策略的研究实践与运用仍处于经验性的摸索阶段，缺乏对实际教学的导向作用。

本书力图适应新课程改革和教学实践的需要，注意理论与实践的结合，采用从实践到理论再回到实践的编写思路。首先从教学实践中得到现状问题；然后通过理论研究，探索化学教学策略的本质内涵、国内外研究现状、与新课程改革的内在关系，在新课程改革的课程目标、哲学价值基础之上，将广义知识加工理论、情境认知理论、人本主义学习理论、基于脑的教育研究通过维尔伯意识谱理论统整起来构建化学教学策略论的理论基础，并以此进行了深入的理论研究与实践；最后以实践篇的形式，理论结合化学教学案例，探讨在化学教学实践中如何科学高效地应用化学教学策略。

本书由六章组成。

第一章：新课程改革与化学教学策略。本章通过对当前化学教师新课程适应过程中教学策略现状的调查，新课程改革对化学教师职业素质的要求，了解当前新课程改革中化学教师面临的具体问题与困惑，为本书寻找到实践的来源；并通过对化学教学策略内涵与本质、研究现状的分析，明晰了化学教学策略的研究具有重要理论与实践价值。

第二章：以人为本与基础教育改革。本章从哲学价值理念上起着对化学课程与教学的思想引导作用。主要从以人为本的哲学理念出发，对新课程改革中的课程与教学、教学目标以及教学管理等基本问题进行了哲学的理解和反思。

第三章：三维目标与教学策略。本章深入研究了三维目标的本质和三维目标分类的来源，并通过对新课程三维目标的知识观解析，确定了如何在新课程教学中设计基于三维目标的教学目标并对三维目标进行整合实施，最后结合哲学、教育学、认知心理学、脑科学研究对三维目标的知识加工与教学策略的关系进行了深入研究。

第四章：化学教学策略理论基础。本章用维尔伯意识谱理论，在整合了广义知识加工理论、情境认知理论、人本主义学习理论和基于脑的教育研究等学习理论的基础之上，提出了基于三维目标的化学教学策略的理论基础。

第五章：化学教学策略研究。本章是理论研究基础上的方法操作指南，为新课程改革、建设高效课堂和化学教师的专业发展提出了具体的、科学的教学策略实践操作指南。

第六章：化学教学策略实践篇。本章问题来源于教学实践中教师所面临的急需解决的问题，结合化学教学实践中的具体案例进行了化学教学策略的实践操作指导与建议。

本书力图体现以下特色：

(1) 体现新课程改革的理念与要求，紧密联系基础教育化学教学实际的需要，具有较强的现实感与时代感。提出的化学教学策略更加突出科学思维与创新能力的培养，更加重视学生的作用与动机的激发，重视对学生学习规律的认识与把握，重视化学知识与实际生活情境的紧密联系，强调与教师教学风格、思维品质的匹配，强调整体把握化学教学策略，融会贯通地理解和运用多元化的教学策略，根据学生的实际状态，创造性地组织教学，设计出具有特色、符合教师特征及实际教学背景的化学教学策略。

（2）结合国内外教育学、学习心理学、脑科学研究、科学教育教学的最新研究成果和中国基础教育实际，在以人为本的哲学理论下建立科学人文取向的教学策略理论，注重科学性、人文性、理论性、实践操作性，便于教师在课堂教学的实施与运用。

（3）立足教师专业发展，强调学以致用和学科普适性，不仅为化学教师也可为其他学科教师、师范院校学生提供有益的教学指南和指导，促进教师教学理念与理论的更新，增强教师的专业技能。

（4）注重理论联系实际，运用大量案例进行理论说明与阐述，拉近了理论与实践的距离，可为新课程化学教学策略提供一些基本的操作方法，也可为基础教育课程改革的新理念在化学课堂教学中的实施提供相应的指导。问题题目亲切有趣，通俗易懂，操作性、可读性强，具有较强的理论应用与指导价值。

本书由西南大学黄梅、李远蓉、宋乃庆负责拟定全书框架、撰写提纲及编写工作。汪红伶、梁颜臣、黄薪洁、叶钟利、刘婷、辛光华、刘桐桐、海军、孙源伯、李其杰、范光辉、邓庆等同学参与了第六章的编写工作，在此向他们表示感谢！

在本书编写过程中，作者参阅了大量国内外同行的文献资料，也引用了他们的一些研究成果，限于篇幅，我们只列出了主要参考文献，谨此向有关作者表示衷心的感谢！本书还选用了许多优秀化学教师的教学案例，在此对分享优秀案例的所有教师表示衷心的感谢！感谢在本书编写中直接或间接给过我们意见和建议的老师和朋友们！

由于作者水平有限，加之时间仓促等诸多因素，书中不妥或疏漏之处在所难免，祈望广大读者和研究者批评指正，提出宝贵意见，以便本书进一步完善。

作　者

2012年12月于西南大学

目　　录

第一章　新课程改革与化学教学策略

联合国教科文组织21世纪教育委员会呼吁:“教育应当促进每个人的全面发展,即身心、智力、敏感性、审美意识、个人责任感、精神价值等方面的发展。”教育应该是学生通过自我的积极参与,收获知识,提升情感,实现自我成长、自我超越的过程。由于达到了对自然世界的深刻认识与生命的愉快体悟,而有责任地活着并“诗意地安居于大地之上”。

目前,我国新课程改革对教育教学的目标、方法、内容、结构、评价和管理产生重大影响,新课程目标追求知识与技能、过程与方法、情感态度与价值观协调统一,是教育本质的真实回归,体现了以学生发展为本的思想,是教育领域的一场深层次的革命,所以在教学实践中“知识与技能、过程与方法、情感态度与价值观”三维目标如何整体实现是我们必须面对的重要课题。

从课程改革的实践来看,教师缺乏对教学理论的理性思考和必要的理论与方法的指导,导致教学策略不合理,教学效率低下,影响了学生创新能力与综合素质的形成和发展的现象还大量存在。具体体现在:或者只重视知识技能,教学内容过分注重化学知识本身的系统性和完整性,忽略知识的意义建构和实际生活的联系,教学方法单一、枯燥,教学效果依靠机械化的重复训练与高强度的作业布置;或者只重视活动,忽视知识技能,搞虚假的热闹,教学落入为探究而探究或探而不究的俗套。教师也普遍反映,新课程的理念相对来说很容易接受,但困难在于究竟该如何操作,怎样把这些理念转化为教学行为。新课程在这方面做得还很不够,以至于一些教师形容目前的改革是“摸着石头过河”,对提高有效教学的办法只是苦干加蛮干。从课程改革暴露的问题我们看到了理想与实际之间存在着偏差,问题的出现也引发我们更深入地关注、探究和思考,正如有学者所言,“陷入困境者必求重生,感到困惑者必求澄明”(石鸥语)。因此,本书正是希望在使用过程中不断建立实施程序说明,改善新课程教学策略实施的可操作性。

第一节　化学教师新课程适应问题与对策

没有一流的教师,就不可能有高质量的教育。在课程改革的过程中,教师是一个不可忽视的群体,教师的质量对于新课程改革目标的实现都有着举足轻重的作用。为了解化学教师新课程适应的现状,揭示化学教师新课程适应存在的问题,我们以问卷调查和访谈的方式对中国西部某地区116名化学教师进行了调查,共发放问卷116份,回收110份,其中有效问卷103份。其中任教初中的教师81人,占被调查教师的78.6%;任教高中的教师22人,占21.4%;本科学历的教师43人,占41.7%;大专学历的教师48人,占46.6%;高中学历的教师12人,占11.7%。教师职称:高级教师11人,占10.7%;一级教师38人,占36.9%;二级教师27人,占26.2%;初级教师27人,占26.2%。问卷调查对象基本能代表该地区化学教师的整体状况。

一、化学教师新课程适应现状与问题

1. 化学教师对新课程的认识

从调查中可以看出,化学教师对基础教育课程改革的新理念持基本认同态度。80.5%的

教师对新课程所阐述的课程的基本理念和设计思路基本认同；78.6%的教师认为新课程在促进课程现代化和促进学生发展方面的预期目标能得到贯彻和落实。在访谈中有老师说："新课程教材图文并茂，联系生活，探究课题大大增加，许多知识要通过实验探究、师生合作来完成。现在的教材根据学生生活经验和学生思维发展规律结构和内容都进行了调整，把难点分散，不是集中在某些章节中。例如，酸碱盐原来放在一起学生无法接受，现在各放一章，学生容易接受了。它给教师更多的使用教学方法的机会，师生互动的机会，讨论探索的机会……"可见，广大化学教师对本次课程改革是认同的，是充满信心的。

2. 化学教师的职业认同及专业素质

从调查中可以看出，由于工资低、学生升学压力大、教学任务太重，有14.6%的教师对其从事的职业心存不甘，随时有可能更换职业。可见，当前化学教师队伍的稳定性值得我们高度重视，教师队伍不稳定，不仅不利于化学教师的新课程适应，也不利于保证教育质量与教育事业的稳定发展。大约有47%的化学教师认为现有的工作强度相当大，而其工资报酬却远远低于其劳动付出。这说明在化学教师新课程适应过程中还应加强化学教师的专业自主权，减轻工作负担，创造良好外部环境，为化学教师营造一个宽松、民主的新课程改革环境。

调查的统计数据表明，目前化学教师大多数比较系统地学习过专业知识，能基本胜任中学教学工作。全日制大学毕业的化学教师在访谈中认为自己对于中学知识不欠缺，大学时学习的教法知识和教学技能对现在教学很有用，目前最欠缺的是研究能力、实验创新能力。原来读大学时没有在教学研究能力方面进行学习培训，实习时也是照方抓药，自己创新少，知识的广度欠缺。而通过成人教育提高学历的化学教师，普遍反映除研究能力欠缺外，教学设计能力也不足。可见在今后的教师培训中应加强教学设计实用课程及教学研究能力课程的学习。从调查结果看，不少化学教师在专业素质上还存在以下不足：①知识面较窄，知识陈旧，只熟悉所教的中学知识，65.0%的教师认为自己与社会、技术紧密相关的知识缺乏；②化学教师阅读教育书刊的深度、广度有待提高，教师们主动获取知识的兴趣不浓，内容单一，87.4%的教师比较热衷于教学参考书和习题集，新兴学科知识知之甚少，不能及时扩充与教学内容相关的新知识，这样的学习状况势必造成教师不合理的学科知识结构；③教学研究能力不足，科研能力较弱。72.5%的教师认为自己教学改革、研究创新能力欠缺；多数化学教师对教材上规定的演示实验和大纲上规定的学生实验完成较好，并且认为自己的实验技能还行，但很少对教材中的实验产生怀疑并提出改进，采取具体行动将验证性实验改为探索性实验。

3. 化学教师新课程适应现状与途径调查分析

从调查中我们发现，目前多数化学教师的教学内容以教材和教学参考书为主，以课堂讲授法为主要教学方式，探究教学未成气候。访谈中，有教师说："一学期搞过几次合作探究。合作探究耽误时间，学生能力有限，经费也有限。加之教学任务多，探究需要涉及的知识面广，学生不能完成探究设计。反正书上写活动探究尽量在有条件的情况下让学生做。"在关于"什么是好的教学、好的课"的调查中，48.6%的教师认为知识讲得透彻就是好的教学；21.4%的教师认为升学率高就是好的教学，这也反映出升学率的要求使化学教师从考试要求的角度来考虑教学问题，考评制度与方法牵制着教师的教学策略。在访谈中我们发现教师的教学准备很重视课标及考试范围分析。他们说教学准备最重要是四个"吃透"：吃透教材，吃透课标，吃透考纲，吃透知识点。有教师说："我的教学特色就是自己理解，自己找题。平时根据考试需要对题目进行加深，最重要的是对中考题的考题类型进行分析，把握出题方向。每年的考题的程度我一定要了解。上课一定要讲考试范围内的教学内容，还要知道整个单元要讲哪些内容才能应对考试。”

由调查还得知，多数学校对化学教师参加学习、培训是支持的。但现有的中学管理大多数属于严格型，学校对教学的评价教学成绩占很大比例，教师工作压力大，教师之间的协作少，与新课程配套的课程资源不足，硬件设施也跟不上，教师跨学科或跨年级上课很普遍，教师除了上课，就是备课、改作业，很少有精力去钻研新教材，研究新课程。这一切说明化学教师新课程适应的外部环境还有待完善，“以人为本”的管理理念还应进一步落实；教师评价方式有待变化。

大多数化学教师把新课程适应的有效策略归因于教学经验的积累、向有经验的老教师学习、参加教学研究部门组织的活动及教研组集体备课，提高教学技能、革新教学模式、写教学体会、解题研究等，说明广大化学教师深刻地认识到要实现自身新课程适应必须通过学习、实践、反思、研究、合作、培训等形式。只有23.6%的教师选择在职进修或函授提高学历，7.5%的教师选择短期培训学习，说明当前化学教师专业培训存在一定的问题，对化学教师新课程适应未能起到有效的作用。从化学教师对在职培训的要求可以看出，现有师资培训的内容与形式缺乏实用性，随着课程改革的推进，教师们感到更需要具体的、实践性强的培训，对只停留在对“课程纲要”、“标准”解读和教育理论层面上的培训难以满足他们的需求，教师们更需要体现新的教育思想的，反映专业知识和理论方面的新观点、新知识、新动向的，紧密联系生产、生活实际的课程内容和探究式、案例分析式的培训方法。他们普遍认为学校的人文环境，自己的理想追求，良好的师生关系、同事关系对自己适应新课程改革帮助最大。

化学教师教学策略存在的问题汇总于表1-1。

表1-1　化学教师教学策略存在的问题汇总

问题因素	存在问题
教师的知识与技能	教师知识的广度欠缺，教学策略知识不足。设计方法经验化
教学方法	缺乏教学策略的科学性。教师按照教学参考书或教材的内容进行教学，独创性少，教学流程缺少因素分析与考虑，不会进行知识的分类，对知识类型与教学策略如何匹配、情境如何创设才有利于学生动机的激发考虑过少；教学策略具有明显的形式化倾向，教学策略与实际教学脱节
教学活动	缺乏教学活动设计的科学性。未能有意识地运用学生的“最近发展区”去组织教学，未能创设“协作、情境、意义建构”进行教学；教学策略主要是以“教”为中心，以“学”为中心的教学策略较少
学生情况分析	教师分析学生情况的方式有：凭借自己积累的教育教学经验，通过个别学生询问，了解他们是否具备本节课准备知识，“实施课前小测验”等
学生动机激发	对学生动机的激发与教学方法的结合考虑不足。对如何根据学生心理特点，满足不同水平、不同兴趣学生的学习需要，运用和调动多种教学方法及手段，引导学生积极主动地学习的方法考虑不足；虽然在目标陈述中都会有情感态度与价值观一项，但是在教学策略中如何真正地落实考虑不多

总之，从调查结果看，目前化学教师在寻求自我新课程适应中仍存在着一些不可忽视的矛盾和问题。具体表现为：①化学教师获取发展所需的时间和课业负担过重的矛盾，学生升学压力大、教学任务太重等方面的客观原因阻碍着化学教师的课程适应；②新课程对化学教师的要求与新课程指导、课程资源、硬件设施、教育管理激励机制、评价制度与方法等外部策略还不能实现相互配套的矛盾；③化学教师自身专业素质与新课程要求之间的矛盾。新课程改革关键是教师，部分阻力也在于教师，教师的知识能力、职业习惯以及对新课程的了解认识、参与程度很大程度上决定着教师对新课程的支持。我们发现化学教师对新课程不适应的原因在于：化

学教师已有的知识技能不能满足新课程对教师高素质的要求，化学教师对新课程的实施执行多数还停留在“忠实取向”，大多数教师都知道新课程提倡探究学习，也大致了解探究学习应如何开展，但由于自身水平能力、硬件条件和学生素质等原因，探究学习并没有在课堂教学中实行；传授式教学模式由于针对大班教学还具有相当的教学效率，所以在当前学校的课堂教学中还占主导地位；一部分化学教师之所以选择教师职业，只是为了一个稳定的职业，工作的“惰性”不愿意改变已有的习惯，去做更多的工作，对改革处于被动应对状态；部分化学教师由于工作负担重，许多大学所学的知识由于不用而遗忘了，加之课程资源与条件不足，无法进行知识的拓展与创新。

二、反思与建议

从调查中我们了解到，新课程对教师的要求更高，要求知识能联系社会生活，要求学生活动探究，要求教师创新与主动生成课程，这必然对化学教师是一个新的挑战。在新课程培训过程中，许多化学教师要求多讲实用案例，多讲新课程如何进行实践教学操作等内容，这都说明广大化学教师对新课程引领的强烈要求。所以，当前化学教师在职教育培训应以提高教师的全面素质和适应新课程改革的教育教学能力为主，实现教师培养模式的多元化，应尽可能在教育实践中进行，与教育实践紧密联系。在培训形式上，要把师范教育定向培育与非定向培育、院校培训、校本培训、远程网络培训及研训结合培训与“自修—反思”培训模式有机结合起来；在培训内容上，应加强对教师理论及实践水平的提高，培训内容要紧密结合教学实践与生活，加强文理渗透，加强对新课程改革理念及教学实践的指导，有针对性地开展学科专业特色的教学培训、教学设计改进培训，教学科研方法指导，结合新课程改革进行案例评讲、计算机技能培训等对教师有具体指导意义的培训内容；在培训方法上，要注重实践性，在校本培训中要将结合课例的同事互助指导、案例教学法、行动研究结合起来，让化学教师在教学实践中学会教学、学会教研、学会学习、学会解决问题、学会研究学生。

(1) 教研组引领教师适应新课程。

从调查中发现，在新课程改革中存在着有限的教学资源与无限的教学需求的矛盾。要解决这个问题，就要充分实现教师之间的资源共享和经验交流，倡导教师间的合作与交流。开展活动课程是落实新课程改革“强调学生通过实践，增强探究和创新意识，学习科学研究的方法，发展综合运用知识能力”的主要形式。这种课程对教师素质要求非常高，他们的教学与指导任务是十分繁重的，包括活动的组织、活动过程的技术指导、有关的活动设计等，所以只有在教研组引领下加强教师之间的协作交流、相互探讨才能将活动课教学组织好。因此，作为教师必须有相应的合作意识、合作欲望，并付诸行动。同样，新课程实施的研究已经是对传统注重教材教法研究的进一步扩大，上升到课程层面，也即对教材的适应性、教材的创造性使用、课程的创造开发、各种学习方式的研究等，这些都需要教研组引领教师相互配合与联系。

(2) 以实践为取向的教学案例反思研究是提高化学教师师资水平的基本途径。

化学教师只有通过教育实践研究，才能提高教学的层次和水平。缺乏科学教育理论的指导是教师实行新课程时面临的困难。这不仅妨碍教师专业成长，也使新课程实施受到阻碍。这些困难的克服需要加强教师教学实践研究能力的引领，因此，教研人员、学科专家要积极深入课堂，了解课程实施中的问题，与化学教师共同讨论教学问题。具体程序可为：教师在专家的指导下，在进行传统的教学后，学习一些新的教学理论；在观念更新之后，对传统的教学过程进行重新设计，使其具有创新成分；然后，利用创新设计改善教学行为，进行创新教学。对专家而言，先是对教师传统的教学进行观摩，并用一些设施对其进行实录，编成教学案例；随后对这一教学案例进行分析，运用一些教学理论，改编成新的教学案例，这是一个思想实验的过程，对原案例进行了理性重建；再结合教师的创新教学，与他们一起对教学进行反思，对新案例进行理论分析。通过这样一轮活动，达到理论与实践的碰撞与融合，使化学教师在实践中不断探究，提高专业素质和新课程适应力。

第二节　新课程改革下的化学教师职业素质

新课程改革给教育界带来的最大挑战莫过于对教师职业素质的挑战。"课程即教师"，课程改革的成败归根结底取决于教师。确实，教师是理想与现实、理论与实践之间的转化者。作为教师，如果对于理论没有充分的了解，对于实践的条件没有实际的把握，那么这种转化就会有很大的落差。因此，如何让教育专业人员——每一位教师，树立正确教育的观念、信念，具有乐业、敬业和奉献精神，拥有较为宽广的科学与人文素养及高尚的人格魅力，机智地判断新状态、新问题，迅速做出教育决策和选择，根据实际对象、情景和问题，改变教育行为的魄力是整个教育界、整个社会的共同追求。

一、人文、民主的教育素质

教师教育的人文化是现代教育对传统教育的文化功能和育人功能的扬弃和提升。

1. 教师职业观的人文化

人文主义的教师职业作为一种抗衡的张力，影响着教师教育的培养目标。教师不仅是一种专业性的职业，而且还是传递和创造社会精神文明成果的社会工作者。从本质上说，教师职业是一个以人类文化成果塑造心灵、培育新人的神圣事业。第二次世界大战以来，大多数国家在改革教育时，一方面拓展普通文化教育，加强学科专业教育，注重了专业性；另一方面也注重教育理论学习与教育实践训练，强化了实践性。在注重专业性、强化实践性的同时，实现人文教育与科学教育的有机整合，施行人文精神的教育，沟通自然科学与人文科学，尤其是注重发掘科学的人文教育价值。

2. 师生关系民主化

在新的教师职业特性中，专业知识和技术基础等教学的认知和技术侧面固然重要，但是与学生以及在学生之间建立感情纽带，为同情、宽容和对公共利益的关心与投入奠定基础等所谓教学的社会、道德、情感侧面被认为更具基础性。从罗杰斯的非指导教学到原苏联实验教师的合作教育学，从能力本位教师教育学到情感本位教育，从教育伦理学的复兴到学校的人性化，教师教育的民主化将成为教育民主化的先导。师生关系中的人际关系如真诚、接受、理解、平等等民主因素重新受到重视。这种走向主要表现在：

（1）化学教师对学生及其学习负责。新课程改革要求化学教师应致力于向所有的学生传授知识；应以"所有的学生都能够学习"为行动的信念；应平等对待每一位学生；能意识到每个学生之间存在的差异，能在实践中做到"因材施教"；应根据对学生兴趣、能力、知识、家庭背景以及同伴关系等的观察与了解，及时调整自己的教学实践；了解学生的发展与学习过程；能将最新的认知与智力理论运用到实践中，能清楚意识到科学对社会文化、环境以及对人行为的影响作用;能发展学生的认知能力,培养学生对学习的兴趣;能培养学生的科学素养、公民责任、情感、人文价值观及其对个人、文化、宗教与种族差异的尊重。

(2) 化学教师熟悉所教科目,并知道如何将其传授给学生。新课程改革要求化学教师对所教科目有丰富的了解,了解其发展的脉络,清楚学科的结构、与其他学科之间的关系,并能将其与人文环境联系起来;在向学生真实地重现科学文化精华、化学知识的同时,还能培养学生批判与分析的科学思维能力;能清楚意识到化学课程中存在的文化背景知识,并能采用相应的教学策略和内容;知道问题可能出现在什么地方,并能及时修正教学策略;能创造多种教学方法,善于教会学生怎样处理和解决问题。

二、生成、创新的教学素质

教师教育的生成性是在教育情景中随着教育过程的展开而自然生成的教学目标,是教师关于经验和价值观生长的方向感。所以,教育的生成性最根本的特点就是过程性。

正如著名课程论专家塔巴(Taba)所言:“教育基本上是一个演讲过程。而且,它是渐进生长的,它扎根于过去而又指向未来,从这个意义上说,它又是一个有机的过程。在此过程的任何阶段上,我们能提出的目的,不管它们是什么,都不能看成是最终目的;也不能武断地将它们插到后面的教育过程中去。目的是演进着的,而不是先存在的。目的是演进中的教育过程的方向的性质,而不是教育过程的某些具体阶段的、或任何外部东西的方向的性质。它们对教育过程的价值,在于它们的挑战性,而不在于它们的终极状态。”生成性教育追求“实践理性”,强调学习者与具体情境的交互作用,主张目标与手段的连续、过程与结果的连续,否定预定目标对实际过程和手段的控制,对学习者、教育者在教育中的主动性表现出应有的尊重。强调学习者和教育者在教育中的主体精神和创造性表现,体现了教育对人的主题价值和个性解放的不懈追求,反映了时代精神的发展方向。

(1) 在教学理念与教学目标上,由知识为中心转向以学生发展为中心。从化学学科的角度说,就是从传统的化学“双基”(基础知识和基本技能)教学向以提高学生科学素养为目标的方向发展。具体而言,化学学习必须包括三个方面的内容:化学知识与技能、过程与方法、情感态度与价值观。

(2) 在教学内容与教学时空上,由封闭走向开放。内容和时空的开放给化学教育打开了广阔的天地,符合我国基础教育改革和创新人才培养的要求。这对化学教师提出了新的挑战,教师应具备开放的心态、开放的思维和开放的眼界,能够结合学校和社区实际对化学教学进行创新实践。年轻教师要发挥知识、技能方面的优势,中老年教师要摆脱传统和经验的束缚,更多地关注和了解社会、生活、科技发展与化学的关系。

(3) 在知识结构和储备上,由局部知识向网络知识发展。这是新课程改革给我们提出的新要求,也是高素质教师必备的学术背景。新课程改革“重视科学、技术与社会的相互联系”,强化“化学与日常生活的联系”,“关注学生在情感态度与价值观方面的发展”,注意与相关学科的联系及渗透,强调学生“逐步形成终身学习的意识和能力”。因此,对教师的知识结构和知识储备提出更高的发展性要求。

(4) 教学方式由教师单向传授式向师生合作互动式发展。过去主要考虑的是教师如何教,现在教师应重点研究学生如何学,即落实学生学习方式的彻底转变。

(5) 教师角色由课程任务执行者向课程实践研究者发展。新课程改革明确规定:“实行国家基本要求指导下的教材多样化政策”,并指出“教材改革……应有利于教师创造性地进行教学。”新课程改革则更为具体化:“教材在内容体系、活动方式、组织形式和考试评价等方面应留给教师较大的创造空间。”据此,我们认为,教师角色的发展方向应当是:教书型教师—研究型教师—专家型教师—学者型教师。

(6) 教学技术由传统型向现代信息型发展。化学实验是化学学科的基础,既是化学教学的优势,又是实际教学中的薄弱环节。因此,必须进一步加强化学实验在化学教学中的地位,充分发挥化学实验教学的功能(获知、练技、激趣、求真、循理、育德)。这样才可能使化学教育真正有特色、有魅力。实验技能和实验教学技术的研究与熟练是化学教师职业素质发展的重要基础。

三、多元、平衡的知识素质

新课程改革对化学教师的知识素质提出了新的要求,教师必须同时具备本体性知识(学科专业知识)和条件性知识(教育教学专业知识)。这两种专业知识还必须由实践性知识(教育教学活动中解决具体问题的知识)来进行整合,使其内化为教师自己的专业素质。这种整合的过程是长期的,贯穿教师执教生涯始终,成为教师终身学习、终身教育的一项重要内容。

当代美国成人教育家诺尔斯(Knowles)提出了“教师学习的基础预设”:①教师有清晰的自我概念,有自我向导的学习倾向与能力;②教师拥有丰富的经验,这些经验本身即可以成为丰富的学习资源;③教师的学习准备程度与其社会(教师)角色的发展任务相关;④教师学习的取向不是学科中心而是问题中心,强调学以致用、活学活用;⑤教师学习倾向于内在动机而非外在动机;⑥教师拥有认知需求,在他们学习之前,需要了解为什么需要学习。强调相互尊重和合作,突出相互协商、相互计划、相互诊断、相互评价的机制。上述这些基本假定或预设也可以视为基于“头脑组织”的教师研修的理论预设。“研究课堂教学,追求有效教学”应该永远是教师文化的主题话题。

多元、平衡的知识素质是教育工作成功的知识与技能性保障。首先,合格的化学教师不仅要系统地掌握所教学科的基础理论和知识结构,而且还要有将学科知识和技能体系转化为教学知识和技能体系的能力,即将所教学科的知识体系和技能体系分解为最小的知识单元和最小的技能单元,在此基础上进一步将它们加工为符合不同学生认知的风格、情感需要和个性特点的知识,根据学生“一般发展区”和“最近发展区”的不同状态进行个体性教学。其次,化学教师在进行知识教学之前,应对每个学生的知识背景和认知风格以及心理特征尽可能地了解,虽然这在教学实践中是相当困难的,但这又是化学教师保证其教学有效性必不可少的前提条件,只有对教育对象有比较多的了解,才能更好地理解学生并合理地运用不同的教学策略。

在知识更新与重构方面,虽然每一个化学教师在从事教育教学工作之前都经过比较系统的职前预备教育,包括化学专业和教育专业的学历教育、教育见习和教学实习等,但是,随着信息社会和知识社会的到来,知识的更新速度不断加快,这就要求每个化学教师要不断树立终身学习的理念,及时吸纳所教学科和教育学科的最新研究成果,同时扬弃自己知识结构中已经陈旧或老化的知识。在这个知识更新和重构过程中,作为化学教师,不仅要善于发展自己的“陈述性知识”(陈述性知识主要指“是什么”的知识,如化学科学中的新理论、新定律、新概念、新思维等),而且要善于发展自己的“程序性知识”(程序性知识主要指“如何做”的知识,这里主要指有关教学策略和教学技能、实验技能的知识)。此外,化学教师还要经常以批判的态度反思自己教学理论的合理性、教学技巧的灵活性、实验改进和创新,以解决自己教书育人过程中不断出现的新情况或新问题。

四、合作、开放的学术素质

新课程改革要求化学教师是学习型团体的一员，化学教师应通过与其他专业工作者，如教育政策决策者、课程开发者及师资培训者等的合作来有效完成学校教学任务。他们能根据教育目标的理解，对学校的进展及资源的分配状况做出评估；了解哪些学校和社会资源对学生有益，并能熟练运用这些资源，通过开展行动研究，如“探究性实验小结与札记”、“教学自传撰写与研究”和“合作性自传研究”等，迅速地提高自己的专业素质。

舒尔曼(Shulman)认为，“教育在本质上是一种‘学术的专业’(learned profession)，一种复杂的智慧性工作”。化学教师作为学术社团的成员，必须拥有关于科学哲学知识和化学史知识；关于化学学科内容的知识，包括理解化学学科的组织结构及学科分类、理解化学学科的概念结构，还要理解化学学科的探究方式；关于超越化学学科内容的人文课程知识和课堂管理知识；关于学习者及其特征的知识；关于教育情境的知识等，并不断对这些知识进行学术研究。真正意义上的化学教师职业发展不是基于行为主义基础之上的教师能力本位的发展，而是基于认知情境理论的“实践智慧”的发展。它强调化学教师自身的课堂教学经验及其对于教学的不断反思，不断与学校同事间的合作与交流，这是化学教师学术素质发展的重要途径。当代化学教育的目标已经超越化学本学科知识、教育理论和教学能力的范围，扩展到社会、环境、生物、物理、哲学、伦理等自然科学及人文科学的各个方面。在这种背景下，“教师成为专家”成为教师职业素质的新理念，在这一理念之下全面提升教师的职业地位和素质成为教师教育发展的重任。随着对“反思性实践”理论的逐渐认可，培养反思型教师成为教师教育新的形象设计，它非常关注教师在教学实践中的反思，倡导教师的学术研究活动。

五、博雅、睿智的人格素质

人格(personality)也称个性，是构成一个人的思想、情感及行为的特有的统合模式，这个模式包含了一个人区别于他人的稳定而统一的思想品质，反映个人的内心世界和精神面貌，它包含个人的知识、能力、情感、意志、兴趣、动机和信念等多种因素。正如爱因斯坦所说：“教师要求性格和钢铁般的意志比智慧和博学更重要……智力上的成就在很大程度上依赖于人格的伟大。”

穆勒(Mill)在《自由论》中说：“人性不是一部可以按照固定模式建造，并能精确按照程序工作的机器。人性宛如一棵树，在内部力量的作用下，充分地发展各个方面，成为一个充满生命力的事物。”

教育者高尚的人格形象具有沟通情感的作用，它能够增加教育者在被教育者心中的分量，赢得最广泛的情感认同。因为，在人们的内心深处，都有一种对崇高精神和科学知识的向往与追求。教师具有高尚的人格，就会赢得学生的敬佩、信服、信赖，就会引发学生亲切的心理感受。这是一种自然的、非权利因素的影响力。这种影响力对学生的影响和激励作用是巨大而长久的，它通过感染学生的精神和热情，强化教学效果，提高教学质量。

教师的人格是“爱、德、才”三方面形成的文化品格。爱——教师人格魅力的灵魂。这种爱包含两方面的内容：其一，是对本职工作的爱，只有热爱自己所从事事业的教师才会全身心地投入教育工作中，才会有奉献的动力，才会迸发出灵感和激情；其二，是对学生的爱，只有热爱学生，才会全面关心学生的成长；被乌申斯基誉为阳光的教师人格力量的灵魂就是爱。这种爱是无言的，体现在一个关注的目光中，贯穿教育的始终；这种爱是无私的，她洒向每个学生的心田；这种爱是高尚的，她不计回报。她是开启学生心扉的钥匙，是激励学生奋进的催化剂，是师生情感接触的相融点。德——教师人格魅力的关键。“德”即师德，主要体现在教师用自己美好的师德形象影响教育学生，使学生的思想品德得到良好的发展。需要强调的是，现代教师为人师表的内涵较之古代更为丰富。它不仅需要传统的诲人不倦的精神、有教无类的宽厚气度、教学相长的谦虚品格，还要有尊重学生、理解学生的民主精神和崇尚真知、捍卫真理的科学精神。教师是学生心灵的耕耘者，教师在塑造学生心灵方面更担负特殊任务。才——教师人格魅力的保证。“才”是才华，教师的才华首先体现在知识上。知识是连接教师与学生的纽带，渊博的知识积累不仅是教师自我完善的需要和从事教学工作的保证，而且还是教师业务水平的标志和影响力的源泉。教师的知识越丰富，视野越宽广，科学素养越全面，教学的效果越好。教师的才华还体现在创造精神上。教师在教学中没有现成的模式可以套用，没有一成不变的方法可以照搬，教师要在娴熟把握教材的基础上，灵活演绎出丰富多彩、各具个性特色的教学蓝图。

“学高为师，身正为范”，这是对教师职业特征及其专业特征的概括，也是对现代教师人格塑造的要求。原苏联教育家苏霍姆林斯基说：“学校好比一种精致的乐器，它奏出一种人的和谐的旋律，使之影响每一个学生的心灵。但要奏出这样的旋律，必须把乐器的音调准，而这种乐器是靠教师、教育者的人格来调音的。”现代教师人格对学生的直接教育作用和对社会的作用表明，教师人格对于整个教育过程乃至整个社会的精神文明建设具有不可忽视的重要作用。

第三节　化学教学策略与教学方法

“策略”一词原意是指大规模军事行动的计划和指挥。从更一般的意义上说，策略是为了达到某种目的所使用的手段或方法。在教育学中，这个词一直与“方法”、“步骤”同义，还用来指教学活动的顺序排列和师生间连续的有实在内容的交流。本书中策略是指为实现预期效果所采取的一系列有目的的教学行为。

“教学策略”的定义比较复杂，不同的研究者对“教学策略”有不同的定义。顾明远主编的《教育大辞典》(增订合卷本)一书对“教学策略”的定义是：“教学策略是建立在一定理论基础之上，为实现某种教育目标而制定的教学实施总方案。包括合理选择和组织各种方法、材料，确定师生行为程序等内容。”较早研究课堂教学策略的美国学者埃金等认为，教学策略就是“根据教学任务的特点选择适当的方法”。加涅(Cagne)认为，教学策略是指“管理策略”和“指导策略”两方面。阿姆斯特朗定义为“有系统地安排的教师活动，用以帮助学生达到某一单元所确定的教学目标”。我们认为所谓教学策略，是在特定教学情境中为实现教学目标和适应学生需要而采取的教学行为方式或教学活动方式。教学策略包括教学活动的元认知过程、教学活动的调控过程和教学方法的执行过程。教学活动的元认知过程是教师对教学过程中的因素、教学进程的反思性认知。教学活动的调控过程是指教师根据教学的进程及其中的变化而对教学过程的反馈、调节活动。教学方法的执行过程是指教师在教学过程中采取的师生相互作用方式、方法与手段的展开过程。教学策略是将教学理论转化为教学实践的桥梁。

教学策略分为组织策略、传递策略和管理策略。“组织策略”是指教师对教学(课程)内容的选择(包括增减、换序、整合、改编等)和排序；“传递策略”是指教师所选择的教学具体方式和互动形态；“管理策略”是指教师创设人性化的学习环境和提供丰富、相关的学习资源。外部的教学事件一定要通过学习者内部的学习过程才能发挥其影响和作用，这就是我们为什么要强调以学习者为中心、调动师生两方面积极性的理由。教学策略的范畴包括教学情境、任务(或问题)驱动模式、知识显现次序、学习方式、教学活动等。

化学教学策略是为了解决教学问题、完成教学任务、实现教学目标而确定的师生活动成分及其相互联系与组织方式的谋划和方略，是根据化学教学目标和教学条件选择、组织各种基本活动方法，调节、控制主体的内部注意、感知、思维和操作活动，对教学活动进行内部定向指导、监控和调节的准绳。在本书中，化学教学策略是化学教师对教学情境、知识呈现方式和次序、学习方式、教学活动方式进行的设计与实施。

教学方法是在教学过程中，教师和学生为实现教学目的、完成教学任务而采取的教与学相互作用活动方式的总称，是指讲授、实验、练习、演示、讨论等具体的方法。

教学策略虽然与教学方法联系紧密，但并不等同，掌握了大量的教学方法并不一定表明具有较高的教学策略。这是因为：

(1) 教学策略属于"战略"范畴，教学方法属于"战术"范畴。教学策略是在教育观念指导下体现教学目的、原则、方法、手段的预设行为的综合结构，包括对教学组织形式、教学内容的安排以及教学程序的设计等。教学方法是更为详细具体的方式、手段和途径，它是教学策略的具体化，介于教学策略与教学实践之间，教学方法要受制于教学策略。

(2) 教学策略包含监控、反馈内容，在外延上要大于教学方法。教学展开过程中选择和采用什么方法，受教学策略支配。教学策略从层次上高于教学方法。

(3) 教学策略包含一定的教学理论成分，是对一定教学理论的具体化，受一定教学理论的支配和制约。它是教师在现实的教学过程中对教学活动的整体性把握和推进的措施。教学策略是确定"我们如何到那里去"，主要解决"如何教"的问题，包括知识顺序的安排、教学活动的设计及教学方法的选用等。而教学方法"表现为对学生和教师教学的动作方式的特征要求"。例如，邱学华尝试教学法的教学策略包括六个方面：培养一个兴趣，狠抓两个基本，体现三个为主，做到四个当堂，应用五步教法，实施六段结构；而体现在教学方法上是关于尝试教学具体操作的"三字十二条建议"。

第四节　化学教学策略的研究现状

一、国外研究现状

当前，教学策略在国内外的研究还处于探索、发展阶段。布鲁纳(Bruner)提出儿童的认知由动作把握、映象把握、符号把握三个阶段构成，每个阶段都需围绕着学科的基本结构进行组织学习。每门学科都具有一个由基本概念所构成的学科结构，每个概念的复杂水平随阶段的上升而增加，因而采取的教学策略应当是分段设计教材、螺旋式的扩展加深。奥苏贝尔(Ausubel)基于同化学习理论，认为教学应根据其内容采用序列化策略，首先呈现先行组织者，然后呈现更详细、具体的相关概念。教学应从一般到具体，学习者能将新的、详细的知识与头脑中已经具有的更一般、概括性更强的知识联系在一起，形成一种稳定的认知结构。加涅将教学内容划分为不同层次，按照从简单到复杂、从部分到整体的顺序进行教学。每一个简单部分都是复杂部分的先决条件，复杂部分的教学以简单部分的教学为基础。提出展开教学的几种教学事件：①引起学习者注意；②告诉学习者学习目标；③刺激回忆学习前提；④以适当方式向学习者呈现刺激材料；⑤提供学习指导；⑥明确所期望的学习行为；⑦提供行为正确与否的反馈；⑧评定行为；⑨增强记忆，促进迁移。根据五类学习目标，形成了五种教学模式矩阵，从而使各种教学策略形成一个整体序列。赖格卢特(Reigeluth)通过对知识结构的分析和对认知过程和学习理论的理解来设计教学策略，把知识结构分为概念、过程、原理，以此确定三种不同的加工方式，并根据一般到具体的序列进行精制：当知识结构为“概念”时，首先要确定概念之间的上位、下位和并列关系，然后选择最重要、最基本的有关要领按自上而下的顺序排列；涉及“过程”时，首先确定该项学习的模式，然后假设按最重要、最具综合性、最基本的概念作为先导次序，逐渐放宽假设、再教授更复杂内容的顺序来设计，最后把其他类型的内容，包括概念、原理、事实信息等插入序列中最为相关的位置；涉及“原理”时，首先确定原理的深度和广度，然后探求每个原理先前的原理，对该原理进行精制加工，找出更复杂的原理，最后把其他类型的内容安插在序列中最相关的位置。其中还有许多具体策略，如课内序列、概括、综合、类比、认知策略的激发、学习者控制等。梅里尔(Merril)认为学习内容的呈现方式主要是讲解和探究，呈现方式与呈现要素(定义、程序、原理式具体例子)匹配，再衍生出多种教学传递方法。提出选择呈现形式必须遵循三条法则：成分具体化法则，是指描述各种任务类型所需的呈现方式；一致性法则，是指选择学习者行为结果与其呈现形式的最佳结合；恰当性法则，是指传递的技巧、反馈与精心加工等。迪克(Dick)和凯里(Carey)建议教学策略应包括准备活动、信息呈现、学生参与、测验及补充活动等教学事件，围绕任务分析加以设计：①指明教学先后顺序及如何将教学目标归类；②指明教师自己将在准备活动和测验时做什么；③按预测向学生呈现的顺序指明每一个或每一类具体目标的教学任务；④必要的补充活动。拉埃丁(Riding)提出，依据学习者对自身认知风格的意识，至少可以有三种关键性的策略可以用于提高学习效率：转译、适应、减轻加工负荷。

在科学教学策略方面，美国教育家施瓦布(Schwab)提出了使学生有效地掌握科学概念、培养科学态度的14种探究技能。帕迪利亚(Padilla)和米凯尔(Michael)在揭示了科学过程技能与科学思维关系的基础上，提出了教学建议教师要选择符合学习者水平的适当的教学任务，运用熟悉的材料教学教给学生有效的问题解决策略。贝苏加(Basaga)和哈维达(Huveyda)等研究了在生物化学课程中运用探究教学方式与传统教学方式学生科学过程技能的差异，得出了运用探究教学方式有利于学生科学过程技能提高的结论。古(Goh)等研究表明，通过改革化学实验教学可以促进学生科学过程技能的发展，科学技能教学对于促进学生获得科学知识大有助益。

经过多年实践，越来越多的人体会到经典教学策略模式中，只管教和学过程的优化而忽略对学习的动力因素的考虑，是不会真正实现“有效的教学”的。正如斯皮罗(Spitzer)指出的，“我们不能把学习只看作是认知性活动，实际上，‘学习愿望’(desire to learn)绝对是学习的基本组成部分。有效学习的发生取决于以往的学习体验及现有学习情境提供的诱因。”因此国外学者对增加(叠加)有关“动机”的设计内容的探索由来已久，主要有：美国南佛罗里达大学心理学教授凯勒(Keller)提出的ARCS动机理论设计模式。这一模式认为，影响学生学习动机的因素有四类：注意(attention)、切身性(relevance)、自信心(confidence)、满足感(satisfaction)。因此，教师在进行教学策略设计的同时，还应该进行适当的动机设计，即针对学生群体的动机状况和教学内容的特点设计相应的动机策略，设法使教学过程能够引起并维持学生的注意，建立起教学与学生之间的关联性，使学生产生并维持对学习的自信心，并提供一种满足感，这样教学就能激发学生的学习动机。凯勒的动机设计理论综合了多种动机来源的一般模式，近些年来受到了教学系统设计研究者的重视，人们都在考虑在原有系统设计模型中如何增加动机设计成分。例如，布雷登(Braden)提出了“线性教学设计与开发模型”，在原来的教学设计模块中增加了动机设计和管理设计两个模块。梅恩(Main)进行了将动机设计融合到军事教学系统设计中的尝试，其重要观点是“学习的情感领域可以分成两方面，一是涉及转变学生价值观、信念和态度的学科，二是涉及学生对学科的态度，其目标是激励学习者掌握所教知识的愿望。在这方面，我们需要像对待认知目标和动机目标那样花大力气来对待情感目标，必须改变教学设计模式主要关注认知目标的状况，将学习动机成分镶嵌到教学系统设计模式之中。”沃特科沃斯基(Wloldkowski)提出了TC动机设计模式。其特点是将整个教学过程的动机因素分为态度(attitude)、需要(need)、刺激(stimulation)、情感(affect)、能力(competence)和强化(reiforcement)，并将动机因素置于连续教学过程序列中加以考察并强调其动态性质，将培养学的动机作为教学活动完整过程来加以分析，在教学的开始、展开和结束阶段都分别有相应的动机因素。斯皮罗提出了动机情境观。这种动机设计模式的特点是将教学过程中的动机因素作为中心要素进行设计，认为“许多教学理论把动机仅作为教学的预备阶段或先决条件的因素来看待，认为动机只发生在正式教学开始之前，如‘激发动机’、‘引起注意’、‘建立定势’等。人们没有把动机作为教学本身的中心要素来看待，这是极大的疏忽。事实上，不管教学方案多么出色，学习将不可能超出学生的动机水平。动机低，学得也少。许多教学的失败在于没有考虑这一层面。”霍林沃思(Hollingworth)曾提出动机即是教育的动力。

二、国内研究现状

国内学者对化学教学策略的研究还处于发展探索中，内容包括教学组织策略、教学传递策略、教学管理策略、学习问题解决策略等。国内化学教学策略的研究注重学科知识传授和思维能力培养，这种也是国内研究教学策略的特色。从1999年到2009年以化学教学策略为主题的博士论文有：“高中生化学问题解决中的表征与策略研究”、“高中生化学问题解决思维策略训练的研究”、“基于学习对象的教学设计模型研究”等，硕士论文有：“多元智能理论视野下的化学教学策略研究”、“新课程理念下初中化学教学策略的研究”、“中学化学教师课堂教学策略的理论与实践研究”、“促进高中特长生自主学习化学的课堂教学策略研究”、“高一化学教学策略研究”、“多元智能理论在化学教学中的运用”、“利用智能强项进行化学教学的策略研究”、“新课标下高中化学教学策略的探究”、“中学有机化学知识内容的分析及教学策略研究”、“培养学生综合能力的化学教学策略研究”、“高职学生认知风格与化学教学策略的研究”、“化学课程有效教学策略研究”、“在化学教学中学习动机激发策略探讨”、“促进学生有效学习的化学课堂教学策略研究”、“谈高中化学概念的教学策略”、“中学化学教学中教学策略的选择与运用”等。学位论文侧重于研究以哲学、认知心理学、建构主义基础和新课程理念指导下的化学教学策略，期刊论文侧重于从实践的角度进行化学教学策略的综合讨论。

1. 知识与技能的教学策略

概念图是化学教与学的重要工具。概念图的构建可以帮助学生完善化学知识认知结构，从而使其转化为一种有效的学习策略，实现由“学会”转为“会学”。化学教学中构建“概念图”的具体策略是：设计先行组织者，帮助学生衔接知识、疏通思路；组织概念网络，促进新旧知识同化；反思评价，修正、发展知识结构；变式练习应用概念，强化理解。也有研究者从知识类型出发进行化学教学策略的研究，认为化学概念的有效教学策略有：实验探究概念教学策略，主体性概念教学策略，“先行组织者”概念教学策略。也有研究者从心理学角度研究认为化学概念学习的策略有：通过图式间相互作用来理解掌握概念，利用变式来理解掌握概念，通过比较来理解掌握概念，提供概念的正反例来理解掌握概念。中学有机化学概念的教学策略有：呈现典型实例，使学生明确概念的属性；遵照循序渐进的认识规律，使学生在不断的学习中加深对概念的理解；强调反应机理，使学生理解有机化学基本反应类型；运用比较法使概念之间的关系明晰化，从而使有机化合物知识系统化。中学化学有机化学结构与性质的教学策略有：注重分析有机物分子的结构特征，突出官能团的作用，归纳共性、分离个性，把握同类有机化合物性质的一般规律，注重有机化合物之间的相互转化关系，形成结构化的知识网络。还有研究提出促进化学知识迁移的教学策略有：教授学生认知策略，培养学生的化学知识迁移能力；通过培养学生的元认知技能，加强基本概念和基本原理的教学，提高学生的概括能力；促进学习之间的联系，消除各类定势的干扰；围绕知识的难点、重点，通过“一题多练”、“举一反三”的习题训练，从不同角度构建问题，在新的情境中提高学生的变通能力，培养学生迁移能力；重视培养学生归纳、总结问题的能力，使学生通过类比联想，从个别中总结出普遍规律，再以普遍性通过类比联想，引导认识个别精心设计有创意的情境，迁移即是运用，促进学生灵活运用知识的能力，培养学生对化学学习的兴趣，当学生对学习有兴趣，充满信心，对应用知识的心理准备充足，就会有强烈的迁移愿望，从而促进正迁移，避免负迁移。运用学生已有的认知，激发学生迁移的动机。充分挖掘化学内容与其他学科的相关知识点和兼容面，促使其他学科的知识和解决问题方法迁移到化学中，通过不同学科之间的渗透，培养学生的迁移能力。另外，要合理选择、编排和教授教学内容，合理评估学生的学习成效。教师“为迁移而教”的各种策略旨在通过教而达到不教的目的。

2. 化学实验的策略

化学实验设计的策略有多制法策略、多器用策略、多法鉴别策略、一器(置)多用策略、替代策略、增减策略、颠倒策略、组合策略、引入策略、模拟策略。化学实验培养学生科学探究能力的策略有：设计开放性实验试题，培养学生的探究能力，设计实验探究式教学，培养学生探究的习惯、意识及能力，将化学实验设计成探究性实验。还有学者认为可通过实验观察、操作和思维相结合，实验设计与实验改进，探究性实验教学和多样化实验习题的设计，培养学生的创造性思维。

3. 思维方法的教学策略

有研究者认为化学教学中需要加强对学生多种表征能力的培养，让学生的认知结构均衡发展，通过各种表征类型及其联系的建立，实现有意义的学习。还有研究者研究了化学思维的培养策略，认为化学家的化学思维方法融入化学教学的方式是多样的，将科学家的化学思维方法融合在学生的探究活动之中能够有效地提高学生对科学家研究化学思维方法的关注。以化学家科学活动的化学思维方法作为主线进行化学教学策略设计是可行的。有研究者具体提出了培养思维品质的策略：抓本质——培养思维的深刻性；善于变通——培养思维的灵活性；熟能生巧——培养思维的敏捷性；敢于质疑——培养思维的批判性；注重创新——培养思维的独创性。有研究者认为化学教学中创造性思维培养的策略和方法有：发散为本脑力激荡法、表象为本观察法、表象为本情境创设课堂教学法、知识结构调整教学法、直觉思维总结法、模型建造教学法。还有研究者认为，认知策略对化学学习过程有着极其重要的作用。在化学教学中应着重培养学生的认知同化、比较辨析、提纲图示和类比迁移等认知策略。有研究者认为，解决一个复杂问题的过程，就是一个将基本加工结合再结合直到问题解决的过程。针对化学课堂上某些枯燥抽象、复杂难懂的化学问题，提出应加强和重视“子问题”设计。设计策略包括通过把难点类比迁移、具体化、情境化和递进式等方式降解，使其成为学生能够解决的一系列问题，然后逐个解决，从而达到解决复杂问题的目的。

4. 化学学习策略

有研究者从心理学的角度研究发现学生的知识总量、知识的组织方式、数理基础和认知特点对表征有影响，与学生的性别和年级关系不大。学生的化学知识总量与学生的数理基础、解题成绩、分类和表征成绩均有较高的相关性。高中生可能主要使用数据驱动的逆向推理策略，概念或图式驱动的正向推理策略或正、逆混合推理的策略。知识总量高的学生认知和元认知水平较高。在常态下，结合学科教学内容的特点，进行有目的的策略训练，学科领域的专门策略对学生提高学科问题解决能力有积极的促进作用。有研究者从多元智能发展的角度主张，通过讲故事、听故事、参与小组讨论发展学生的言语语言智能；通过分析综合方法、比较分类法、归纳法、演绎法、类比法、假说方法、联想思维法等方法，发展学生的数理逻辑智能；通过化学实验、师生合作实验、家庭小实验，发展学生的身体运动智能；通过创设优雅的教学外部环境，利用图表、图解、图像、照片和激发想象等方式，促使学生提高学习效率的同时，发展学生的视觉空间智力；通过创造满怀激情的学习环境，欣赏与内容有关的音乐，把学习内容填入乐曲或创新乐曲等方式，发展学生的音乐节奏智能；通过分组学习合作学习，发展学生的人际关系智能；通过化学元认知教学、自我指导学习等方式，发展学生的自我认知智能；通过充分利用化学课内课外资源，以及网络媒体中的资源，发展学生的自然观察者智能。还有研究者认为高中生解决化学问题过程的思维阶段相应的有效思维策略主要有 8 种：①读题审题策略；②综合分析策略；③双向推理策略；④同中求异、异中求同策略；⑤化繁为简策略；⑥巧设速解策略；⑦模糊思维策略；⑧总结反思策略。其中策略①至策略④和策略⑧为一般问题解决策略，策略⑤至策略⑦为化学学科问题解决思维策略。但在运用这些思维策略解决问题时，通常还会随着化学问题类型、问题解决环境和问题解决者的化学知识基础等因素的不同而有所改变。

5. 情感态度与价值观的教学策略

一是根据教学实际，制订切实可行的情意类教学目标，并创设有利于健康积极的情感态度与价值观形成的外部氛围；二是以课堂教学为主线，课外教育活动为辅助，不放过任何一个教育机会。充分利用课堂 45 分钟时间，以激发学生的化学学习兴趣为起点，以启发鼓励为手段，以化学知识教学、化学实验教学、探究性学习、讨论交流为载体，以具有高尚人格的科学家为楷模，努力做到以境育情、以情育情、以理育情、以智育情和评价育情；紧紧抓住课外培养学生情感态度与价值观的有利时机，不留教育死角。

6. 综合性策略

有研究者认为有效的化学教学具体策略有：把思考的第一时间留给学生，基于探究的实验教学，组织有效的小组合作学习是有效的化学教学策略。要学生自己发现问题、分析问题、解决问题，真正地掌握所学的知识，即学生自己教自己。要让学生自己教自己，最为关键的就是，教师在课堂教学中要讲究思维教学的策略，即引发学生的好奇心，引导学生动手设计实验，注重一题多解和拓宽学生的学习空间。设计先行组织者，改变学生原有认知结构变量；重视概括能力、智力技能学习和方法的指导，使学生由经验向概念、规则迁移；掌握双基知识，培养学生的类比迁移能力；重视实验教学以及实施差异教育，使不同智力水平的学生发生有效的学习迁移等。还有学者探讨了新课程三维目标的实现策略：正确把握三维目标的内在联系，教学要适合学生的思维水平和认识基础，教师要适时激发学生的学习兴趣和学习动力，必须处理好建构知识与培养能力的关系，采用对话互动式的教学形式，教师课堂点拨要及时。课堂教学要有"四化"策略：探究教学——善于内化，概念教学——善于同化，难点教学——善于分化，迁移教学——善于类化。还有研究者根据新课程理念以及化学学科特点，提出了在化学新课程教学中要重视以下教学策略的实施：①教学的情境化策略；②教学的人文化策略；③教学的先行组织者策略；④教学的探究化策略。

三、已有研究存在的问题反思和展望

我国学者对化学教学策略的研究分别从知识传授策略、思维方式策略、学习策略、实验技能等方面进行。然而，如何对上述因素进行综合考虑，从三维目标整合的角度考虑组成切合实际的最佳的教学策略尚未涉及。

教育改革在不断进行中，我国化学教学策略有了一定的发展，但从已发表的不少文章可以看出，以上研究都强调了要落实三维目标必须要在"做中学"，无论体验教学还是研究性学习，都是努力为学生自主探究、质疑问难、动手实践创设学习情境，让学生参与到教学活动之中。但从教学研究看，现有的教学理论还没有提供如何为整合的三维目标选择教学策略的理论武器。

(1) 强调学科知识传授方法与思维策略的研究，对过程与方法目标的本质设计、情感目标设计涉及不够，缺乏一个基于三维目标的综合教学策略。因为学习结果与认知过程如何与教学策略结合起来，还需要从经验和说理的层面提升到教学理论层面上，这样才能为教学提供普适的指导。一线教师的许多研究只是一种经验的推广，没有上升到理论层次，对教师而言，经验在教学中是重要的，怎样将优秀的经验提炼成指导教学的普适性理论应该是我们要为广大教师去研究和思考的。

(2) 结合化学学科特点的教学策略研究不系统。化学学科的特点是以实验为基础、实用性强、与社会生活联系紧密，但是结合学科特点的教学策略较少或者不全。从数量上看，虽然已经有不少针对化学学科特点的化学教学策略研究，但是不够系统，学科特点的某些方面得到强化，而某些研究相对较少。例如，针对实验技能的化学教学策略研究较多，针对知识类型、情感态度、思维方法等的化学教学策略较少，特别是缺少整合型的深入研究。

(3) 新课程要求教学策略要关注学生个体的发展，而如何科学地将三维目标应用于教学策略实践与运用仍处于经验性的摸索阶段。以培养学生的科学素养为宗旨等先进教育理念，但许多化学教学策略显得较空洞，可操作性和实践性不强，从某种程度上说只是将一般教育理念具体到化学学科教学中而已，没有落实到具体的实践和操作环节。

我们认为化学教学策略研究的发展趋势是：

(1) 化学教学策略研究的价值取向将更加注重人本。

(2) 化学教学策略将更加突出过程和方法的本质特征，更加重视学生的作用与动机的激发，重视化学知识与实际生活情境的紧密联系。

(3) 化学教学策略的研究将从理论与实验两方面同时进行。

(4) 化学教学策略与教师教学风格、思维品质的匹配研究。

(5) 化学教学策略研究与哲学、心理学、脑科学的研究结合更加紧密。

简言之，我们应从整体把握化学教学策略，融会贯通地理解和运用多元化的教学策略，根据学生的实际状态，创造性地组织教学，设计出具有特色、符合教师特征及实际教学背景的化学教学策略。

第二章　以人为本与基础教育改革

第一节　以人为本:基础教育改革的核心价值

以人为本,作为一个哲学价值论概念,是关于人作用价值的理论,是人类用于理解和把握世界的一种特有的思维方式、理论视野和解释原则,其实质是对人的价值、人的发展和人在社会发展中的主体作用与地位的肯定。它既强调人在社会发展中的主体地位,又强调人在社会发展中的主体作用,从本质上体现了实现人的价值、确立人的地位、维护人的尊严、推动人的发展、最终求得人的发展的目标。同时,以人为本,并不是以人的意志为本,而是强调人应当理性地认识和掌握客观规律,主动地调整和约束自己的行为,实现自身价值和社会价值之间关系的和谐统一。当今中国,“以人为本”作为发展中国特色社会主义必须坚持和贯彻的重大战略思想——科学发展观的核心,已经成为指导我国社会现实的战略指导思想,成为引领当代中国社会经济文化发展的核心价值。

教育是社会经济文化的重要组成部分。教育,从根本上说,作为一种人类自觉的自我生产行为,其最终目的就是通过培养人,解决人的发展与社会发展之间的矛盾,追求人的发展和社会的进步,实现人的自我完善和自我发展。教育的终极关怀是人,关怀人的事业理所当然应该以人为本。课程改革是教育改革的核心之一,所以基础教育课程改革的核心价值也应该是“以人为本”。

一、以人为本是基础教育改革的价值诉求

新课程改革具有全面性、深刻性,是中华人民共和国成立以来规模最大、影响最广泛的一次课程改革。新课程改革的目标是在以人为本的思想指导下,追求人的素质多方面、多层次和多样化的发展,包括知识的丰富、情感的培养、社会适应能力的发展协调的过程。新课程改革在理念上、实践上都反映了以人为本的要求。

1. 人本的目标发展观

新课程改革提出了知识与技能、过程与方法、情感态度与价值观的三维课程目标,反映了我国此次基础教育课程改革在课程目标上的人本主义取向。人本主义非常重视把情意领域、认知领域、知识领域加以整合,把学习与学生生活、发展联系起来。人本主义学习理论认为,学习是一个情感与认知相结合的整个精神世界的活动,情感和认知是学习者精神世界不可分割的部分,是彼此融合在一起的,学习不能脱离学习者的情绪体验而孤立地进行,对其情感的教育和知识的辅导是同等重要的。在他们看来,“教育的功能、教育的目的——人的目的、人本主义的目的、与人有关的目的,在根本上就是人的‘自我实现’,是丰满人性的形成,是人能够达到的最高度的发展。”新课程改革超越了人本主义的个人主义倾向,将个体的发展与社会责任紧密地统一起来。三维课程目标最根本、最集中地表现为对完满人格的培养和追求,重视智力因素与非智力因素全面和谐的发展,强调受教育者在身体、精神、情感、智力等方面的有机统一和个体潜能的开发,追求人性的完善和对社会的责任,认为教学应该是一个充满人文关怀与教育公平的过程,是一个以人为本、重视人性发展的过程。

2. 人道的课程实施观

新课程改革要求“加强课程内容与学生生活以及现代社会和科技发展的联系，关注学生的学习兴趣和经验”，体现了新课程改革开始从课程现实以及对人的意义出发来阐释课程，将课程看作提供给个体自由发展和人的潜能实现的学习机会。在课程结构上，新课程改革要求体现课程结构的均衡性、综合性和选择性，提出综合课程的设想来弥补和杜绝学科之间在培养“完人”上形成的裂痕，通过不同的课程设置在知识内容上分工不同全面辐射“全面发展”的目标。这就意味着新课程改革在培养全面发展的人的过程中注重各学科教学的全面性、协调性，也是为了每一个个体的发展具有可持续性。在课程管理中，新课程改革实行国家、地方、学校三级课程管理，增强课程对地方、学校及学生的适应性。这种课程管理方式激发了教师与学校参与课程改革的积极性，要求教师由课程任务执行者向课程实践研究者发展，使教师不得不扮演校本课程和地方课程开发者、教材编制者、教材选择者的角色，让教师真正地参与到课程改革的决策中来，体现了以人为本的思想。

3. 人性的学生认识观

新课程改革认为学生是有着完整生命表现形态的处于发展中的人。学生学习是为了掌握生存的常识和技能，以便独立地面对世界；学生学习是为了遵从生活的规则与规范，以便和谐地与人相处；学生学习是为了探索生命的价值与意义，以便更好地服务社会。教育的最终目的是激发人的潜能和创造能力，但是这种能力，包括塑造自己的能力是潜伏的，需要唤醒，需要让它们表现出来，加以发展，而要达到这个目的的手段就是满足学生的需要。学生在发展过程中有探究的需要、获得新体验的需要、归属的需要、获得认可与欣赏的需要、承担责任的需要。转变学习方式，倡导自主学习、合作学习和探究学习是为了满足学生的需要。新课程改革改变了过去把学生当作知识的灌输器的观念，给予了学生以人的尊重与责任，将学习的主动权交给了学生。这充分体现了新课程改革摆脱了以往见物不见人的局面，将教学看作交流与交往的过程，将学生看作有尊严的生命主体，将学生学习兴趣的激发与学生的学习需要当作教学的重要任务。这些理念与思想都符合人的认识规律、学习规律与发展规律的要求，体现了人本主义教育的方向和核心原则。

4. 人文的评价功能观

人文主义者认为教育就是把人从自然状态中脱离出来，发现他自己人性的过程。人文关怀包括对生命及个人独特价值的尊重，对自然及优秀文化传统的关怀，对人的整体性的认同，对不同观念的宽容，对群体合作生活的真诚态度。新课程改革改变课程评价过分强调甄别与选拔的功能，发挥评价促进学生发展、教师提高和改进教学实践的功能。体现了新课程改革的评价观既强调学生个体的发展又注重学生整体素质的提高，优化了评价的价值与功能，将评价不仅看作是一种人才的选拔方式，也看作是一种促进学生发展，改进教学质量与教师教学水平的手段。评价方式多元化有如“大禹治水的都江堰模式”，充分体现了新课程的评价观念的人文化。

二、以人为本在基础教育课程改革中的落实

教育正是因为是一种人的事业，所以具有其复杂性和精神性，也因为人的潜力而使教育具

有创造性。课程是教育最重要的表征，是沟通人与文化关系的桥梁，课程两极相关的都是人，一边是教师，一边是学生，三点一线构成一个相关的连续统一，所以课程改革中落实以人为本，就是处理好课程目标、课程价值、课程开发、课程体系、课程内容中人与课程关系的问题，人个体发展的问题。

1. 课程目标：人文性与工具性的和谐统一

杜威提出："每一个手段在我们没有做到以前，都是暂时的目的。每一个目的一旦达到，就变成进一步活动的手段。当目标表示我们所从事活动的未来方向时，我们称它为目的；当它表示活动的现在方向时，我们称它为手段。"因此，课程目标不仅揭示课程改革的未来方向，而且也蕴含着实现人的价值的方式和方法，它兼具"思想性"或"人文性"与"工具性"的特性。从思想意义上说，课程目标体现了社会发展对人素质的客观要求，也是人对自身发展的一种自然倾向和追求。它是在以人为本的思想指导下，追求人的素质多方面、多层次和多样化的发展。从工具意义上说，目标体现了人才培养的具体规格，一种落实到具体学科中的人才培养标准。落实在具体学科中，我们要警惕以知识点或考点作为课程目标而将思维发展、情感态度作为摆设的现象，这种功利化的目标追求的结果就像我们将射击的目标当成靶子而不是猎物一样。狩猎活动的最终目标不是面对一个死板的静态的靶子，而是得到在那个环境中活蹦乱跳的猎物以及活动过程带来的智能、体能发展和身心愉悦。当然这并不意味着知识目标是不重要的，它是学会思维与培养态度的载体，它是通过练习击中靶子而达到获得猎物的目的，在某种程度上可以说它是进一步获得猎物的手段。同时我们也要注意到在具体的课堂教学实践中，在不同的学科或同一学科的不同章节内容中，三维目标中的每一维度并不总是甚至总不是均衡的。也许恰恰相反，正是若干局部的不均衡最终达到整体的均衡，这符合事物发展的客观规律。均衡是相对的，不均衡是绝对的，无数绝对不均衡的不断回归最终将导致相对的均衡，也就是一种动态平衡。课程目标的实现就是教师要从不同学科、不同学段、不同学生基础背景的实际出发，让学生不仅认识了解"鱼"，还要学会"渔"的过程，更要会创造性地"渔"，同时还要作一个能适应现代社会的、具有合作精神的快乐的捕鱼人。过去的传统目标注重在认知过程的低级阶段，现在更注重学生认知的高级阶段，特别强调将知识转化为能力，将能力转化为创造力。课程目标的最终目的是培养知、情、意全面发展的综合性的高素质人才。

2. 课程价值：人的完整、创造、自我实现与社会责任的和谐统一

教育是连接人与社会的重要中介，通过教育的中介作用，能够有目的、有规范、有选择地把社会发展对人的要求较有效地转化为人的素质，把人的素质提高到社会发展所要求的水平上来，从而实现人的发展与社会发展的相互制约、相互促进、相互转化。正因为教育在人的发展与社会发展之间的矛盾中处于中介转化地位，教育就有了两个基本关系：一是教育与人的发展的关系，教育必须适应和促进人的发展；二是教育与社会的关系，教育必须适应和促进社会的发展。教育要解决人的发展与社会发展之间的矛盾，使之和谐发展、相互协调、有机统一。课程是教育的具体落实，所以课程不仅肩负着个体发展的责任，同时也肩负着个体的社会责任。罗杰斯指出，教育要培养"完整的人"，即"躯体、心智、情感、精神、心灵力量融为一体的人，也就是知情合一的人"。完整的人才能不带偏见地认识社会，理性地管理自己和社会，完整的人才能具有创造的潜力，成为自我实现的人。人类历史上推动着历史车轮的伟人们绝大多数是全面发展的人，爱因斯坦不仅是一位物理学家，还是一位小提琴家。尼采不仅是一位伟大的哲

学家，还是一位伟大的诗人。尼采说："艺术教导我们，要热爱生活，把人的生命看作自然的一部分……科学只是艺术家的进一步发展。""审美状态仅仅出现在那些能使肉体的活力横溢的天性之中……没有艺术的原动力，没有内在丰富的逼迫——谁不难给予，谁也就无所感受。"科学与人文素质在许多伟人身上得到了很好的统一，也构成了他们创造力和自我实现的基础。课程是实现教育的基本途径和手段，课程的功能不仅仅是提供知识，而且要通过知识"引导"学生获取个人自由发展的经验，学会学习与创造，同时学生从课程中学习到认识世界的哲学观、民主自由的思想、人之间的合作共享精神。杜威说学校是一个改造后的社会。知识学习的本质其实是一种方法论的学习，精神价值的学习，世界观的学习，社会责任的学习。课程通过学习完成人自我发展和自我实现的欲望，使一个人越来越成为独特的那个人，成为他所能够成为的一切，成为一个知情合一，有充分独立性、创造性，充满真实、信任和移情性理解的"完整的人"。

3. 课程开发：时代性、科学性与综合性的和谐统一

教育有三大使命：一是人的发展与完善，二是文化的创造与传承，三是社会再生产。这三大使命也构成了课程开发的三个要素：学生、学科、社会发展的结合。这三个要素与政治、经济、文化的发展分不开的，在当前人本管理的政治制度趋势下，在经济全球化、文化多元融合的外在环境下，课程开发要立足于一个全面的眼界、整体的世界观，要立足于未来的人才走向世界的需要，要注重从政治、经济、文化的发展现实中寻找素材。人是社会的基本构成单位，人的发展要与社会的发展相协调，当前课程要通过不断吸收新的名词、新的观念、新的研究成果，不断完善充实自身学科结构与内容，同时还要注重素材的科学性。举一个真实的例子，物理老师讲到一道物理题：如果将一个氢气球放到月球上，是向下落还是向上？这道题的本意是考查学生对重力知识的掌握，但有学生提出疑问："老师，这道题是错误的，氢气球如果放到月球上肯定会爆炸，因为外面是真空。" 物理老师回答："你要明白实际和考题是有差别的，题目有些东西是理想化的。"随后老师延伸内容，对全班说："那我们再想一想，如果一个人站在月球上，他用在地球上起跳同样的力向上跳，那么会怎么样？"全班大多数同学回答，肯定会跳得比地球上更高。物理老师回答："对了。"但那位同学又说："可是还要穿宇航服呢？宇航服还有几百公斤重，肯定跟地球上跳的高度差不多……"还没说完物理老师就火了："我跟你说实际和考题是有差别的！你做题还要去考虑那些伽马射线、阿尔法射线，那还有什么意义嘛！"在全班同学面前受到批评的学生感到很沮丧，下次他再不敢提出相同或类似的问题了。学生的求知批判精神、质疑精神就在老师的批评下，更重要的是在课程开发的非科学性中被泯灭了。所以我们认为课程开发应该坚守一个原则，那就是课程开发的时代性、科学性与综合性。时代性是紧密联系当前的社会生活，不要脱离实际；科学性是符合科学的标准，符合学生认知心理发展水平，符合学科发展的逻辑；综合性是不要人为地割裂课程之间的关系，要在课程之间建立相互沟通的桥梁，彼此互相促进，这才符合人全面发展的需要。儿童在教育中没有温暖是一个悲剧，没有创造也是一个悲剧，有了创造被抑制更是一个悲剧，所以以人为本的教育一定是尊重孩子，统一情感和认知、感情和理智、情绪和行为，强调开发人的潜能，促进人的自我实现的教育。

4. 课程体系：适切、均衡与综合的和谐统一

人本主义课程论者提出了课程内容选择的原则——"适切性"原则。人本主义者认为，教学是教学生，不是单纯教教材，要展开真正的学习，学生必须参与教学过程。有意义的学习只

是在教材与学生自身的目的发生关系，由学生去认知时才能产生。因此，课程内容的组织应密切注意适合学生的生活、要求和兴趣。

课程体系的建设应该将学科逻辑性与学生心理发展的规律性结合起来。忽视学科逻辑的课程是零散的、不能互相承接的课程，从心理学的角度看也是不利于学生学习的，心理学的研究表明结构化的知识便于记忆与提取，即便于学生在此基础上的创新。忽视学生心理发展规律的课程也无益于学生成长，课程的难度要正好在学生最近发展区内，太超前学生的知识基础不能支撑复杂的学习内容，太近激发不了学生的认知冲突，这两者的结果都会产生对学习的厌倦，降低学习动力。同时，在课程体系建设上要处理好人文文化与科技文化、逻辑思辨与审美想象、精神发展与身体素质的关系，课程没有主科、副科之分，没有高低贵贱之分，没有矛盾对立的问题。人是一个系统和谐的体系，精神与身体是一个相互协调、共同促进的整体。身体素质是精神发展的基础，身体素质好的人，机体的调节能力、神经系统的敏锐度都很强，大脑皮层更加活跃，学习效率更高，更有创新思维。同样，艺术是激发创造力的源泉，有强烈艺术想象力的人同时也是创造性很强的人，许多著名的科学家、哲学家同时也是艺术家、美学家、文学家，综合的素质是人体各项机能协调发展的结果。而现在的许多学校将课程划分为主科、副科，将本来就少得可怜的体育课砍掉或经常用文化课占用体育课的时间，这种做法不仅无益于学生的学习，更是釜底抽薪的做法。以人为本的课程体系建设应该是着眼于学生德、智、体、美全面发展的教育。在这方面可以借鉴发达国家基础教育的经验，开设不同种类的选修课以及认知课程、情感课程、体验课程综合在内的“合成课程”，让学生对课程有充分的选择权，以满足不同学生发展的需要。

5. 课程内容：情境化、生活化与综合化的和谐统一

心理学研究表明，有意义的学习只是在教材与学生自身的目的发生关系，由学生去认知时才能产生。罗杰斯强调教学内容应该与“真实问题”相关，“如果我们想要学生学会做自由和负责任的人，我们就必须愿意让他们直面生活，面对难题”。他还指出：“我们必须让所有学生，无论他们是在哪个（教育）阶梯上，接触与他们生存有关的真实问题，这样一来，他们才会发现他们想要解决的问题。”课程内容要根据不同阶段学生身心发展的需要。儿童时期的课程内容应该注重生活化、趣味化。随着学生年龄的增长，课程内容也要向理论化、实践化、社会化发展，以最大限度地激发学生学习兴趣与潜力为目的。课程的综合化则有利于消解科学知识与人文知识的对立，建立学科之间的广泛联系，促进知识之间的迁移。从以上原则出发，曼宁详细列举了课程内容选择的九条标准：有用性标准，普通性标准，最大回馈标准，缺失性标准，困难性标准，生存性标准，适当性标准，质量标准，兴趣标准。这九条标准集中强调了课程与学习者的日常生活、社会状况相联系，与学习者的兴趣、能力、需要相联系，强调关注人口爆炸、环境保护等人类的共同问题，强调课程内容要关注学习者多方面的兴趣价值，课程的难度要适中。

课程内容选择的核心问题是直接经验与间接经验，书本世界与生活世界的关系问题。杜威认为：“迫切的问题是要在儿童当前的直接经验中寻找一些东西，它们是在以后的年代里发展成比较详尽、专门有组织的知识的根基。要解决这个问题是非常困难的，我们并没有解决好，这个问题到现在还没有解决，而且永远不可能彻底解决。”杜威认为，课程知识不是静态的客观存在，而是动态的经验发展过程。所以课程内容的选择不仅是人类文化结果的选择，而且还是获得知识手段的选择。不仅应与主要社会问题和个人知识相关联，而且应与增长知识的方法，评估知识有效性的标准，以及协助人们了解、控制自身及社会相关联。

第二节　以人为本的教育观与思想立足点

一、基础教育课程改革的教育观

新课程改革具有全面性、深刻性，是中华人民共和国成立以来规模最大、影响最广泛的一次课程改革。新课程改革的目标是在以人为本的思想指导下，追求人的素质多方面、多层次和多样化的发展，包括知识的丰富、情感的培养、社会适应能力发展协调的过程。新课程改革的教育观具体反映在知识观、课程观、教学观、学生观和评价观上。

1. 全面综合的知识观

知识是课程发展的三个重要来源之一。德国教育家第斯多惠(Diesterweg)说："人是一个整体，一个完整的统一体。教育的最高目标就是力求达到和谐发展。"在知识观上，新课程改革从知识与技能、过程与方法、情感态度与价值观三个维度规定了各科目的功能和目标，改变了以往知识和技能这一单一维度"一统天下"的格局。现代认知心理学为新课程改革的知识观奠定了理论基础，现代认知心理学认为知识分为陈述性知识、程序性知识和策略性知识三大类。认知心理学的知识分类理论把一切学习结果都当作广义的知识，能力被还原为知识，从而用新的知识观揭示了能力的内在机制，对知识的划分跳出了狭隘的知识观，使教师知道对学生能力的培养，科学方法的指导也是知识构成的一部分，知识不仅仅是书本上的知识，知识源于生活实际，知识是学生主体与客体共同作用的结果。学习的过程中运用的策略和对知识的灵活运用是更高层次的知识学习。

2. 均衡发展的课程观

新课程改革在课程结构上实行了"综合性原则"、"均衡性原则"和"选择性原则"。"综合性原则"、"均衡性原则"是为了保证学生发展的全面性，而"选择性原则"是为了学生个体发展的可持续性。从以上原则我们看出新课程改革为学生的全面发展与个性发展提供了条件与机遇。在课程管理中，新课程改革实行国家、地方、学校三级课程管理，增强课程对地方、学校及学生的适应性。这种课程管理方式激发了教师与学校参与课程改革的积极性，要求教师由课程任务执行者向课程实践研究者发展，让课程真正地走进了教学实践，并从教学实践中发展和改进，保证了课程全面、协调和可持续发展。

3. 对话实践的教学观

在教学观上新课程认为，获得基础知识与基本技能的过程同时也应该成为学会学习和形成正确价值观的过程。认为课堂教学就是知识的对话实践，与文本对话、与情境对话、与同伴对话的过程。一切知识都具有活动的、实践的性质，知识是人类的实践活动。课堂教学的目标，无非就是通过第一种对话实践，与学科主题所包含的观点、论点、问题密切交往的关系。这里的"交往"是提示和接触之意，指学生与教材的能动的关联作用。这种关联表现为获得理解，归结为能动的认知过程所具备的实践与技能的获得。通过第二种实践，发展学习者自身的洞察力，形成认知过程中交互作用的知识、技能、洞察的结果，或是从事与这些行为协调的行为。通过第三种对话实践，在多种论点和思考的交互碰撞中，发展学生对于所有观点，特别是不同于自己观点的共鸣。如果重视了共鸣性理解，就能倾听某一问题的一切侧面，从而获得知识和真理。教学本身就是人文性与工具性的统一体，知识是价值的载体。教学生学习某一种课程知识，并不限于只帮助学生孤零零地掌握、记忆和再现这种知识，而应包括促使他们深入地理解、重构、质疑、批判这种知识，并了解这种知识进一步发展的可能性。如此，学生就能真正地成为知识的主体、学习的主体，课程知识也就最大限度地实现自己的教育价值。所以教学的意义不仅在于对象实体包含着的价值，更重要的在于学生在对知识的掌握过程中形成的对世界的认识，对文化的理解，养成的研究态度、科学的思维方法和激发所蕴涵的对学生将来的发展起推动作用的巨大精神动力。

4. 以人为本的学生观

新课程改革认为学生是有着完整生命表现形态的处于发展中的人。学生学习是为了掌握生存的常识和技能，以便独立地面对世界；学生学习是为了遵从生活的规则与规范，以便和谐地与人相处；学生学习是为了探索生命的价值与意义，以便有尊严地立于天地之间。转变学习方式，倡导自主学习、合作学习和探究学习是基于对学生的尊重。尊重学生就是要尊重学生发展的需要，而学生在发展过程中有探究的需要、获得新的体验需要、获得认可与欣赏的需要、承担责任的需要，唯有开展主动学习才能引导学生去满足这些成长的需要。新课程改革改变了过去把学生当作知识的灌输器的观念，给予了学生以人的尊重与责任，将学习的主动权交给了学生。这充分体现了新课程改革将教学看作交流与交往的过程，将学生看作有尊严的生命主体，将学生学习兴趣的激发与学生的学习需要当作教学的重要任务。这些理念与思想都符合人的认识规律、学习规律与发展规律的要求，体现了以人为本的学生观。

5. 持续发展的评价观

新课程改革改变课程评价过分强调甄别与选拔的功能，发挥评价促进学生发展、教师提高和改进教学实践的功能。体现了新课程改革的评价观既强调学生个体的发展又注重学生整体素质的提高，优化了评价的价值与功能，将评价不仅看作是一种人才的选拔方式，也看作是一种促进学生发展，改进教学质量与教师教学水平的手段。

二、新课程改革发展问题的思想立足点

任何课程改革都不是一个完美的规划，需要在实践中不断地修正完善，用以人为本作为思想立足点就能着眼于长远发展，促进发展。

1. 对课程改革的认识理解问题

课程改革需要广大教师对课程改革的理念、目标、内容、方法进行深入理解。在改革过程中出现一些表面化、形式化现象是课程改革一个必经的认识阶段，从辩证唯物主义认识论的角度看，对事物的认识发展过程是循序渐进的，都是从肤浅到深入，从形式到实质，随着改革的深入，人们对课程改革的认识会逐渐深化。

2. 课程改革中的平衡与效率问题

在课程改革中会出现区域或局部进展不平衡的现象，产生这些问题的根源在于经济发展水平的不同。平衡也是相对的，不存在绝对的平衡也不存在绝对的不平衡，平衡不等于平均主

义，不等于大锅饭。社会要发展进步，教育要发展，必须要有教育的势差，才能有教育的流动与活力。只有流动起来的经济才能创新出更多的价值，只有流动的教育才能更新发展。要引导教育进行一个良性循环与流动，制度与经济的正确导向是非常重要的，科学合理的人才资源流动制度，经济杠杆的有效调节才能真正保证教育的平衡与效率。高效率的教育应该是以人为本的教育，是以人的全面发展为标准的效率，是实现了人的最大社会需要的教育，是激发了人的创新能力与潜能的教育。

3. 课程改革对教师的要求与教师专业素质的适应问题

课程改革是人的改革，课程发展是人的发展，没有教师发展就没有课程发展。新课程改革对教师的专业素质提出了更高的要求，终身学习是落实人的可持续发展的有效途径，也是教师专业化发展的有效手段。为了适应新课程教学，教师的专业知识水平应该随着课程的发展而变革，教师必须掌握大学专业所涉及的经典知识和教师必备的教育科学基本理论知识。同时，教师还应该了解教育哲学、教育心理学、知识论、相关学科领域发展史和学科基本概念规律的知识，重建必要的哲学、课程论、教学论、学习科学等方面的基础。教师应该学会从教育哲学中获得从事教育工作的思想养料、观点的启迪、思维的力量。奈勒说："哲学解放了教师的想象力，同时又指导着他的理智。教师追溯各种教育问题的哲学根源，从而以比较广阔的眼界来看待这些问题。教师通过哲理的思考，致力于系统地解决人们已经认识清楚并提炼出来的各种重大问题。那些不能用哲学去思考的教育工作者是肤浅的。"我们还要创造尊重劳动、尊重创造、尊重知识、尊重人才的社会环境，给教师提供充足的物质资源和智力资源，确保教师能够规划和实施课程改革方案，促进教师职业专业化、终身学习制度化。

总之，基础教育课程改革是一项长期的战略，不是一蹴而就的事业，它需要在实践的土壤中，在以人为本思想的指导与保障下，不断地孕育、生长、发展和完善。

第三节　新课程教学的教育哲学理解与现实反思

一、新课程教学的教育哲学理解

1. 形式教育与实质教育

新课标给教学带来了新鲜的活力，因此教学方式也必须随之发生变化，在新课程实施中出现了教学的形式与实质之间如何协调的矛盾，也在学术界引起了很大的争议。一节课究竟应该怎么上，什么方法最好，什么形式行之有效，很难有个一般的标准去加以衡量。德国教育家第斯多惠曾认为，小学生不需要大量知识，形式教育显然应占支配地位；而在中学阶段，则"要逐渐提出实质教育的目的"。他引用卡普的话："单纯的形式教育培养是根本办不到的；形式教育只有在实质教育中才能形成，而实质教育也只有在形式教育中才能形成的产生；因此培养的结果既不是形式的，也不是无形式实质的，而是有形式有实质，或者在实质中，通过实质随时表现出来的形式。"这句话用一种辩证的思想揭示了形式与实质之间的关系。那么，如何对教学中的实质与形式作合理的定位？从理论层面看，二者各有其所见，又各有其所蔽。教学的形式给学生以动力，推动着学生思维的积极发展，培养学生的开拓与创新精神。教学的实质呈现给人类知识的现实物质和内容，承载着学生从知识向能力转化的基础。康德(Kant)曾说："没有内容的思想是空洞的；没有概念的直观是盲目的。"这或许就是实质与形式价值本身的二律背反。所以在新课程教学中面临的只重形式忽视实质，或只重实质忽视形式的现象，应该有一种哲学的眼界与辩证的看法，不能走极端，要根据不同的教师个性、不同层次的学生，采用一种和谐自然、启迪思维、注重实效的课堂教学方法。

2. 过程教育与目的教育

过程与目的是同一件事情的两个不可或缺的要件。过程是目的的展开，而目的是过程的逻辑结果。正因如此，在逻辑上它们是同构的，且具有连贯性：在逻辑上，过程优先于目的；而过程既然是因目的的存在才具有存在的理由，它就必须受到目的的规范，就要服从于目的。教学的重要目的之一，就是使学生理解和掌握具有统一性的正确结论，所以必须重目的。重过程的目的是为了获得更好、更多的结果，而不是不要结果。但是，如果不经过学生一系列的质疑、判断、比较、选择，以及相应的分析、综合、概括等多样化的过程，即如果没有求异的思维过程和多样化的认知方式，没有多种观点的碰撞、争论和比较，具有统一性的结论就难以获得，也难以真正理解和巩固。更重要的是，没有以多样性、丰富性为前提的教学过程，学生的创新精神和创新思维就不可能培养起来。所以，必须既重结果，又重过程。在教学中，我们强调过程，强调学生探索新知的经历和获得必要的体验，并不是不要结果。

3. 主体教育与主导教育

主导与主体是一个事物的两个不同层面，是和谐统一的有机整体。主导是对主体的一种有效调控，反之，主体又是主导作用有效发挥真实的体现。学生是学的主体，主要表现在思维的自主，学生成为学习的主体，并不等于放弃教师的主导作用，而是教师主导作用的侧重点发生了变化。它侧重于教师是否将“教”转化成学生的“学”，“教法”转化为“学法”，把“教什么”、“怎样教”与学生“学什么”、“怎样学”辩证统一起来，这样才能实现“主体”与“主导”的最佳结合。教学中学生的自主学习是以教师发挥主导作用为前提和条件的，取消了教师的主导作用，学生的自主学习便会失去方向，学生学习中的主体作用便无从谈起；相反越是充分发挥教师的主导作用，学生的自主学习就越能真正实现，学生的主体地位和作用就越有可靠保证。

4. 广度教育与深度教育

从性质上说，广度与深度之间是相互依存、相辅相成的关系。它们之间一般不构成很大的矛盾。一方面，一定的深度要以一定的广度为基础；另一方面，广度要是没有深度来升华或提炼就没有意义。新课程实施过程中，在知识教学的广度与深度的把握上也是一个难点。教学深度与广度的平衡在于学生如何能够利用旧知识发现新知识。观摩课中我们常看到教师在把握广度的时候忽视了深度。课堂教学中存在着只是帮助学生加深对“是什么”的理解，而对于“怎么做”少有触及，尤其是对更基本、更重要的“怎么用”，即对知识的内化及在现实生活如何运用的探究和把握不足。在教学中注重知识的拓展固然重要（它可以提高兴趣，开阔视野），然而，深入了解知识的内涵并同化顺应为个体的知识结构，并从学习中深刻理解科学的思想与思维方法，随时能够从自身的知识体系中畅通地输出并进行灵活运用才是学习获益的根本所在。有效的教学还在于知识的深度与启发性，一个不能激发思考与没有任何困难的问题对于学生是没有吸引力的，更谈不上引发学生的思考与疑问，所以教师的教学要具有一定的挑战性与启发性，这样才会促进学生的全面发展。

二、问题的诊断

1. 教师教育哲学思想准备不足

新课程改革下，教师由于教育哲学思想体系不足，在教学观念上，容易出现传统教学与新课程非此即彼的观念，认为新课程等于新的教学方式，等于热闹的课堂，等于没有激励的评价，等于时髦的教法，等于学生主导。产生这一教学观念的原因首先在于教育哲学思想不足，对教育理性与价值、人生与教育、知识与课程、自由与教育、民主与教育等教学哲学思想认识不足。奈勒说："哲学解放了教师的想象力，同时又指导着他的理智。教师追溯各种教育问题的哲学根源，从而以比较广阔的眼界来看待这些问题。教师通过哲理的思考，致力于系统地解决人们已经认识清楚并提炼出来的各种重大问题。那些不能用哲学去思考的教育工作者是肤浅的。一个肤浅的教育工作者，可能是好的教育工作者，也可能是坏的教育工作者——但是好也好得有限，而坏却每况愈下。"影响课程改革的因素很多，但是，无论什么因素的影响，最后都要归结到"什么知识最有教育价值"、"如何学习这些知识才有价值"、"如何评价这些知识"等基本问题上来。要回答这些问题，仅以社会学、心理学的眼光来看是不够的，还涉及哲学上的认识论或知识论。否则教师的教学也就会只停留在经验与模仿的层面，而不能有任何实质性的进步。

2. 教师对课程标准的准备不足，教学设计理论基础薄弱，教学经验缺乏提炼与传播

新的课程标准对教师提出了更高的要求，教师对课程标准的准备需进一步强化。帮助教师学习并且掌握这些新课题，是当前教师在职培训的重要任务。在课程实践中我们看到教师教学设计理论基础不足，教学目标有效性低，对教材缺乏系统的分析与筹划，对学生和知识的分析不透彻，教学活动随意性强，不能利用预设目标及时调控课堂教学。产生这一结果的原因在于我国的师范院校和教师培训方面偏重于经院式学风教育，教授们的讲授与一线教师的实践经验缺乏融合与交流，理论与实践脱节，或者说理论无法指导实践，缺乏一种好的理论中介变成对教师有实际指导意义的教学文化和教师的操作指南。我们需要通过一定的途径将高深的教育理论、难以理解的观念思想和规范转化为教师能够具体操作的指南，使教师明晰教学设计的思想方法，以科学的方法统整教学设计的一系列内容，将它们变成实用的教学程序、方法与手段。同时，理论工作者应该深入教学一线，将教师在实践中长期总结的经验加以提炼总结并推广，形成中国自己特色的教育、教学理论。这项工作不仅对中国的教师而且对世界的教育都会有影响与帮助。

3. 信息量不足，缺少教学设计与课程资源整合的方法论

在新课程实施中我们发现一些教师对社会文化、经济、科技发展不够敏感，无法深切感受、理解社会发展变化对教学目标的新要求。一是教师受传统教学习惯的影响较深，只关注教育教学本身的工作，知识面狭窄，对社会、政治、经济变化不关心，知识更新不够，信息量不足，所以在教学资源的准备方面还是以教材和教学参考书为主，设计教学内容的形式和活动缺乏科学方法论的指导。二是教师对教学设计的基本原则还不甚了解，在课程资源的开发、拓展和电教媒体的准备缺少教学设计与课程资源整合的方法论指导。

三、可能的解决途径与后续的思考

1. 加强教育哲学思想、课程及教学理论的学习，用理论指导实践

重实践轻理论，科研能力缺乏，甚至缺乏科学教育理论的指导，这是教师实行新课程时面临的困难。这不仅妨碍教师专业成长，也使新课程实施受到阻碍。这些困难的克服需要在教师培训学习中加强教育哲学、知识论、相关学科领域发展史和学科基本概念规律的学习，重建必要的哲学、课程论、教学论、学习科学等方面的基础。教师应该学会从教育哲学中获得从事教育工作的思想养料、观点的启迪、思维的力量。

教师还需要足够的业务学习和课程准备时间。他们还需要学习教学论、教育心理学和教育技术等方面的知识。不同的教师有不同的专业背景、不同的愿望和不同的兴趣，他们需要更多的进修机会和广阔的职业发展空间。教师的需要也是可变的，教师的专业培训应该随着改革的发展而变革。

2. 有机整合学科结构，增设教学设计课程

在新课程改革中我们发现教学目标定位失衡、教学内容失真、教学方法不当等一系列问题都与中小学教师的教学设计知识不足有关。教学目标设计理论能给教师提供针对综合性教学目标的教学决策的依据、实用化的教学问题诊断方法、学习行为的分析方法、学习任务的设计方法和学习环境的设计方法，我们希望通过教学设计课程的学习，教师能准确定位每一节课的目标，科学地选择教学策略，在教学过程中处理好知识与技能、过程与方法、情感态度与价值观三者的关系，把握好发展性目标，保证教学目标的实现，使教师不仅仅只是课程忠实的执行者，还成为教学的设计者，学生学习的促进者、帮助者和管理者，使中小学教师能在教学工作占主动地位，不断提高教学质量，更好地反思、规划自己的专业发展，主动地适应并引领新课程。

3. 强化教育技术培训，科学整合教学实践

作为教师，无论是为指导学生的学还是为顺利地教，都必须掌握与计算机科学有关的基础知识和学会熟练运用现代化信息技术。我们希望通过培训，教师在选择教学媒体时能本着技术为教学服务的思想，教师能根据学科的特点、规律、具体的教学内容和学生特点，对教学技术扬长避短，合理运用，让教育技术真正服务于教学。

第四节　幸福教育：教学目标的人文价值追求

教育价值是多维的，包括塑造人的价值、文化传承价值、社会发展价值等，其中人文价值是教育的主体价值，它的根本问题是培养什么样的人。从哲学本体论的角度讲，教育是一种反思，一种对社会和人生的高度关注，它不仅在于维持个体直接的生命活动，也在于使个体生活得更有意义、更幸福。著名教育家乌申斯基说："教育的主要目的在于使学生获得幸福，不能为任何不相干的利益而牺牲这种幸福。这一点当然是毋庸置疑的。"我们的教育把"培养全面发展的人"作为其宗旨，也意在通过人的全面发展适应社会，实现在特定的历史条件下个人人生价值的最大实现和个人幸福，所以幸福教育是教育的人文价值目标，也是教学目标的人文价值追求。

一、幸福教育是新课程教学目标的人文价值追求

1. 幸福教育是教学目标的人文价值追求

就人的整个一生而言，受教育是个人获得幸福的手段之一。费尔巴哈在《幸福论》中提出：一切有生命和爱的动物、一切生存着的和希望生存的生物的最基本、最原始的活动就是对幸福的追求，人的任何一种追求都是对幸福的追求。他从人本主义的意义上提出了人追求幸福的需要。新课程改革的核心理念就是要求教学过程以人为本，尊重人、认识人、发展人，重视人的情感体验与伦理道德，而人的本性就是追求幸福，所以幸福教育应该是新课程教学目标的人文价值追求。

2. 幸福教育的内涵

当代伦理学将幸福释义为："幸福是人们在一定物质生活和精神生活中由于感受或意识到自己预定的目标和理想的实现或接近而引起的一种内心的满足。""幸福概念看来具有两个层面：有时关涉幸福的感情；有时则是指那种幸福的生活。""透过表面的描述，我们可以将幸福的两个方面区别开来。一个是态度，另一个是促成这种态度的一系列事件的集合。这些事件是令人满意的而来自于一个人的所做和所有，这种态度则是一个人对于自己全部生活的满足。"按照心理学的定义，幸福就是人的根本的总体的需要得到满足所产生的愉快状态。所以学生的幸福就应该是学生在学习生活和精神生活的实践中得到的愉悦感受，它是一种基于事件的主观情感的体验。

教育学认为，教育的真正目的在于促进个体获得幸福体验，提升幸福意识，发展幸福能力。苏霍姆林斯基说过："要使孩子能成为有教养的人，第一要有快乐、幸福及对世界的乐观感受。教育学方面真正的人道主义精神就在于珍惜孩子有权享受的快乐和幸福。""教育上的一个重要任务就是使每一个孩子的心都能受到人的崇高欲望的鼓舞，而给别人带来欢乐、幸福、好处和安宁。"所以我们认为幸福教育的内涵就是以人的幸福情感为目的的教学，它的目标是培养学生体验幸福、创造幸福、给予幸福的能力。幸福教育的实现是学生生理、心理、伦理幸福三个方面和谐统一的过程。

二、教学目标追求的三个幸福因素

教育的实现就在于使学生获得幸福生活的能力，使学生能够更幸福地生活。幸福是教育各种过程目标的逻辑融合点，教育过程本身就应该是幸福的教师进行幸福的教学培养幸福的学生的过程。它包括三个因素：幸福的教师、幸福的教学、幸福的学生。

1. 幸福的教师

教育的幸福来源于教师与学生生命的对话，幸福教育在教师幸福的教学实践中得以实现；教学中的幸福是双向的，只有幸福的教师，才会有幸福的学生，所以教师不仅是教育活动的组织者和人类文明的传播者，还是人类自身进步的促进者和人类幸福的缔造者。教师最大的幸福，莫过于感受那种从职业中获得的创造感、尊重感与艺术感。教师通过在教学环境中充分发挥自身的潜力与创造力，实现了自己生命的价值，找到了自己在世界上的位置，找到了自己与社会、与世界的应有的关系，他的心中就是充实的、幸福的。但职业过重的压力、机械地重复、缺乏休息、功利化评价制度与专业提升的不足给教师的幸福感带来了许多的障碍，制约了教师

的专业发展。从问卷调查结果反映出目前有很大一部分任课教师属于严厉专制型。升学压力不仅是学生的枷锁，也是压在教师身上的沉重负担。工作不能让教师感到愉悦，那就更谈不上工作效率、生活质量。专制的教育和教学更不会有幸福的学生。同时，教师在课堂中不当的行为举止也会对学生产生深刻的影响。教师随地吐痰，抽烟、骂学生、不说普通话，无意之中流露出的对待金钱、对待职业、对待生活的态度也会对学生产生深刻的影响，这种影响是长远的，学生会在内心进行评判，年龄小的学生缺乏评判标准就会产生更为恶劣的影响，他会认为这种行为是正常的并加以模仿，所以教师的基本素质对学生有着深刻的影响。教师作为成人文化的代表，希望学生按照自己的价值标准去做，但不能忽视学生的身心发展的顺序性、阶段性、不平衡性和个体差异性，当教育的节奏超过了学生的发展节律时，会造成学生身心负荷过重，他们难以接受这样的教育，拔苗助长将会摧残学生身心的发展，而当教育节奏落后于学生的发展节律时，教育就很难发挥促进学生身心发展的功能。只有当教育节奏与学生发展节律协调一致，教育的影响力量才最大，才能取得最大的功效。所以，要实现学生生理、心理、伦理幸福三个方面和谐统一，教师应该创设民主、平等、自由、互信的课堂环境，只有在这样的课堂气氛中，学生的性格、品质、自尊、主体性才会得到自由和舒展，才会有快乐。

2. 幸福的教学

幸福的教育在教育过程中实现。教育目标的实现过程即是学生的学习需要与情感需要得到满足的幸福体验过程，即学生的生理幸福、心理幸福和伦理幸福以学生的个体需要为载体，在教学过程中实现了辩证统一。

学生个体需要的满足最有效的途径就是教育。教育以教学的形式将学生的个体需要的满足与幸福感紧密相连。人有感知新异刺激的需要，新异刺激产生人的心理幸福，学生通过获取知识、运用知识、解决问题的过程体会到新异事物的刺激，体验着自身能力的提升与学识范围的拓宽所带来的学习需要得到满足的幸福；在自主探究学习的过程中，体验到自我实现的需要所带来的创造的幸福；人从本性上就是社会性的动物，与人亲和是人的幸福的一个重要来源。师生关系本身就是一种知识的交往与精神思想交往的关系，这种交往本身就具有教育性，快乐的老师和同伴关系对学生的生活和成长有着重要的影响和“教育意义”。在合作学习中通过与同学有效沟通，关心他人，体验到归属的需要，既享受到了体验的幸福，又获得了给予的幸福；在教师的公平的教学风格中，体验到自尊的幸福。所以幸福的教学的过程应该是教师用心与学生进行交流、充分给予学生参与活动的机会的教学过程，是一个充满人文关怀与教育公平的教学过程，是一个以人为本、重视人性发展的教学过程。

但是现实中，许多教育活动偏离了终极目的。以考试为目的使教师考什么教什么，不太关注儿童自身健康的成长有哪些合理的需要，应该为儿童提供哪些他们需要的帮助和支持，也不太过问这些灌输的知识对学生精神生活的成长、生命价值的体现能给予多大的影响。在教师的影响下，学生在学习一门课程时，首先关心的也是“考什么”，以分数论英雄，学习功利化。这样，“他们学习的课程越来越多，得到的真知越来越少；他们接受的教育越来越多，获得的教养越来越少；他们交往的人越来越多，真正的朋友越来越少。对于感受性差的人，尽管他们经历着许许多多的‘幸福’生活，但很难转化成他们的生命价值，所以他们越‘富有’，却越感到不幸”。于是学生的创造力就在这种集体的海洋中泯灭，创造力所伴随的幸福感被扼杀；思想麻木不仁，缺乏社会责任感；部分学习成绩不好的孩子缺乏自信，自卑，甚至产生了逃避社会的想法，成绩的好坏成为评判一个人价值的标准。造成这样的结果是一个综合的因素，与学校、社会、学校文化、家长的目标期待有关。

教育是人的创造物，幸福是教育的终极目的，学生的幸福体现在生理、心理与伦理幸福的和谐完善中。“教育过程首先是一个精神成长过程，然后才成为科学获知过程的一部分。”教育过程应是学生体验幸福的过程。刘次林曾经在《幸福教育论》一书中对这个问题给予这样的描述：“师生双方相互感应，不断激荡，慢慢消解中介隔离最后达到同悲共欢的融合境界。这是一种忘我的过程，在师生的幸福交融中，双方形成一种直觉的关系。台上的疯疯癫癫，台下的如痴如醉，整个教育超越了理性的和语言对意义的分割，形成了一种强有力的情感场和完整的体验：他们或愤或悱、或悲或喜、或怒或笑，忘掉了一切杂念，甚至也忘了下课的铃声。”在这种教育过程中，教师和学生既是幸福的创造者，同时也都是幸福的享受者，师生双方在教育幸福的创造和享受上得到了内在的统一。

3. 幸福的学生

生活的幸福对于学生来说便是一种能力，它需要后天教育的培养，从根本意义上来说，就是培养学生的生活能力，换言之，就是培养学生的幸福能力：体验幸福、创造幸福、给予幸福的能力。

我们在某市两所重点中学进行了调查，样本171人，男生79人，女生92人，范围覆盖初中一、二、三年级。调查结果从一个侧面反映出中学生的生活质量不高，实际上也就是说中学生的幸福状况令人担忧。学生普遍感到学业繁重，从一年级到三年级学生的幸福感呈下降趋势，学生来自于学习不幸福感从一年级的50%上升到三年级的96.2%。学生普遍反映作业太多，睡眠不足。从调查分析中还发现当前的中学生存在物质生活的富足与精神生活的空虚、生活乐趣缺乏的矛盾。这是一个很富有中国特色的特点，在中国独生子女制度下，绝大多数父母对孩子生活、学习的关心远远胜于对孩子精神世界的关心。繁重的学习压力下许多学生自我封闭，缺乏集体的交流与沟通，朋友越来越少，回到家中电脑游戏是最普遍的娱乐，经常参加运动的学生只占29.2%。中国孩子的身体素质令人担忧。学生的幸福从主观上讲来自于自身的健康的身体、乐观向上的个性品质，从客观上讲来自于学习中好奇心得到满足的愉悦，来自于学习过程中积极的创新与发现，也来自于良好的社会关系和丰富的爱好。主观的幸福与遗传有很大的关系，客观的幸福主要与学生的学习、爱好和社会关系有关。“人类中每个成员有一种与生俱来的以韵律、节奏和运动为表征的生存性力量和创造性力量，这就是本能的快感。”这种本能的快感的充分展现可使人产生巨大的身心愉悦和满足。特别是体育运动直接作用于人的生理结构及其机能，使人身体各部分功能得到和谐发展，使人体健康幸福。但体育运动的意义并不局限于此，特别是在体育运动中大家通过协同性活动，为大家提供亲近的机会，通过人际交往大家都从中获得快乐，同时在运动过程中人与自然环境的亲近、和谐，使学生从中享受到幸福。这时的幸福已不是单纯意义上的生理快感了，而是包含心理上的满足以及伦理意义上的自我实现的幸福。马斯洛认为，高峰体验是人最幸福的时刻，在这些感到强烈幸福的时刻，怀疑、惧怕、禁忌、诱惑和软弱都不存在了，在合适的条件下，这样的体验能使一个人发生永恒的变化。学习和发现未知的东西能使人感到高峰体验的幸福。它来源于学习活动中的创造性体验，当解决了一个难题，当创造性地总结了学习的知识，或有了与他人不同的想法，这种思考与创新的愉悦能让学生体会到一种高潮、快乐的时刻，这是自我实现得到满足的幸福体验，它更多地体现了心理上的成就快感。而伦理上的幸福更多地来源于付出的幸福。因为幸福来源于两个方面：获得的幸福与付出的幸福。它们之间是一种辩证的关系。收获成果是一种幸福的体验，付出自我也是一种幸福的体验。人的生命就在收获与付出中品尝生命的意义与价值，感受幸福层次的提升与升华。给予幸福的教育是幸福教育的一个重要内容，它实现了人幸福的个体性向社会性的转化，个体的幸福放在更大更宽的社会舞台上将会有更大的发展和动力，也能带给个体更强烈的幸福感。因为这种幸福不仅是个体各种需要都得到满足的综合，而且外在环境的伦理评价使这种幸福具有更加广泛的教育意义，它是幸福层次的高级阶段。

第五节　化学新课程范式的人文生态化建构

学校课程重返生活世界，重视教育的主体意识，确立一种可持续发展为特征的新课程人文生态观，是当代课程发展的一个重要理念，它代表了21世纪教育的发展趋势。

人文生态主义课程思潮是在人文生态主义的影响下逐步形成和发展起来的。人文生态主义是人类在面对第二次世界大战以来严重的人文生态危机和生存危机，寻找危机的根源和寻求解决危机的策略时发展起来的一种思维方式，它把人们的注意力从部分转向整体，从客体转向关系，从结构转向过程，从层级转向网络；同时还把重点从理性转向直觉，从分析转向综合，从线性转向非线性思维。它的出现标志着一种新的世界观和价值观的诞生。人文生态主义课程思潮主要包括卡普拉的课程思想、多尔的后现代主义课程思想以及多元文化教育的课程思想等。

人文生态课程观的确立，不仅是人文生态主义课程思潮及其实践合乎逻辑的发展，而且是人类寻找自身的生长家园、探求教育课程变革的必然结果。人文生态课程观认为，课程资源系统是由相互关联的复杂网络组成的有机整体。世界包括自然、社会、人，都应看作相互关联的有机生命体。人文生态课程观是一种有机、整体、民主、平等、批判、互动的课程观。人文生态主义课程思潮给当代课程发展的重要启示是：第一，在课程价值取向上，包括了个人价值与社会价值的统一，科学价值与人文价值的统一，人类价值与社会价值的统一；第二，在课程目标上，致力于人的自然性、社会性和自主性的和谐健康发展，注重一致性与差异性的统一、理性与非理性的统一、意识与潜意识的统一以及个体需要与社会需要的辩证统一，以培养自由和解放的公民；第三，在课程内容上，课程应该是丰富的，也可以说，“课程需要有足够的含糊性、挑战性、混乱性以促进学习者与课程对话，与课程中的人员对话，意义就在对话与相互作用之中形成”。所以，课程在深度和广度上应该有足够的方法以促进意义的形成。课程和教师都必须被挑战，都必须足够开放，以引起和鼓励参与。要突破狭隘的科学世界的束缚，达到“科学世界”与“生活世界”的和谐与统一，谋求自然科学课程与人文科学课程的整合，使自然科学课程中渗透伦理精神和审美体验，而人文科学课程中也渗透着科学精神和理性的光辉；第四，在课程实施上，注重教学双方在平等基础上的对话与沟通，使学生在体验性、探索性的框架下进行自主性、创新性学习，并且在这一学习过程中建立起民主、平等、对话的新型师生关系。在这种关系中，双方均获得成长，教师不再是中心，也不是“辅助者”，而是与学生共同参与者；教师是“平等的首席”，是自我反思性的教师，能够带着开放性的态度，不断寻求新的途径，将学生带入对真理的日益深入的理解中。这些启示应当合理地成为现代人文生态课程观的基本思想内核。

一、泰勒原理范式下的化学新课程人文生态化

泰勒在《课程与教学的基本原理》一书中开宗明义地指出，开发任何课程和教学计划都必须回答四个基本问题：①学校应该试图达到什么教育目标；②提供什么教育经验最有可能达到

这些目标；③怎样有效组织这些教育经验；④如何确定这些目标正在得以实现。这四个基本问题可进一步归纳为“确定教育目标”、“选择教育经验”、“组织教育经验”、“评价教育计划”。这就是“泰勒原理”的基本内容。现代课程开发的理论研究和实践探索都是围绕这四个基本问题建构起来的。这四个问题因而被称为课程开发的“永恒的分析范畴”，因而“泰勒原理”被称为课程领域中“主导的课程范式”。

我国的化学新课程改革也正是围绕着这四个基本问题进行的，从其价值取向来看，新的课程范式出现了人文生态化的特点。

二、化学新课程目标的人文生态化

基于美国课程论专家舒伯特的见解，我们将典型的课程目标取向归结为四种：“普遍性目标”取向、“行为目标”取向、“生成性目标”取向、“表现性目标”取向。

从四种课程目标取向的实质来看，“普遍性目标”取向和“行为目标”取向都推行一种“普遍主义”的价值观，都是控制本位的，只不过“行为目标”取向借助了科学的手段，而“普遍性目标”取向是前科学的，处于经验水平。“生成性目标”取向与“行为目标”取向（以及“普遍性目标”取向）存在本质区别，它追求“实践理性”，强调学习者与具体情境的交互作用，主张目标与手段的连续、过程与结果的连续，否定预定目标对实际过程和手段的控制，对学习者、教育者在课程与教学中的主动性表现出应有的尊重。“表现性目标”取向是对“行为目标”取向的根本反动，比“生成性目标”取向更进了一步，它追求“解放理性”，强调学习者和教育者在课程与教学中的主体精神和创造性表现，以人的个性解放为根本目的的。

由此看来，尽管四种课程目标取向各有其存在的价值，但由“普遍性目标”取向、“行为目标”取向发展到“生成性目标”取向，再发展到“表现性目标”取向，体现了课程与教学领域对人的主体价值和个性解放的不懈追求，反映了课程目标人文生态化的倾向。“生成性目标”取向和“表现性目标”取向并不否定“行为目标”取向的合理性，而是基于更高的价值追求对“行为目标”取向的超越。而人文生态主义世界观认为人、自然、社会与文化本身是一个有机统一的整体。它们是内在互相联系的。机械地割裂它们之间的内在必然联系，片面地强调单方面利益的做法是危险的。因此，课程理论中单一的社会取向、学生取向、知识取向是站不住脚的。将人与自然、社会、文化等对立起来，培养征服自然的人才的观念本身就是错误的。

新课程目标规定了对全体学生进行的化学知识与技能、科学过程与方法、情感态度与价值观教育，所提目标是比较低的、普遍能达到的、具有发展性的，注意了扩大化学教育的视野，联系社会、自然、科学技术、人文，考虑了社会发展趋势；以学生为本，立足于学生学习的自主性、多样性；课程目标既有知识的、技能的，又有情感的、观念的、行为的，既有行为结果的，又有行为过程、表现和体验的，所提目标都有利于学生持续发展和全面提高；课程目标基本涵盖了促进学生发展个性、认识物质环境和适应社会环境三方面的要求，体现了实现人与自然、社会、文化和谐统一的过程，在这个过程中学生的身心得到全面和谐的发展，形成与自然、社会、文化和谐共处，实现人类社会可持续发展的积极态度，培养学生对整个人文生态系统的责任感，进而使他们学会认知、学会共同生活、学会生存以及学会终身持续发展的结合能力，培养学生的创造力和综合实践能力。

三、化学新课程内容的人文生态化

学校课程重返生活世界，找回失落的主体意识，确立一种新的人文生态课程观，是当代课程发展的一个重要理念。不仅是人文生态主义课程思潮及其实践合乎逻辑的发展，而且是人类寻找自身的生长家园，探求教育课程变革的必然结果。

回归生活世界的人文生态课程观，从本质意义上说，就是强调自然、社会和人在课程体系中的有机统一，使自然、社会和人成为课程的基本来源。因此，自然即课程、生活即课程、自我即课程便成为现代人文生态课程观的基本内涵。

化学新课程以提高学生科学素养为宗旨，淡化了学科知识逻辑，删除了难点内容，增加了化学与生活、与社会相联系的知识和必要的科学方法训练；突破了“学科中心”结构框架。例如，初中化学将课程内容划分为5个一级主题、18个二级主题。按照“一级主题—二级主题—内容目标—活动与探究建议—学习情景素材”的形式呈现。

5个一级主题、18个二级主题分别为：

(1) 科学探究(增进对科学探究的理解，发展科学探究能力，学习基本的实验技能)。

(2) 身边的化学物质(地球周围的空气，水与常见的溶液，金属与金属矿物，生活中的常见化合物)。

(3) 物质构成的奥秘(化学物质的多样性，微粒构成物质，认识化学元素，物质组成的表示)。

(4) 物质的化学变化(化学变化的基本特征，认识几种化学反应，质量守恒定律)。

(5) 化学与社会发展(化学与能源、资源利用，常见的化学合成材料，化学物质与健康，保护好我们的环境)。

新课程加强了化学与材料、能源、环境、生命等当代人们关心的课题的渗透与融合，向自然界开放，与自然界融为一体，使学生有机会走向自然，并在感受、认识和探索自然的过程中，谋求人对自然的伦理精神、审美体验和求真意志的统一，进而成为自然的关爱者、有创造力的生产者和有责任的环境保护者。

化学课程教材的内容与学生生活和现实社会实际之间保持密切的联系，遵循学生生活的逻辑，以学生的现实生活为源泉和基础，以学生生活的时间、空间为线索，选取学生必需的、感兴趣的以及有发展意义的化学内容设计主题，并贴近现代社会生活，富有时代气息和文化氛围。注意根据学生的认知规律科学地安排知识材料，以利于学生构建知识，设置真实而生动的生活情景和任务型的活动，启发学生以讨论、交流、观察、调查、实验等多种方式去获得知识，引导学生从日常生活中的现象、从生产生活实际入手，用以科学探究为主的多元学习方式积极主动地学习化学，从而激发学生学习化学的兴趣，使学生形成科学的观点和方法，学会用化学的基础知识和技能解决实际问题，培养科学精神和科学价值观。

《九年义务教育化学国家课程标准》指出：“化学实验是进行科学探究的主要方式，它的功能是其他教学手段无法替代的……教师要注意改进传统的实验教学，精心设计各种探究性实验，促使学生主动地学习，逐步学会探究。同时，还要更好地发挥化学实验在德育和非智力品质培养方面的教育价值。”为体现这一思想，课程标准中不仅规定或建议了以学生为主的42项化学实验和6项实验技能要求，而且实验的内容和方式有了根本上的变化，实验的探究性、开放性、趣味性、综合性明显加强。科学探究是学生积极主动地认识科学知识、解决问题的重要实践活动。学生在科学探究中经历提出问题、搜集证据、形成假说、设计实验、观察记录、归纳总结、交流报告等环节，从而体验科学探究的过程与方法，感受到探究的乐趣，自由地展示他的智慧和情感，学会自主、学会选择、学会创造。新课程将科学探究作为义务教育化学课程的重要内容出现在主题(1)，明确提出学生发展科学探究能力的内容与培养目标，这意味着化学新课程向自我开放，尊重个人的感受、体验和价值观念，关注人的个人知识或自我知识，把学生看成知识与文化的创造者，而不是知识与文化的被动接受者。还意味着人性的回归，人的情感、品质、人格、技术、知识等不再成为待价而沽的商品，人的尊严、价值、自我意义、个性得到了张扬，科学理性的控制本性和功利取向得到了修正，科学与理性开始闪烁出人性的光辉。

总之，回归生活的课程内容人文生态化，意味着学校课程突破学科疆域的束缚，向自然回归、向生活回归、向社会回归、向人自身回归，意味着理性与人性的完美结合，意味着科学、人性和生活现实的、具体的统一。

四、化学新课程实施的人文生态化

人文生态主义认为课程实施是指为了实现课程目的，教师和学生以丰富的课程资源为中介相互作用、相互影响的过程。在这个过程中，教师和学生都得到发展。因此关注人的全面发展，以提高学生科学素养为目的的化学教学，必须改变课堂教学只关注教案的片面观念，树立课堂教学应成为师生共同参与、相互作用、创造性地实现教学目标过程的新观念。

化学新课程实施的人文生态化主要体现在教学设计及教学实施两个方面。一是教学过程的设计、教学方法的选择既考虑了教师的教，也考虑了学生的学；既体现学生的主体作用，又体现教师的主导作用，因为教学是师生双向活动过程。二是教学过程的设计、教学方法的选择既要注重教学结论——知识和技能的结果，也要注重教学的过程；既注重学生知识的获得，也注重学生智力和能力的发展。这就要求在课堂教学中采取合理的课堂教学模式，改革教学方法，发挥学生的主体性，激发和维持学生的学习动机。教学方法要以启发式教学为主，鼓励、启发、引导学生积极动手动脑，培养学生主动学习、独立思考的习惯，培养创造精神和实践能力，重视对学生学习心理的分析和研究，依据学生化学学习的规律实施教学活动，从而最大幅度地提高学生化学学习的效率，促进学生科学素养的全面发展。根据新课程观念，教师的教学策略将发生改变，由重知识传授向重学生发展转变、由重教师"教"向重学生"学"转变、由重结果向重过程转变、由统一规格教育向差异性教育转变。进入课程实施情景的个体有自己独特的文化背景，有显著的个性的特征，有各自的理想、信念、价值与追求，因此他们表现出很大的差异性。人文生态主义课程实施观正视这种差异性，进而尊重这种差异性。每个个体都以自己独特的方式解读着这个世界，不同的解读方式之间只存在角度的不同，而不存在贵贱之分、高低之别。基于对课程实施双方的文化背景、个性特征、价值追求等差异性的尊重，人们又致力于寻求与差异性相一致的丰富多彩、富有成效的课程实施模式。通过这种灵活多样的课程实施策略的实施，差异性的合法地位在课程实施领域得到了切实的保护。

站在复杂的课程实施情景和丰富多变的课程实施内容面前的，是作为合作的探究者、平等的对话者的教师和学生。这就是人文生态主义所坚持的师生关系观点。人文生态主义重视课程实施情景，关注学生掌握知识时的内部情感体验，认为学生学习的过程就是他们不断自我发现的过程，学生的主动探究、合作学习成为学习的主要形式。在这个过程中，教师和学生不断地进行沟通和对话，教师扮演必要的引导者、合作的探究者和平等的对话者的角色。教师的主要作用在于激发学生的求知欲望，引导学生发现自我，开发自己的潜能，培养学生与他人合作、共事的态度与技巧，实现学生身心的和谐发展。课程改革所倡导的新观念将深刻地影响、引导教学实践的改变。教师将随着学生学习方式的改变，重新建立自己的教学方式。传统教学是以教定学，让学生配合教师的教，教师是课堂的主宰，学生无条件服从教师。新课程理念下的化学教学中，教师考虑更多的是怎样"教"才能促进"学"，"教"为"学"服务。因此，教师要关注学生富有个性的学习，允许学生在一定的范围内选择学习内容、途径和方法。因为只有那些能够激发学生强烈的学习需要与兴趣的教学，那些能够带给学生理智的挑战的教学，那些在教学内容上能够切入并丰富学生经验系统的教学，那些能够使学生获得积极的、深入层次的体验的教学，那些能够给学生足够自主空间、足够活动的机会的教学，那些真正做到"以参与求体验，以创新求发展"的教学，才能有效地促进学生的发展。

五、化学新课程评价的人文生态化

课程评价是"根据一定的标准和课程系统的信息并运用科学的方法对课程产生的效果做出的价值判断"。

新的义务教育化学课程目标对评价提出了新的要求，其中首要的是将促进学生科学素养的全面发展作为化学教育评价的根本宗旨。因此决定了新的评价将不再仅仅评价学生对化学知识的掌握情况，而会更加重视对学生科学探究的意识和能力、情感、态度、价值观等方面的评价。而且，即使是评价学生对化学知识的掌握情况，也更加关注学生对化学现象和有关科学问题的理解与认识的发展，而不再纠缠概念名词术语和具体细节性事实的记忆背诵，更加重视学生应用所学化学知识分析和解决实际问题的能力的考查和评价。新的化学课程对评价提出了新的要求，既包括评价在价值取向、目的标准、功能任务上的重要转变，也包括评价手段和方式方法上的变化。主要表现为：

（1）由唯认识性评价转向对科学素养的评价。

（2）由以甄别与选拔为主要目的转向以激励和促进学生发展为根本宗旨的评价。

（3）由要素性评价转向综合的整体性评价；由静态结果性评价转向活动过程与活动结果相结合的评价。

（4）由只针对个体的评价转向对个体与小组相结合实际的评价。

（5）由追求客观性和唯一标准答案的评价转向对个体的认识和理解的相对性评价。

有学者构建了人文生态性评价的理念：①以学生发展为本的理念（面向学生，以学生的发展作为课程发展的前提，评价的技术、手段也要有利于学生的发展）；②促使课程不断改进与提高的理念（重视过程评价，关注非预期效应）；③面向多元化的理念（评价方案从尽量满足所有人的愿望出发，定量研究与质的研究相结合，注重对话、开放与反思）。课程评价除具有共同的内容、标准、要求外，还应考虑学生的个体差异，对学生课程学习差异的尊重，实质上是对新生知识的多样性与人之存在的个体性的尊重。每个学生个体总是带着各自特有的经验、知识、视角、理想走进课程的，他们对课程的解读是有差异的，不尽相同。在课程评价领域，长期以来，对知识结果的关注甚于过程。关注知识过程的教学评论表面上看比较费时、费力，不经济，但对于学生主体素质的发展，其回报是丰厚而长远的，它表达的是一种关注过程、尊重差异的可持续发展的人文生态课程观。课程仅仅指明前行的路径。正如接受美学所阐明的那样，作者仅仅完成作品的一半，剩下的一半需要读者去完成。同时，客观世界的复杂性、多样性、动态性也决定了人类理解与知识的丰富性。因此，课程评价不能过分追求唯标准化，事实上，许多问题的解决通常不止一个答案，也可能根本没有答案。世界的开放性与知识的开放性为课程评价提供了广阔的空间。人文生态化的课程评价旨在转变这种等级性区分，针对每个学生特点扬长补短，促进学生的个性健康发展。

总之，人文生态课程观是作为人文生态存在的课程资源开发的内在要求，也是课程资源及其发行既合乎理性又合乎人道的重要保证。人文生态课程观既是世界观，也是方法论，人文生态学的考查方式是一个很大的进步，它克服了从个体出发的、孤立的思考方法，认识到一切有生命的物体都是某个整体中的一部分，它可以有力地解决课程资源开发中遇到的诸多问题。人文生态课程观要求在知识世界与生活世界、科学精神与人文精神、社会进步与个人发展、多元性与一体性、知识与德性等众多范畴之间保持必要张力，避免走向极端。

第六节　化学教学中的人文意蕴

人文教育是以培养人文精神为目标，将人类优秀的文化成果通过知识传播、环境熏陶，内化为学生做人的基本品质和基本态度，内化为人格、气质和修养，成为人的相对稳定的内在品格。现代人文教育是针对科学技术发展造成的对人性的束缚和扭曲而提出来的，追求生动性和个性化。它主张通过科学精神和人文精神的融合，形成一种对社会发展起校正、平衡、弥补作用的人文精神力量，从而培养完整健全人格的人。

一、科学教育和人文教育的融合是历史发展的必然

1. 科学教育和人文教育的融合是科学与社会发展的需要

人类社会正处于后工业化时代，政治经济的一体化、全球化正成为这个时代最鲜明的特征，信息化的浪潮席卷全球的每一个角落，人类文化也正处于一个急剧的融合时代。文化的多元化显示了时代的进步，也让我们面临着选择的困惑，在我们的社会中，有必要选择一种主流的价值观念，引导我们去判断和吸收外来文化。一个民族的特点就在于这个民族的古老文化传递下来的人文传统，如果丢弃了最基本的文化，这个民族的文明也许就会崩溃。因此，在基础教育领域，如果不构建好本民族的人文世界，弘扬本民族优秀的文化传统，我们就失去了一个最好的文化阵地。当然，维护本民族的文化，并不是一味排斥外来文明，也不是固守本民族中一些带有劣根性的传统，同时吸取外来文明中精华，从而形成我们的主流人文精神，形成这个时代的主旋律。

科学技术发展给人类社会带来的多变性与人文精神的永恒性，在当今社会已经成为一对尖锐的矛盾。科学技术的发明和创造是一把双刃剑，既能造福于人类也可能给人们带来难以预料的问题甚至灾难。靠什么来驾驭科学技术这匹狂奔的野马呢？专家学者把目光投向了人文学科的教育。未来社会不仅充满竞争，而且更离不开合作。人与人之间是这样，单位与单位、地区与地区、国家与国家之间也概莫能外。在竞争中合作，在合作中竞争，这是一条相辅相成的必由之路。科学发展越是迅速，就越是需要人文精神的牵引。人们需要人文精神来指引并确定未来社会发展的方向。强调科学技术的发展，而忽略人文社会科学的相应发展，将导致道德堕落、战争、侵略等社会问题，以及盲目、狭隘、浅薄等不良的个人发展。

2. 教育本身的功能决定了人文教育与科学教育必须融合

教育功能是指教育对整个社会系统的维持与发展所产生的作用和影响，主要涵盖人的发展和社会发展两个方面，其中育人功能是根本功能，社会功能是育人功能的延伸和转化。联合国教科文组织原总干事马德尔曾说过："教育的育人功能首先应为发挥今天还有明天生活在地球上的人的一切潜力创造条件，人既是发展的第一主角，又是发展的终极目标。"教育的社会功能是通过人才培养活动，传承科学文化知识，弘扬人类优秀精神传统，发展科学技术，推动社会发展。马克思、恩格斯指出社会主义教育要培养全面发展的人，使每个人既在智力、体力方面

得到充分和自由的发展，又在精神和道德方面获得正常发展。显而易见，只有把人文教育与科学教育有机地结合起来，才能真正培养全面发展的人，实现教育本身的功能。

当前，我国的基础教育正处在由应试教育走向素质教育的关键时期，素质教育以什么样的面貌呈现在我们面前，这需要对基础教育进行深刻反思，同时也要对素质教育的发展蓝图做出合理的规划。素质教育的构思应该是全方位的，其中最重要的就是在基础教育中构建理想的人文世界，形成新时代的人文精神，包括理解、宽容、信任，尊重学生的主动性和创造性。基础教育要走向素质教育之路，就必须克服应试教育中的实用性和满足于短期效益的功利主义倾向，形成有深厚文化积淀的人文精神，这是素质教育所要遵循的最基本的价值取向。我国的基础教育中，为了应试的需要，强调对知识的背诵，对知识不加选择地接受，这种对知识的态度在现代社会必然会受到严峻的挑战。今天我们所接受的知识，到了明天或许就过时了，所以在基础教育中，有必要树立一种自主选择的人文精神，用以指导我们的选择。在这种选择的过程中，形成学生丰富多彩的文化个性。

3. 人的和谐发展与完整人格形成需要重视科学教育和人文教育的融合

在科技革命的推动下，人们创造了一个日益发达和丰富的物质世界，它提供给人类各种物质的方便和享受，使生活更加富足。也是在这样的社会历史背景下，近一个世纪以来，教育的目的主要是培养人们认识、适应、掌握、发展物质世界，着力于教会人的是知识和本领，教学内容是一些知识、技术为主的纯科学的东西，而忽视了让人们从人生的意义、生存的价值等根本问题上认识和改变自己。教育纯“工具意识”以及“职业至上论”的偏颇，导致人们只在实用主义、功利主义的层面上判断事物、思考问题，寻找人生的答案。许多人虽然掌握了一定的知识和技术，但是却没有健全的人格。在人的和谐发展及完整人格的形成中，重视人文教育是非常重要的。科学技术的发展给人类带来了高度繁荣的物质生活，但同时也带来了环境污染、生态破坏、资源枯竭等问题。所以在发展科技、进行经济活动时，就需要在环境和伦理上进行正确的价值判断，这来自于对自然与自身的人性关怀，这种关怀需要人文精神与科学精神高度统一。重视科学教育中的人文教育，便能使两种精神得到统一。科学教育缺乏态度、方法、价值、情感、责任等人文内涵，导致学生对学科以外更为重要的社会、伦理、生态环境、文化教育等问题缺乏应有的知识和重视。知识面的狭窄、人文素养的缺乏，不仅难以应对人类面临的人口、资源、生态环境、教育、文物保护、道德风尚等原有的社会问题，而且会因科技的负面作用引发新的社会问题(如已经发生的资源、生态环境等问题)。反思以往，人们认识到现代社会需要的是兼有科学和人文双重素养的人才。

在我国，青少年问题也是困扰我国社会发展的一个重要问题。在社会环境急剧变革的年代，问题家庭给青少年的困惑，需要基础教育给予一个令人信服的答案，而应试教育无法给这些青少年指明出路，有的甚至加深了他们对生活的绝望，在无法从学校获得应有的帮助后，双重的挫败感只能让他们选择对生活和学习的放任。这也要求基础教育对这些特殊学生的人文关怀，但这些学生往往因为自身以外的因素的干扰而成为差生，而差生在应试教育下是很难得到教师的重视的。构建基础教育的人文世界，就是要关注每一个人的发展，让每一个学生在教育中找到生活的意义，深化自己对生活价值的思考。

4. 重视科学教育和人文教育的融合是基础教育教学改革的要求

知识经济时代、网络时代、全球化时代的到来挑战我国的传统教育，新时代的来临要求具有创新精神、创新意识及创新能力的人才，而传统的应试教育培养的人具有极强的应试能力，缺乏创新能力。处于21世纪之初的中国教育身陷危机之中。并且，20世纪中期以来，各个研究领域对科学文化和人文文化融合的关注使得人文精神逐渐成为核心的意识形态。以人为本的观念渗透社会的各个领域，教育领域寻求科学精神与人文精神的两极平衡的结果是促进学生的全面发展。“学会关心”、“学会生存”、“学会认知，学会做事，学会共同生活”等成为21世纪教育改革的主题，学生将从储存知识的容器状态下解放出来，参与到社会生活中，关心社会，关心政治，关心人类的命运。正如爱因斯坦所说：“人只有献身于社会，才能找出那短暂而有风险的生命的意义。”教育凸现了个体发展的功能。以人为本的核心意识以及时代的信息化、网络化、全球化催生了2001年的基础教育教学改革，教育目标产生了根本的转向，由以前重视学生知识技能的获得转为重视学生的知识与技能、过程与方法以及情感态度与价值观三方面主动统一的发展，体现了时代要求的全面发展的价值取向。

新课程改革主要是针对目前我国中小学教学的弊端以及社会发展对教学提出的新需要而进行的。新课程改革在现代人文主义教育思潮和科学主义教育思潮之间进行了整合，表现出对人文精神的强调和追求，要求教学的价值取向指向人的本质力量，使教学设计能够包含更为丰富的文化要义和人类在创造知识过程中的理想、情感等，要求教学关注人文世界，注重学生心灵的体验等。

二、化学教学实践中融合人文教育的体现

1. 化学教学目标中的人文意蕴与教育

新课程把化学教学目标划分为三个领域。

知识与技能方面提出的目标是：

(1) 认识身边一些常见物质的组成、性质及其在社会生产和生活中的应用，能用简单的化学语言予以描述。

(2) 形成一些最基本的化学概念，初步认识物质的微观构成，了解化学变化的基本特征，初步认识物质的性质与用途之间的关系。

(3) 了解化学与社会和技术的相互联系，并能以此分析有关的简单问题。

(4) 初步形成基本的化学实验技能，能设计和完成一些简单的化学实验。

过程与方法方面提出的目标是：

(1) 认识科学探究的意义和基本过程，能提出问题，进行初步的探究活动。

(2) 初步学会运用观察、实验等方法获取信息，能用文字、图表和化学语言表述有关的信息，初步学会运用比较、分类、归纳、概括等方法对获取的信息进行加工。

(3) 能用变化与联系的观点分析化学现象，解决一些简单的化学问题。

(4) 能主动与他人进行交流与讨论，清楚地表达自己的观点，逐步形成良好的学习习惯和学习方法。

情感态度与价值观方面提出的目标要求是：

(1) 保持和增强对生活和自然界中化学现象的好奇心和探究欲，发现学习化学的兴趣。

(2) 初步建立科学的物质观，增进对“世界是物质的”、“物质是变化的”等辩证唯物主义观点的认识，逐步树立崇尚科学、反对迷信的观念。

(3) 感受并赞赏化学对改善个人生活和促进社会发展的积极作用，关注与化学有关的社会问题，初步形成主动参与社会决策的意识。

(4) 逐步树立珍惜资源、爱护环境、合理使用化学物质的观念。

(5) 发展善于合作、勤于思考、严谨求实、勇于创新和实践的科学精神。

(6) 增强热爱祖国的情感,树立为民族振兴、为社会进步学习化学的志向。

这些目标规定了对全体学生进行的化学知识与技能、科学过程与方法、情感态度与价值观教育,体现了化学教育要培养学生探索求知的理性精神、实证的求实精神、批判创新的进取精神、互助合作的协作精神、自由竞争的宽容精神、敬业牺牲的献身精神的科学精神和以人为本、强调对人本身的价值和尊严的尊重、对人类自身的关爱、对真善美的追求的人文精神。

2. 化学教学内容中的人文意蕴与教育

化学知识体系中渗透着极其丰富的哲学思想。例如,化学概念和原理中充满了哲学范畴:质与量、运动与静止、抽象与具体、理论与实验、原因与结果、原型与模型等。正是对这些哲学范畴关系的不断认识推进了化学及科学的进步,也正是这些哲学认识深刻地影响了人们的世界观。《义务教育教学标准实验教科书·化学》(人教版)第三单元"自然界的水"包括三个方面的内容:一是水,包括微观组成和宏观价值;二是单质、化合物、分子、原子等化学基本概念;三是过滤、蒸馏等化学实验操作。三个方面恰好分属社会、科学、技术三个领域,是融合科学教育与人文精神培养的适宜题材,很自然地,科学精神的培养就成为这一单元的一个重要教学目标。因此在科学教育的基础上,加强科学态度、方法、价值观、情感和责任感等人文教育,使学科知识与人文内容相联系,使科学教育与人文精神的培养相融合。

化学中充满了美。生活中的美千姿百态,但主要有四种基本形态的美:自然美、社会美、艺术美和科学美。化学中就充分体现了这四种美。科学美是科学对象(客观世界)与科学表现(定律、公式、方程、理论表述)相统一的美。它是审美者通过理解、想象、逻辑思维所体验到的自然界内在结构所显示的和谐、秩序、统一的美,以及由此而导致的科学发现的新奇美。化学中的科学美既包括微观世界中物质结构所显示的分子、原子层次的美,也表现为宏观化学现象的美,更表现为化学理论所反映的和谐与统一的美。化学将科学美的四个特征——"和谐、简单、对称和新奇"发展得淋漓尽致。化学课上,化学的科学之美通过教师的教学艺术之美,孕育出学生的心灵之美,因此,好的化学教学就是美的教育,或美育,它可以使学生明辨真伪、善恶、美丑,懂得高尚与卑劣、光荣与耻辱。一个追求真善美的人,一个尊重别人也尊重自己的人,必有高尚的情操,这样的人会借助自己的能力给予社会更多的关爱。所以说,化学美育也是德育。

化学史是化学家认识世界、改造自然、创造发明的奋斗史,其中蕴含着丰富的人文素材。在化学教学中,科学发现和发明的历史以及科学家奋斗的故事让学生接受人文精神的熏陶。以史明志,以史明理,以史为鉴。影响人们观念的不仅仅是新的科学知识内容本身,还包括科学家对待科研工作、科研成果的一系列态度和精神。科学研究是人类认识客观世界的行动,是一种特殊的社会文化活动。科学家的任何科研活动都和社会其他成员的活动一样,体现和反映了参与者的伦理观、世界观和价值观。许多科学家无论在从事科研活动的过程中,还是在运用科研成果,甚至对自己生死存亡的态度上,都表现出对人的价值和人的理想的极大重视,对人文精神的执著追求。在科学发展过程中,深深地蕴涵着科学家充满人文主义的态度和精神。它们和科学知识密不可分,共同构成了化学的教学内容。这些内容对培养学生的人文主义精神和态度具有极大的效果和作用。

3. 化学教学过程中的人文意蕴与教育

当今国外的化学教学均提出了以培养学生的科学素养为主要目标。科学素养的核心要素是人的科学观，要有三个支撑点：其一是对科学知识、技能的掌握和积累，这是基础性、根本性的；其二是对科学方法的掌握，它是发展性、创造性的；其三是非智力品质，如兴趣、情感、意志、作风等发展的影响，它是动机性、情感性的。

化学教学的最重要目的之一是培养学生良好的人文精神和科学素养。我们这里讲的科学素养是指：①对科学技术术语和概念的基本了解；②对科学研究过程和方法的基本了解；③对科学的社会影响的基本了解；④求证精神；⑤能接纳所有不同意见和观点的公开性。要提高学生的综合能力和科学素养，化学学科思想方法有自己的特殊性。例如，化学教学常提"量变引起质变"、结构和性质的依存关系，也常讲各种平衡，如溶解平衡、化学平衡、电离平衡、水解平衡、氧化还原平衡等多种平衡状态。这些都是化学学科思想方法。我们在教学中要适时地将各学科均适用的学科思想提升到科学思想、方法水平上加以认识，这样就为用一种学科思想和方法认识、解决其他学科问题打下基础。

我们还要进一步认识，为提高学生的科学素养并使其具有良好的科学精神，还必须将科学思想方法提升为哲学思想，认识到平衡不仅是理科的，也是文科的。当学生对一些问题能提高到这些角度来思考，学生的世界观、价值观也必须随之变化，为提高学生的社会责任感、树立正确的世界观和价值观提供保证，从而真正提高学生的人文和科学素养。

新课程改革特别强调积极互动的师生关系，认为教学过程是师生交往、积极支持、共同发展的过程，教师不能把自己的道德观念和价值标准强加于学生，要避免非人格的知识专制，尊重学生的存在，使学生体验到平等、民主、关爱，形成积极而丰富的人生态度和体验，使学生的主体性得以凸显。而且，积极互动的师生关系也是促进学习的重要因素。新开设的"研究性学习"是一种自主探究的学习方式。它充分重视学生的主体地位，为学生构建一种开放的学习环境，从自身生活和社会生活中选择问题。

4. 化学教学评价中的人文意蕴与教育

《基础教育教学改革纲要》指出："建立促进学生全面发展的评价体系。"发展性评价的功能由侧重甄别转向侧重发展，它把评定看作教学的一个有机构成环节，通过教学过程中的形成性评价，向学生反馈有关教学进程中的信息，使学生了解在学习中遇到的困难。学生利用这些信息，采取适当措施，提高学习效率，在原有基础上得到提高，最终促进了自己的发展。同样，发展性评价的活动可以使学生的知、情、意得到全面的提升，为学生人格的解放与发展提供经验。

三、化学教学与人文教育的融合

无论人文教育还是科学教育，其教育目标必然是通过教育层次、内容及方式来实现的。要构建教学体系，改革教学内容，探索具有自身特色的文化素质教育模式，突出课堂教学在人文教育中的主渠道作用。

(1) 加强专业教育中渗透人文精神的校本教材的编写，以人体与健康、宇宙及运动、物质与材料、能量与能源信息及技术、生命与环境等生活中的科学问题或科学的应用为框架编写教学内容，用先进的知识充实教育内容，注意学科之间的联系，加强材料、能源、环境、航天、生命等当代人们关心的课题的渗透与融合，以此提高学生掌握现代化学科学知识的起点，渗透人文教育，强化知识的综合、整体功能。

(2) 开设能够反映学科的基本精神和方法，反映学科的自身规律；能够反映学科最新的研究成果，反映学科前沿知识和方向；能够较为密切地与社会结合的综合性、跨学科课程。

(3) 加大选修课、活动课等实践教学比例，拓宽实践教学思路。

强调课堂教学活动形式的多样化是现代教学论的重要观点，为配合多样化的教学，应设计多种形式的教学活动，如系统讲授、读书指导、社会实践、讨论、实验或小制作、探究性学习法等，利用头脑风暴法、戈登技术和情境教学培养学生创造性思维。化学教学要重视科学思维能力的培养，要教会学生养成思维习惯，学会分析与综合、比较与分类、抽象与概括、归纳与演绎思维方法，把科学思维教育贯穿于教学全过程。

构建基础教育的人文世界，还要改变过去教育过程建立在“师道尊严”基础上的单向灌输，注重学生接受、忽视学生选择的知识传授模式，在这种课堂模式下，学生只是被动的接受者，而不是主动的参与者，因而也就无从形成对学习的乐趣和对知识的积极态度。人文学科特别是道德学科要克服板着脸说教的一贯模式，在教学中要多设置“道德两难问题”，让学生在“讨论、对话、实践、反省”中构建自己的价值，形成自己对文化的选择，这样既尊重了学生的主动性，又能发挥学生的创造性，让学生体会到思辨的乐趣，形成独特的思辨文化。“生活的意义是需要独自发现的，谁也无法从外部给予”。基础教育中如果能达到学生主动地去发现生活的意义和目的，也就形成了基础教育中的人文世界。

例如，在化学教学课中，利用生活中的化学现象学习化学知识，可以通过下列途径实现：利用化学知识分析、解决生活中的实际问题，给教学内容(知识、理念、原理等)的抽象性、形式性赋予现实意义，与实际生活联系起来；在教学中要善于联系和渗透科学技术的发展，说明化学对现代文明发展的贡献；把所学知识与社会生活中重大问题联系起来，指出化学在解决这些问题中的作用；充分利用有关人类生存的重大问题，如酸雨、温室效应、环境污染、能源危机、臭氧层空洞、战争等，让学生了解它们与化学的密切联系，培养学生关心自然、关心社会的情感，树立人文意识和人类生存发展意识；让学生深刻认识化学实验在化学学科中的地位，切实加强实验教学，通过实验教学，激发学生对科学知识的兴趣，提高学生的观察能力和动手能力，培养科学态度，掌握科学方法；带领学生走出课堂，参观考察，了解化学的应用和化学对社会的影响。

第七节　以人为本的教案常规管理

教案全称教学设计方案，是教师进行课堂教学工作前的准备工作，也是关系到教学效果、教学质量的重要因素。所以教案的常规检查一直被学校作为学校管理工作的重要组成部分。

某中学老师谈起教学准备时，抱怨学校每学期的教案检查成了教师们的负担，是无效的形式主义。他感叹工作十年，教案也写了三四十本了，刚当老师时写详案还起一定的作用，备课很详细，说什么都要写下来，现在却感到备详案很浪费时间，原来将教学反思写在备课本上，但由于每学期末学校都将备课本收上去存档，他以后备课时只好将教学中的问题及想法写在书上，这样备课本的作用就不是非常大了。而且学校检查也未重视质量及效果，检查也就是数页码，看书写是否认真，教学环节是否齐全，最后盖个章，写个日期。一是为了让老师们能经常重新备课，防止以旧充新；二是为了今后上级检查工作时当教学资料使用。

另一所学校的老师说他们学校有一个教学质量检查组，主要由教务员、年级组长、教研组长组成，每个月都要对教案进行检查，检查完备课本归还老师，备课本可以循环使用。老师还告诉我，他们经常进行集体备课，每一个老师都有所教学科的备课任务，教研组活动就进行说课，然后大家分别就这个老师所备章节进行分析，提出意见，教案整理出来后集体共享，各个老师再根据自己所教班级的不同进行相应的修改与完善。

某高级教师也提到关于教案的问题，他很重视课前的准备工作，他认为教师备课越充分，上课就越有底气，讲课效果就越好。一个好老师应该在上课之前已经将一本书全面地看过两三遍，并且将全书的教学计划及单元的教学计划做到心中有数，这样教学时才能站在一个全面宏观的角度看待每一节课的内容，才能看到知识之间的联系，教学才能做到有的放矢。虽然他没有写详细的教案，很多时候写在书上，但教案就在心中，到了课堂上自然就提取出来了。他们学校也检查教案，只是要求新教师备详案，老教师可以备简案。

某重点中学规定不再检查教师的教案，让教师根据自己的个性风格、习惯方式进行教学的准备与设计。校长说要给予教师一个宽松务实的教学环境，让教师有更多的精力投入教学的思考之中，充分尊重教师的意愿与能力，让教师感到自己是被尊重的，是有尊严的。

那么，教学常规管理应该立足于一个什么样的思想着眼点？应该给予教师一个什么样的教学管理环境？应该采取什么样的制度？从管理的角度讲我们都习惯于有序与规范的行为化管理，因为线性的程序化环节有利于全面系统地操作教学的各个因素，便于量化与评价。而对于人本化管理，校长害怕放手太多教师会产生惰性，最担心的还是教学质量的下降。

我们认为从行为管理走向人本管理是现代教育的大势所趋。校长首先要认识到一个学校管理的出发点是人，目的也应该是人，人是教学管理工作中最具有能动性的因素。怎样将人的工作热情及创造能力发挥出来就是管理最大的成功。以人为本是激发教师工作积极性的最大动力，激发了动力的人潜能是巨大的，是提高教学质量与管理效益最根本的保证。以人为本，并不是以人的意志为本，而是强调应当理性地认识和掌握客观规律，让个体主动地调整和约束自己的行为，实现自身价值和社会价值之间关系的和谐。所以在教学管理中要按照教育规律以及教师专业发展规律进行管理。

一是要充分发挥教师本身的能动作用，让教师在人本管理的模式下将教学常规检查变成自觉的意识与行动。要给教师搭建竞争合作的交流平台，让教师们在教案评比中，公开课、示范课、优质课竞赛氛围中以及年级争先创优中充分调动工作的积极性与教学热情，要充分发挥优秀教师的教学设计方案对教师们的效仿示范作用。二是要在管理模式上改革教案的检查形式，采取灵活多样、省时有效的方法，对新教师多一些指导，让成熟教师多一些教学的合作，让专家教师多一些教学引领，将老中青教师的资源进行有机地整合，使教案常规管理成为促进教师交流与学习的机会，专业发展的有效途径，可以要求老教师写简案，新教师写详案，形式上可以集体备课，师徒指导，教研组活动时附带完成对教案的常规检查。三是通过教案检查，提高教学管理人员的专业管理水平。要让教案的常规检查成为促进教学质量的提高与教师的专业成长的有效途径。有效的教案常规检查要求教学管理人员必须具备相应的学科专业以及教学设计知识。教案的常规检查不是仅仅看字数，数页码，更不是看书写是否工整，它需要教学管理人员具备相应的教学设计知识与水平。所以加强相关教学管理人员的教学设计知识的培训非常重要。四是规范教案检查的内容与格式，使教案常规检查科学化。从内容上要根据教学设计的要求，从教学背景分析、教学目标设计、教学内容设计、教学方法、媒体设计以及教学评价几个方面进行权重规划。教学设计是一门科学，有其成熟的理论基础。例如，为了保证教学设计方案实施的质量和效益，教学设计理论要求在教学设计方案实施之前，教师应该进行教学设计的背景分析。教学设计方案实施前尽可能进行一次前测和调查，以便为教学方案后期的总结与反馈提供依据。教学设计的背景分析属于前端目标分析。其目的是确定课程目标、学生学习需要及社会需要的教学战略目标。它对以后教学目标的确定、教学任务分析起到一个总的提纲挈领的作用,主要包括学习需要、学生情况、学习内容的分析。学习需要的分析是对学生学习愿望和要求进行分析。学生情况的分析主要是了解学生的智力水平、学习起点情况、学习态度及风格等。可用智力量表、态度量表了解学生的智力水平、学习态度及风格,用概念图了解学生的起点情况。也可以通过问卷、座谈、档案袋资源、作业、考试等资料分析,课堂学习行为观察分析进行了解。方法可用调查后进行多因素模型分析。学习内容的分析主要是了解课程的知识结构、层次以及单元的知识结构,知识之间的相互联系可以通过图表的方式将单元知识图显现给学生。也可以让学生通过老师画的知识能力结构图,找出自己知识结构中的不足之处,以便对自己的学习需要进行元监控。对学习内容进行分析可采用图解分析法、层级分析法、信息加工法、归类分析法等。最后,要对教师进行教学设计方案有效设计的培训。要以行为跟进式、专家引领式等实践性强的培训方式促进教师教学设计能力和水平的提高,让教师在实践中熟练地掌握教学设计的方法。

附:教学设计方案评价量表

一级指标	分值	二级指标	等级			
			优	良	中	一般
概述	5	说明学科、年级、教材版本,学习的内容和本节课的价值及重要性	5	3～4	2	0～1
学习背景分析	20	学习需要分析	5	3～4	2	0～1
		分析学习者起点能力,包括认知能力特征分析、认知结构分析、特定的知识和能力基础特征分析	5	3～4	2	0～1
		分析学习者的学习态度、学习动机和学习风格	5	3～4	2	0～1
		学习内容分析	5	3～4	2	0～1
教学目标分析	15	从学生角度确定教学目标,目标阐述清楚、具体,可评价	5	3～4	2	0～1
		结合新课程标准,知识、技能、过程和情感体验并重,重视学生多元智能和创造性思维的培养	5	3～4	2	0～1
		处理好课标要求和拓展之间的关系	5	3～4	2	0～1
教学策略分析	15	有创新,符合学科特点、能激发学生的兴趣,符合学生的年龄特征	5	3～4	2	0～1
		教学方法和策略可操作性强,便于实施	5	3～4	2	0～1
		目的明确、阐述清晰	5	3～4	2	0～1
媒体的选择与设计	15	媒体容易获得,媒体选择与设计符合学习者特征和教学目标的要求	5	3～4	2	0～1
		媒体有利于主题的表达、优化组合、经济有效	5	3～4	2	0～1
		媒体表现形式合理,简洁明了、具有很强的表现力	5	3～4	2	0～1
教学过程设计	20	教法上有创新,能激发学生的兴趣,符合学生的年龄特征,有利于学生的学习以及高级思维能力的培养	5	3～4	2	0～1
		方案简单可实施,对教学环境和技术的要求不高,可复制性强	5	3～4	2	0～1
		各个教学环节描述清晰,能反映教学策略以及师生的活动	5	3～4	2	0～1
		格式规范	5	3～4	2	0～1
教学评价	10	注重形成性评价	5	3～4	2	0～1
		有明确的评价标准,提供了评价工具	5	3～4	2	0～1

第八节　新课程改革的价值实现策略

一、建全新课程保障制度，推动教育管理人性化，教育资源丰富化

课程改革中课程制度的保障问题，教育资源设置不完善，教育输出渠道的单一、功利使教师面临两难的困惑。具体问题体现在：

（1）学校考核制度与素质教育的矛盾。许多学校一切以考试成绩评价教师（按考试结果给教师评优评先进、奖惩挂钩）。这对教师来说既要让学生考高分，又要顾全学生全面发展，让学生各种能力强，教师如何达到双赢？

（2）社会要求与素质教育的矛盾。行政部门对教师考核评价制度以分数主导，家长也只看分数不看过程，学生和教师负担都过重。如何克服这些阻力？减轻学生负担如何真正落实？如何减负不减质？

（3）实施探究学习，合作学习、创新教育等素质教育需要的时间与教学任务超前安排时间之间的矛盾。例如，初中毕业班按照课标要求5月份才能结束新课，有些学校为了增加中考的复习时间，要求每年的第一学期就结束新课，第二年全面进入复习阶段。为此，教师在第一学期使劲抓进度，每堂课都上新课，交给学生思考、消化吸收的时间几乎为零，连作业都只好留在课余或者周末回家做，教师疲倦，学生更苦，前学后忘，知识技能的掌握无从谈起。但如果不这样做，第二年的复习时间又非常有限。教师面临这个矛盾不知应该如何解决，他们迫切想知道什么才是最恰当的时间安排。

（4）新课程对教师的要求与教师专业动力之间的矛盾。新课程对教师提出了更高的要求，尤其是跨学科知识、交叉知识增多，但教师们认为本身教学任务就繁重，用于学习新知识的时间和精力不足。例如，有教师说："我还是按照原来的教学方法，一是时间不允许，乡村教师课程多、学生多、大班教学，往往实施过程中不能按照自己的设计进行，往往有新的策略学生素质跟不上；二是现在领导考核教师，分数就是硬道理；三是时间不够，进行新方法教学要耗时间。"

针对上面的情况，我们认为问题的根源在于教育保障制度还不太完善，教育资源不成熟，教育输出渠道单一。具体体现在：管理对教学的干预太多，我国的教育现状还处于买方市场，教育资源设置不合理，而且优质教育资源不足；教育资源不能合理流动与生成。教师还在固定的管理模式下吃着大锅饭，人才流动不快，社会资本流入教育太少，而且教育是一个长期的项目，见效时间长，私有资本从投资收益的角度不愿意进入基础教育领域。

行政管理对教学的干预太多，管得过死，制约了教育的成长，也制约了教师的教学。从根本上说这涉及管理层面从什么角度来看待教育，是从人发展的角度还是从权力意识的角度，所以以人为本在教育中的落实需要管理层面真正从人本的角度进行教育管理与改革。正如钟启泉先生所说："新课程的实施呼唤一系列教育制度（包括教师教育制度、教育评价制度、问责制度、中介性监管机制）的确立，呼唤教育科学的重建。课程改革需要有良好的社会舆论环境和配套的经费支撑。归根结底，课程改革是一种'学校文化'的转型，这场教育革命要求根本性、结构性的变化。"

教育输出渠道的多样化和教育资源的丰富必然会促进社会教育文化环境的多元化和优质教育资源的流动与生成。教育资源丰富化就是要让学校资源非常丰富，使我们有充分的选择空间，人们拥有充分的选择学校的权利，学校在优胜劣汰中进行教师资源的合理流动。在更多机会的选择面前，教育资源的配置就会趋于合理。教育资源丰富化会给予教师更多的选择权利，必然会促进教师自主的专业发展，教师的专业发展就会变成个体的需要而不是迫于外部的压力。

教师教学动力的激发在于宏观环境因素。没有竞争就没有压力,没有压力就没有动力。教育资源丰富化才能真正促进教师的成长与发展,促进优质教育资源的再生与流动,才能促进教师自觉地专业成长。人的合理流动才会带来效率。教育不能是一潭死水。要解决这些问题,一是要合理地配置教育资源;二是要制定一个评价学校质量好坏的标准;三是要营造一个公平的制度和文化气氛,引导社会进行学校的正确选择。总之,人是世界上最能动、最有力量的因素,世界正走向人本化,一切以人为本,重视人,尊重人,发展人,这也是教育努力的方向。

二、满足学生的内在需要,让更多学生多方面获得成功机会和体验

尊重每一个学生是素质教育的要求,教学要充分满足学生的内在需要是新课程价值的最基本的体现。

教师在现实教学中面临的问题是:怎样采取最有效的方法,最快地提高学生的学习积极性?如何培养学生的学习兴趣?如何提高特殊群体的学生的学习动机和学习兴趣?例如,怎样使部分想辍学的学生喜欢学习?如何提高后进生的成绩并合理定位和评价?多动症的学生如何教学?单亲家庭、留守儿童的学生如何培养良好的学习习惯?

在弗洛伊德看来,人本身就是一个能量系统、动力系统,它决定着人的潜意识(深层)、前意识(中层)、意识(表层)的心理结构以及本我、自我和超我的人格模式。马斯洛认为:"仅客观地研究人的行为是不够的,为求完整的认识,我们也必须研究人的主观。我们必须考虑人的感情、欲望、希求和理想,从而理解他们的行为。"

人本主义学习理论认为教学应该从人的需要的不同层次结构(从低到高分为生理、安全、爱、尊重和自我实现五种需要)进行考虑。人本主义的主题是人的潜能和创造能力。但是这种能力,包括塑造自己的能力是潜伏的,需要唤醒,需要让它们表现出来,加以发展,而要达到这个目的的手段就是教育。人本主义者认为教育就是把人从自然状态中脱离出来发现自己人性的过程。罗杰斯认为,"促进学习的关键是教师和学生之间关系的某些态度和品质。教师应做到:①对学生进行全面的了解和无微不至的关心;②尊重学生的人格;③与学生建立良好的真正的人际关系;④从学生的角度出发,安排学习活动;⑤善于使学生阐述自己的价值观和态度体系;⑥善于采取多种多样的教学方法,给学生更多的区别对待等。"

学校教育教学要让更多学生多方面获得成功机会和体验。

(1) 将课堂变成最吸引学生的地方,满足学生安全和爱的需要。儿童心理学家和教师发现,儿童需要一个可以预料的世界。儿童喜欢统一、公平及一定的规律。缺乏这些因素时,儿童就会焦虑不安。儿童喜欢一定限度内的自由,而不是放任自流。教师要有爱心与激情,负责任的教育必须让孩子们找回现实。关爱孩子,并教会他们关爱自己、关爱同伴、关爱素不相识的人、关爱自然及其他生物以及关爱人类社会,这就是培养一个完整的人的教育的本质内涵。

(2) 课堂要有合作气氛,满足学生归属和需要(团队合作精神,成功体验)。建立学习共同体,让动作式、符号式、图像式等不同认知风格的学生进行有效互动,满足学生归属与爱的需要。马斯洛说:"现在这个人开始追求与他人建立友情,即在自己的团体中求得一席之地。他会为达到这个目标而不遗余力。他会把这个看得高于世界任何别的东西,他甚至会忘了当初饥肠辘辘时曾把爱当作不切实际或不重要的东西而嗤之以鼻。"

(3) 教师要赏识学生,满足学生被尊重的需要。马斯洛发现,人们对尊重的需要可分成两类——自尊和来自他人的尊重。自尊包括对获得信心、能力、本领、成就、独立和自由等的愿望。来自他人的尊重包括这样一些概念:威望、承认、接受、关心、地位、名誉和赏识。一个具有足够自尊的人总是更有信心,更有能力,也更有效率。

(4) 设计认知难度,满足学生自我实现的需要。问题设计要有挑战性,要有价值意义,要

设计有助于学生思考的真问题。教师要提供预先精心设计的具有诱惑性的问题材料或其他感性材料，使学生在欲答不能、欲罢不休的状态下产生企盼的心理，继而大脑开始兴奋，思维开始激活并启动。学生因此而自发地进入探索和研究的科学发现的模拟阶段。

(5)要挖掘隐性知识的教育价值与意义，满足学生对认识和理解的欲望。精神健康的一个特点就是好奇心，好奇心的满足是主观上的满足，学习的发现未知的东西会给人带来满足和幸福。用马斯洛的话来说，“有人把这一过程称为寻找意义，那么我们就应该假设人有一种对理解、组织、分析事物、使事物系统化的欲望，一种寻找诸事物之间关系和意义的欲望，一种建立价值体系的欲望。”

(6) 教学情境的设计要有艺术和审美价值，满足学生对美的需要。马斯洛研究发现，从最严格和生物学意义上说，人需要美正如人的饮食需要钙一样，美有助于人变得更加健康。健康的孩子几乎普遍有着对美的需要。

总之，学生的性格形成和学习态度与社会、家庭、学校都有很大关系。独生子女、单亲家庭子女、留守儿童的学习问题其实是社会问题在教育上的投影。教育是一项综合的事业，需要社会、家庭、学校的综合协调作用。

三、建立教师专业发展标准，推动教育教学的科学化、人性化

调查发现教师想迫切解决的问题主要体现在教学策略上。例如，如何创设一个好的问题情境？如何才能有效地让学生理解抽象的概念？学生在初高中知识之间存在一些知识缺漏，怎样弥补？如何解决知识学习与学生能力发展的问题？怎样才能提高学生的学业成绩？对学生检测考试的方法，如每节内容考、每章内容考、知识块考、周考、月考等，到底哪种方式既有利于教学又有利于提高学生的成绩，还能提高学生能力？如何提高对知识的复习、归纳、总结效率？如何让学生克服难点知识的“怕难”心理？如何在教学中培养学生的探究能力？学生对高考的解题思路、能力、规范答题能力如何培养？学生在课堂听懂了但是不会做题，怎样让学生掌握解题的思路与方法？在实施新教学理念时对学生进行启发式教育，而学生往往难以适应，通过启发后，学生往往得不出结论，不知道教师在做什么，怎样的启发式教学才有效？

从以上问题中可以看出教师无意识之中暴露出自身专业素质、专业知识能力的欠缺。但是，在教学中怎样操作，许多教师显得非常无助。特别是许多农村中学化学教师对新课程的实施多数还停留在“忠实取向”，大多数教师都知道新课程提倡探究学习，也大致了解探究学习应如何开展，但由于自身能力、硬件条件和学生素质等原因，探究学习并没有在课堂教学中实行。教师认为自己很难以将知识类型进行清晰的分析，难以将知识分类与教学策略、教学媒体的设计统一起来，将教学需要与学生的学习需要统一起来。许多教师始终关注的是学生的学习成绩和升学率，而缺乏对个人教学的反思。研究发现，许多教师虽然羡慕名师的教学策略，但认为自己做不到。

我们认为产生以上问题的主要原因在于教师对教育心理学最新成果不熟悉和对实践教学中应该如何进行科学教学的知识缺乏，教学靠经验的积累或自我摸索，教学质量是以时间战术与师生身心的疲惫作为代价来换取学生分数的进步。由于教学没有满足学生的基本需要，而用外在的强化训练忽视了作为个体的人的内在要求与精神需要，所以最终的结果就是学生学习动机的缺乏与教师普遍的教学高原现象。从调查中发现教师迫切需要教育心理学的研究成果在教学实践中的转化运用。教师由于教育心理学知识的陈旧，已经不能适应新课程的需要，一线教师不能及时地分享与应用心理学对教育的研究成果，所以在教学实践中遇到困惑与问题时往往无所适从。我们相信随着我国教师专业标准的出台，势必会推动高等师范院校的课程改革与基础教育改革的配套，推动教师的专业发展，推动教育教学的科学化、人性化。

第三章　三维目标与教学策略

第一节　三维目标的本质

一、哲学的视角

1. *理性主义知识本质观*

在西方哲学史上，哲学家对于什么是知识有着各种不同的答案。不同的人对“知识”这个词的理解并不完全一致。柏拉图（Plato）认为知识是人类理性认识的结果，是人们对于事物本质的反映和表述，在他看来，真正的知识和真理只有一种：数学知识和数学真理。他最早在《泰阿泰德篇》中，把知识界定为一种确证了的、真实的信念。他认为知识由信念、真、确证三个要素组成。这是西方传统知识的三元定义。从这个经典的对知识本性的三元要素来看，知识具有以下特征：一是知识与信念紧密相连；二是人们对知识的探寻过程即是对信念的确证过程；三是知识是与真理是同一层次的问题。因此，“什么是知识”这一问题又常被称为“泰阿泰德问题”。柏拉图理念学说体系的根基是对知识概念的分析和对善的理念的分析。它的首要目标就是从理论和实践上或是在逻辑和伦理上给予真理一个确切的定义并建立一套完备和坚实的真理体系。（**柏拉图的思想体现了对知识客体属性的关注。**）而贝克莱认为真理（知识）不能建立在纯概念的东西上，它必须建立在感知上，人们只有借助感知才能与实在发生关系。（**贝克莱开始意识到知识的主观认知成分，将人们看待知识的视野拓宽了。**）笛卡儿（Descartes）作为现代西方哲学的奠基人之一，笛卡尔的心灵是一种数学的心灵，他认为数学直观和推演是知识的唯一源泉，他的最高目标是要把所有科学都转化为数学。在知识问题上和柏拉图一样对感觉经验的可靠性持怀疑主义的态度。他说“我思故我在”。在笛卡尔看来，“我”作为一个思想者是一切知识的前提，也是一切知识最牢固的基础。感觉获得的知识是混乱的，只有思想获得的知识才是清晰可靠的，外界的知识是从“我思”中产生的。（**笛卡儿认识到在知识的认识过程中人的自我系统以及这个自我系统的力量。**）在笛卡儿之后，斯宾诺莎（Spinoza）、莱布尼茨（Leibniz）、康德等也都强调知识构成中的逻辑成分及知识形成中的理性作用。在斯宾诺莎的知识理论中，我们发现了由想象、理性、直观所表述的三种认知方式和形式之间的区别。想象关注的是经验事物和经验事件的秩序；理性旨在数学世界，尤其是几何学的世界；直观是形而上学的源泉。他认为，宇宙各个部分之间的联系是逻辑的联系，因此，对这种宇宙间联系进行探索唯一合适的方法就是几何学的方法。世界和人类生活的全部本质都可以通过几何学的方法从自明的公理中逻辑地推导出来。莱布尼茨在知识问题上继承了笛卡儿和斯宾诺莎的主张，只是将自己的论证建立在新的本体论——“单子（monad）论”的基础上。莱布尼茨认为宇宙及人的身体都由一个个单子所组成。每一个单子都是不同的，也是不可分割的单位。这些单子之间没有任何联系，有的只是彼此之间的和谐。单子并非传统意义上的实体，不是那种超乎时间和变化的事物；单子是力，它们是行动的核心。这些力量的每一个都有其自身不可摧毁的独特性质。在所有单子中只有一个单子处于统治地位——人的心灵。只有人的心灵才能认识单子之间的“预定和谐”（pre-established harmony），产生出清晰、明确的概念。

作为现代数理逻辑的创始人，莱布尼茨非常强调逻辑在知识获得过程中的重要性，认为凭借逻辑，在形而上学和道德领域就可以像在数学领域内一样进行推理(**斯宾诺莎和莱布尼茨都试图用一种工具或基本的单位将知识统一起来，从他们的思想我们似乎看到了卡西尔符号思想的发源，也看到了作为现代认知心理学关于广义知识思想的发源。由这种思想出发，个体性与普遍性、时间与永恒、延续与变化这些表面上的对立因素就会以一种全新的方式被界定。它们不再是相互对立的东西，它们内在联系、互相关联在一起。它们会汇入一种普遍的人性形式中**)相对笛卡儿、斯宾诺莎、莱布尼茨而言，康德没有否认感觉经验在知识构成中的作用，认为所有的知识都不能超越经验。康德在《纯粹理性批判》导言中指出："我所称之为先验的东西是指：所有并不专注于对象，而是专注于我们认识对象的方式(就这些认识方式可能是在先的来说)的那些知识。"他在先验逻辑学说中把知识理解为由质料和形式两种成分构成。质料(知识的具体内容)是从经验中产生的，形式(各种范畴)则是头脑固有的、先验的，如因果性、必然性、时间和空间等先验的认识形式，质料只有靠先天形式去整理才具有条理性和规律性。他同时认为，这些经验只提供了知识的材料，它们是否构成可靠的知识依赖于一些非从经验归纳而来的"先验范畴"和"分析判断"。(**康德综合了理性主义重视知识的客观属性和经验主义重视知识的主观属性的思想，在这种哲学思想指导下，我们看到了知识的认知维度，康德认为知识的主观属性是先于客观属性存在的，是先验的。**)亚里士多德(Aristotle)试图联系质料的世界和形式的世界。形式和质料的关系在亚里士多德的"四因说"中得到了进一步阐明：①质料因：事物是由什么东西形成的；②形式因：事物形成的根据；③动力因：事物形成的动力；④目的因：事物形成的趋向、用意。(**正如卡西尔所说，亚里士多德不愧为大师、先贤、领袖，他早已看到了知识的客观属性、主观属性、动力属性以及价值属性，并试图将这些关系联系起来。**)

2. 经验主义知识本质观

在西方哲学史上与斯宾诺莎、莱布尼茨理性主义知识概念并肩而立的就是经验主义的知识概念。总体来说，经验主义的知识概念反对任何先验的观点和范畴，认为人类所有的知识来源于感觉经验，都是对外部世界各种联系的反映。培根(Bacon)认为真正的知识就是对外界事物忠实的反映，观察的实验是获得这些知识最可靠的途径。在培根这些论述的基础上，洛克(Locke)更鲜明地提出，人的心灵如同一张白纸，没有任何先验的观念。所有观念都是通过感觉得来，感觉是人们获得知识的唯一通道。知识就是对两个观念之间"一致性"、"相似性"或"因果性"的认识。洛克认为人认识的道路是由个别现象的感知经由归纳的途径逐渐获得对一般原理的认识。(**经验主义强调知识的主观属性，强调人认识世界的方法也是一种知识。它是广义知识论关于思维策略方法是一种知识的哲学基础。**)

3. 实用主义知识本质观

19世纪末到20世纪初出现的实用主义知识概念则是将知识看成行动的"工具"，否认先验主体的存在和主客体的区分。詹姆斯(James)认为知识是纯粹经验，一种给定的未加区分的纯粹经验在某种情况下是"认识者"，在另一种情况下就成了"认识对象"。知识的标准既不是主观的理性形式，也不是客观的感觉经验，而是能够产生"有用的"结果。在杜威看来，知识本身就是有机体和环境之间相互作用的中介，是有机体为了适应环境刺激而做出的探究的结果。一种知识是有效的或者真正的知识，那么它一定能够提高有机体探索和适应环境的能力，否则就是无效的、错误的知识。(**实用主义知识论从知识的价值入手，认为知识是有价值的。**)

福科(Foucault)则从知识与话语、知识与权力的关系入手，对知识的概念进行了全新的表述，如"知识是由话语实践按照一定的规则所构成的一组要素"，"知识是一个人在话语实践中能够谈论的东西"，"知识是主体采取一定的立场谈论其话语实践中所要研究客体的一种空间"。在福科这里，知识已经不是一种静止的东西，而是一种运动的东西；已经不是一种符号化的陈述，而是一系列的标准、测验、机构和行为方式；已经不是一种理性沉思的结果，而是一系列社会权力关系动作的结果。福科认为每一个人都处于各种权力关系的核心，都在通过知识理解权力、应用权力、赋予权力。(**福科让我们看到知识的社会属性，知识具有的可分析性、程序性，它是主客体相互作用的系统。**)权力对知识的控制引领着课程知识选择实施的方向。美国批判教育学家阿普尔(Apple)认为，"知识的选择和分配不是价值中立的……而是阶级、经济的权力、文化的权力间交互作用的结果。""课程知识的选择和分配是社会权势者依据一定标准而做的意识形态上的抉择。学校的知识形式，不是正式的或潜在的，都含着权力、经济资源和社会控制之间的相互关系问题。因此，组织或选择课程知识的标准是依据广泛的知识体系和组织原则而确立的。这种选择，即使是无意的，也都是根据指导教育者思想或行动的意识形态或经济前提而做出的。"

4. 卡西尔符号说

卡西尔继承了康德的思想精髓。卡西尔认为人们认识这个世界的方法与思维本身就是一个光源体，它本身就是一个能量的所在。这就好像人们看到世界的五彩缤纷不是物质本身的色彩，而是因为光线的能量在不同物质上不同的分布反射到视线之中，于是形成了对事物色彩的认识。他引用拉克利特的话说，"当人们具有一个共同世界时，他们便是清醒的；而当每一个把他的思想与共同世界分离开以便生活于他自己的世界时，他就是沉睡的。"这句话说明了人与人之间是一个联系的整体，文化需要共享，人的知识与财富也需要共享。那么用什么方式共享世界的文化并使之具有更加广泛的价值？这个联系物就是符号。卡西尔认为这些符号体系尽管有其差异性，但都有内在的统一性。这种统一性不能以一种体系化形而上学的方式被看成简单的、不可分割的实体。它不能用纯实体的方式描述，必须用功能性的方式去理解和界定，即以关系、活动、运用的方式去理解和界定。卡西尔从相对论和量子理论中得到了启示，他认为人们能够而且必须用不同的思维框架来描述物质，也许可以把它看成一种粒子，但同时也可以用一种波的方式去看待它。用符号来说明现象就不再是矛盾的东西了，就像艺术和宗教都有其独特的语言、独特的符号思维形式和符号表达方式，但除这些差异外，它们之间仍存在着一种深刻的、内在的联系。

卡西尔用符号的思想统整了知识观。卡西尔告诉我们知识不仅包括客观世界，也包括认识世界的方法与思维，思维方式本身就是知识，并且具有巨大的能量。它们都可以统一起来，这个统一的媒介就是符号。从卡西尔的思想中我们看到了统一整合的思想，它将是广义知识论的哲学基础。知识不仅是一种静态的客体，也是一种动态的思维方式，并具有自我系统的能量。知识具有其自身的量子力学理论，并且也可能在客体与主体认知之间发展能量跃迁。知识由客体对象知识、思维方式知识和自我系统知识组成，在知识系统的能量场中它们具有统一的语言符号，统一符号的表达为教学规律的掌握、教学策略的设计提供了科学依据。

从上面的历史回顾可以看出，哲学家从不同的角度对知识作了不同的分析，分析的目的也是为了综合，为了得到一个关于知识的整体观。正如康德在《纯粹理性批判》中指出的，既然理解活动的原则仅仅是用于展示现象的原则，"原告被专横地以一种系统化教条方式用于对事物之一般作先天综合认识的本体论思想,就必须让位于那种仅仅是对纯粹理解活动加以分析的最谦逊的称号”。尽管关于“知识”的观点纷繁复杂,但很多观点都是从知识的主观属性或客观属性出发,并形成了两种主要的“知识”认识的哲学取向。一种是理性主义知识观,另一种是经验主义知识观。理性主义知识观植根于现实主义和实证主义,相信真实世界的客观存在,认为这个真实世界存在于人的主体之外,不受人类经验所支配。由此理念出发,理性主义认为人通过学习能够认识至少是能够理解这个真实世界,知识就是对客观存在的世界的反映,因而知识具有绝对性、权威性和普遍性。经验主义知识观认为不存在所谓的“客观世界”,一切认识都是主观的,一切意义都是主观构建的。世界是认识的世界,那些主观世界之外的所谓的客观存在对于主观世界来说是没有意义的。由此出发在经验主义知识观看来,“知识”不是一种客观的反映,而是人的主观世界的经验构成。无论理性主义还是经验主义对知识的划分都建立在对认识主体与认识客体的区分上,将知识看成一种永恒的、静态的产物。知识的概念问题是一个开放性的问题,哲学家站在不同的角度、立场会给予不同的回答,这就像从不同的角度去摸大象,得出的结论是关于对大象不同结构部分功能的认识,而不是整体的认识,同时整体的认识也不是部分的简单相加。但可以从哲学家的回答中看出:**①知识是客观存在世界的反映;②知识是主体认识客体的思维方法;③知识是主体、客体相互作用的系统;④知识本身具有逻辑构成形式性和可分析性;⑤知识具有内在统一性;⑥知识具有工具价值与社会属性;⑦知识是通过“自我系统”作用而被认识的,自我系统是具有能量的。**

5. 哲学的知识分类

柏拉图按照人的认识能力的不同层次,将知识分为可感事物的知识和可知事物的知识。前者包括猜测和信念,后者包括仔细推理和洞见。他认为认识的过程是从猜测上升到洞见,然后洞见善的理念,而理念又如同一道光线向下射向感知世界,使人们获得对可感事物的知识。亚里士多德按照知识的不同功能将知识分为三种形式:一是关于理论的知识,表现为自然哲学、数学和形而上学三门理论科学,目的是为了确定真理;二是关于实践的知识,表现为政治学和伦理学,目的是通过获得性的伦理能力导向明智的行为;三是关于创制的知识,表现为超越功利的高雅艺术,如诗学、修辞学以及各种技艺。经验主义者休姆(Hume) 按照知识的来源将知识分为经验知识和逻辑知识,建立在经验基础上,即建立在感性知觉基础上的知识为经验知识,建立在概念之间关系的约定规则基础上的知识为逻辑知识。康德按照知识的适用形式将知识概括为三种类型:一是先天分析的知识,即不依赖于经验的知识;二是后天综合的知识,即适用感觉印象的知识;三是先天综合的知识,即适用形式的洞见的知识。杜威抛弃了主客体二元对立的观点,认为知识既指运算或探究行动,又指行动的结果。他将知识划分为四个既相互区别又相互联系的方面:第一方面是技能层面上的知识,即最基本的做事能力;第二方面是了解层面上的知识,即不仅知道如何去做,还要拥有鉴赏或判断事物价值的能力;第三方面指间接获得的知识,称为信息或学问;第四方面指来源于理性基础和逻辑体系的理性知识。20 世纪 40 年代末,哲学家赖尔(Ryle)将知识分为知什么(knowing-what)的命题性知识和知如何(knowing-how)的行为性知识两大类。**从以上看出,哲学对知识划分是基于宏观的层次,主要是从知识的来源、功能、适用形式等方面进行划分,而这种划分不能接触知识的实质。宏观的划分让我们看到了知识的来源、性质与价值,却不能看到知识的本质,但为我们从心理学的微观角度了解知识的本质铺垫了道路。**

二、心理学的视角

受哲学思想的影响，心理学也经历了客观主义、主观主义到两者相结合的三个阶段。布卢姆(Bloom)认为，知识是“对事物和普遍原理的回忆，对方法和过程的回忆，或者对一种模式、结构或框架的回忆”。人工智能专家把知识看成客观事实或信息，认为“知识是以各种方式把一个或多个信息关联在一起的信息结构”。主观主义心理学家把知识视为“个体头脑中的一种内部状态”；当代认知派心理学家皮亚杰(Piaget)认为，知识是主体与外界环境，或者说是思维与客体相互交换而导致的知觉建构。具体的含义即指“知识不是客体，也不是认识者本身的主观意识，而是主体本身与环境的相互作用而产生的个体的体验和认识”。皮亚杰强调学习者的个人主观能动性以及学习者的原有认知结构对新知识获得的影响。这个定义也为我们提供了一条获取知识的方法：不断地交互。只有个体与环境不断地交互，才能获得更多、更好、更新的知识，个人原有的知识库才能不断地增加。但这种作用不是无意识的，而是有人的智力作基础和介质的，因而也有人称之为智力结果。认知心理学派的信息加工理论常被作为现在教学论的理论基础之一，将知识看成信息，将人类的学习过程看成主体对信息进行加工的过程。从以上看出现代认知心理学的知识观认为知识内在于人的主观创造，是建于客观性之上的主观构建，是主体与客体相互作用的产物。

在主观主义的教学知识观中，建构主义的知识观是较有代表性的。建构主义认为知识不是对现实的纯粹客观的反映，任何一种传载知识的符号系统也不是绝对真实的表征。知识并不能绝对准确无误地概括世界的法则，提供对任何活动或问题解决都实用的方法。知识不可能以实体的形式存在于个体之外，尽管语言赋予了知识一定的外在形式，并且获得了较为普遍的认同，但这并不意味着学习者对这种知识有同样的理解。我们很难说上述两种取向的知识观孰是孰非，因为知识本身就具有主客观双重属性。知识虽然源自主观世界之外，但它所反映的事物本身是不以人们的意志为转移的。知识之所以成为知识，就因为它是经过主观世界加工提炼过的，已经不可避免地打上了主观烙印。虽然知识可以通过客观的载体进行存留和传播，但是知识的理解、应用却离不开人们头脑中的意识世界。知识的客观属性让我们明白，知识是以客观世界为基础的，具有共性，是可以认识、可以传授的。其主观属性则提醒我们，知识的传授和接受过程不是僵化的、绝对的，而是要关注接受对象的主观特性。否则，知识的传授就变成了机械的“灌输”，从而削弱知识的传播效用。所以，单纯地强调知识的客观性或主观性都是一种片面的行为。知识的这两种属性仿佛是人的两条腿一样，缺了哪一个都不能称为一个完整意义上的人。

认知心理学对知识理解的核心思想是：知识是主体与知识客体对象相互作用的知觉建构。知识本身就具有主客观双重属性，这是一种综合性的知识论。

受哲学的影响，心理学虽然对于知识的看法历来众说纷纭，但总结起来大致有以下几种分类：一是斯皮罗从知识的组织结构入手，从知识是否便于被学习者理解和掌握的角度出发，提出的良构领域知识和劣构领域知识。二是波兰尼(Polanyi)从认知科学的角度提出和研究，从知识是否是“可言明”的角度出发，提出的显性知识和隐性知识。1958年，波兰尼在《人的研究》一书中明确提出，“人类有两类知识。通常所说的知识是用书面文字或地图、数学公式来表述的，这只是知识的一种形式。还有一种知识是不能用系统表述的。例如，我们有关自己行为的某种知识。如果我们将前一种知识称为显性知识的话，那么我们就可以将后一种称为缄默知识。我们可以说，我们一直隐隐约约地知道我们确实拥有显性的知识”。三是认知心理学将知识划分为陈述性知识、程序性知识，也有的分为陈述性知识、程序性知识和策略性知识三大类。陈述性知识是指对内容的了解和意义的掌握（如概念、规律、原则等），就是指"是什么的知识"；程序性知识是指"怎么用的知识"，就是在遇到新问题时有选择地运用概念、规律、原则，它与认知技能直接联系；策略性知识是指"为什么的知识"，知道在为何、何时、何地使用特定的概念、规律、原则，它是关于如何思考以及思维方法的知识，与认知策略直接联系，一旦掌握，能自觉地、熟练地、灵活地运用，那么就转化成了能力。认知心理学的广义知识观已将（狭义的）知识、技能与策略融为一体了。广义知识观把一切学习结果都当成知识，能力被还原为知识，这正如把水还原为氢和氧一样，从而用新的知识观揭示了能力的内在机制。这样，如何培养学生的分析能力、综合能力就不是一个抽象的难以具体操作的概念了。技能就是程序性知识，以产生式系统表征，它在学习初期以陈述性知识的形式出现，以命题网络的形式表征，培养技能就是将陈述性知识转化为程序性知识，而转化的过程就是通过变式练习，将以命题网络表征的规则步骤在具体情况中加以程序化，因而学生的能力在程序性知识的各种运用中也得到培养和体现。

三维教学目标的最大特点就是体现了教育工具性与人文性的高度统一。从认知心理学的角度出发，从知识是否是"可言明"的角度出发，"知识与技能"是显性知识，"过程与方法"、"情感态度与价值观"是隐性知识，也有的称之为缄默知识。克莱蒙特在研究实验的基础上指出缄默知识也并非只有一种形态，它可以划分为"无意识的知识"、"能够意识但不能通过言语表达的知识"和"能够意识到且能够通过言语表达的知识"三个层次。通过这种划分，克莱蒙特认为，在缄默知识和显性知识之间存在着一种"连续"或"谱系"现象，而不是截然不同的两极。通过这个中间地带，显性知识可以转变为缄默知识，缄默知识也可以转变为显性知识。从知识观的角度出发，在三维教学目标中，"知识与技能"是一个完成预设教学指标的结果性目标，是陈述性知识，是一种有待转化的知识，它需要在认知过程的实践过程中完成向程序性知识和策略性知识的转化。"过程与方法"是一个动态化、开放式的程序性目标，从方法论的角度是一种"认知思维的操作和体验"，是指通过运用记忆、理解、应用、分析、评价、创造的认知思维完成知识、技能向能力的转化过程，即学生向学会学习，学会发现问题、思考问题、解决问题的方法和运用知识的能力的转化过程。"情感态度与价值观"是人对亲历事件的体验性认识以及由此产生的态度行为习惯，是一种体验性目标，是这个知识化学变化中的催化剂。它是一种社会性态度，包括自我意识、心理健康、自我发展、道德、态度价值观、感觉、动机等方面，与人的社会性需要有关，是人类特有的高级而复杂的体验，具有较大的动力性和深刻性。明确学生的需要可以帮助教师找到最适合的激励措施，充分调动学生学习的内驱力。三维目标中，知识与技能是形成过程与方法、情感态度与价值观的基础；过程与方法是掌握知识与技能以及形成情感态度与价值观的中介和机制；情感态度与价值观是掌握相应的知识与技能、方法，逐步形成实效性过程和科学性方法的动力，它对前两个目标具有明显的调控作用，积极的情感态度与价值观能在探索知识与技能的过程与方法中起到巨大的推动作用。反之，好的知识与技能、过程与方法又反作用于情感态度与价值观。这三维目标具有内在的统一性，统一指向人的发展。

三、教育学的视角

1. 知识与技能

《教育大辞典》第一卷中是这样定义"知识"的："知识是对事物属性与联系的认识，即个体通过与其环境相互作用后获得的信息及其组织。表现为对事物的知觉表象、概念、法则等心理形式。可以通过书籍和其他人造物独立于个体之外。"《中国大百科全书·哲学卷》对"知识"的解释是:"知识,是人类认识的结果,它是在实践基础上产生的又经过实践检验的对客观实际的反映。"朱作仁主编的《教育辞典》对"知识"的解释是:"知识,从认识论的角度看,知识乃是人脑对客观规律的反映,是人脑认识自然界、认识社会和人的精神产物,是人类在经验基础上的系统概括。知识在本质上是自然的、客观的。"王焕勋主编的《实用教育大辞典》的解释是:"知识,是精神活动的产物,不是从过程而是从结果的角度对客观现实的反映。在科学理论中,在艺术中,在各种方法系统中,知识的结晶表现出认识过程中的稳定性因素。"在汉语词典中,"知识"通常被解释为人们在实践中获得的认识和经验。根据韦伯斯特(Webster)词典的定义,知识是通过实践、研究、联系或调查获得的关于事物的事实和状态的认识,是对科学、艺术或技术的理解,是人类获得的关于真理和原理的认识的总和。这两个解释反映出"知识"的两个重要特性:第一,"知识"是从实践中来的。也就是说,"知识"不是凭空闪现的,而是从客观世界中来的,是反映事物的事实和状态的,具有客观属性。第二,"知识"是人的认识和经验,即"知识"的存在是与人的主观精神世界相关联的,是人们对真理的理解和认识,具有主观属性。钟启泉先生认为知识是有关客观的、确凿的、尽可能普遍妥帖性的事实的信息。确凿知识以信息为素材,可以借助归纳法、演绎法、假设验证等各种方法形成。这种"知识",通过语言、文字、符号、图形、图像等手段,在人与人之间传递、交换,作为共同的精神财富积累下来。阿普尔认为学校所处置的信息、知识仅限于社会文化与信息的极少部分,这种在学校接受的信息和知识称为"学校知识"。

《教育大辞典》对"技能"的解释是:"主体在已有知识经验的基础上,经练习形成的执行某种任务的活动方式。由一系列连续性动作或内部语言构成。具有初步知识,经过一定的模仿和练习可获得的是初级水平技能;在丰富的经验和知识基础之上,经过反复练习,基本动作达到自动化水平的是技巧。按其性质与特点,分智力技能和操作技能两类。前者是在头脑中对事物分析、综合、抽象、概括等智力活动,如构思、心算等;后者是指由大脑控制机体运动完成的,如书写、舞蹈等。在教学过程中,其形成一般以知识为基础,同时又是获得新知识的条件。"总之,"技能"是指观察、阅读、表述、计算、调查、测量、操作仪器、制作模型、绘图制表、演奏以及一些特殊的运动技能等,是关于"如何做"的知识。它是一种经过学习自动化了的关于行为步骤的知识,表现为在信息转换活动中进行具体操作。

加涅在学习结果分类中将技能分为智慧技能和动作技能。智慧技能主要是指借助于内容言语在头脑中进行的智力活动方式,包括感知、记忆、想象和抽象思维等。智慧技能是可以习得的,但却又是内隐的。智慧技能的本质特征就是掌握正确的思维方式和方法。以概括程度为标准,可以将智慧技能分为两类:一般智慧技能和特殊智慧技能。根据心理过程的不同复杂程度,加涅又将智慧技能由低级到高级细分为五亚类:①辨别;②具体概念;③定义性概念;④规则;⑤高级规则。每一类都以前一类为先决条件。它们分别代表了不同类型的行为表现,并且由不同的内部和外部学习条件所支持。

动作技能是一种习得的能力,是一种最明确的人类性能。它是指在练习的基础上,按照某种规则或程序顺利完成身体协调任务的能力,主要是借助骨骼、肌肉、神经等完成的。动作技能按照不同的划分标准有不同的分类方式:①按与外部条件的制约程度来划分,可以分为开放性技能和封闭性技能;②按动作连贯性的程度来划分,可以分为连续性的动作技能和不连续性的动作技能;③按反馈的路径来划分,还可以分为内循环技能和外循环技能。学者费茨

(Fitts)对于动作技能形成的研究非常具有代表性，费茨认为动作技能的学习有以下四个阶段：

(1) 认知阶段——理解学习任务，并形成目标表象和目标期望。在这一阶段，由于学习者首先应该领会技能的基本要求，因此可能会出现动作慌乱、不协调的情况，同时缺乏自我反省。

(2) 分解阶段——将组成动作技能的动作构成的整体逐一分解。在这里需要强调的是，虽然动作技能需要被分解开，但是这样的分解并不意味着一分到底，而只是需要根据认知主体的自身情况，分解他所认为的新的动作技能即可。

(3) 联系定位阶段——形成并固定适当的刺激与反应的联系。在这个阶段中，将前一阶段中被分解开的各个动作连为整体，变成固定的程序性的反映系统。这时，主体的自控作用(前面说的程序性知识的自动与受控分类)逐步提高，紧张程度有所减缓。

(4) 自动化阶段——熟练操作。

动作技能的学习是从简单到复杂、从单一到连贯、从紧张到熟练直至自动化的过程。

总之，教育学认为“知识”是人们在实践中获得的认识和经验，是对事物属性与联系的认识；“技能”是关于行为步骤与操作的知识，也是一种习得的能力。“知识与技能”具有客观属性。

2. 过程与方法

“过程”，按词典的解释是指“事情进行或事物发展所经过的程序”。从系统论角度看是指系统状态的变化。关于教学过程的内涵，已有众多的探索与观点。孔子强调“学而时习之”。儒家经典《中庸》强调“博学之，审问之，慎思之，明辨之，笃行之”。柏拉图认为“认识真理的过程，便是回忆理念的过程，教学就在于使人回忆理念世界”。捷克教育家夸美纽斯认为，教学过程是一种由观察到理解、记忆的过程。李秉德主编的《教学论》中认为教学过程“是学生在教师的指导下，对人类已有知识经验的认识活动和改造主观世界、形成和谐发展个性的实践活动的统一过程”。顾明远主编的《教育大辞典》指出，教学过程是“师生在共同实现教学任务中的活动状态变换及其时间流程”。“过程”包括三个方面：一是知识的原创过程；二是知识的认识过程；三是知识的应用过程。

关于“方法”，顾明远主编的《教育大辞典》指出，“方法是指为了实现一定的目的，按一定程序所采取的行为方式的总和。是认识世界、改造世界的各种具体方式、手段的通称。方法的选择，须符合客观世界发展规律，才能取得效果。掌握科学方法，是人们认识世界和改造世界的前提。”北京师范大学石中英教授认为知识从类型上说不仅包含了“事实性的知识”，而且也包含了“程序性的知识”，后者就是通常所说的“方法”，所以方法范畴包含在知识范畴之中，是一种特殊类型的知识。我们认为新课程强调的方法即“倡导学生主动参与、乐于探究、勤于动手，培养学生搜集和处理信息的能力、获取新知识的能力、分析和解决问题的能力以及交流与合作的能力”。

总之，三维目标的“过程”从认识论角度是指一种“程序及其时间流程”，从系统论角度是“师生在共同实现教学任务中的活动状态变换”，从方法论的角度是一种“认知思维的操作和体验”。我们认为“过程与方法”目标的提出体现了知识与行动的统一，个人与社会的统一。在行动中检验并获取知识，在参与社会生活中发展个性。“方法”是一种认知思维的程序性知识，即认知技能，它包括智慧技能和认知策略。三维目标的过程与方法目标从本质来说就是学会学习的目标。

3. 情感态度与价值观

在休姆看来，任何知识包括科学均与人性休戚相关。他说："一切科学对于人性总是或多或少地有些关系。任何学科不论似乎与人性离得有多远，它们总是会通过这样或那样的途径回到人性。"人在求知的过程中，必然将自己的欲望、理想、意志投射到对象世界，人所创造的知识涵盖着人类的价值取向、目标理想、审美尺度，表征着人的本质特征，知识总是烙有人类主体精神创造的印记。情绪、情感对个体的认知有组织和瓦解的效能，愉快的情绪、积极的情感有利于智力活动，低落的情绪、消极的情感则不利于智力发展。

《教育大辞典》对"情感"的解释是："心理过程之一。是对客观事物的态度体验，包括人的喜、怒、哀、乐、爱、恶、欲等各种体验。是人所特有的，与社会需要相联系的体验。对人的活动具有调节功能。"按照心理学的定义，"情感是客观事物是否符合人的需要与愿望、观点而产生的体验。"即对外界刺激的肯定或否定的心理反应。比尔斯(Bills)说："情感的定义如此模糊和难以界定，而对情感的测量又如此困难，所以教师在课堂中根本无法充分地驾驭，除非等到我们对于情感有了更深入的理解。"马丁(Martin)和布利戈斯(Briggs)也得到了与比尔斯相同的结论："情感的概念太宽泛，以下所有方面都与情感有关：自我意识、心理健康、自我发展、道德、态度、价值观、感觉、动机等。作为教育者，我们关心所有这些方面。既然它们不属于认知或动作技能领域，这一堆零杂物就成了情感领域的东西。"情感领域的教学往往因为情感定义的模糊、情感领域的宽泛和测量的困难而难以设计与实施。虽然情感领域的教学存在着很多困难，但是我们必须重视它。根据格雷(Grad)和拉约莱特(LaViolette)的理论，忽视情感会造成学习效果的迟滞，理解个人的情感才是促进更高水平认知组织能力发展的关键。

感觉是诱发情绪体验的首要条件，个体通过感觉刺激，进行认知体验，从而产生一定的情绪体验，进而产生动机。古德(Good)与布罗菲(Brophy)将动机定义为"用来解释目标导向行为的引发、方向、强度与坚持性的一种假设的概念"。动机形成包括学习的愿望、做出的努力和在学习任务上的坚持性。这三个方面称为意动方面，是动机和意志的结合。动机贯穿于整个学习过程，而不限于学习初始阶段。情感产生动机和意志，动机是一个发展过程，意志是人的元认知能力。态度价值观是结果目标。学习者习得的内容和数量受其动机的影响。学习动机又受个体的情绪状态、信念、兴趣与目的以及思维习惯的影响。

"态度"是指："是社会心理学基本概念之一。是指在一定情境下，个体对人、物或事件，以特定方式进行反应的一种心理倾向。由认知成分(对态度对象的信念或真实知识)、情感成分(对人、对事的情绪反应)和行为成分(对客观的外显行为)所构成。是个体在社会环境中，与各种人和事接触过程中逐渐形成的。"加涅认为："态度是一种影响个体对人、对物、对事的行为选择的内部状态。"情感态度是学习的内在条件，如果不具备包括学习欲望在内的内部条件，那么外在的信息是不可能有意义的，这个人也不可能从中进行学习。奥尔波特(Allport)为态度下的定义是："态度是心理的和神经中枢的准备状态，它们通过经验来组织，并施加直接或间接与所有对象或情境有关的个体反应。"人的各种行为受态度的影响很大，态度能以多种多样的方式被习得，它必须有一些行为表现手段。即在学习某种经验的实践过程中，当学生在自己的思想、信念、态度和行为方面产生了认知不一致或不协调时，他就力图获得一致，但是其结果可以显现在"学生行为后果"上，体现在学习行为上。态度的认知因素是指个体对态度对象所具有的带评价意义的观念和信念。这些观念和信念通过赞成或反对的方式表现出来，是由许多观点构成的认知体系。态度的情感因素是指个体对态度对象的喜爱或厌恶的情感体验，是伴随认知产生的情绪或情感。

“价值观”是有关价值与价值关系的观念系统，即“个体看待事物及评价自己的重要性或社会意义所依据的观念系统。罗克奇所下的定义为‘个人关于行动的理想模型和理想的终极目标的信念’。它是个体在社会化过程中认知和评价客观事物，或通过成人讲授、强化、自居作用和观察学习等方式，经过标准选择、赞赏和行动等加工环节将社会价值意识逐步内化而形成的。作为个体定向、调节的内部机制，它支配着个人的行为，使个体行为比较一致地朝向某一目标或带有一定的倾向性。”价值观与人的社会性需要有关，是实践主体以自身需要为尺度，对客体重要性的认识，具体到知识领域，那么就是主体以自己的需要为基础而形成的对知识重要性的认识。它通过个体对知识的判断影响着个体的行为。另一些研究者认为，价值观是表示得到社会广泛承认的社会态度的名称。一个广为接受的观点是，前者可能处于一个连续体中，这个连续体代表着不断增加的内化程度，即从勉强接受到极为重视(从而高度抗变)。在个人的发展过程中，不同类型的价值观或许代表了不同的内化程度，可能在个人自己的行为选择中变得明显。

情感态度的发展是有阶段性的。克拉斯沃尔(Krathwohl)等依据价值内化的程度，将情感态度与价值观领域的目标共分为五级：接受或注意、反应、评价、组织、价值与价值体系的性格化。克拉斯沃尔等的分类启示我们，情感态度的教学首先是一个价值标准不断内化的过程。教师或教科书上所介绍的价值标准，对学生来说是外在的，学生必须经历接受、反应、评价和组织等连续内化的过程，才能将它们转化为自己信奉的内在价值。其次，情感或态度的教学不只是政治课或思想品德课的任务，各学科也都包含这方面的任务，因为任何知识、技能或行为、习惯都不能离开一定的价值标准。我国研究者在借鉴和改造布卢姆等的教学目标分类理论的基础上，已逐步总结出了自己的分类。关于情感领域的教学目标分类，以行为目标和内容分类相结合的思路，将克拉斯沃尔的五级分类转化为中小学的“接受、反应、爱好、个性化”四级分类。“接受”、“反应”可视为情感态度的形成，“爱好”可视为兴趣的形成，“个性化”可视为人的自我系统中价值观的形成。

我们认为：

(1) 情感态度与价值观目标体现了知识的动力性、调控性，它对知识认知过程有组织或瓦解的效能。愉快的情绪、积极的情感有利于智力活动，低落的情绪、消极的情感则不利于智力发展。教师和学生的情绪、情感都可能成为教学系统的敏感初始条件，对教学结果或学习结果产生重大影响。

(2) 情感态度与价值观目标由情感认知、动机产生、观念形成和行为反应四个阶段组成，具有阶段性。新的“情感态度与价值观”的形成对通过知识的认识活动会形成新的观念和动力结果。

(3) 情感态度与价值观目标还具有长期性，在短期内难以评估出来。可以编制一个行为核查表，用它来对每一种行为出现频数进行统计，根据统计结果，就能判断是否具备了应有的态度。

情感态度与价值观的最终目的是完美人格的形成，包括正直、敬重、负责、自律、忍耐、奉献等人格品质。正如美国公立学校运动之父贺拉斯·曼所主张的那样，公立学校应当帮助学生养成理智与良心。美德教养应当先于知识教养。尽管不应当无视知识，但不伴有美德的知识是危险的。素质教育的基本使命就是保障每一个学生的学力成长与人格成长，培养学生成为知识社会所需要的、具有创新精神与实践能力的身心和谐发展的新生代。

德国教育家第斯多惠说：“人是一个整体，一个完整的统一体。教育的最高目标就是力求达到和谐发展。”知识与技能目标只有在学习者大胆反思、大胆批判和实践运用过程中，才能实现经验性的意义建构;情感态度与价值观目标只有伴随着学习者对学科知识的反思、批判和运用才能得到提升;过程与方法目标只有学习者以积极的情感态度和价值观为动力,以知识技能为实用对象,才能体现它本身存在的价值。当然这并不意味着三维目标对人的发展是等值的。在具体的课堂教学实践中，在不同的学科或同一学科的不同章节内容中,“三维”中的每一维度并不总是甚至总不是均衡的。也许恰恰相反，正是若干局部的不均衡最终达到整体的均衡,这符合事物发展的客观规律。均衡是相对的,不均衡是绝对的,无数绝对不均衡的不断回归,最终将导致相对的均衡,也就是一种动态平衡。所以教师要从不同学科、不同学段、不同学生基础背景的实际出发,以灵活多样的方式整合三维目标,促进学生的优质发展。

综上所述,哲学、心理学和教育学的研究认为,知识是主体与知识客体对象相互作用的知觉建构,它既是客观存在世界的反映,又是主体认识客体的思维方法。知识具有客观属性、过程属性与动力属性等特点。知识由客体对象知识、思维方式知识和自我系统知识构成。

“三维目标”的提出代表了一种整体的知识观,“知识与技能”代表了知识的客观属性,“过程与方法”代表了知识的过程属性,“情感态度与价值观”代表了知识的动力属性。这“三维目标”相辅相成,相互作用,共同构成整体的学习目标。“知识与技能”是学习的基础,打好基础才能站在前人的肩膀上创新,“知识与技能”目标达成的过程应当是实现其他目标的载体,“知识与技能”目标的达成应当有利于其他目标的实现;“过程与方法”是学习的核心,是在以知识与技能为载体的学习中获得学科思想、方法的个人的学习体验;“情感态度与价值观”是学习的归宿,借以形成学生个人的品德与素养。三者各有侧重,相互促进,从整体上形成学生个体的创造性素质与完美人格。

第二节　我国新课程三维目标分类的借鉴与发展

国外的基础教育不仅注重各个学科课程目标的完整性,而且还很注重整体课程的统一要求。课程目标由四大部分组成:一是认知类,包括知识的基本概念、原理和规律,理解和思维能力;二是技能类,包括行为习惯运动及交际能力;三是情感类,包括思想、观点和信念,如价值观、审美观等;四是应用类,包括应用前三类来解决社会和个人生活问题的能力。国外基础教育课程目标非常注重这四个方面的完美结合,力求达到认知与情感、知识与智力、主动精神与社会责任的和谐统一。从课程目标所包含的内容来看:一是重视基础知识的学习,提高学生基本素质;二是注重发展学生的个性;三是着眼于未来,注重能力培养;四是强调培养学生良好的道德品质;五是强调国际意识的培养。

我国新课程改革框架构建了比较完整的目标体系,提出了知识与技能、过程与方法、情感态度与价值观三维目标,表明教学目标从以知识为中心向以学生发展为中心转变,从单纯注重传授知识向引导学生学会学习、学会合作、学会生存、学会做人转变。注重学生持续发展和全面提高,注重培养学生对社会的责任感,培养学生的创造力和综合实践能力。我国课程目标的制订受布卢姆的教育目标分类理论和加涅的学习结果分类理论影响较大,我国三维目标的制订是在这两个理论体系基础上的借鉴与发展。

认知心理学的知识分类理论对教学目标的分类理论起到了理论支持的作用。影响最大的是广义的知识分类理论。

在众多的学习理论中,奥苏贝尔、加涅、布卢姆、安德森和梅耶(Mayer)对有关认知过程中的知识学习分类研究是较有代表性的。奥苏贝尔学习分类是在20世纪60年代提出的,在《教育心理学——认知观点》一书中，他进一步对这一分类作了系统阐述。根据学习者是否理解要学习的材料，学习可分为有意义的和机械的。根据学习材料是由学习者发现还是他人告之的，学习可分为发现学习和接受学习。奥苏贝尔将有意义学习从简到繁分为以下五类：表征学习，概念学习，命题学习，概念和命题的运用，解决问题与创造。表征学习包括记住事物的符号和符号代表的各种事物，获得的是一种孤立的信息。概念学习是指理解符号代表的一般意义，也就是认识一类事物的共同本质特征。在概念的基础上进行命题学习，命题乃是知识的基本单元。在概念和命题的基础上，运用已有的概念和命题知识解决复杂问题乃至进行创造是最高级的有意义学习，其中不仅获得概念或命题，而且可以获得解题策略。我们认为奥苏贝尔的有意义学习理论实际上也是对知识结果的一种分类，不足之处在于其分类中将知识结果类型与认知策略含混起来，而加涅的分类弥补了这个不足。加涅根据学习结果的特点，把教学目标分为五种类型：言语信息、智慧技能、认知策略、动作技能、态度。言语信息就是学习者学会陈述事实或观点的能力。智慧技能就是个体学会使用符号办事的能力。认知策略是学习者用以控制注意、学习、记忆、思考等行为的内在组织技能。动作技能是指在整个学校教育中，个体在游戏和体育活动中学习的各种技能，以及含有动作技能的工具——操作程序。态度就是影响个人对人、对事、对物的选择的倾向。加涅的贡献在于：一是根据不同的学习结果需要和不同的学习条件提出的五种学习结果，除态度外，其余四种都可以认为是知识，他的知识分类成为当代认知心理学家对知识分类的基础；二是提出了智慧技能的亚类由辨别、具体概念、定义性概念、规则（或原理）、高级规则构成，这种分类以心理学为依据，从本质上对知识进行了划分；三是提出了认知策略的概念。他认为一种对学习和思维极为重要的智慧技能是认知策略。在现代学习理论中，认知策略是一种控制过程，是学生用以选择和调整其注意、学习、记忆与思维方式的内部过程。他认同温斯坦(Weinstein)和梅耶提出的认知策略，有复述策略、精加工策略、组织策略、理解监控策略、情感策略等。加涅理论的不足之处在于没有提出不同类型的知识是如何在人们头脑中表征、储存、激活和提取的，也没有提出知识之间是如何转化的。

从1948年到1972年，经过美国教育心理学家布卢姆等的不懈努力，《教育目标分类学》认知领域、情感领域、动作技能领域三本分册相继问世。自此，教育目标分类理论完成了其整体教育目标框架的搭建。布卢姆等将教学活动所要实现的整体目标分为认知、情感、动作技能等三大领域，并从实现各个领域的认知过程的水平出发，确定了一系列目标序列。在认知领域内，布卢姆将认知领域目标由低级到高级划分为知识、领会、应用、分析、综合和评价六个层次。知识是指对先前学习材料的记忆；领会是指把握知识材料意义的能力；应用是指把学到的知识应用于新的情境，解决实际问题的能力；分析是指把复杂的知识整体分解为组成部分并理解各部分之间联系的能力；综合是指将所学知识的各部分重新组合，形成一个新的知识整体；评价是指对材料（如论文、观点、研究报告等）作价值判断的能力。但以当代心理学研究的最新成果看，布卢姆认知领域的目标分类还是有一些局限性：第一，位于最低水平的“知识”类别与其他五个类别不属于同一维度；第二，各个类别之间的区分不明确，目标框架的层次、分类的连续性与等距性顺序不尽合理；第三，缺乏将教育目标分类应用于实践的方法指导。后来安德森等又对其进行了修订，将原分类学的单一维度修订为认知过程和知识两个维度（表3-1）。在认知过程维度，根据认知过程由简单到复杂分为记忆、理解、应用、分析、评价和创新六个层次。知识维度包括四个类目：事实性知识、概念性知识、程序性知识和反省认知知识。安德森等认为分类学在计划课程或单元水平的教学和评估时是最有用的。他们提倡采用中间水平的目标，即课程或单元目标，以便于既能见到树木又能见到森林，便于各项知识目标的达成。他们希望新的分类框架可以帮助教师计划实施适当的教学,设计有效的评价任务和策略,并保证教学和评价与目标相一致。

表 3-1　安德森修订的教学目标分类

知识维度	认知过程维度					
	1. 记忆	2. 理解	3. 应用	4. 分析	5. 评价	6. 创新
A. 事实性知识						
B. 概念性知识						
C. 程序性知识						
D. 反省认知知识						

梅耶的学习分类观是在整合了加涅和安德森的学习理论后提出的。在梅耶的观点中,他把知识分为三类:①语义知识,指个人关于世界的知识;②程序性知识,指用于具体情境的算法或一套步骤;③策略性知识,指如何学习、记忆或解决问题的一般方法,包括应用策略进行自我监控。

表 3-2 列出了这几位代表人物的教学目标分类。

表 3-2　教学目标分类

奥苏贝尔	加涅	布卢姆	安德森	梅耶	坦尼森
表征学习	言语信息	知识	事实性知识	语义知识	陈述性知识
概念学习 命题学习	智慧技能、动作技能(低)	领会	概念性知识		
概念和命题的运用	智慧技能、动作技能(中)	应用(初级)	程序性知识(低)	程序性知识(低)	程序性知识
解决问题与创造	智慧技能、动作技能(高)	应用(高级)、分析、综合	程序性知识(高)	程序性知识(高)	策略性知识
	认知策略、态度	评价	反省认知知识	策略性知识	

从上述学习分类理论来看,他们对于知识学习的研究呈现出一个明显的倾向,即学习认知过程概念的出现。在学习分类理论中,认知过程的概念与狭义的知识观相融合,共同被纳入了广义的知识观的范畴。这是学习分类理论把认知过程作为研究对象所带来的必然结果。因为对学生主观认知过程的研究必然会涉及认知中的主观能力的问题。以往按照狭义的知识观,知识仅包括它的储存和提取,如布卢姆教育目标分类中的"知识"、加涅信息加工理论中的"言语信息"、奥苏贝尔有意义学习理论中的"表征学习"、梅耶的"语义知识"等。这些都是属于一种对客观性知识的事实陈述与回忆,是一种狭义的知识观。而上述理论不但把狭义的知识纳入了研究之中,而且更为重要的是把认识知识的技能与狭义的知识作了区分,并明确划分出了认知技能的层次,提出了认知技能所包含的实际内容。例如,奥苏贝尔提出的"知识运用"、加涅的"智慧技能"、安德森的"程序性知识"等,体现了对知识主观属性与客观属性的认识。

当代认知心理学认为知识是人类后天习得的能力,是人们能力和技能发生的变化。这种知识并不仅仅指学习者说"我会什么,我知道什么",还包括认知主体在行为中体现出的能力知识"我能做什么"。广义的知识观将知识划分为陈述性知识、程序性知识和策略性知识三大类,已将(狭义的)知识、技能与策略融为一体了。从教学策略的角度看,广义知识分类是目前为止对知识的一种最佳的分类方法:第一,这一分类有大量的实验研究为依据;第二,这一分类既包含广义的知识观又包含狭义的知识观。它将知识、技能和智力三个概念统一起来了,有助于指导教学设计。

知识构成的多元标准与多样表达同样引发了我国教育界专家、学者的兴趣，他们在研究不同流派知识观的基础上，对知识的构成作了思考和概括，提出了整体的知识构成观。例如，潘庆玉指出："知识是一个有机的整体。从纵向生成的角度看，它由三部分构成。第一层是显性层，由概念、命题与原理构成，它是知识最基本的表征；第二层是准显性层，由思维方式、方法和过程构成，它是潜隐在知识表征背后，可以通过分析、判断、推理而呈现和展示出来的一组组程序；第三层是隐性层，由态度、情感与价值观构成，它深深地扎根在知识体系和结构的内部，是人类在探索知识的过程中所积淀起来的各种情感和价值体验的浓缩结构和隐蔽形式。人们只有通过类似于知识的原创过程的探究经验才能体验到它的存在，并认识到它的价值和意义。这三个层面并不是彼此孤立、各自封闭的子系统，而是相互映照、支持和关联的开放结构。"

我国学者还在借鉴和改造布卢姆等的教学目标分类理论的基础上，逐步总结出自己的分类：①关于认知领域的教学目标分类，将布卢姆的六级分类转化为中学的"记忆、理解、应用、创新"四级分类和小学的"记忆、理解、应用"三级分类；②关于情感领域的教学目标分类，以行为目标和内容分类相结合的思路，将克拉斯沃尔的五级分类转化为中小学的"接受、反应、爱好、个性化"四级分类；③关于动作技能的教学目标分类，将辛普森的七级分类转化为中小学的"知觉、定势、熟练、自动化"四级分类，并结合学科作了初步验证。

以化学学科为例，华东师范大学王祖浩教授认为我国仿照布卢姆的分类方法，并结合国情，可以把课程目标分为知识技能领域和情感意志领域两大类。

(1) 知识技能领域，包括有关学科的知识、概念、理论、观念、认识、规则、心智技能与操作技能等。考虑到高层次学习中，认知活动往往跟实验等操作活动融合在一起，而且动作技能领域的教学目标能够用跟认知领域相似的方法分类，因此可以把认知领域和动作技能领域合并，称为知识技能领域并统一进行分类。这样做可以给实际的分类操作带来方便，使教学目标分类更加简洁。智能领域课程目标可以分为知道、领会、掌握、综合运用、创新等层次。

(2) 情感意志领域，包括兴趣、态度、情感、情绪、信念、价值观、意志等。对于情感领域教学目标，克拉斯沃尔和布卢姆等把它们划分为接受(注意)、反应、评价、组织、价值内化五个层次，每个层次又划分为若干亚层和次层。结合国情，可以把情感领域教学目标划分为接受或注意、积极反应、偏向、追求、性格化或角色化五个层次。

以数学学科为例，由上海市青浦实验研究所与上海市教科院教师发展研究中心合作开展，顾泠沅教授指导的教学目标测量的分类学基础实验在青浦区于 1990 年、2007 年先后两次做了析取教学目标主成分的大样本测量(1990 年 4 月，青浦实验小组进行了针对 8 年级 3200 名学生的数学教学目标大样本测量。2007 年 4 月，用正式确定的教学目标量表对青浦区 4349 名 8 年级学生进行了测试)。采用因素分析方法，析取其内隐的主因素，揭示了原目标分类的弊病，提出并验证了数学学科教学目标分类的四层次框架，即计算——操作性记忆、概念——概念性记忆、领会——说明性理解、分析——探究性理解四层次分类的框架，并由此对该地区 17 年前后学生的认知水平进行多角度的数据对比，提出"分析水平"徘徊不前等现状，为深化教学改革提供了依据。由此确定目标框架的层次并研究分类的连续性，进而探索一种评价学生数学思维能力的新方法。

青浦实验还发现，数学领域的多种教学目标确由记忆、理解两个最基本的内隐因素决定，第二次测试表明两者相加因素负荷占比达到 85.14%。经数据解释得出：在记忆-理解平面上，数学教学目标可区分为大致等距的四层次架构：计算(操作性记忆水平)、概念(概念性记忆水平)、领会(说明性理解水平)、分析(探究性理解水平)，前两层次属于较低认知水平，后两层属于较高认知水平。分析水平即分析问题解决问题的能力。第一层级的教学目标培养的是以记忆为主的基本能力，相当于布卢姆的“知识”和威尔逊的“计算”目标；第二层级的教学目标培养的是以理解为主的基本能力，既包括“领会”、“应用”（其中领会和应用重合）——理解和解决常规问题的能力，又包括“分析”、“综合”——理解和解决非常规问题的能力。2007年的教学目标大样本测量表明，知识、计算、领会、应用、分析、综合、评价五类测量目标在“记忆-理解”的二因素矢量平面上分布为等距的四条线（其中领会和应用重合），量表中“分析、综合、评价”三种目标共同点在于非常规情境问题的解决，一旦问题背景是学生不熟悉的，或者说是非常规的，那么学生的处理过程很难把三者分离开。根据数学学科的特点，以此架构了“计算、概念、领会、分析”的四层次教学目标。

我国学者也结合我国国情和学科特点，对布卢姆的教学目标分类理论进行了实践应用研究。我国教育心理学研究者从测量学角度出发编制的布卢姆教育目标分类学，最初引进时主要用于目标改革中的目标制订与测评。随着实践的进一步深入，人们越来越认识到，目标的指导作用不仅局限在制订与测评上，在教学的各个环节上也同样需要。而且只有配合到教学过程中，才能真正保证制订和测评上的有效性，否则在教学中只能是：制订目标和测量目标是一回事，教学又是一回事。从1986年起，我国开始了大面积的目标教学的研究和推广工作。目标教学是指对教学进行微观质量管理的教学方案，它明确地把学生学习目标的达到程度作为评价教学优劣的标准，是与“掌握学习策略”紧密关联的教学模型，就其对教学工作的指导作用而言，可称之为一种教学活动。教师试图通过目标教学和使用教学目标，对教学实施科学的质量管理，把教学和评价有机地结合有一起，以期大面积地提高中小学教学质量。这表明，目标分类对于改革教学目标，指导教学活动具有重大的现实意义。

我国还有学者对课程目标三个维度的划分产生了困惑。南京师范大学龚正元认为，三维目标由于划分的依据不是单一的，也就难免出现顾此失彼的情况，其突出表现是三个维度之间的边界模糊、逻辑混乱。他认为，“技能”的内涵就显得狭隘，按照《标准》中的表述，它主要指“化学计算技能”、“化学实验基本操作技能”和“表达技能”。在科学探究活动中动作技能和心智技能是不能截然分开的，而是表现为“你中有我，我中有你”。科学方法也属于技能的范畴，而《标准》将“过程与方法”划分在技能之外有悖学理。他认为要解决化学课程目标三个维度划分中存在的问题，就必须对“三维目标”进行重新建构，化学课程目标可以划分为以下三个维度：①知识目标；②科学过程技能目标；③情意目标。这样的划分不仅具有充分的理论依据，而且具有重要的实践意义。科学过程技能目标包括：①认识科学探究的意义和基本过程；②能提出问题，作出假设，制订学习和探究计划；③初步学会观察、实验等基本操作技能；④能通过多种途径获取信息，能用文字、图表和化学语言表述有关的信息，能进行简单的化学计算，初步学会运用比较、分类、分析、综合、归纳、演绎等思维方法对获取的信息进行加工；⑤能主动与他人进行交流和讨论，反思与评价学习的过程与结果，清楚地表达自己的观点。华东师范大学王荣生认为“态度、知识、技能”作为语文教育等类型的框架，埋伏着人为分裂的危机。因为布卢姆等谨慎地将“认知”、“态度”等称为“领域”，在各个场合也反复强调“事实应该是清楚的，即认知领域与情感领域是密切交织在一起的。每一种情感行为都有某种类别的认知行为与之相对应；反之亦然……我们在情感领域与认知领域之间的划分，是为了便于分析，完全是带有主观任意色彩”。他提议由以“思想性”或“人文性”与“工具性”为代表的两个级别的层叠蕴涵模式框架作为换代的框架。替代框架更接近于语文学科、语文课程与教学目标的本然真相，有利于反省和分析语文学科、语文课程与教学目标的现状，有利于体认和研究国外的母语学科、母语课程与教学目标的过去和现在，因而也有利于与国外母语课程理论和实践进行到位的比较，从而达到借鉴和汲取其精华的目的。

现代认知心理学的研究表明，技能、能力的本质都是知识，只是知识不同的表现形式而已，技能、能力归根到底是广义知识分类中的规则与高级规则知识的掌握和运用。客体知识体现了知识的客观属性，根据心理学研究结果，它包括概念、命题、规则和高级规则。概念包括事实性概念与定义性概念。定义性概念是由定义联系起来的一类客体或事件，其中定义表示的是概念的特征及其功能之间的关系。命题即是言语信息中的一种，也即陈述性知识。言语信息的一个重要特征是由语义上有意义的命题组成。规则运用是支配人的行为并使人能在一类情境中演示概念间关系的一种内部性能。这种被推测出来的性能是指对具有既定关系的一组刺激做出适当反应的能力。规则可以是陈述性形态的，指揭示概念之间关系的一组陈述；也可以是程序性形态的，按照加涅的观点，个体习得了规则即指个体表现出受规则支配的行为，因此，规则是与支配个体行为并使之演示某种关系相联系的。加涅明确地指出："规则有时也称为步骤，或程序性知识。"加涅将问题解决定义为学习者在新情境中选择和运用规则寻求解决的活动。在问题解决中，学习者建构的是策略。它综合了其他规则和概念，可被学习者用于解决同类型的其他问题。认知策略是调节和控制其他学习过程的内部指向的控制过程。加涅描述了多种认知策略，包括那些控制注意、编码、提取和问题解决的策略。在加涅的学习结果分类体系中，认知策略与智慧技能是并列的，同属于认知领域的范畴。而在安德森的知识分类体系中，认知策略含于程序性知识之中。

我们认为认知策略体现了知识的过程属性。它是一种动态的知识，既是学习认知活动过程，又是一种学习结果，它形成的是高级规则，即学习策略。当学习者获得了新的方法来集中其注意力、对要学的知识进行编码或提取先前习得的知识时，他们可能运用自己发现的新的认知策略。另外，可以通过直接向学生描述策略并随后进行练习而获得某些策略。认知策略可以习得并能"创造"。黑格尔在《精神现象学》中说："认知就是精神深入自身的活动，它在这一活动中抛弃了它的外在存在，并使它的形态采取回忆的形式……而这种回忆即是经验的保存，是内在的存在，是更高级的实体形式……"

第三节　新课程三维目标的知识观解析

明确的教学目标是实现教学优化的重要前提，是教学方法的选择、教学媒体运用和教学评价的依据，是教师教、学生学的方向指南。如果目标不明或者有偏差，教学行为就表现出盲目性和随意性，从而导致教学效率低、教学效果差。所以对三维目标的深刻理解以及在教学中如何设计好体现新课程理念的教学目标是摆在教育工作者面前的一个重要任务。

一、面临的问题

新课程改革以其鲜明的三维目标而备受关注。《基础教育课程改革纲要》指出："国家课程标准是教材编写、教学、评估和考试命题的依据，是国家管理和评价课程的基础。应体现国家对不同阶段的学生在知识与技能、过程与方法、情感态度与价值观等方面的基本要求。"这个三维的课程目标不仅明确了基础教育培养对象应达到的素质要求，同时也规定了教学活动的基本准则：有效的教学在于三维目标的达成。但当前的教学实践中，由于教师缺乏教学目标理论与方法的指导，还存在着对三维目标理解的表面化、操作的形式化、设计的低效化等不合理的现象，主要表现在以下方面：

(1) 对教学目标的本质把握不清。将知识、技能、能力目标分割理解，将过程方法目标认为探究教学、过程教学。将教学目标设计为学生的活动过程或活动内容，而不是活动结果。

(2) 对教学目标的定位不清楚。或把一节课的教学目标设置得太笼统，与教育目的、课程目标混为一谈；或设置得过于精细，将教学目标与教学任务混为一谈。

(3) 对教学目标的设计不重视，教学目标设计形式化、模式化。或照搬参考书现成教案上的教学目标，不同地区不同学校的教师，设计的教学目标千篇一律，在编写中为了体现新课程三维目标，形式化地将教学目标分为知识与技能、过程与方法、情感态度与价值观三段论。教学目标设计缺乏对实际教学的导向调节作用。

(4) 教师对教学目标的知识类型、学习认知过程和学生情况缺乏必要的分析，目标内容没有起到对教学以及评价的指导作用。

(5) 对教学目标如何编写缺乏方法论指导。教学目标用词过于抽象概括，目标表述含糊空洞，与内容脱节，在实际中很难操作。教学目标的表述主语是教师或暗指教师，缺乏对行为条件和行为程度进行限制的词，致使教学目标缺乏可检测性，难以评估。

二、新课程三维目标的知识观

泰勒说有效学习经验有四个特点：培养思维能力，有助于获取信息，有助于培养社会态度，有助于培养兴趣。这与新课程提出的知识与技能、过程与方法、情感态度与价值观的三维目标有一脉相通之处，它们都考虑到了知识的客观属性、主观属性以及教育属性对人发展的作用。第一是合理的知识技能，即学生的学习结果是什么；第二是学生的学习方法是否有效，通过学习能否实现学习结果；第三是学生的学习动机和自我认识能力如何，学生是否愿意参与到学习任务中。

一般来说，确定教学目标有四种基本方法：学科专家法、内容纲要法、行政命令法以及绩效技术法。我国课程目标确定为三维目标是基于以上四种方法的综合考虑，它既是国家为了达成某些目标而对人才培养所做的规划和要求，也集中了学科专家的集体智慧；是社会组织绩效问题与机遇的需要，同时也是个人发展的需要。

我们用波兰尼的观点来说明一下三维目标之间的关系。“知识与技能目标”可以看作焦点意识，“过程与方法目标”可看作附属意识，“情感与态度目标”可看作在知识的产生的过程中个体非理性的因素。波兰尼说焦点意识是指“认识者或实践者对认识对象或所要解决问题的意识，可以大概地理解为目标意识”。附属意识是指“认识者或实践者对于所使用的工具以及其他认识或实践基础的意识，可以大概地理解为工具意识”。波兰尼举“楔钉”例子说明这两种意识及它们之间的关系：“当我们落下锤子时，我们并不去感觉锤把紧贴我们的手掌，而是去感觉锤头敲击着钉子……我(们)对于我(们)手掌的感觉有一种附属意识，它被统合到我(们)对于敲击钉子的焦点意识之中。”在波兰尼看来，这两种意识一方面相互排斥，另一方面又相互关联。相互排斥是指如果将焦点意识放在手掌的感觉上，那么他就根本不能“楔钉子”；相互关联是指楔钉子的人必须不断地将注意力从手掌转移到钉子和需要楔进钉子的物体上才能楔进钉子。波兰尼还强调这种知识“谱系”中非理性因素对人的实践的作用，他认为“在知识产生的过程中，个体非理性的因素(形而上学信念、激情、缄默的知识、主观判断等)是根本不能缺少的。缺少了它们，就不可能有任何科学发现。科学美感、激情在科学发现中有巨大的作用”。

第四节　三维目标的现实反思与整合实施

教学目标是一节课成功与否的行为起点。一堂课的成功或失败，在很大程度上取决于教学目标是否合理，它也直接关系着整个课程目标的实现。但在新课程当中，教学目标究竟在教学中发挥了怎样的作用，三维目标之间的关系到底是怎样的，该如何去有机整合实施，这是广大中学教师关注的也是值得深入探讨的问题。

一、三维目标的现实反思

明确的教学目标是实现教学优化的重要前提，如果目标不明或者有偏差，教学行为就表现出盲目性和随意性，从而导致教学效率低、教学效果差。但是在当前的教学实践中还存在着教师对三维教学目标的理解误区与整合方法不足的情况。具体表现为：

(1) 体现在概念理解上，许多教师对三维目标中的“知识与技能”目标一般不难把握，而“过程与方法”、“情感态度与价值观”目标到底是什么不明确，特别是对“情感态度与价值观”目标的认识很多停留于政治思想、道德品质角度；对三维目标三者之间又有什么关系不甚明了，对在教学目标设计及教学实践中“三维”目标为什么整合、怎样整合理解不够。

(2) 体现在教学目标设计上，由于缺少对三维目标的现实性思考和必要的教学设计理论与方法的指导，设计的教学目标脱离教学实际，缺少前后的逻辑层次的统一，造成教学目标设置不合理。表现在教师对学习环境、学生基础等缺乏必要的分析，把一节课的教学目标定得太大，与教育目的、课程目标混为一谈，或照搬参考书现成教案上的教学目标，不同地区不同学校的教师，设计的教学目标千篇一律，使教学目标设计缺乏对实际教学的导向调节作用。

(3) 体现在具体操作上，不能有效地把握目标的预设性与生成性之间的关系，出现了只重视知识与技能，忽视过程与方法；或只重视活动，忽视知识与技能的两极化现象。

二、实现三维目标整合的教学行为

三维目标整合主要要达成以下目的：将知识转化为学生的能力；在知能的基础上培养学生积极的情感态度与价值观。所以如何有效地整合三维目标在于对学生的深入研究，对教材的透彻分析，对自身教学特点的深刻认识，以及对教学模式、教学方法、教学任务的正确定位。

1. 教师要善于对学生的知识需求进行预设

比较和判断某种知识教育价值大小的标准有三条：一是在多大程度上满足儿童发展的需要；二是在多大程度上满足社会发展的需要；三是在多大程度上满足知识发展的需要。这三条标准或三种需要彼此之间既有联系又有区别，从而形成了一种三维的、具有适度张力的知识需要结构或知识价值结构。教师要让学生认识到所要探索的知识在解决实际问题和促进个人与社会发展中的价值，分析任何可能影响实现教学目标的事项，使学生不仅理解知识，而且认识到知识的实际价值，从而积极主动地去探索。教师还要关注学生知道什么和怎么学习，要帮助学生整合新思想转换到原来的概念中。通常情况下，要激发学生的学习兴趣，除了要从学生所熟悉的事物出发引出学习任务外，还需要尽可能地在教学之初造成学生的认知冲突，让学生对新知识的学习成为一种自发的需求。在每次学习之前，有意识地让学生回答下列问题：

现在我们即将要学习的是什么？

你认为这样的学习材料在什么时候学比较合适？

你认为这样的学习材料在什么地方学比较合适？

你认为自己学习的特点是什么？

你认为自己学习的优点和缺点有哪些？

你认为用什么样的方式来学习效果会比较好？

你准备用什么方法来学习？

在刚开始的一段时间，学生可能会不适应这些问题。例如，不知道该如何回答或是觉得这些问题不具有实际意义，这时教师应该对学生进行适当的引导和帮助，同时还要督促学生养成这种习惯。这个提问、回答的过程实际上就是为自己的学习制订一个粗略的学习计划和时间表，长此以往，学生会将这个过程内化为自己的一种认知策略。

2. 教师要善于对教学模式进行整合

现有三种教学模式：第一种是行为主义指导下的传统教学模式，该模式以班级授课为主，教师讲授，学生接受，强调教师的主导作用；第二种是认知主义指导下的过程启发式教学模式，重视教学过程中学生的认知过程，学生是主体，教师是学生思维的引导者；第三种是建构主义指导下的探究教学模式，教师是意义建构的帮助者、促进者，学生是学习的中心。教学模式的最终目的是要探索课堂教学的优化，提高课堂教学效益。实践证明任何一种教学模式都有它的长处和优越性，也有它的短处和局限性，教师应区别情况，科学选用，巧妙组合，刻意出新，自成体系，以达到最佳的教学效果。例如，现在对过程与方法目标在课堂教学中的实施应该采取让学生群体探究学习、自主学习、主题性活动学习、交流研讨学习等具体学习策略的综合合理应用来实现。

3. 教师要善于对教学方法进行创新

知识与技能能够成为一个载体，它能“载”给学生一些“过程与方法”的体验，“载”给学生若干“情感态度与价值观”的启迪。学生学习新知识的过程，是通过师生的多向交流活动使学生掌握基础知识、基本技能和学科基本思想方法的过程，是学科知识结构和学生认知结构有机结合的过程，这是实现学生在教学中认识主体作用的一次质的转化，也是教师积极引导和学生积极思考的结果。教师应该注重将知识与技能内化为学生的认识规律，注重学习方式、研究方法的传授。只有把教师的“教”转化成学生的“学”，“教法”转化为“学法”，把教师“教什么”、“怎样教”和学生“学什么”、“怎样学”统一起来，才能实现教与学的辩证统一，实现“主体”与“主导”的最佳结合。

教师要学习应用先进的学习理论，注重发挥学生学习的主动性，运用教学最优化理论，将接受式教学策略、发现式教学策略、范例式教学策略实现有机地整合创新，用最好的教学效果，针对不同学科各自的优势来促进学生的发展。例如，人文学科在精神层面容易引发学生的共鸣与交流，提升学生在情感态度与价值观方面的感悟，容易达成情感态度与价值观教学目标；而自然学科容易让学生学习科学的思维方法与逻辑推理能力，达成过程与方法层面的教学目标。因此，在学习人文学科时教师要加强对学生学习方法的指导，要不失时机地追问：“能说说你是怎么想的吗?”引领学生将思维的过程说出来,从而激活学生思维,总结经验方法,达到过程与方法目标的实现。在学习自然学科时教师要善于“激趣”,让学生体会到理性思维运动的兴奋感,并使学生能够在整个教学过程中保持这种“乐学”的状态。

4. 教师要善于对教学任务进行优化

教师要善于优化设置各项教学任务,既要考虑完成巩固知识,进行技能性的转化,又要考虑完成把知识转化为能力的任务,还要考虑适应学生不同的智力水平。主要方式有以下几种:

(1) 设置目标任务。教师要善于在相应的活动和现实情境中培养学生解决问题和分析问题的能力。帮助学生选择或确定一个恰当的问题(习题、专题或主题),使其既具有典型意义又能够达到重现新知识的目的,要有一定的智力坡度,把问题与学生已有的知识经验联系起来,培养学生运用知识、获取知识、解决问题的能力,完成获取知识向能力的转化。

(2) 体验实践操作。让学生获得亲身参与科学研究的体验,围绕着学习的目标参与实践活动,进行实际操作。教师要引导学生明确方向或进行策略方法指导,在关键问题上作好提示与点拨。在教师指导下,经过活动—操作后,学生可以把知识、技能进行内化。

(3) 鼓励质疑发现。通过质疑培养学生分析和解决问题的能力。通过发现问题、分析问题与解决问题,学生能产生新思想、新观点,得出新的结论。

(4) 参与合作分享。给学生确定合作学习的任务,形成共同的活动目标,分工协作总结交流,培养学生的有效沟通能力。在参与教学活动任务中,让学生学会合作交流,学会拥有某种立场观点,学会评价甚至是对于所学学科的欣赏。

(5) 设置多元目标。通过合理设置一些弹性目标,针对每一种智能,创造一些可能的学习机会,为学生提供可选择的内容和提出问题的机会,满足学生对不同学习内容和不同学习过程的需要。引导学生在探究问题和交流认识的过程中形成认知冲突,通过领悟方法历练能力、体验情感从而形成态度及正确的价值观。

第五节　基于三维目标的教学目标设计

一、基于三维目标的教学目标设计特点

当前为教师进行教学设计培训让许多教师接受了编写行为目标的理论培训,然而面临的难题是没有一个模型,教师很难知道如何确定具体的教学目标。尽管教师可以掌握编写目标的技巧,但没有推衍这些目标的理论基础,结果又回到教科书的内容中去确定与行为内容有关的内容主题。还有教师在编写目标如何处理这些目标。许多教师被告知,要想做一名好教师,需要三维目标的体现,现实的情况是许多目标编写出来之后就被束之高阁,从来没有影响过教学过程。

教学目标的设计理念一直受教育哲学思想的左右,教学目标设计潮流一直在行为的还是生成的之间摇摆。泰勒通常被公认为“行为目标运动”之父,泰勒著名的四个问题:学校应达到哪些教育目标、提供哪些教育经验才能实现这些目标、如何有效地组织这些教育经验、如何确定这些目标正在得到实现,阐明了课程目标是课程开发、实施和评价的基础。教育目标最通用的模型是以泰勒的工作为基础的。设计者在开发任何教学或学习经验之前必须回答泰勒提出的“教学之后学习者将有怎样的变化”或“经过教学之后学习者将能做哪些他们以前不会做的事”等问题。泰勒认为:“陈述目标的最有用形式是按行为类别和内容两个维度陈述,行为类别

指意欲通过教学发展学生的行为类型;内容指被学生的行为加以动作的教材内容。”20 世纪 60 年代早期,行为主义心理学在教学设计中占主导地位,马杰(Mager)于 1962 年出版了《如何为程序教学准备目标》一书,该书的出版被视为“陈述教学目标中发起的一场革命”。在这本著作中,马杰指出一个教学目标的编写要包括三方面的内容:一是对学习者预期行为的描述;二是行为产生的条件;三是判断这些行为的标准。1956 年布卢姆及其同事合作编写的《教育目标分类学》一书从不同角度推动了行为目标的研究与普及。80 年代,随着认知心理学的发展,知识成为信息加工心理学的中心概念,有关知识的分类的描述式教学设计理论和围绕知识获得的策略研究的处方式教学设计理论成为研究的热点。认知心理学应用于教学设计领域的一个成功的例子就是梅里尔提出的成分呈现理论(the component display theory,简称 CDT),为分析认知领域学习内容提供了操作性更强的工具。梅里尔及其合作者借鉴了加涅等人的理论,基于大量的有关概念学习的实证研究,从内容和表现水平两个维度对学习结果进行了更详细的分类,而且提供了教学活动成分,为教学目标设计和教学策略设计奠定了基础。梅里尔后来又提出了一个关于知识的描述性理论,其中的知识包括了基于表现水平和内容类型的双向(two-way)分类,他的表现维度是:记住事例、记住通则、用通则处理未见过的事例、发现新的通则。他的内容维度是:事实、概念、程序和原则。教学处理理论是拓展学习条件和成分呈现理论的一个尝试,用来更充分地确定一些规则,使其能够驱动自动控制的教学设计和开发。教学处理理论把知识描述为三种知识对象:实体、行为和过程。实体就是设备、物体、人、动物、场所、符号或东西。行为是学习者或其他实体进行的动作。过程是世界上发生的影响某些作为某一结果的实体的事件。教学处理理论确定的教学处理的种类包括:确认、执行、解释、判断、分类、概括和传递。

近年来,随着建构主义理论的兴起,西方的教学设计研究把学生对知识意义建构作为最终目的,教学目标被“意义建构”所取代,建构主义教学设计模型的倡导者反对预先确定学习目标,他们的观点是,目标只能部分地表征我们所知道的,因此把它们表示成教学内容可能会限制学习者尽力学习的内容。在建构主义学习环境中,学生通常是确定目标的学习方向上的参与者。从这可以看出,西方学者对教学目标设计的研究,从教学目标具体化、行为化和可测化走向强调让学生在教育过程中,在与教育情境的交互作用中生成目标。我们认为无论建构主义还是行为主义,都是达到目的的手段,它们本身不是目的。威尔逊提出:“设计一系列的经验——交互或环境或产品——其目的都是帮助学生有效地学习。”皮连生教授在《现代教学设计》一书中指出,目前有两种教学论,一种是哲学和经验取向的教学论(简称哲学取向教学论),另一种是心理科学取向的教学论。我国流行的是哲学取向的教学论。科学取向教学论不同于哲学取向教学论的最显著特征是坚持用具体的、可以观察和可以测量的教学目标指导学习、教学和学习结果的测量与评价。哲学取向教学论由于缺乏目标陈述技术,其使用者只得采用含糊的教学目标指导教学和评价。从我国的教学实践来看,其局限性是不言而喻的。所以从宏观到微观,从定性到定量,体现了教育学科发展的趋势,通过对教学设计的研究,教学论摆脱了经验形态,逐步形成科学理论。

我国学者关于教学目标设计的研究,一部分受计划经济体制背景下教育具有“国家主义”性质的影响,教学目标是国家在特定历史时期所制定教育方针的翻版,缺乏自身的独立性和具体性,相应地也就缺乏科学性。20 世纪 80 年代后一部分学者虽然开始参照国外教学目标研究的成果提出一些设想,却有照搬套用之嫌。例如,直接套用布卢姆的教学目标分类理论,要求以外显行为陈述教学目标等。具体说来,目前我国在教学目标设计上存在以下问题：

（1）教学理论工作者对国外教学目标设计问题大多是介绍、翻译，没有结合我国国情给予深化，教师们拿来就用，使得制订的教学目标是假目标，即不可检的伪目标，因而导致失控。

（2）教学目标不甚明确，常把评价手段作为目标。例如，升学率成为许多学校追求的目标。毕竟制订教学目标本身并不是目的，制订教学目标应是为教学服务的。

（3）注重教学目标在可观察、可评价性方面的改进，但并未解决在目标中描述哪些行为才可推测出学生内部心理机制变化的实质问题。所以，在目标分析中还不能像描述知识掌握那样明确设计出体现能力素质的教学目标。

（4）教师不善于捕捉来自学习者的反馈，不能及时调整教学目标。我们认为，借鉴国外教学目标设计的研究成果分析和确定教学目标，首先就是要促成教学目标的“中国化”。“中国化”不仅意味着“科学化”和“现代化”，更需要“本土化”。所以如何设计出中国教育本土特色的教学目标理论，解决教学目标设计理论与实践脱节的矛盾是摆在我们面前的一个新的课题。

教学设计中有三个经典的有关目标、策略和评价三个方面的基本问题：“我要去哪里”、“我如何去那里”、“我怎样判断自己已经到达了那里”。这是美国学者马杰提出来的。迪克和凯瑞也提出一个完整的目标陈述应该包括以下方面：学习者在行为情境中能做什么、运用所学技能的情境、在行为情境中学习者可用的工具。任何教学目标的选择都必须考虑以下三个问题：①教学开发是否可以解决引发教学需求的问题；②教学目标是否能够被那些批准教学开发的人所接受；③是否有充足的人力和时间来完成该目标的教学开发。合乎逻辑地、令人信服地把教学目标与组织绩效差异关联在一起，这一事业非常重要，怎样强调也不过分。

在教学中评价一节课的好坏也主要看目标设置是否合理，目标的实现过程是否符合学习规律，目标的实现是否引起了学生身心的发展和变化。由此可以看出，作为教学设计的重要组成部分，教学目标设计就必须要指明“我要去哪里”，还要对“我如何去那里”做出提示，更要为判断“是否到达了那里”提供标准。如果所设计的教学目标能兼顾这三个方面，那么它就是一个好的目标。可见，教学目标一方面是教学的参照物，另一方面也是测验的参照物。我们把这一标准称为双重效度。教学目标应具有指示方向、引导轨迹、规定结果的导向功能，起检查、评价教学成效的尺度和标准的测量功能。若能以科学实证的态度对这些问题进行解答，无疑将加深对新课程的理念、现状和未来方向的理解和认识，顺应当前反思和评价新课程改革的需要。

综上所述，为了教学目标的简洁、明了、实用，可将现在的目标设计理论基础以广义知识分类理论为基础，既能用于指导教学与评价，也能指导学生的学习。一个体现三维目标的教学目标设计应该具有以下特点：

（1）教学目标的设计应该由三个维度构成，即知识维度、认知维度和情感态度维度。借鉴广义知识分类理论、安德森对布卢姆教育目标分类学的修订、加涅的学习结果分类以及奥苏贝多尔的有意义与机械学习分类，我们认为知识维度由概念、原理、规则和策略构成，知识的亚类更能代表知识的属性。认知维度可分为识记（模仿）、理解、运用、创新四个层次。情感态度维度可分为接受、反应、爱好、个性化四个方面。知识、认知和态度这三个维度构成了一个三维教学目标的完整结构。

（2）教学目标应能准确反映知识类型、认知过程和态度之间的关系，既要体现知识的结果类型、学习的认知过程，又要体现学习的条件和动力，还要为学生通过学习活动认知水平和心理机制发生了什么变化提供标准。

(3) 教学目标要能指导教学设计实践，能为教学方法、教学媒体选择和教学评价提供依据。

二、基于三维目标的教学目标设计模型

教学目标设计前应考虑的因素：教学目标设计前一定要从学生、教学内容、教学环境等方面进行教学背景的分析。对教学内容的分析可以分三个层次进行：一是课程内容分析，即能够对本门课程的知识结构有一个宏观战略层面上的了解；二是对单元内容进行分析；三是对课时内容进行分析，可用三张地图的形式准确地描出从课程到教学的知识结构图。同时还要把握好每节课要掌握的知识的深度、难度和数量。教学目标不宜太多，最好一节课一个目标。

当目标向学生传递了在教学之后他们能做什么时，目标就是有用的。如果目标陈述模糊，那么它们就不大有用。所以清晰明确的教学目标表述是重要的。加涅认为陈述能传递期望的目标具有五种成分：情境，所进行的学习类型，行为表现的内容或对象，可观察的行为，适用于行为表现的工具、限制或条件。

在教学目标的设计操作上安德森等提供了四种有助于目标分类的提示，对于设计教学目标有一定的启发作用：①考虑动词和名词的结合；②将知识类型与过程相联系；③确定使用的名词或名词短语正确；④依赖多种信息来源。

课堂是千变万化的，教学目标是灵活的，每个教师制订的教学目标可能在一定程度上都不会一样，目标定得太多就会完不成，班级授课次序不同也可能导致教学目标不同。所以教学目标不仅要根据大纲、教材、练习、考试范围来确定，而且要研究学生的现状如何，对知识的接受效果分别是怎样的，知识点应该如何拓展，不能只讲课本上现成的内容，否则学生就会没有多大兴趣，还要对知识点进行学习结果类型的分析，对学习方法进行设计，对情感目标的达成层次进行设计。新课程改革把课程目标定位在"知识与技能、过程与方法、情感态度与价值观"三个维度上，这是对教育目标的革新和创造。但这并不意味着每节课的教学目标都要一一对应地列出这三个维度的目标，并在每一个维度之下再列出若干小的目标。这样设计出来的目标不一定适合。在教学目标陈述上，尽管课程目标按照知识与技能、过程与方法、情感态度与价值观这三个维度来陈述，尽管教学目标是课程目标的下位目标，但是教师也不能机械地、一一对应地照搬上位目标的格式，每堂课都按这三个维度来陈述。在教学目标的陈述上，我们不主张并列式陈述，而主张融合式陈述，融合式陈述方式更能表达三维目标的整体特性。因为三维目标不是并列的关系，而是融为一体的整体。三者在同一过程中同时实现，知识、认知和态度相伴相生、相辅相成：知识是认知的目的，认知是知识学习的手段，态度是认知的动力。情感目标的功能是引起学习者注意的最佳方式，使之形成认知冲突，激发学习兴趣。

教学目标的编写一定要符合实际，才能充分发挥其指导教学以及评价的作用。如果目标表述正确、清晰、通俗易懂，就为目标的实现奠定了坚实的基础；如果目标表述不当，就会对教学活动产生误导，所以为了克服教学目标陈述的含糊性，基于认知心理学的广义知识理论，我们编写了基于三维目标的教学目标设计模型(表 3-3)，尽力体现教学目标设计的特性：全面性与整体性，共同性与差异性，显性与隐性，思想性与逻辑性，预设性与生成性。

表 3-3　基于三维目标的教学目标设计模型

教学内容	知识点	知识与技能				过程与方法				情感态度与价值观			
		概念	原理	规则	策略	识记	理解	运用	创新	接受	反应	爱好	个性化
金属的防护与回收	(1) 冶炼生铁和钢的原理和方法		√				√			√			
	(2) 铁生锈的原因和防止铁生锈的办法		√	√				√				√	
	(3) 废金属的回收利用			√				√					√
教学目标	(1) 复习和巩固工业上冶炼生铁和钢的原理和方法,引发学生学习注意 (2) 通过实验探究掌握铁生锈的原因和防止铁生锈的办法,使学生在合作学习中体验到获得探索新知的经历,受到科学方法的训练,体验探究的乐趣 (3) 掌握废金属的回收利用,使学生认识到金属生锈给国家带来的损失,自觉养成保护环境的习惯												

三维教学目标设计模型的特点是:

(1) 从知识内容、学习认知行为与情感态度三个维度体现了知识与技能、过程与方法、情感态度与价值观的三维课程目标的有机融合。在编写教学目标时不仅要有对学生学习结果的要求,还要有对学习认知行为、学习态度的编写要求,即在一个教学目标中同时体现了行为目标,内部过程与外显行为相结合的目标,表现性目标相结合的综合效应,使目标编写能以学生为主体,目标明确具体,避免了目标编写的空洞与无效。同时,知识与技能、过程与方法、情感态度与价值观相融合的目标编写方式能反映出学生的学习行为产生的学习的结果以及引起的学生内在心理情感态度的变化。

(2) 通过对知识技能类型的分析,将教学内容还原为知识本质,将知识还原为最基本的单位,将知识的基本单位与学习方法进行了对应,为教师选择教学过程、方法和教学媒体提供了明确的思路。心理学对于每一类学习结果的学习过程和有效学习的条件都进行了大量的实证研究,一旦教师掌握了学习心理学原理并知道了教学目标中的学习结果类型,那么教学的过程和方法自然就不难确定了。

(3) 有助于教师从学生的角度考虑目标,明晰了目标、情感与认知过程之间的一致关系,同时有助于教师了解教育界的各种术语,精确的描述使教学交流更为容易。

(4) 基于三维目标的教学目标设计分类模型将情感态度与价值观目标作为单独的一维,克服了安德森将反省认知知识目标作为知识维度却无法体现学生的元认知和学习情感动机贯穿于学习全过程的缺点。体现了每一个认知目标都会有一个情感成分,学生对自己的认知以及认知控制是附属于知识内容的增长并伴随认知的全过程之中的。同时,在设计中有情感态度分析的内容,教师能自觉地意识并在课堂中有计划地、不失时机地渗透其教育内容,并能为教师组织实施教学、创设学习的情景与选择教学方法提供参考,同时为情感态度与价值观的评价提供标准。

(5) 基于三维目标的教学目标设计模型符合知识的学习由简单到复杂的教育教学规律,即体现了教师将教学内容进行科学解析再组合的过程。教师先将复杂的知识解析为简单的知识结果类型,再运用有效的方法及言语信息对解析后的知识进行理解性讲授或操作,让学生一步步进行识记、理解或模仿,最后又将知识重新组合,达到学生对整体知识的掌握过程。

(6) 通过目标分类更容量处理评估问题。基于三维目标的教学目标设计使教师在相当短的时间内编写出若干测验题,为诊断学生学习缺陷以及教学评估提供了明确的方向。同时认知过程的创新阶段为生成性评估提供了可能。目标分类模型的“创新”认知过程评估要求学生产生多种备选方案或假设,因为结果是开放的,所以不可能用多重选择题来评估生成过程,体现了目标设置的预设性与生成性相结合的建构主义思想。

最后，我们建议教师以课程单元为单位进行教学目标设计。原因如下：①我国新课程知识与技能、过程与方法、情感态度与价值观目标是针对课程为单位的，学生通常需要更长的时间学会包括分析、评价和创造的目标，特别是情感态度与价值观目标更需要一个时间周期来达成，课程单元目标能为学生学习复杂学习目标的教学活动提供足够的时间；②课程单元能够帮助学生更加清晰地了解观点、材料、活动和主体之间的关系和联系；③课程单元提供了能解释日常目标、活动和评估的情境。

第六节　三维目标的知识加工与教学策略

新课程提出了知识与技能、过程与方法、情感态度与价值观的三维目标，其内在的本质是知识的学习，如果教学论不阐明三维目标背后的知识本质，教师就不能有效地进行教学，所以理解三维目标的知识本质对于教学策略的选择具有重要的意义。

一、三维目标的知识本质分析

从哲学的视角可以看出，哲学从理性主义知识观到经验主义知识观再到实用主义知识观以及卡西尔的符号说，都是从不同的角度对知识作了不同的分析，分析的目的也是为了综合，为了得到一个关于知识的整体观。从哲学家的回答中可以看出：①知识是客观存在世界的反映；②知识是主体认识客体的思维方法；③知识是主体、客体相互作用的系统；④知识本身具有逻辑构成形式性和可分析性；⑤知识具有内在统一性；⑥知识具有工具价值与社会属性；⑦知识是通过“自我系统”作用而被认识的，自我系统是具有能量的。

哲学从宏观的视角让我们看到了知识的来源、性质与价值。而认知心理学从微观的角度为我们了解知识的本质铺垫了道路。受哲学思想的影响，心理学也经历了客观主义、主观主义到两者相结合的三个阶段。认知心理学对知识理解的核心思想是：知识是主体与知识客体对象相互作用的知觉建构。知识本身就具有主客观双重属性，这是一种综合性的知识论。认知心理学将知识划分为陈述性知识、程序性知识。也有分为陈述性、程序性知识和策略性的知识三大类。认知心理学的知识观已将(狭义的)知识、技能与策略融为一体了。它是目前为止对知识的一种最佳的分类方法：一是这一分类有大量的实验研究为依据；二是这一分类既包含认知心理学的知识观又包含狭义的知识观，它将知识、技能和智力三个概念统一起来了，有助于指导教学策略的设计；三是认知心理学派的信息加工理论常被作为现在教学论和现代教学设计课程设计的理论基础之一，将知识看成信息，认为学习者信息加工的方式决定了他们学什么，什么时候学，怎样学以及如何应用等，将人类的学习过程看成主体对信息进行加工的过程，强调学习者的个人主观能动性以及学习者的原有认知结构对新知识获得的影响。这个定义也为我们提供了一条获取知识的方法：不断地交互。唯有个体与环境不断地交互，才能获得更多、更好、更新的知识，个人原有的知识库也才能不断地增加。即将知识的学习看成三个维度的对话实践：建构客观世界意义的认知性、文化性实践；建构人际关系的社会性、政治性实践；建构自我修养的伦理性、存在性实践，这也是三维目标提出的课程价值意义。

我们认为“三维目标”的提出代表了一种整体的知识观，“知识与技能”代表了知识的客观属性，“过程与方法”代表了知识的过程属性即认知属性，“情感态度与价值观”代表了知识的动力属性。这“三维目标”相辅相成，相互作用，共同构成整体的学习目标。

二、三维目标的知识加工

当代认知心理学认为学习过程就是对知识信息进行输入、编码、储存和提取的过程，以及对这种信息加工过程进行元认知监控的过程（也称为执行过程），学生头脑中认知活动是决定学习结果的决定性因素，情感态度与价值观等非智力因素也在这一过程中起着极为重要的动力调控作用。加涅提出了知识网络的概念。他主张知识是一个整体的表征，作为程序性知识表征单元的产生式镶嵌在作为陈述性知识表征单元的命题网络中，共同构成知识网络。知识网络是多维的，每个知识点向外发出的联系是多方向的，即每个知识点通过不同的连线与其他网络内的其他知识相联系。知识网络也是开放的，网络内已有知识以及它们之间的联系不是一成不变的，而是可以无限扩展的。网络内的各类知识构成相对独立的层次或体系，但彼此之间又没有统一的界限。所以，从知识的结构看，陈述性知识以命题网络或图式表征，在命题网络上，储存了不同概括水平的属性用以区分不同的知识内容。陈述性知识另一种表征是图式，是对同类事物的命题或知觉的共性的编码方式，它用于表征意义单元较大的、内化了的知识单元或知识系统。图式中含有许多空位，它们可以被某些信息填补，并由此帮助人们产生新的推论。图式是一般的、抽象的和有层次的、围绕某个主题组织的，而不是具体的、特殊的和单一的。图式不仅可为知识储存提供框架，而且还对新的信息加以改造，使它适合于已建立的图式。程序性知识和策略性知识以产生式的方式表征，即一系列以"如果……则……"形式表示的规则。产生式通过控制流而相互形成联系，并通过练习组合成复杂的产生式系统。心理学研究认为知识在头脑中并不是静止地存储着，它还要发生重建与改组。知识内部加工子系统包括三个主要认知能力：整合、区分和建构。整合是指在遇到新的问题情境时将已有的知识精制和重构的能力。区分被定义成一个双重能力，理解一个具体的情境和运用一个适当的情境准则（如标准、情境的适当性和价值）从知识库中提取特定的知识。建构是指在新的或独特的情况下发现或创造新知识的能力。不同的知识就是在这三种水平上进行内部加工的。

三、知识加工与教学策略的适配关系

知识加工与教学策略的适配关系就是学与教之间的关系，教学目标分类的目的就是将学习、教学和评价紧密结合起来，突出其一致性。知识加工是一个主动的过程。在这一过程中，学习者构建新旧知识的意义关系。精心设计的教学策略推动着学习者更积极地在新旧知识之间产生联系。

从认知心理学知识加工的理论出发，条件化、结构化、自动化、策略化的知识加工策略有助于教学目标的实现。

1. 条件化、结构化的知识加工策略

条件化即是在头脑中将知识大量地以产生式的形式储存起来，将陈述性知识与运用知识的"催化剂"条件相结合，促进知识的迁移；结构化是将知识形成紧密联系的、具有层次的、结构丰富的、传递迅速的有序网络。

条件化知识学习的关键是提供"线索"，使学习者能在以后成功地搜索并提取信息。在不同的学习阶段利用情景化和去情景化手段交替进行教学有助于知识的条件化。例如，在学习的准备阶段，教师可通过创设实际的问题情境，提示学生回忆原有知识，呈现经过精心安排和组织的新知识，引导学生建立新知识与已有认知结构之间的联系，帮助学生形成认识冲突，激

发学习动机，明确学习目标。

例如，一位化学老师在上“化学式与化合价”一课时这样导入新课：(教师提问)上节课我给同学们布置了一个任务，让你们分小组到商店去调查几种氮肥的价格，并思考怎样用相同的钱购买哪种氮肥最划算？我想问同学们遇到的问题是什么？有哪些问题需要我们在课堂上解决？

问题情境是指学生在问题教学时所面临的一种“有目的但不知如何达到”的心理困境。它是一种心理状态，一种当学生接触到学习内容与原有认知水平不和谐、不平衡时，学生对疑难问题急需解决的心理状态，它包括当前学习任务中新的未知的东西、学生探究新知的动机和学生解决当前任务的潜在可能性。在上例中教师通过创设实际的问题，引导学生建立发现问题和解决问题的强烈愿望，形成认知冲突和确定自己的学习目标，从而为学生有目标地掌握知识技能进而形成能力打好了基础。在知识获得与作业阶段，要进行去情境化概括抽象，即对知识进行去情境的深加工与编码，高度概括化的知识才有利于学生对知识进行同化，形成良好的认知结构。在指导学生巩固与迁移阶段，教师可用情景化演绎练习，及时指导学习者巩固新知识，强化学生对新习得知识的运用，训练学生提取知识的速度。

在实际教学中，用情景化和去情景化手段交替进行教学，一是可使学生在运用知识时理解其意义，了解知识使用的场合和条件；二是使学生在运用知识的同时，不断构建对知识自身内涵的理解，引起自己认知结构的改变；三是使学生带着不同的先前经验进入所处的文化和情境进行互动，通过彼此之间的合作和交流，互相启发、互相补充，逐渐积累独特的洞察力以及共同的文化。

结构化知识学习的关键是构建“知识蓝图”。要求教师考虑教会学生进行知识的组织与结构的加工，教师可以分别在课时教学、单元和学年教学结束后让学生分别绘制课时知识、单元知识以及学科知识结构图，有助于学生深入理解知识之间的联系，构建良性的知识网络结构，也有助于新旧知识的同化整合，为形成良好的认知策略打下基础。

2. 自动化、策略化的知识加工策略

自动化是通过有效的练习，增强知识网络之间传递信息的灵敏度，知识的提取速度加快。策略化是在自动化的基础上促进知识的泛化和迁移，变成学生的认知策略。

自动化要依靠反复练习，通过有目的地运用练习策略，可以做到帮助学生促进基本技能的自动化。在这一过程中，知识首先要分解组装：将一个完整的思维过程分解成一个个具体的思维技巧，然后一个个进行练习，再组装成一个完整的思维程序，最后通过反复练习达到学生熟练掌握的目的。同时在此过程中学生要不断对自己学习结果进行元认知的自我反思与检测，主要目的是让学生增强学习的自主性，以此激发学习动机和学习兴趣。例如，程序性知识重在模仿与操作，掌握结果为自动化，认知学徒制教学策略较为有效，在教师指导下的讲解示例法、讨论教学法、演示教学法、案例练习法都不失为有效的认知学徒指导方法。

学习了知识，还要有意识地运用，将学到的知识用于解决问题，迁移到实际生活现实中，在运用的过程中，使知识达到熟练化、策略化的程度。要使知识策略化，促进知识的泛化和迁移，变成学生的认知策略，教师必须让认知策略的学习作为一个重要的教学目标，将学习方法的培养融入教学策略的设计之中。首先，教师要对教材知识结合自己的教学风格、学生特点、知识类型进行深加工。深加工是对知识的结构和内容进行加工，原则是理清逻辑、前后关联、分解组合，化难为易，化繁为简。其次，教师要教会学生学习策略，注重智力训练。教师不仅要教会

学生进行知识的深加工，还要训练学生灵活使用抽象、比较、分类、类比、分析、综合、归纳、演绎、联想等几种基本的逻辑思维方法。最后，还要充分发挥认知策略的监控作用，练习过程中和练习之后应及时地指导学生在学习中灵活运用认知策略，如复述策略、精加工策略、组织策略、理解监控策略和情感策略等，对学习过程进行反思、归纳的总结。

例如，在讲“化学式与化学价”这一课前，教师让学生拿出每人的自我提问单，布置的主要内容包括：

我对这个课题最感兴趣的地方是什么？学习它对我们生活学习有什么影响？（情感态度与价值观目标）

我拥有哪些方面的知识能够解决这个问题？要解决这个问题我不足的知识面在哪里？（知识与技能目标）

解决这个问题需要什么策略？我打算在课堂上学习什么？需要老师哪些方面的帮助？（过程与方法目标）

这是一项元认知监控方面的思维策略训练，通过学生对自己的学习情感、学习基础和自我认知度的判断，激发学生元认知加工过程，促使学生从指向问题本身转变为指向自己“怎么思考”，从问题水平移至加工过程的水平，使学生形成认知冲突，确定自己的兴趣，给予自己一个明确的任务定向与学习目标。

课程结束时让学生写出每人的自我反思单，主要内容包括：

我学得快乐吗？我学习了知识后可以用来解决什么问题？（情感态度与价值观目标）

我能够解决这个问题了吗？哪些知识帮助我解决了这个问题？（知识与技能目标）

解决这个问题我们运用了什么方法？分析思路是怎样的？有什么窍门与技巧？（过程与方法目标）

这是学生对自己学习结果进行元认知的自我反思与检测。主要目的是主动积极地衡量最终是否达到了自己预定的学习目标，同时进行了认知策略的总结与反思。

新课程三维目标的提出让我们看到教育不是一个机械的流程，而是建立在生命基础之上的活动。教学应该是知识技能的学习与教学行为、教学环境以及人的情感态度相协调的过程，应该是通过各种学习方式的有机结合，激发学生的学习兴趣和潜能，促进思考与运用，提高问题解决能力和创新能力的过程。好的教学策略在于消除人与知识、知识与知识、知识与情境之间的边界。策略只是解决问题的一种方式，是一种上位的指南，应该鼓励教师以教育心理学为科学基础，因地制宜进行拓展和调整。

第四章　化学教学策略理论基础

第一节　广义知识加工理论

认知心理学是20世纪60年代后在心理学界逐渐占据重要地位的一支心理学流派。因其对心理学的影响巨大，有人甚至认为，它给心理学提供了一个连贯而统一的理论观点，是心理学统一的力量。认知心理学是研究人如何知觉、学习、记忆的思考问题的科学。它源于哲学和生理学，也从语言学、生物心理学、人类学和人工智能技术中汲取了营养，主要运用实验、心理生物技术、自我报告、个案研究、自然观察、计算机模拟和人工智能等方法来研究人的思维，倾向于从概念理解与思维理解的一般策略的增长来看学习。其认知加工方面的研究主题对教育心理学影响深远，如学习迁移、先前知识的作用、群体练习与分散练习、认知负荷、整体学习和局部学习、信息存储、陈述性知识、程序性知识和策略性知识的学习和元认知、记忆术等。除上述与认知加工有关的一些焦点问题之外，近年来还有四个重要领域是认知主义理论影响下形成的热点问题，即内隐学习、认知神经科学、社会认知理论和动机研究。

一、认识心理学的广义知识加工理论

认知心理学的广义知识加工理论将知识划分为陈述性知识、程序性知识。也有分为陈述性、程序性知识和策略性的知识三大类。陈述性知识是指"是什么的知识"，即对内容的了解和意义的掌握(如概念、规律、原则等)的知识；程序性知识是指"怎么用的知识"，就是在新遇到问题中有选择地运用概念、规律、原则的知识，它与认知技能直接联系；策略性的知识是指"为什么的知识"，即知道在为何、何时、何地使用特定的概念、规律、原则。它是关于如何思考以及思维方法的知识，它与认知策略直接联系，所以一旦掌握，能自觉地、熟练地、灵活地运用，那么它就转化成了能力。广义的知识观已将(狭义的) 知识、技能与策略融为一体了。

当代认知心理学认为学习过程就是对信息进行输入、编码、储存和提取的过程，以及对这种信息加工过程进行元认知监控的过程(也称为执行过程)，学生头脑中认知活动是决定学习结果的决定性因素，情感态度与价值观等非智力因素也在这一过程中起着极为重要的动力调控作用。信息的加工是有层次的，信息被加工的水平越深，它能被提取出来的可能性就越大；问题引发的加工水平越高，后来回忆的水平也越高。从知识的结构看，知识就是各种关系把"概念"或结点连接起来的复杂网络。这些结点包括了在特定情况下能被激活的"概念实体"，它们通常但并非总有名称，以各种方式与其他结点相连接并执行任务。描述和表征结点的三种主要方法是命题、图式或单元、产生式。陈述性知识以命题网络或图式表征，在命题网络上储存了不同概括水平的属性用以区分不同的知识内容。陈述性知识另一种表征是图式，是对同类事物的命题或知觉的共性的编码方式，它用于表征意义单元较大的、内化了的知识单元或知识系统。图式中含有许多空位，它们可以被某些信息填补，并由此帮助人们产生新的推论。图式是一般的、抽象的和有层次的、围绕某个主题组织的，而不是具体的、特殊的和单一的。图式不仅可为知识储存提供框架，而且还对新的信息加以改造，使它适合于已建立的图式。程序性知识和策略性知识以产生式的方式表征，即一系列以"如果……则……"形式表示的规则。

产生式通过控制流而相互形成联系，并通过练习组合成复杂的产生式系统。心理学研究认为知识加工是一个塔式结构，程序性知识的加工以掌握陈述性知识为必要条件，通过应用规则的变式练习，使规则的陈述性形式向程序性形式转化；策略性知识的加工以掌握陈述性知识及程序性知识为必要条件，通过程序性知识的相对自动化和创新应用，完成陈述性知识和程序性知识向策略性知识的转化。知识在头脑中并不是静止地存储着，它还要发生重建与改组。知识内部加工子系统包括三个主要认知能力：同化、顺应和平衡。同化是指把外部环境中的有关信息吸收进来并结合到已有的认知结构（也称图式）中，即个体把外界刺激所提供的信息整合到自己原有认知结构内的过程；顺应是指外部环境发生变化，而原有认知结构无法同化新环境提供的信息时所引起的认知结构发生改变的过程。可见，同化是认知结构数量的扩充（图式扩充），而顺应是认知结构性质的改变（图式改变）。认知个体就是通过同化与顺应这两种形式来达到与周围环境的平衡：当认知个体能用现有图式去同化新信息时，是处于一种平衡的认知状态；而当现有图式顺应的过程就是寻找新的平衡的过程。个体的认知结构就是通过同化与顺应过程逐步建构起来，在“平衡—不平衡—新的平衡”中不断地丰富、提高和发展。皮亚杰关于认知结构在认识建构中的作用的思想得到了现代自然科学的支持。现代脑科学的研究证实：人类之所以能对外界刺激进行选择是因为细胞膜具有对离子通透的选择功能，当主体接受外部刺激时，外部刺激通过感觉通路传导到大脑皮层相应的神经元，此时，细胞膜就会利用自身的选择功能选择和过滤外界刺激。正因为如此，在人所接触的信息中，大约有 99％的信息被大脑作为无关紧要的信息而摒弃，有 1％的信息被大脑选择并储存，这就证实了皮亚杰认知结构具有选择性的思想。

从认知心理学的角度讲，陈述性知识变成程序性知识、策略性知识的手段就是迁移。罗耶(Royer) 提出了认知迁移理论，认为迁移的可能性取决于被试在记忆搜寻过程中提取相关信息或技能的可能性，迁移依赖于实验情境以及源学习材料与迁移材料的关系，即可以是高度的迁移，也可以是中度迁移，甚至是零迁移或负迁移。不同的迁移（高度迁移、中度迁移、零迁移、负迁移）取决于对目标任务的练习程度和迁移任务的表征，一般来说，表征和练习的程度是决定一个任务到另一个任务能否迁移的关键。希格莱(Singley)和安德森认为，任务之间的迁移与任务之间是否有相同的认知元素有关。希格莱的一项研究表明，抽象教学导致成功的迁移，而具体的教学可能导致失败的迁移。他教给被试解决涉及混合溶液的计算文字题，有些被试在训练时提供混合溶液的图像，而其他被试训练时使用的是代表计算基本关系的表格，结果表明抽象训练组在做类似的计算问题时迁移程度远超过提供混合溶液图像的训练组。而现代的认知心理学表明将抽象与具体事例结合起来比这二者中的任何一种都有效。

迁移的理论解释途径有三种：①图式理论；②共同要素理论；③元认知理论。

迁移的图式理论是在美国教育心理学家奥苏贝尔有意义学习理论的基础上发展起来的。奥苏贝尔认为学习者的认知结构是影响学习迁移的重要因素。一切有意义的学习都是在原有认知基础上产生的。陈述性知识获得的心理机制是同化，它是指学习者接收、吸纳和合并新知识并转化为自身认知结构的一部分，即形成学生自己的认知图式的组成部分。从教学目标内部加工过程来讲，它完成了认知加工的整合阶段。

迁移的共同要素理论是相同要素理论的现代版本，其特点是以产生式规则取代了相同要素。这一理论认为，产生式是程序性知识获得的心理机制，即熟练的技能对原有陈述性知识进行了精细加工和知识重构，以产生式或条件-行动序列的形式储存，从而使陈述性知识转化为程序性知识的结果。而当学生能运用已获得的产生式去解决新情境中的问题，将所学知识与该知识的运用结合起来时,程序性知识也就转化为策略性知识。从教学目标内部加工过程来讲,它完成了认知策略的区分和建构的高级阶段。

另外,在知识库的加工过程中元认知监控起了重要的作用。所谓元认知,是指认知主体对自己的认知过程、结果及与之相关的活动的认知,它使主体能够监控自己正在进行的认知活动,并做出适当的调节。从教学实践的角度来看,元认知与主体对学习的态度、动机有关,它是教学目标内化加工的内在思想束缚,由始至终都对认知的整个过程起自我调控监控的作用,如果没有较强的元认知能力,一个人的一般认知能力就得不到有效发挥。教师通过对学生在不同阶段的元认知监控和元认知训练,能使学生的元认知监控能力变成一个自觉的过程,使学生能对自己的学习进行高效的自我调控,能根据自身学习经验自发地学习。元认知对个体思维和行为的调节表现在:选择适宜的解决问题策略,监控认知活动的进行过程,不断获取和分析反馈意见,把握和修正自己的认识过程,坚持更换解决问题的方法和手段。在个体元认知的控制下个体能有效控制自己的学习行为,把注意力集中和自己能追求的目标有关的活动上。通俗地讲这个阶段我们常说学生已经养成了学习的自觉性。

广义知识加工理论可用表 4-1 表示。

表 4-1　广义知识加工理论

知识库	内部加工	理论解释
陈述性知识(言语信息)	整合(知识的精制和重构)	图式理论
程序性知识(动作技能与智慧技能)	区分(知识的理解和运用)	共同要素理论
策略性知识(认知策略)	建构(发现或创造新知识)	元认知理论

二、广义知识加工理论对教学策略的启示

1. 重视知识的加工

知识加工是一个主动的过程。在这一过程中,学习者构建新旧知识的意义关系。精心设计的教学策略推动着学习者更积极地在新旧知识之间产生联结。

针对不同的知识,在不同的认知加工阶段,应该采用不同的教学策略以达成知识情境。从认知心理学知识加工的理论出发,条件化、结构化、自动化的知识加工策略有助于教学目标的实现。条件化即是在头脑中将知识大量地以产生式的形式储存起来,将陈述性知识与应用知识的"触发条件"相结合,促进知识的迁移;结构化是将知识形成紧密联系的、具有层次的、能顺利进行从具体到抽象和从抽象到具体的动力传递的有序网络;自动化是通过练习使知识不断进行重组与改良,形成一个组块性的知识网络良性结构,以减少记忆空间,加快知识的提取速度。按照图式理论,教师在设计教学策略时应该提高情境之间的相似性并提出它们之间的相同元素;按照共同要素理论,增加学生对学习价值的感性认识非常重要,要让学生懂得学习知识的意义,了解知识在不同情况下应用的规则、方法以及所需的知识。

为了有效地教学,教师需要从心理学的研究成果中汲取营养,针对不同类型的知识提出有效的教学建议,为每一种学习找到一种有效的教学策略。信息加工理论主张必须培养学生的认知策略,促进学生对信息的有效加工,提高加工能力。教学要促进选择性知觉的产生,并依据认知目的进入短时记忆,相应的教学策略包括引起注意、告诉目标以及揭示回忆,激活原有知识中的有关概念,在短时记忆阶段主要使用编码策略,教学必须呈现各种编码方式的程序,

鼓励学生选择最佳编码方式。而长时记忆的语义编码策略可使学生掌握为自己提供线索的策略，以便精确回忆，提取自己所需信息。乔纳森提出了学习者对新学内容进行深层理解并长久保持的深加工策略：记忆、综合、组织和精加工能力。

(1) 记忆策略，即帮助回忆的一些具体策略，包括重复、复诵(如心理练习)、复习和记忆术，有助于学习者逐字地回忆所学的事实或事实系统。

(2) 综合策略，即把信息转换成一种更容易记忆的形式，帮助学习者转换新内容的策略，包括释义(要求学习者用自己的话来描述新学习的材料)、对新信息进行生成性提问和举例。

(3) 组织策略，即帮助学习者把握新旧观念之间的联系。该策略实例包括分析要点、要求学习者确定要点并叙述彼此之间的关系、写提纲、列概要、列表、比较分类。韦斯特等建议，使用表格对新信息进行归类和整合。

(4) 精加工策略，即要求学习者对新的信息增加相关细节。促进精加工的策略包括产生的心理表象、算法/结构图及句子综合。

策略只是问题解决的一种方式，而不是一套刻板的规则，它允许因人因地制宜。因此应该鼓励教师以教育心理学为科学基础在自身经验的基础上进行拓展和调整。我国基础教育在这方面就形成了自己的特色。例如，数学中"变式练习"教学促进了学生智慧技能的发展，学生基础知识扎实，提取知识的能力很强，程序化知识的自动化水平很高，体现了我国在进行陈述性知识向程序性知识迁移的教学策略方面有着自己的教学优势与特色。但不足的是程序性知识向策略性知识的迁移不够好，学生的创新能力与知识的实际运用能力欠缺，而通过问题探究教学、案例教学、合作学习、自主学习等方式的有机结合能促进程序性知识的运用与迁移，形成解决问题的认知策略，提高学生问题解决能力和创新能力，真正实现知识情境的有机整合。

2. 重视知识与儿童发展阶段的关系

(1) 应按儿童思维方式进行教学。皮亚杰理论指出了儿童的认知、思维方式与大人不同，甚至不同年龄的儿童、青少年也有着认知结构上的极大差异，如感知运算时期(0～2岁)、前运算时期(2～7岁)、具体运算时期(7～11岁)、形式运算时期(12岁左右)。

(2) 遵循儿童认知发展顺序设计课程，课程教材的难度必须配合学生心智发展水平。教学策略如何与学生能力相匹配，这是早已受到重视的问题。以往的做法多是以年龄为能力划分的标准。但是在皮亚杰看来，"认知结构"是更为合适的标准，虽然年龄与认知结构有关，但并非是认知结构的唯一因素。此外，根据皮亚杰的实验研究，就算是对于同一学习材料，不同发展阶段的儿童也会有不同的反应。

(3) 认识到儿童的自主性、积极参与性在学习中的重要性。按照皮亚杰的课堂设计，不主张给学生呈现现成的知识，而是鼓励儿童通过自己与环境进行相互作用，自主地发现知识。因此教师不宜进行说教式的教学，而应提供大量各种各样的活动，使儿童在活动中与现实世界直接互动。

(4) 不强调对儿童进行成人化的思维训练。皮亚杰把"我们怎样才能加速发展"这个问题称为"美国人的问题"。皮亚杰曾访问过许多国家，他认为美国的心理学家和教育学家似乎对"运用技术加速儿童各个阶段的发展"这一问题最感兴趣。以皮亚杰理论为指导原则的教育方案也接受了皮亚杰的信条：与其过早地让儿童接受教学，还不如不教，因为这容易导致对成人规则的肤浅接受，而不能达到真正的认知理解。

第二节　情境认知理论

目前教学存在的一个严重问题就是学生不能很好地将在学校所学的知识应用于日常生活和职业工作场景之中。按照认知的信息加工观点，原因应在人的大脑的内部寻找，相应的教学对策便是改进教学方法以促进学生对知识、理解、精致并以此来增加学校学习的可迁移性。按照情境认知理论的观点，原因不仅在学习者大脑内部，而且在于个体与处理学习环境相互作用，这样一来，为学生设计恰当的学习环境就成为改善学习的关键。正是采取这一独特的视角，使得情境认知理论受到教育研究者的广泛兴趣和关注。

“情境认知”这一术语是由布朗(Brown)等在1989年提出的。布朗等提出情境认识理论，主要强调知识如同工具，是学习者与环境互动的产物，且本质上受活动与文化脉络的影响。基于情境认知的教学则由传统教学的内容灌输、教材安排，转而强调学习环境以及学习活动的设计的提供。建构主义的情境认知理论则倾向于从参与探究与对话实践来看学习。这些实践包括概念意义的建构和技能的使用。

情境认知或情境学习强调的是学习处于它所被建构的情境脉络之中，也就是说学习者不能排除在学习的情境脉络之外，知识是蕴含在学习的情境脉络以及学习活动之内的重要成分。另外，认知的情境性方面是指这个世界并非是一个给定的客观形式，相反，我们知觉到的性质和事件都是在相应的活动境脉中建构的，表征方式是在知觉过程中被建构并被赋予意义。而这里的知觉过程涉及人与环境相互作用，觉察到差异和相似性并因此而创造信息。

一、情境认知理论的主要观点

(1) 情境认知理论认为知识的实现并不表现为客观的行为，也不存在于人的大脑，知识的实现表现在人与社会或物理情境的交互状态中，分布于个体、媒介、环境、文化、社会和时间之中。

(2) 情境认知理论认为，学习不仅是一个个体的意义建构的心理过程，更是一个社会性的、实践性的、以差异资源为中介的参与过程。社会性学习是知识经验发展的基本途径。知识不仅是在个体与物理环境的相互作用建构的，社会性的相互作用同样重要，甚至更加重要，人的高级心理机能的发展是社会性相互作用内化的结果。儿童带着不同的先前经验进入所处的文化和情境进行互动，通过学习者之间的合作和交流，互相启发、互相补充，不断地把自己的观点和行为与他人进行比较、协调，从而引起自己认知结构的改变。

(3) 情境认知理论认为知识是一种工具，只有在运用这种知识时，才会理解其意义。学习某个概念，除解释某些特定的规则外，更重要的是了解概念使用的场合和条件，后者直接来自于运用这种概念的某个共同体处所的情境，共同体逐渐积累的独特的洞察力以及共同体的文化。

二、情境认知理论对教学策略的启示

(1) **知识学习应植根于情境脉络之中。**这不仅是从动机、情感、兴趣等的角度考虑，而且是知识本性所决定的。

(2) **合作学习能够激起更高水平的思维。**维果斯基认为个人的认知结构是在社会交互作用中形成的，发展正是将外部的、存在于主体间的东西转变为或内化为内在的、为个人所特有的东西的过程。

（3）**运用知识能促进知识的理解。**学生在运用知识的同时，不断构建对知识自身内涵的理解，因此，情境认知对教学一个直接的含义就是倡导“做中学”。情境化的实践中，学习或实践之间没有界限。“学习、思维和知晓是参与活动的人们之间的关系，活动处在社会性地和文化性地建构的世界之中，活动利用了这个世界，也源自这个世界。”

当然，学习者作为人类的一个个体也没有必要从头到尾建构所有的知识。知识学习离不开通过“教”这种便捷途径而实现的经验传递，当然它不是简单地仅仅通过教师或课本告诉学生，学习者完全可以以自己的经验为基础，通过新旧知识经验间的同化和顺应来建立自己的理解，从而使间接知识的学习能够取得与在活动中建构知识相同的结果。

第三节　人本主义学习理论

人本主义学习理论认为，学习是一个情感与认知相结合的整个精神世界的活动，情感和认知是学习者精神世界不可分割的部分，是彼此融合在一起的，学习不能脱离学习者的情绪体验而孤立地进行，对其情感的教育和知识的辅导是同等重要的。而绝大多数传统的学习理论通常把学习只看成一种认知活动，是左边大脑参与的活动。即使有的学习理论涉及了情感与情绪，也只是把它作为激起或干扰学习的一种因素，根本不把它作为学习活动的一部分。对学习者来说，这种排斥右边大脑情感参与的学习是冷冰冰的无生命意义的学习，只是一种信息的接收和加工过程，因此是无效的学习。人本主义理论认为有机体内部存在着一种潜在的创造性倾向，只要提供有利的条件，人的潜能就能释放出来。“这种观点把重点放在事物的过程上，而不是放在事物的最终状态上。”中国古代哲学家老子的“致虚极，守静笃，万物并作，吾以观复”，实际上是一种完人的行为，在发挥最高效力的同时却轻松自如，这与人本主义理论在指导人格发展的工作中所倾向的“使人们自由地表达本性，自由地趋向自己的归宿”的整体和谐的思想不谋而合。

一、人本主义学习理论的主要观点

1. 学习整体观

（1）**学习是理论、实践与自我认识的统一整体。**学生需要经过实际体验，尝试错误、成功、失败、沮丧、痛苦，所有这些都是学习过程重要的部分。理论与经验、实践分离是很危险的，要想健康地发展，对自己的认识、对自己的理解、主观感受的能力也是必不可少的。体验丰富的人具有很强的自我认识。马斯洛说：“在我们自己的内心里我们熟视无睹、置若罔闻的东西，正是在外部世界里熟视无睹、置若罔闻的东西，无论这些被我们忽视的东西是诗情画意，是对美的敏感，是最初的创造，还是诸如此类的东西。”当整个教育过程发挥良好作用时，学生就会发现越来越多关于自己、关于他人以及关于整个物质世界的真理，并且能在外部世界看到越来越多的统一，自身也变得越来越统一。

（2）**教育目的在于人的整体发展的需要。**尤其是人的“内心生活”，即人的情感、精神和价值观念的发展。马斯洛认为，人天生具有一种蕴藏着无限潜能的内在自然，这种内在自然的充分展露就达到了自我实现。他把自我实现看成人生的终极目标。自我实现也即“完美人性的形成”、“人的潜能的充分发展”、“人的能力的全域发展”。教育的任务在于帮助人们满足这种最高的需要。他说：“教育的功能、教育的目的——人的目的、人本主义的目的、与人有关的目的，在根本上就是人的‘自我实现’，是丰满人性的形成，是人能够达到的或能够达到的最高度的发展。”

(3) **学习是人的情感动机参与的过程。**真正的学习经验能够使学习者发现自己的独特品质，发现自己作为一个人的特征。从这个意义上说，学习即成为一个完善的人，是唯一真正的学习。个人对学习的喜爱情感(好学)在学习中具有重要意义，人类具有学习的自然潜能，他们对外界的好奇促进其学习与发展，唯有自我发现及自己喜好的学习才会有意义地影响个人行为，也因此才可以称为学习。坦恩鲍姆博士总结道：“倘若我们接受杜威关于教育即经验的重建的定义的话，那么还有什么比把我们的全部自我、我们的内心动力、热情、态度和价值观都投入进去更好的学习途径呢?”

2. 学习情境观

(1) **小组活动能够满足人的归属感。**没有指导性的小组活动，信口开河地相互交谈，没有任何工作日程，没有目的，这种技巧与罗杰斯的非指导性心理治疗十分相似。罗杰斯的“非指导性”教学实践包括无结构教学，以学生为中心，鼓励思考、理解和接受的重要性三个方面。罗杰斯认为，教学的起始基础不是课程、思想过程或其他智力资源，而是和睦的人际关系。教学不是以书本和教师为中心，而是以学生为中心。教师不是学生学习过程的指导者，而是学生学习过程的促进者和服务者。罗杰斯认为，师生间这种新型的人际关系体现着一种对学生独立思考和自学能力的根本信任，创造着一种促进学习的“接受”气氛。学生的学习不依赖于教师的教学技术、知识水平、授课计划和众多的参考书，而是依赖于教师和学习者彼此之间的关系，即学生对教师的接受程度。马斯洛把这种方法与“无为而治，即任事物自然发展”的道家哲学联系起来。但他也看到了另一方面，“放任自流与无组织状态能够带来鼓舞人心的力量和自我实现的最佳环境；但我也看到了放任自流同样也能使个人的无能、缺乏才能和心理障碍等一切弱点暴露无遗。这也就是说，无组织状态或者造就了人，或者毁了人；许多人一帆风顺，而另一些人则一败涂地。”

(2) **真实情境学习。**罗杰斯非常重视“真实情境”中的体验性学习，他认为，在真实的情境中，学习者可以全身心地投入学习中，通过感受、行动，其智性活动和感知、情感活动交织在一起，因为这种学习对他个人来说是有生存和发展意义的，所以是高效率的，不容易忘记的。罗杰斯批判传统教育不让学生接触现实生活中真正有意义的问题，不让他们承担责任。他指出：“让年轻人从小学会思考复杂的问题，认识到任何一个问题都有正反两面和学会选择自己的立场，是绝对必要的……学会解决复杂的社会和科学问题是教育的根本目的。”因此，“我们必须让所有学生，无论他们是在哪个(教育)阶梯上，接触与他们生存有关的真实问题，这样他们才会发现他们想要解决的问题”。

(3) **营造自由的学习气氛。**罗杰斯认为实现意义学习的关键是营造有利于学习的气氛。既然学生都具有内在的学习动力，他们所需要的是不受压抑，能让他们的好奇心和创造性得以自由舒展的土壤、阳光和空气。这些条件一旦具备，求知的种子就会自主地发芽生长，而教师的主要作用就是营造这种促进学习的气氛。教师不是专家，不是知识的传授者，而是“学习的促进者”。罗杰斯进而阐述，与心理咨询一样，创造这种有利于学习的气氛的关键是学习过程中的人际关系，尤其是教师对待学生的态度。这种态度的基础是对学生的信任，即信任学生不仅有学习的内在动力而且有自主学习的能力。罗杰斯认为，“促进学习的关键乃是教师和学生之间关系的某些态度和品质。良好的师生关系应具备三种品质：真实、接受、理解。教师应做到:①对学生作全面的了解和无微不至的关心;②尊重学生的人格;③与学生建立良好的真正的人际关系;④从学生的角度出发,安排学习活动;⑤善于使学生阐述自己的价值观和态度体系;⑥善于采取多种多样的教学方法,给学生更多的区别对待等。”

3. 学习动机观

(1)**高峰体验使人觉得自己变得更美好、更坚强、更统一了。**高峰体验具有有益的治疗效果,可以促进学习动机,尝试成功的感觉就是这种体验。马斯洛认为高峰体验的出现可以给人带来积极的后果,可以使人改变自己、对他人以及对生活的看法,还可以使人变得更加自重,更有创造性,感到生活的意义。

(2) **小组工作法能满足合群感、联系感和归属感等人类的需要。**归属的需要是社会学习系统的最大需要,而学校和课堂文化向学生提供了归属于群体的机会。一般人有着巨大的发展潜力,一旦给他们以重要的责任,他们会有更好的表现。

(3)**人天生的求知欲、好奇心和创造性生存发展的条件是“自由”。**罗杰斯认为“自由”是学生能够根据自己的兴趣去探索和发现的自由,是能够对一切现存结论质疑的自由,是能够根据自身的需要选择自己发展的方向的自由。同时,马斯洛也认识到自由、不受拘束对于有些人的发展是有益的,但对另一些人则起到相反的作用。这就是“分野原则”。

(4)**有意义的学习才是真正的学习。**人本主义学习理论认为,学习过程是学习者的一种自我发展与自我实现的过程,是一种生命的运动,从更广的意义上来说是生命的价值所在,学习者的自我只有同有意义学习整合联系在一起,才能促进自我的成长、人格的完善,这样的学习过程不仅使学生的认知结构更加精细,认知水平有所提高,知识更加丰富,而且促进学生的全面发展。罗杰斯以学习活动对于学习者是否有意义来区分两类不同的学习。一种是所谓认知学习,它只是脑力活动,没有个人情感的投入。另一种与认知学习相对的是人本主义心理学家所倡导的“意义”学习或“经验”学习。这是一种“自主”的学习,其动机来自学习者内部而不是外部,其结果由学习者自身来评价。这种学习的核心是“意义”,它的一个重要特点是学习者“全身心投入——不仅是智力而且是整个人的投入”,因为这种学习对于他有个人的意义。罗杰斯认为,只有这种学习才是唯一有价值的学习,它影响“广泛而深远”,涉及“人的行为、态度,今后的行动方向甚至整个人格”,罗杰斯认为意义学习的核心是学生直接参与学习过程,参与学习目的、学习内容、学习结果评价的决策。学生要有根据自己的兴趣和需要选择学习的自由。同时,意义学习还必须让学生体验到学习对于他们个人的意义。

(5) **教学的真正目的应该是激发学生的动机使其参与到认知过程中去。**人本主义学习理论认为教学最重要的是能否唤起学生的思维而不在于这个问题表面看起来是否源于生活,每个人都有内在的学习动机,这一动机与生俱来,如果没有受到压抑,它会伴随人的一生。教育面临的真正挑战是寻求正确的方法和途径,使所有学生永远保持这种天生的求知欲、好奇心和创造性,成为不倦的学习者。

(6) **人的深层动机是精神的追求。**心理学已经关注到动机的层次——生存需要、性与攻击、整合感的需要、亲密关系、形成一种内聚的自我、通过有意义的工作和活动实现自我的潜能。但在超个人心理学看来,自我实现的层次还有待进一步提高,超个人心理学认为人类存在的最深层动机是精神的追求。人类生命确实具有一种精神追求的驱动力,表现为通过内在深处的个体、社会和超越意识而寻求全体的倾向;触及内在的智慧之源是可能的且有益于健康的;将个人有意识的意志和热望与精神动力结合起来具有十分重要的健康价值;生命和行动是有意义的。动机发展的历程就是从低级需要到自我实现的需要，最后达到精神的或超越的境界。

(7) **要使整个学习过程充满生机和活力，就必须深入学生内在的情感世界，以学生与教师两个完整的精神世界相互沟通和相互理解来达到教育的目标。**如果学生特有的这个"我"受到重视的话，如果他能在要学习的环境中重新找到自己的生活世界的话，如果他利用所有感官通过行动能够发现事物的话，那么他们就会积极地建构并加强知识结构和动态的思维系统，这些系统将会广泛地、变化地、加速地引发自主的学习行为。人本主义教育的真正意义就在于这些原则所代表的信念和态度。教育，尤其是以"育人"为目标的教育的成功，固然取决于许多因素，但正确理解教育目的，把自己看成是和学生平等的人，不以自己的偏见评判学生，接受每个学生，尊重他的独立人格，把学生看成"人"，看成有潜力的成长中的人，强调学生发现自我，认识自我，理解自己的兴趣和需要等则是有效教学最重要的因素，而这些恰好为传统教育所忽略。

二、人本主义学习理论的不足

(1) 忽视了人的心理发展的社会性，把自我实现完全看成是一个自我成熟的过程，容易导致极端的个人主义倾向出现。

(2) 过分关注自我，抽象地、孤立地谈人的价值，忽视了人的社会本质。

三、人本主义学习理论对教学策略的影响

(1) **教学策略应关注认知与情感的并重、协调，注重学习氛围、环境(尤其是人际关系)的创设。**美国佛罗里达州立大学凯勒教授在人本主义学习理论等基础上于 1983 年提出了"ARCS 动机设计模式"，这种动机设计理论不仅是独特的，而且是革命性的，它打开了使教学在富有成效的基础上更加生动活泼的大门。受其影响，坦尼森(Tennyson)提出的"认知系统模型"也增加了"情感"部分，将情感要素作为认知系统不可分割的部分。巴纳斯(Banarhy)"以学习为焦点"的教学设计和赖格卢特的"2000 学习圈"也是以人本主义学习理论为基本理论取向。

(2) **教学策略取向应该是以人为本，满足学生的不同需要。**教学策略应该从人的需要的不同层次结构(从低到高分为生理、安全、爱、尊重和自我实现五种需要)进行考虑。人本主义的主题是人的潜能和创造能力，但是这种能力，包括塑造自己的能力是潜伏的，需要唤醒，需要让它们表现出来，加以发展，而要达到这个目的的手段就是教育。人文主义者认为教育就是把人从自然状态中脱离出来发现他自己人性的过程。人文关怀包括对生命及个人独特价值的尊重，对自然及优秀文化传统的关怀，对人的整体性的认同，对不同观念的宽容，对群体合作生活的真诚态度。

第四节　基于脑的教育研究

从最终意义上讲，对知识的本质的最直接回答有赖于认知神经科学的研究成果，然而在相当长一段时间人们难以明确回答这个问题，只有以间接的——哲学的、心理的、人类学的等方式来不断地接近其真实。"基于脑的教育"是指在 20 世纪 70 年代末产生、90 年代中期至 21 世纪初期达到顶峰的一种教育模式。基于脑的教育理论汲取了脑科学、认知科学、生物学、发展心理学、建构主义教育、多元智能理论等多学科的知识，是一种综合性的跨学科的教育理论。

一、"基于脑的教育"研究的主要内容

1. 教学的目的:意义的建构

基于脑的教育研究汲取了建构主义的观点，把意义的建构作为教学的目的。他们把意义分为两类:感觉意义和深层意义。感觉意义是人们感知模式或者建立联系时的一种心理状态，它与感觉和顿悟有关,是大脑搜寻模式过程中的核心环节。感觉意义对形成人的洞察力和创造性都非常重要,但是学校往往忽视感觉意义。深层意义包含了脑中的所有本能,是人在社会关系、情感生活及智力等多方面活动的需要,是内在动机的真正来源。只有感觉意义和深层意义聚合起来才会产生真正有意义的知识。关联性、情绪、情境或范式的形成是这些部位产生意义的重要因素(关联性情境与动机结合才能产生有意义的知识)。关联性是指神经元之间产生的大量连接。神经元间的连接越多,牵涉的神经区域越大,新的信息就越牢固地储存于长时记忆中。情绪要素是指强烈的情绪会使脑释放出化学物质,如肾上腺素等,从而使情绪与意义关联起来。学习者的情绪状态对学习者的注意与记忆等认知功能的发挥具有重要的作用。在意义建构的过程中,最重要的是建立连接(相关性),并找到相似的神经元网络(形成范式)。在此基础上,基于脑的教育提出,教师可以运用讨论、作概念图、写日志等多种教学策略将新知识与旧知识关联起来,让学生将正性或负性情绪表达出来,通过拥有适度的新奇感等策略帮助学生进入有益的情绪状态。在课程方面则倡导学科整合和跨学科模式,因为这种模式能够产生更多的关联性和情境(这说明人的动机与关联性情境之间存在着密切的关系)。

2. 教学的依据是心智的剧场

学生的学习就是系统的组成,情绪学习系统、社会学习系统、认知学习系统、身体学习系统、反思学习系统,这五种自然学习系统构成人的心智剧场。情绪学习系统决定了个体的外显特征,影响人的交往、学习及对环境进行思考的方式。积极的情绪有助于知识和技能的获得，消极的情绪则阻碍人们达到满意的成绩。认知学习系统与学术性学习相关,因而受到最广泛关注。运动、戏剧、舞蹈及音乐表达等都与身体学习系统有关。脑的反思性学习系统是最复杂的学习系统,负责脑和身体的执行功能,如高层次的思维和问题解决。

3. 教学原则与教学设计:大脑学习的自然规律

基于脑的教育,研究者提出了不同的教学原则来设计、指导基于脑的教学。史密尔克斯坦(Smilkstein)、杰森、苏索等都分别提出了基于脑的教学原则。其中,凯因夫妇提出的12条"基于脑或心智的学习原则"是引用最广的:①脑是复杂的适应性系统;②脑具有社会性;③对意义的搜寻是与生俱来的;④对意义的搜寻是通过范式而发生的;⑤情绪对于范式的形成是非常关键的;⑥每一个大脑同时感知与创造部分与整体;⑦学习既包括集中注意,又包括边缘性感知;⑧学习总是包括有意识与无意识的过程;⑨至少有两种组织记忆的方式,即分类记忆和情境记忆;⑩学习是发展性的;⑪学习因挑战而增强,因威胁而抑制;⑫每一个脑的组织方式都是独特的。他们提出这些原则的目的在于"奠定基于脑的学习理论基础……为确定与选择教育计划和方法提供指南"。

在这些原则的基础上,凯因夫妇提出了教学设计的要素说:①精心编排的沉浸状态,指教育人员如同编写管弦乐一样,灵巧地创设教学情境,使文本和黑板上的信息与学生的生活联系起来;②放松警觉,这是一种心理状态,让学生放松神经系统,在思维、情绪、生理上感到安全,

并具有学习的动机，低威胁、高挑战的氛围有助于放松警觉状态的形成；③积极加工，这是学习者巩固与内化信息的一种方式，通常是获得理解的唯一途径。

二、基于脑的教育研究对教学策略的启示

1.知识的构建与动机、关联性教学活动密切相关

大脑对于它所认为的有意义或无意义的信息反应是不同的。在学习的过程中重要的变量是构建意义，大脑对于意义的搜寻是自动的、生存取向的，是最为基本的。当学生认识到：**新的信息与个人兴趣和需要有关联时；以个性化的方式将新的信息与个人关联起来时；与先前的学习联系起来时；与先前的经验联系起来时，新的信息就获得了意义。**“由于最牢固的神经网络是由实际经验形成的，因此应该让学生解决学校与社区中的真实问题。”阿奇克兹(Acheycutts)在《将技术与大脑联系起来》一文中指出，教师可以采用这样一些问题来思考是否帮助学生创建了意义：是否创造机会让学生用自己的话来解释所学的内容；是否创造机会让学生与他们个人的经验进行比较和对照，发现信息是怎样与自己关联的；是否鼓励学生在合作小组中学习，与班级同学讨论自己的观点；是否让学生确定目标，让他们从情绪上投入到他们所学的内容中，对于达到目标胸有成竹；是否期望学生与班级同学谈论他们的目标；设计的课是否激发了学生情绪的参与，以帮助他们在学习中形成深层次的“感觉到的意义”；是否让学生投入复杂的、跨学科的项目，给学生以选择，并让他们与同伴形成交往关系；是否给学生提供时间与机会，通过写日志、自我评价以及确定目标来分享他们的想法；是否运用新颖性来创造相关联的、社会的、愉快的学习环境；是否向学生提出了“怎样”的问题来表明他们思考中的创造性。例如，你是怎样解决问题的；是否指出在自然界、数学、行为或者文学中的范式，为建构意义提供可资参照的方式；是否鼓励学生对对象进行分类，以组织思维；是否在学习项目结束时，让学生评价、支持或反对意见、讨论了相关性，运用模式、戏剧、网页、歌曲、舞蹈、艺术以及教学等来展示他们的模式或者学习。

2.教学活动设计要有整合性、关联性、丰富性和挑战性

凯因夫妇指出，要营造这样一种整合的意义：“使信息脱离文本与黑板，在学生的脑海里栩栩如生”。可以采用这样几种方法设计主题情境：鼓励学生从事感兴趣的、复杂的、真实的项目；提供多种感觉的表征，如运用时事、家庭、历史、故事、神话、传奇事件、比喻等，帮助学生形成关联性；考虑整个物理环境；形成社会关系以及共同体的归属感。他们认为，教师运用单纯的讲述方法违反了大脑运作的重要原则：人是社会性的动物，大脑是在社会情境中成长的，因此，人们要在社会化的过程中来追寻意义。运用得当的合作学习是符合大脑运作原理的教学方法。

根据凯因夫妇的教学设计要素说，教学活动设计应该具有整合性、关联性、丰富性和挑战性，其目的是为了创建综合性的意义。第一，教学活动的设计可采用综合性主题，设计学生感兴趣的、复杂的、真实的、需要整合多学科内容的主题。第二，为学生营造放松的心理状态需要有多种策略，如类似孩子的状态、与听古典音乐会的心理状态相似的被动倾听状态、沉思冥想、秩序井然的氛围、支持性的评价等。第三，在课堂教学时间的安排上应该根据首因-近因效应。心理学研究表明，人对于最前面和最后面的学习事件记得最牢，中间的学习事件记忆效果最差。据此，课堂时间可以分为三段：首因时间、低落时间、近因时间，与此相应，在首因时间传授新知，在低落时间巩固练习，在近因时间让学生进行总结归纳。第四，希尔威斯特认为，课堂管

理有四个关键要素:能量消耗、文化空间、时间和运动。能量消耗与课堂管理有着密切的关系。希尔威斯特认为,在课堂中,决定学生消耗能量进行竞争或合作的因素部分地取决于对课堂社会环境的评价,而自我概念(如何对自己定位)或者自尊(重视这个定位的程度)等是有助于驱动情绪的基本能量。神经递质复合胺的波动对于调节人的自尊心以及在社会阶层中的地位发挥着非常重要的作用。高浓度的复合胺与高自尊和高社会地位有关,而低浓度的复合胺与低自尊和低社会地位有关,因此复合胺的波动是适应性的。在阶层稳定的群体中,底层的人(缺乏控制力)比上层的人经历更多的紧张以及与紧张有关的疾病;而在动荡不稳的阶层群体中,上层的人则经历更多的紧张以及与紧张有关的疾病。因此,与社会共同体一样,在课堂中保持稳定是权贵们的利益,而尽可能多扰乱课堂则是处于苦苦追求成功和被尊重地位的被剥夺了权利的学生的利益。学生在课堂中成功的机会越少,课堂就越不稳定。如果在班级中社会阶层两端的人能够和谐共处,就可以创建合作性的课堂精神,帮助全体学生提高自我概念和自尊。由此,基于脑的教育将神经递质复合胺的波动与学校的课堂管理连接起来。

3. 为学习编排浸润的状态

“浸润(immersion)”就像海绵置于水中。对学习而言就是“浸润关注的是学生怎样与内容接触”。让学生浸润在内容中,就像海绵浸润在水中,目的就是要将意义渗透到学生的内心。由于“学习既包括集中注意,又包括边缘性感知”,“学习也同时包括有意识和无意识的过程”,因此,浸润意味着充分考虑学生个体对信息的多重感知,也意味着充分考虑环境信息对学生潜移默化的熏陶作用。

一个最好的关于浸润的例子是:学生通常完全浸润在多样的重叠经验中,这样学母语看起来就比学其他的语言容易得多。所以,教师应该学会将内容从单一的书本和黑板上分散或以其他的方式复制到其他地方,以编排一种浸润的状态。例如,在教室的四周布置许多与近期教学主题相关的图表,在课堂上使用与内容协调的背景音乐,必要时适当调整自己的衣着、面部表情、手势等。在这个意义上,好的课堂就是一个舞台剧,每一个人浸润其中,而不是在电影院看电影或在家看电视。当然,还有其他的方式可以用来编排浸润的状态,如整合课程、主题教学、合作学习等。总之,关键在于把信息从单一的书页和黑板中移开,并把它带入学生的真实生活中。

第五节 维尔伯意识谱理论

维尔伯(Wilber)是当代美国著名的理论心理学家。由于他对人的意识的开创性的研究,他被称为“意识的爱因斯坦”。维尔伯认为,天地万物原本是息息相关、浑然一体的。身体与心灵、理智与本能、我与非我、人与自然、主体与客体、内在与外在……原本是不可分割的,万物之间的统一原是一切众生的本性及生存基础。但是人类由于有了意识,便习惯于在这些范畴之间划定各种界限,使它们成为相互对立的范畴。在个人的内心世界,各种经验也常被分割得支离破碎,各种经验之间彼此否定。人因而生活在无止境的冲突中。现代人生活在与自然、与他人、与真实自我的越来越疏远的过程之中,因而矛盾、冲突、焦虑,总之是不快乐,活着似乎注定是受苦。殊不知痛苦的根源就在于妄设界限。各种界限而造成的重重障碍是痛苦的根源。界限的形成与自我意识的发展密切相关,也就是与回答“我是谁”的问题密切相关。当我面对“我是谁”的问题时,我就会试图去形容、解释或体会自我,而这一过程往往就是我在自己的经验中划分界限,不管我是否意识到。界限内的,我感到是“自我”;界限以外的,我便感到那是“非我”。换句话说,我的自我认识完全根据自己所设的界限。回答“我是谁”的问题,也就是描述界限以内的东西。“我是谁”也就意味着“我的界限在何处”。如果我感到这界限不分明,便产生了所谓的同一性危机。

维尔伯认为人们对“我是谁”问题的不同回答也就体现了不同的划界方式,这些不同的划界方式分别处于不同的意识层次上。第一层次是无界限的境界。在这一境界,个人体会到自己与宇宙本是一体,我的自我不是这个有机体,而是整个宇宙的造化。我们意识的最深处与宇宙的绝对本体或终极本体是同一的,这种本体就是婆罗门(Brahman)、道、阿拉(Allah)、神性(Godhead),它是无限的、也是永恒的。维尔伯称这种意识为一体意识、宇宙意识、人的最高同一性,这是心灵水平(the level of mind)的意识。第二层次是指个人虽未感到与万物同体,但至少能与自己的有机生命融合为一,我的自我意识便由宇宙整体缩小为宇宙的一部分,也就是我自己的生命体。这一层次与一体意识有许多类似的地方,但二者仍不可等同。在一体意识内,个人是与无所不包的绝对整体融合为一,而在这个层次上,个体虽然未在自己与宇宙万物之间明确划界,但又没有明确地与宇宙万物融为一体。维尔伯将这个层次称为超个人束(the transpersonal bands)。第三层次是将有机生命整体与外部环境区分开,就是以自己的皮肤为界,皮肤之内的,就是“我”,外面的,则是“非我”。皮肤外的东西,可以成为“我的”,却不是“我”本身。在这个层次,个体还能将自己视为身心统一的整体,维尔伯称这个层次的意识为存在的水平(the existential level)。第四层次是在自己的生命整体内划界,就是在身心之间划界。维尔伯称这个层次的意识为自我的水平(the ego level)。第五层次是在身体从自我中分离出去之后,继续在心理自我内部划界。维尔伯将这一层次上划界的意识称为角色的水平(the personal level)。这些划界的水平也就体现了一个人自我意识的水平。但这些不同的水平之间并无明确的界限。维尔伯借用物理学中的光谱或频谱(spectrum)概念来说明这些不同水平上的意识之间的关系。不同水平上的意识共同构成意识谱(the spectrum of consiousness),像彩虹一样五颜六色,但不同波长的光波之间并无明确的界限。就是说人的意识是多层面多维度的,正如不同波长的电磁波。

不同的层次各有不同的界限,这些界限向下延伸,直到“一体意识”,界限便消失了,因为在终极境界,自我与非我已经变成了一个和谐的整体。意识谱显示出人们对“我是谁”的不同认识,越往表层上推移,限定越狭隘。从最底部与宇宙万物融为一体,到最上端则只与心理的某一部分认同。层次越往上推移,便有越多的领域被拒斥于自我之外。在存在的水平上,环境被视为非我;在自我的水平上,不只是环境,连自己的身体也成了非我;在角色的水平上,不只是环境和身体,连心理的某些层面或内容也成了非我。因此,维尔伯称“一体意识”为唯一真实的意识状态,其他层面本质上都是幻觉。

学习是一种人的意识活动,是人与人、人与环境相互作用的系统。知识学习的过程其实是人们的主观意识世界与客观世界相互作用的过程,在这个过程中离不开个体情感的参与。当前教育教学中存在的问题其实也就是对学习活动系统进行人为地划界出现的问题。有界限,就会有矛盾。如同在军事上,界限往往是战争的导火线。界限内外的双方在意识谱的不同水平上会形成不同的冲突,因不同的冲突而引发不同的问题。学习是一个综合整体的系统过程,是人的一种积极的意识活动,是人与人、人与环境交互作用的生态的系统。学习与环境、个体的身心都有密切的关系,相互影响、相互作用,不可分割,缺乏了哪一方面的作用,都会造成系统的失衡与问题。

当我们将学习只看成学生行为的变化时，我们将学生身心划分了边界，模糊了作为人的学习的心理特性；当我们将学习只看成知识从教师转移给学生的传授时，我们将人的身心与环境划分了界线，于是产生了知识与环境的冲突，我们所学的知识不能用于指导实践，不能解决实际问题，成为了无用的知识；当我们认为学生只是知识的容器时，忽视了学生对知识的建构能力，将知识与认知划分了界限，导致所学的知识只是材料的堆积，不能进行知识的灵活运用与创新；当我们不重视学生的学习动机情感时，其实就是在生命整体内划界，就是在身心之间划界，由于学生认为知识学习不是他的内在的需要，不是他自我系统的一部分，因此就会感到学习是被动的负担，就会对学习产生内在的排斥；当我们不重视学生的创新思维与个性表现，用统一的规格标准来评判学生时，其实就是在学生的心理划界。让学生常否定某些心理内容或层面，视它们为非我，他疏离那些部分，或压抑它们，或将它们投射出去。剩下的被自我认同的形象就是“角色”或“面具”。当个人只与心理的某些倾向认同时，其余的心理活动便被视为“非我”，成为生疏且令人生畏的异域。他试图否定他不想要的那一部分，将其踢出意识之外，这被踢出的部分称为“阴影”(shadow)”或“坏我”(bad me)。许多创造性的思想和质疑的想法由于被视为“非我”而泯灭了，而学生出现许多心理上的问题都是由于这个心理人为划界造成的，这也造成学生缺乏个性魅力。从维尔伯意识谱的层次来看，不注重学生个体差异，在学生心理上划界，用统一规格进行人才的批量生产的学习是最低层次的学习，它的限定最狭隘；其次是将身心划界，即将知识与认知分离，不重视激发学生的学习动机；最后是将人与环境之间划界，即将学习与环境分离。这些划界都会造成学习系统的不平衡与冲突，带来相应的问题。

新课程三维目标的提出让我们看到教育不是一个程序的过程，而是建立在生命的基础之上。教学就是要让知识技能的学习与教学活动、环境以及人的情感态度相协调的过程。各种学习理论的作用实质就是在协调知识、环境、人之间的边界，不同的学习理论之间并不是互相对立的，而是互相补充的，每个学习理论都部分正确，但它们都只针对一种边界解决问题。例如，行为主义学习理论是解决人的行为与外界刺激的关系问题，但是却没有解决人的身心分离与心理划界的基本问题；认知学习理论是解决知识之间的界限与障碍；建构主义学习理论是弥合主体认知与知识、环境的关系问题，它解决了人与环境的关系问题、知识与环境之间的关系问题，却没有解决人的身心分离问题和人的心理划界的根本问题；人本主义学习理论则主要是为了愈合自我心理的分裂，协调心理与认知的关系，当一个人从身心分裂与冲突中解脱出来，成为一个有机生命整体时，才能感受到丰沛的生命潜力和自我实现的需要。它解决的是学习的根本问题。维尔伯的意识谱理论让我们看到学习现象可以从不同的观点进行分析。各种观点在解释人们行动的原因时都多少有些不同，并且每种观点对于我们关于整个人的概念都有所贡献。我们认为学习的最终目的是获得人与知识、环境，人的身心与心理各方面的协调统一，因此不同的学习理论在意识谱上都能找到对应的层次，各种学习理论之间的区分不是泾渭分明的，而是互相重叠互相渗透的。

总之，三维目标在维尔伯意识谱理论中找到了理论根基，维尔伯意识谱理论成为统整各学习理论的桥梁。

第六节　从学习理论看教学策略的变化

从学习理论看教学策略的变化见表 4-2。

表 4-2　从学习理论看教学策略的变化

基于脑的教育理论	广义知识加工理论	情境认知理论	人本主义学习理论
是一种综合性的跨学科的教育理论	解决知识之间的界限与障碍	人与环境的关系问题、知识与环境之间的关系	愈合自我心理的分裂，协调心理与认知的关系
知识的构建与动机、关联性情境密切相关 （提出了教学策略的三个要素：知识、情境、动机）	认知心理学的广义知识观将（狭义的）知识、技能与策略融为一体了 教学应该帮助学习者将新的信息同化和顺应到已有的图式和认知结构中 知觉具有选择性。目标、期望和当前的理解会影响知觉。它们像外部世界的过滤器一样，塑造我们的认知结构和反应	知识是蕴含在学习的情境脉络以及学习活动之内的重要成分 知识学习应植根于情境脉络之中。这不仅是从动机、情感、兴趣等的角度考虑，而且是知识本性所决定的 知识是一种工具，只有在运用这种知识时，才会理解其意义	教育目的在于人的整体发展的需要，尤其是人的“内心生活”，即人的情感、精神和价值观的发展 教学策略应该从人的需要的不同层次结构（从低到高分为生理、安全、爱、尊重和自我实现五种需要）进行考虑
教学活动的设计要有整合性、关联性、丰富性和挑战性	教学提供的新奇事物过量或不够，则注意会受到损害，并分别导致焦虑或沉闷 人们在材料和已有知识之间通过积极的思考和反思来建立联系。联系越多，主题就越有意义和越稳定	教学策略应关注语言、个体和群体的活动、文化意义和差异、工具以及所有这些因素的互动 人们在实践共同体中行动和建构意义	有意义的学习才是真正的学习 小组活动能够满足人的归属感 真实情境学习 营造自由的学习气氛 倡导“做中学”
为学习编排浸润的状态。例如，在教室的四周布置许多与近期教学主题相关的图表，在课堂上使用与内容协调的背景音乐，必要时适当调整自己的衣着、面部表情、手势等		知识的实现表现在人与社会或物理情境的交互状态中，分布于个体、媒介、环境、文化、社会和时间之中	学习是理论、实践与自我认识的统一整体 学习是人的情感动机参与的过程
按照大脑学习的自然规律	分块的信息能更好地适配在一起并有助于克服工作记忆的容量限制 遵循儿童认知发展顺序设计课程，课程教材的难度必须配合学生心智发展水平	使用情境原则可以传递不能言说的默会知识	激励理论：影响学生学习动机的因素有四类：注意、切身性、自信心、满足感 合作学习会激起更高水平的思维
维尔伯意识谱整合理论	学习与环境、个体的身心都有密切的关系，相互影响、相互作用，不可分割，缺乏了哪一方面的作用，都会造成系统的失衡与问题。好的教学策略在于消除三个边界：一是人与知识之间的边界，二是知识与知识之间的边界；三是知识与情境之间的边界		

（1）**从关注外部环境到关注内部建构到关注内部建构与外部环境的协调。**从行为主义到建构主义到人本主义，学习理论经历了由“外”到“内”到“内”、“外”整合协调的转变过程。行为主义关注外部刺激对个体行为的影响，却没有关注人自身的力量。情境认知则突出个体与环境的互动和协调，它把知识置于更大的文化和物理情境和社会实践之中。人本主义更加关注人自身的能动性对知识建构的作用，将人放在一个与环境共同和谐的角度去认识，从而化解了人与自己之间的边界，与知识环境之间的边界，是一种更加符合人性的学习观。

(2) **从以教师为中心到以学生为中心到强调师生实践共同体。**在教育改革中,长期存在"教师中心论"和"学生中心论"的争论。这种二元对立的师生关系起源于形而上学的哲学观,它以一种无机论的主客二分的二元对立视角来看待世界,表现在师生关系上,就是以主体-客体关系来处理师生关系,因此,传统二元对立的师生关系总是会"顾此失彼"。一方面,"教师中心论"认为教师就是课堂教学的主体,教师往往把学生看成控制和教育的对象,学生就是被动的知识接受者和"听众",这样,教师是文化知识的权威,学生只是按照标准要求掌握指定的课本知识。从心理学立场分析,教师中心论所依据的是行为主义学习理论,强调外在刺激或信息对学习的决定性。另一方面,"学生中心论"强调教师的任务是给予学生帮助,并努力创设一个好的学习环境。这种模式承认学生是教育的主体,但"学生中心论"由于过度强调儿童自主建构的一面,忽略教育的社会性一面,同样也达不到应有的效果。这是因为从社会建构主义立场出发,不难看出现代的科学知识不可能完全依靠个人的努力(或简单的互动)自发地得以完成,学习是一个具有明确目标、高度组织的社会行为,其中,教师应积极发挥主导作用。因此无论是"教师中心论"还是"学生中心论"都没有正确地反映学习规律,都有其自身的缺陷。人本主义强调教师是学生学习的促进者,是作为一个真真实实的"人",而不是"一个没有面孔的课程化身"。教师的作用在于创造一个自由的学习环境,师生之间是平等的,是实践的共同体。

(3) **从知识获得到意义建构到人的自我实现。**行为主义将学习的活动视为一种认识客观世界的过程,通过环境的刺激强化输入的行为。早期建构主义更多地强调纯粹的个人认知,后期建构主义的社会转向虽然提到个人活动的社会性,但是强调的仍然是主观世界。情境认知理论把学习当成一种活动,学生通过这种活动参与实践,其主要解决的问题是知识的抽象化、去境脉化及个体化的问题,但它仍然强调把知识当成产品,学习是在建构主观世界而不是学习者本人,而人本主义将人提到了最重要的位置,认为学习的本质在于人的潜能的发展与自我实现,它看到了教育的最终目的。

当然学习理论的发展不是凭空产生,它们都是在前进中发展的,后面的理论都吸取了前面理论的精华。虽然现在建构主义、人本主义学习理论作为前沿的学习理论,但谁都不能否认行为主义理论对学习理论的贡献,并且现在世界许多地方它依然是主导的学习理论,因为有其成熟的实践操作的内容。建构主义和人本主义理论代表了人类发展进步的进程,象征了人类对自己认识的拓展与重视,它们极大地促进了人学习的潜力与创造性。在发达国家建构主义与人本主义已经成为教育的主流。学习理论的发展离不开政治经济文化的影响,它需要经济作为其强有力的基础,需要优质的教育资源的参与,更需要文化政策的保障。总的来看,从行为主义到建构主义到人本主义是一个连续统,它们不是分割独立的,彼此之间存在着理论相互支撑与发展,体现了教育走向化解边界的更高境界与更加人性的历程。

第五章　化学教学策略研究

第一节　化学教学的智慧与智慧的化学教学

教学的智慧在《教育大辞典》中被定义为："教师面临复杂教学情境所表现的一种敏感、迅速、准确的判断能力。例如，在处理事前难以预料、必须特殊对待的问题时，以及对待一时处于激情状态的学生时，教师所表现的能力"。有学者认为，所谓教学的智慧，指的是作为教学主体的教师对教学所作的观念运筹、经验调度、操作设计等各种努力及其体现于教学实践各环节的主体能动性。因此，教学的智慧属于以教学为本体的主体实践范畴。教师的主体能动性在实现教学智慧体系的构建中，主体的智能运筹、感性激发、经验呈现都将成为教学自身运动转化的中介和环节。加拿大教育学家范梅南在《教学机智——教育智慧的意蕴》一书中曾经说："教学的智慧是一种以儿童为指向的多方面的、复杂的关心品质。"我们认为，化学教学的智慧，核心是智慧，是指化学教师内在综合素质与策略性教学知识的总和，包括化学教师的教学思想、教学精神、教学艺术、教学策略、教学经验、教学理论与技术等。化学教学的智慧支配着化学教学实践。智慧的化学教学，核心是教学，是指教师在化学教学中按照科学的教育规律进行教学，是发挥了自己教学潜能与教学机智的教学，是教师将教学智慧在教学实践中运用、生成与创造的过程，是教师教学智慧的展示与发展。智慧的化学教学兼有预设与生成两种属性，表现为教师的教学是充满思想、情感的教学，是服从教育教学认知规律性的教学，是充满创造性与实践意义的教学，是真实的教学。

总之，化学教学的智慧是教师的教学品质与能力，而智慧的化学教学是教师教学智慧在实践中的运用、反思与创新。化学教学的智慧需要内修，智慧的化学教学需要外练，化学教学的智慧和智慧的化学教学完美结合造就智慧型教师。

一、化学教学智慧的特征

1. 给予学生思想和灵魂的引领与启迪

思想使我们所做的一切有一种自觉的追求，使生命挺立着，并有一种把酒临风的旷达和潇洒。有思想，会使我们兴趣广泛，内心鲜活，积极地捕捉各种有意义的信息，使我们的人际交往变得更有品位，使我们的生活，特别是精神生活变得丰富，从而使我们从琐碎、无聊、单调、平庸的生存境遇中摆脱出来，有一种"一蓑烟雨任平生"的豪迈和超脱。一个有思想的化学教师表现为：

(1) 能带给学生精神的丰满和充实，给予学生一个更高目标的生活追求，使学生对化学学科有更深刻的洞察力和研究能力，并显示出对化学在不同社会经济环境中整体的理解。

(2) 能够容纳学生多种想法，尊重学生的独立人格。不仅要求学生关注书本上的化学知识，更要求学生关注有关生命、生存、生活的化学知识；不仅有效地传授化学知识与技能，更注重科学的精神与方法，注重以潜移默化的方式引领学生，作学生的精神领袖。

(3) 能够给予学生根据自己的兴趣去探索和发现的自由，对一切现存结论质疑的自由，根据自身的需要选择自己发展方向的自由。

2. 对事业和学生的热爱

教育者对学生的教育爱成为教育关系发展的先决条件。教育是人的事业，激发学生学习动机的一个很好的办法是教师对学生的爱。爱也是智慧的起源，一个敬业的、有爱心的教师能全身心投入教育中，让学生从内心深处敬佩并爱戴他，从而喜欢他教的学科。教师对事业和学生的热爱表现为：

(1) 将事业与学生视为自己生命生活的一部分，这种无私的大爱观无形中提高了教师自身和学生的自我效能感，自我效能感对动机、态度等非智力因素有重大影响。

(2) 教师的行为与榜样力量激发了学生的责任感与使命感，强化了学生的积极情绪。认知体验需要情绪体验的参与，情绪影响着认识过程的质量和效率。积极的情绪能激励学生主动参与解决新的、更加复杂的任务。

(3) 教师努力创造一个高挑战、低警戒、和谐、轻松、风趣的教学氛围，促进学生高效率的认知和学习内驱力的激发。

3. 独特的人格魅力与化学教学艺术

德国教育家第斯多惠说："怎样才能使课堂教学产生趣味呢？①变换花样；②教师要活泼；③教师要充分发挥个性。""有活泼的父母才有活泼的孩子，有活泼的教师才有活泼的学生。"

(1) 独特的人格魅力是教师性格、气质、能力等个性特征与思维、教学方式的总和。教师通过语言、眼睛、行为所表现出的个人气质、机智幽默、善于自制、丰富的想象力、创新意识和创造能力、乐观开朗、敢于责任等都体现了教师独特的人格魅力。

(2) 具有精湛教学艺术的教师在化学教学中善于将教学的直观性、情感性与创造性有机地结合，通过在课堂上理解化学、运用化学和创造化学，培养学生的人文科学素养和创造能力。

4. 整体的专业化素质，善于将教学经验策略化

化学教师整体的专业化素质表现为具有整体的知识素质和跨学科教学能力，善于在教学中搭建不同学科知识之间彼此启发、综合运用的桥梁，能够寻求正确的教学方法和途径，使所有学生永远保持天生的求知欲、好奇心和创造性，成为不倦的学习者。

(1) 对化学知识有深入的组织加工能力，容易识别问题的表征形式以及本质内涵，善于组织对化学知识的逻辑推理，将化学陈述性知识程序化，程序化知识策略化。

(2) 善于运用教学策略并在教学策略运用中更多地表现出灵活性、创造性。能够根据化学知识类型进行教学策略的运用和教学活动的设计。教学活动能促使学生深入思考，能够有效回应学生所提出的问题并能够把学生的反应和问题纳入教学内容中，确保教学顺利进行。

(3) 倾向于借助经验的策略化，减轻信息处理的负担，腾出更多时间来应对复杂的教学现象。

(4) 能够针对不同阶段性学生因材施教。对于初中阶段的学生多采用多感官表征的教学方式，对于高中阶段的学生注意信息的加工组织与思维方法的教学。

5. 化学教学知识组织与运用的结构化、自动化和条件化

化学教学的智慧还体现在对教学知识的组织与运用已经达到结构化、自动化、条件化，化

学教师能够游刃有余地应对教学中各种问题与突发性教学事件。

(1)教师的化学教学知识结构组织已经达到分析、综合、运用、评价的高级认知层次。表现为教师具有把复杂的化学知识整体分解为组成部分并理解各部分之间联系的能力,形成新的模式或结构的创造能力,把学到的化学知识应用于新的情境、解决实际问题的能力以及对材料的内在标准(如组织结构)或外在的标准(如某种学术观点)进行价值判断的能力。

(2)教师的化学教学知识提取自动化表现为高效率的教学工作。教师教学技能的自动化使教师更快捷地提取化学教学知识并组织运用,高效率地解决教学问题。这种迅速的反应能力体现为教师能够敏锐地洞察潜在的问题,在问题出现后能够花费较少的精力和时间解决,并能够将问题机智地迁移到教学活动中。

(3)教师的化学教学知识的条件化储备使化学教学知识能够在教学实践中灵活运用。教师的化学教学知识储备都是以条件-行动序列的形式储存下来的,即化学教学知识与应用化学教学知识的"触发条件"相结合,这种形式的化学教学知识能够用于解决实际教学问题,并在运用的过程中达到熟练化,形成策略性化学教学知识。

6. 完善的元认知知识和创造性的洞察力

元认知是对认知的认知,是指认知主体对自己的认知过程、结果及与之相关的活动的认知,它使主体能够监控自己正在进行的认知活动,并做出适当的调节。从教学实践的角度来看,元认知与教师对教学的态度、动机有关,是教师对教学问题进行计划、反思与评价监督的能力。教师元认知知识的完善体现在对教学问题本身的理解、反思与监督方面。他们善于分析与总结问题的表征,不断从经验中学习,使计划更富有整体性和灵活性。

(1) 一个具有完善的元认知知识的化学教师能仔细地监控自己的表现、注意学生的变化,注重对课堂成功或失败原因的思考,善于通过对教学的反思来提高自己的教学能力。

(2) 化学教师富有创造性的洞察力表现为对问题分析得深刻,能够辨认出有价值的信息,按照有利于问题解决的方式将信息有效地组织起来,选择一种最佳的行为策略,并能够将化学知识进行跨学科的运用。

二、智慧的化学教学的实现

好的教学来自于教师自身的职业认同与自身素质的完整全面。智慧的化学教学体现在教师科学地教学带领学生探索知识的全部意义,将教学艺术与教育科学紧密地结合,让个性魅力尽情地发挥。

1. 科学地教学

科学地教学体现在:①激发学生的认知冲突,满足学生好奇心、怀疑、困惑、探究等心理需要,点燃学生的学习兴趣和学习热情;②引导学生对信息进行分析、比较、归类、推理、演绎等思维与评价活动,鼓励学生创新、发现、设计新的问题与方法;③促进学生对化学知识的迁移与运用,善于帮助学生将化学知识与实际生活相结合并运用化学知识解决生活中的问题。

实验的直观性、生动性和变化性使其自身充满了探究的悬念,利用实验创设探究性教学情境就是在教学中利用实验的这一特性引发学生的认知冲突和探究意识,激发学生进行探究学习的热情。

认知冲突的激发

铜不能与稀硫酸发生化学反应,锌能与稀硫酸反应,并能置换出氢气这是学生所熟知的。当教师做下列演示实验(图 5-1)时，学生一个个表现得十分惊讶和不可思议。铜片上有氢气冒出，锌片上反而没有氢气冒出，这是怎么回事？将铜片和锌片用导线(导线中间接入一个电流表)怎样会有电流通过？“是呀，这是怎么回事？让我们一起探究探究。”于是，学生怀着一股强烈的探究欲想了解这种反常的现象，并寻找“新”的能源——如何将化学能转变为电能……

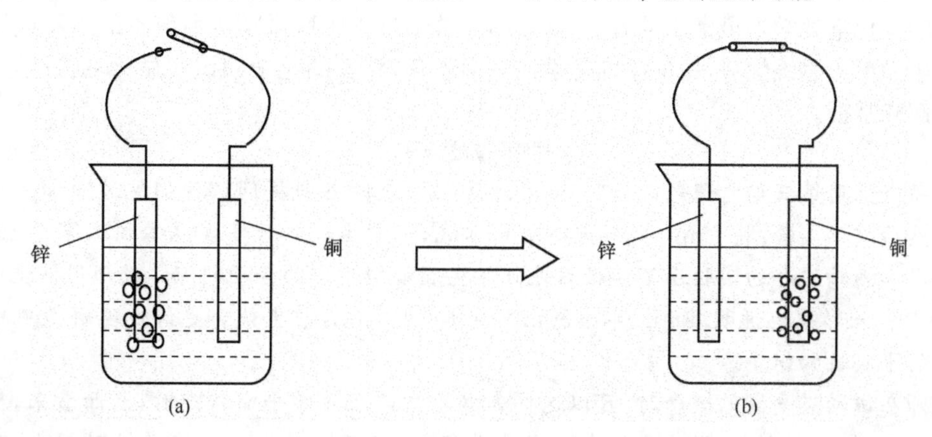

图 5-1　化学能和电能

在化学教学过程中引导学生自主、独立地发现问题，通过收集与处理信息、推理分析、实验操作、观察现象、得出结论、表达与交流等科学研究的形式来组织教学活动，能够训练学生的科学思维、发展学生的科学研究能力、建构学生的科学知识、培养学生的科学精神。

科学思维的引导

“水的组成”课题

(i) 提出问题：水是由什么组成的？

(ii) 作出假设：①水是由多种/两种元素组成的；②水是由一种元素组成的。

(iii) 设计实验：方案一，电解水；方案二，加热水。

经过实验和讨论，加热水只能看到水的物理变化，不能发现水的组成，最后确定了电解水的实验。

(iv) 收集现象：电解水实验现象如下：

正极产生气体速度慢	收集的气体使带火星的木条复燃	正极产生氧气 O_2	$V_{负}:V_{正}=2:1$
负极产生气体速度快	点燃为淡蓝色火焰，验纯时发出爆鸣声	负极产生氢气 H_2	

(v) 分析论证：水⟶氢气＋氧气

? 　H_2 　O_2

H_2O

(vi) 得出结论：①水是由氢元素和氧元素组成的；②水的化学式是 H_2O。

(vii) 扩展应用：介绍氢能源等。

(viii) 总结交流：整理归纳“水的一家”的故事。

2. 艺术地表现

化学教学是一门科学，也是一门艺术。导入的艺术，未成曲调先有情；讲授的艺术，让学生在启发中顿悟;提问的艺术,使教学有声有色;追问的艺术,引发学生深入思考;导答在循循善诱中进行,举例让课堂趣味横生,板书牢牢抓住学生的眼球;结课,一切尽在回味中;而语言的艺术,不仅在传授化学知识的同时给学生带来美的享受,还可以凸显和培育人格魅力。化学教学正是通过科学性、艺术性的高度统一,使学生获得最好、最优、最全面的发展。

比喻是化学教学中最常用的方法,是教师在教学过程中联系学生所熟悉的事物或语言来调动学生的形象思维优势,使抽象的化学知识形象化,深奥的化学知识浅显化,促进学生对知识的理解和掌握。

一"喻"道破"天机"

九年级上册第三单元课题二讲"分子和原子"时,教师首先提问:"你们见过一加一不等于二吗?"然后演示实验:将50mL酒精与50mL水混合,学生观察后发现总体积不等于100mL。单纯用水和酒精混合的实验还不能很好地让学生理解微观中的分子间隙。教师用核桃中加入黄豆的比喻来形象地说明50mL水+50mL酒精<100mL,学生就会更好地理解微观中的分子间隙的事实性知识了。

教师在讲动态平衡的概念时,可以这样告诉学生:"在化学平衡状态时,表面看来,反应似乎停顿下来,但实际上正、逆反应仍在不断地进行着,只不过$v_{正}=v_{逆}$,在单位时间内,某种反应物有多少摩尔被消耗,同时逆反应又产生同样多摩尔的反应物,所以浓度保持不变。这与同时打开某水槽的注水和放水龙头一样,当流量和流速相等时,注入水和流出水一样多,这时槽中水面保持不变,但水却不断地流动,因此,化学平衡是一种动态平衡。"

……

"良好的开端是成功的一半",如果教师可以在一开始就吸引学生的注意,引起学生对本堂课的兴趣,那么一定可以收到事半功倍的效果。

神奇的开场白

那是一个明媚的上午,我们怀着十分好奇与质疑的心情等待着第一位化学老师的到来。"他来啦!"望风的同学喊道。我们立即坐得笔直。只见他提着一个木制的提箱,里面装着瓶瓶罐罐,好多啊!短暂的自我介绍后,他让我们睁大眼睛注意讲台上的一切。教室里立即鸦雀无声。只见他拿出一个盖了一块玻璃片的瓶子,再拿出一朵纸做的红色小花,像魔术师一样在我们面前晃了一圈,然后把它放进瓶子。此时,他又像调酒师一样摇了两下,叫了一句:"当当当当!看!"我们睁大眼睛看着,傻了,没什么变化啊!他见我们表情不对,仔细一看,先是一愣再冲我们笑了下说:"先别急嘛!"他立即走到一位同学面前,向他要了桌上的矿泉水。他走回讲台,向另一朵花上滴了几滴水,放进瓶子,又像之前那样摇了两下,再展现到我们面前。这次,大家"哇"的一声叫了出来。红花变成了白花!随后就响起了一片掌声。"化学"这个词就以这样的方式来到我们面前……

3. 机智地发挥

成功的教学少不了教师的机智,教师机智是化学教学艺术走向成熟的标志。教师的机智是指教师在教学过程中面对千变万化的教学情境,迅速、敏捷、正确地做出判断,恰到好处地处理,从而收到理想的教学效果,达到最佳教学境界的能力。苏霍姆斯基说:"教育的技巧并不在于能预见课堂的所有细节,而在于根据当时的具体情况,巧妙地在学生不知不觉中做出相应的变动。"

机智的化学教师通常都有即兴表演的能力,能够灵活机智地回应课堂教学中的各项事件或意外，幽默含蓄地扭转尴尬局面。

因势利导

在一堂化学公开课刚开始时，一个学生兴奋地大声说："老师，来了许多特级教师！"老师听到了，温和地说："这里也有许多未来的特级教师，他们是来学习的。"老师的这句话意味深长，一语三关。第一他肯定了孩子的话，第二他让不是特级教师的教师感到自己将来的目标，第三他让面前的孩子们有了奋斗的目标，并将孩子的注意力转移到学习上来。

幽默走进课堂，就如一石击水，可以激起课堂思维的美丽浪花；幽默可以消除学生疲劳，活跃课堂氛围，激发学生的学习兴趣；幽默还可以陶冶情操，启迪学生的思维，彰显教师的人格魅力。

幽默回应

袁老师是我高中的化学老师，是一个看似比较严厉的人。第一次去报名的时候看到他还以为是个老头，结果几经证实人家才四十出头，我心里着实有点意外。他瘦小的身材，微驼的脊梁，还有高耸的头发，歪斜的眼镜，以及几颗龅牙，形象问题我都不多说了，但是每天上课总是精神抖擞，备受瞩目，我们私下里尊称他为大爷。他有个特点，在黑板上写第一个字的时候，总是要垫一下脚尖，我们称之为招牌动作，最能吸引我们的注意力。他寒暑假都很少布置作业。同学们拿成绩单的时候，袁老师不布置作业就想直接走了，同学们很奇怪地看着他，还是一个同学问出了他们的问题："老师，没有作业吗？"袁老师答道："还要布置作业吗？那你们翻到书的××页做第2题吧。"同学们翻书一看，"啊？老师，没有这道题啊？"袁老师很自然地答道："既然没有，那就不做了吧！祝大家暑假快乐！玩好了之后好好学习……"他不喜欢题海战术，这让我们班的同学感觉很轻松，而我们班的化学成绩却总是在年级名列前茅。

化学教学的智慧和智慧的化学教学是教师内在的素质与外在表现的完美结合。化学教学的智慧让教师具有精神追求的内驱力、自信快乐、富有个性魅力和工作成就感。智慧的化学教学发展了学生的个性和独特性，营造了良好的师生关系和自由的学习氛围，使整个学习过程充满生机和活力，同时造就了快乐幸福的学生，让学生热爱学习、热爱教师，对化学知识产生广泛的联结和兴趣，学会了社会性地和文化性地建构化学知识。

第二节　化学教学情境设计

情境认知理论认为，思维和学习只有在特定的情境中才有意义。所有思维、学习和认知都是处在特定的情境中的，不存在非情境化的学习。情境创设的有效性体现在三个方面：学生的学习效果与师生教学活动在时间、精力和物力投入的对比达到较为经济的水平；学生学习的主动性得到发挥；涵盖了学生情感体验和价值观学习。

梅里尔教授认为：①当学习者介入解决实际问题时，才能够促进学习；②当激活已有知识并将它作为新知识的基础时，才能够促进学习；③当新知识展示给学习者时，才能够促进学习；④当学习者应用新知识时，才能够促进学习；⑤当新知识与学习者的生活世界融于一体时，才能够促进学习。梅里尔进而依据贯彻和实施首要教学原理的程度或深度，提出了五星教学标准：①教学内容是否在联系现实世界问题的情境中加以呈现；②教学中是否努力激活先前的相关知识和经验；③教学是否展示（实际举例）了要学习什么而不是仅仅陈述要学习的内容；④学习者是否有机会练习和应用他们刚刚理解的知识或技能；⑤教学能否促进学习者把新的知识和技能应用（迁移）到日常生活中。

一、教学情境的设计原则

1. 运用新颖性来创造相关联的、社会的、愉快的学习环境

鼓励学生感兴趣的、复杂的、真实的项目;提供多种感觉的表征:运用时事、家庭、历史、故事、神话、传奇事件、比喻等,帮助学生形成关联性;考虑整个物理环境;形成社会关系以及共同体的归属感;问题情境要尽量直观化和形象化。

2. 情境的设计要符合学科逻辑,要重视学生能力的培养和知识体系网络的要求

如果设计的情境不考虑学科体系,那么化学的逻辑魅力就会大幅度丧失,学生的大量记忆被迫从意义记忆转向机械记忆,分析变成了辨析,捕鱼成了没有渔具的钓鱼,这又构成了学生的另一种新的精神负担。在创设问题情境时,要注意情境设计的一贯性,应尽可能设计科学的、有梯度的、有层次的问题链,考虑好问题的衔接和过渡,用组合、铺垫或设台阶等方法提高问题使用效率。

3. 情境的设计要符合知识类型的特点

化学新教材的各部分内容都可以是创设教学情境的重要素材。现代心理学研究成果和教学实践表明,简单易学的材料不易引起学生的学习兴趣,不需要学生经过探究而有所发现,只需要用现有的知识结构和认知方式去同化、吸收便可掌握。一定难度的学习对象客观上要求学生去努力探索,积极研究,所以具体的内容决定了是否需要创设探究性教学情境。例如,元素符号、化学式等化学用语知识的学习就不需要学生花时间去探究,仅靠理解、记忆方式就可掌握;如果偏要创设情境让学生进行探究,只能是对探究价值的贬损和摧毁,从而导致探究的浅层化和庸俗化。

4. 情境的设计不仅要能激发学习动机,还要能体现教育的价值、目标

教学策略中潜移默化地引入探究性学习的理念和习惯,有助于学生探究能力、科学素养的培养。化学不仅是一门科学,更是一种素养。化学和数学、文学、物理学、历史学等基础学科一样,是人文素养的重要组成之一。万物始于元素、质量守恒、结构决定性质、能量由高到低、动态平衡、电子得失、异电相吸等,它们是一个个概念,更是一种种观念。它们是化学的,也是理科的,还是哲学的、社会学的。化学让人终身受益的不是海水中有什么,而是它对待这个物质世界的独特而又通达的态度、观念和思想方法。

5. 情境的设计要基于学生的共同经验

要在学生已有知识的基础上找到新旧知识的"结合点",尽可能地让学生感受到问题所带来的认知冲突,造成悬念,激发兴趣。奥苏贝尔认为,有意义学习的条件有两个:主观条件上,学生有积极学习的意向;客观条件上,学生学习的材料有潜在的意义,学习新知识与认知结构中原有的有关知识可以产生逻辑上的联系。学习情境只是促进学习者主动建构知识意义的外部条件,是一种"外因"。外因要通过内因才能起作用。设计理想的学习情境是为促进学习者自主学习最终完成意义建构服务的。明确这一点对教学策略的设计非常有意义。所以,选择情境素材时应以学生已有的知识经验为基础,使知识的学习处于学生的最近发展区内,同时还要注重贴近生活、贴近社会,激发学生的好奇心与求知欲,使学生积极主动地投入化学学习中。

6.设计的情境要能激活课堂气氛,调动学生的学习内驱力

相对于较多地关注知识和技能学习的接受式学习而言,科学探究在关注学生的知识和技能都有所获取的同时,注重学生对科学探究活动的体验和对科学方法的学习,注重学生的情感、态度和价值观的养成。显然科学探究的学习要比接受式学习花费更多的时间和精力,并且在科学探究中,学生的当前认知状态与探究目标之间必然存在一定的障碍。而跨越这种障碍,需要学生有乐于探究的兴趣、敢于探究的勇气,这就需要激发和发展学生参与科学探究的内驱力。学生能积极主动地参与科学探究活动。因此,使学生具有强烈而持久的探究欲望是探究学习进行下去的前提。

7.学习活动的设计要有效

小组讨论无效的原因在于:知识不适合讨论;自己不清楚角色;学生的发言对整体班级的贡献不大;演示作用不同效果不一样;学具太少不值得协作等原因。学习活动的设计要充分利用经验的连续性与互动性。研究性学习活动最忌讳的是追求表面热闹和感官刺激,缺乏智力和精神的挑战。而且不同活动之间常机械割裂、简单重复。任何活动都必须以学生经验生长的逻辑为基础,不能随意安排。

8.将知识内容从单一的书本和黑板上分散或以其他方式复制到其他地方

三维目标的情境设计要与学生的社会责任的培养、价值观的确立联系起来。教学情境设计的目的,一是激发学生学习兴趣,让学生处于高挑战精神状态,激发学生的学习热情与责任感。二是变革知识的呈现形式和学生学习方式。在课堂教学中,通过创设恰当的情境,将与学生学习相关的知识镶嵌在真实的情境中,使抽象的知识学习变成一种活动,让学生根据自身实际,运用已有经验,在情境中主动发现、提出问题,建构假想或猜测,寻求证据等,并最终能使学习实现从学校情境到社会情境,从虚拟、逼真情境到真实情境的迁移。三是为学生的学习搭建适当的“脚手架”。在教学中通过设置合理的情境,将教学知识嵌入具体的问题情境,从而为每个学生提供足够的探索、学习、研究和发展的空间。

二、化学教学活动情境的种类

1. 生活事件教学情境

生活是学生化学知识的重要来源,也是学生化学知识的最大应用场所。教师在课堂教学时可以充分利用生活中生动具体的事实或问题来呈现学习情境。其中包括日常生活中与所学内容有关的物品、现象、事件和经验,与化学有关的社会热点问题、工农业生产问题以及能体现化学与社会、经验、人类文明发展有关的事实和材料,还有重要的化学史实、发明发现的故事等。

(1) 生活经验教学情境。新的化学课程标准要求教学要紧密联系学生的生活实际,从学生的生活经验和已有知识出发,创设生动有趣的情境,引导学生开展观察,操作、猜想、推理、交流等活动,使学生通过化学活动,掌握基本的化学知识和技能,学会从化学的角度去观察事物、思考问题,激发对化学的学习兴趣以及学好化学的愿望。

生活经验教学情境也可通过一些课下能完成的学生活动,为课堂上提出探究问题作铺垫。这些学生活动包括实际调查、收集资料、家庭小实验等。

例如，开辟“厨房中的化学”实验课题，观察厨房中常见的一些现象(没擦干净的铁锅、菜刀的表面会留下锈斑，用久了的热水瓶胆和烧水壶内会沉积水垢等)，或让学生利用家庭厨房里现有的物品进行实验(如利用厨房内的用品来鉴别精面和碱面等)，或就某个主题让学生通过查阅或调查访问等手段收集资料，写一些贴近生活的小论文等，教师把这些内容提供给学生自主选择探究。上课时，可以安排学生通过分小组汇报作业情况，引出探究主题。

总之，在化学教学过程中，教师要准确掌握创设情境的目的，努力挖掘学习内容所蕴涵的创造性因素，把握学生个体素质和水平，创造富有变化、能激发新异感的情境，以利用学生的好奇心，营造有利于学生综合素质发展的良好学习氛围。

(2) 真实事件教学情境。这种问题情境多贴近学生生活，涉及的化学情境更有真实性、现实性，体现化学与现实生活的密切联系，更能激发学生的探索愿望。

例如，在学习金属钠时阅读以下新闻报道：中新社广州七月八日电。广州市珠江河段上，近两天惊现神秘“水雷”，六个装满金属钠的铁皮桶漂浮在水面上，有三个发生剧烈爆炸，另外三个被有关部门成功打捞，期间无人员伤亡。一位目击者说，早上十时多，石溪涌内突然冒起一股白烟，从漂在水面上的一个铁桶内窜出亮红色的火苗，紧接着一声巨响，蘑菇状的水柱冲天而起。直到中午，这个铁桶又连续爆炸多次，爆炸腾起的白色烟雾近十米高。由此推测出钠的性质。

从广播、电影、电视和报纸等大众媒体所反映的科技发展的最新动态中选取一些适合学生阅读、观看的资料，有利于拓宽学生的视野，体现化学与现代科技发展的联系。

现代社会离不开化学，化学与社会紧密相连。利用化学与社会紧密相关的问题，如环境问题，能源问题，食品、药品安全问题等，设计相应的化学新授课导学，可以帮助学生感受、体验化学对人类社会发展作出的贡献。

例如，在进行“化学与能源”教学时，就可以运用“社会”问题进行导学。只有当学习内容与其形成、运用的社会和自然情境结合时，有意义的学习才能发生，所学的知识才容易迁移到其他情境中去再应用。

常见的能源有哪些？现在使用最多的能源是哪几种？

你家使用了哪几种能源？你觉得哪种能源最好？

煤、石油、天然气是怎样向人类提供能量的？它们有哪些优缺点？

怎样克服化石燃料(煤、石油、天然气)的缺点？能否找到新的替代能源？

以上问题都是现实社会生活中的问题，环环相扣，可引导学生一步步思考、探究。同时结合教材，讲述一些生动有趣的化学史和化学家轶事，使学生进入良好的学习、思维的情境中，增强学生的理解效果和记忆效果。这时因势利导，传授相关的知识，效果特别好。

2. 实验探究问题情境

化学实验教学情境的创设应体现化学新课程的基本理念，为实现化学实验教学目的服务。化学实验教学的根本目的是提高学生的科学素养，促进学生全面、主动地发展。因此，化学实验教学情境的创设要为实现化学实验教学目的服务，并紧紧围绕这一目标来展开。

(1) 培养探究意识情境。实验的直观性、生动性和变化性使其自身充满了探究的悬念，利用实验创设探究性教学情境就是在教学中利用实验的这一特性引发学生的探究意识和学生进行探究学习的热情。根据具体情况，为突出探究任务主题，尽可能给学生提供所需要的仪器、药品，使学生拥有可以完成探究任务的实验环境。

例如，在学习了“二氧化碳的实验室制法”以后，可利用实验创设以下教学情境：将一只新鲜鸡蛋放入一定浓度的盐酸中，鸡蛋下沉，一会儿又上浮，鸡蛋露出液面后，接着又下沉，如此循环往复，直至蛋壳耗尽为止。新鲜的鸡蛋会沉入水中的已有概念与实验现象发生认知冲突，促使学生根据头脑中已有的“实验室制取二氧化碳”有关知识去解释原因：鸡蛋壳与盐酸发生了反应且有气体生成，由于蛋壳的不同部位发生的反应程度不一样，产生的气体量不同，把鸡蛋托起，鸡蛋由于本身的重力，上升到一定程度又会下沉。这时学生需要重新建构新的认知平衡，此时教师可趁机创设以下问题情境：蛋壳的成分是什么？如何设计一个家庭小实验，利用身边的仪器和药品来进行验证你的假设？学生在这种情况下就会产生强烈的探究欲望，想到将鸡蛋放入盛食醋的容器中观察蛋壳表面产生的气泡来验证。

(2) 模拟科学发现思路情境。杜威认为学习＝问题解决＝探究。没有问题解决和探究的“学习”不值得提倡。人在工作和生活中难免遇到困难，将困难明晰化变成一个要解决的问题，提出解决问题的方案或假设，将此方案或假设在理智上进行审慎地推理或论证，在行动中检验假设从而解决问题。这就是一个学习活动的基本过程。因此，只有当人基于问题解决的态度探究地学习书本知识或间接经验时，它才对学习者产生意义。有时课本中的知识在化学史上不一定有相应的发现或发明的案例，在这种情况下教师可将课本知识根据科学发明或发现的某种思路进行设计和编制，让学生对科学发现的思路进行模拟。

例如，“乙醇的分子结构”的教学可以模拟科学发现的一种重要思路：提出问题→收集材料→构成假说→根据假说进行推理→实验验证→得出结论。

(i) 提出问题：乙醇具有怎样的分子结构？

(ii) 收集材料：①乙醇分子式为 C_2H_6O；②分子中碳显 4 价、氢显 1 价、氧显 2 价；③能与钠反应放出 H_2。

(iii) 构成假说：由乙醇的分子式及组成元素的化合价，得出乙醇可能具有以下两种结构。

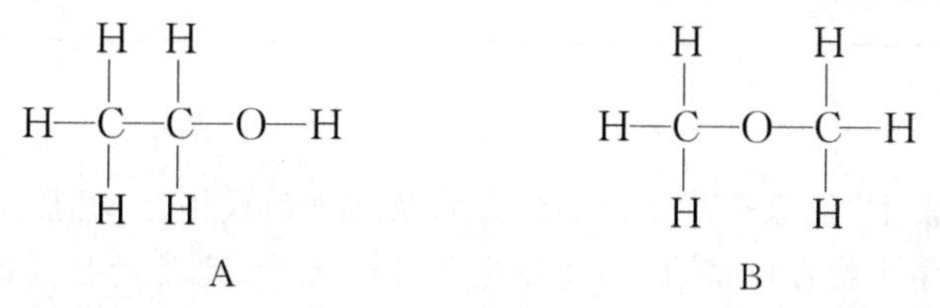

(iv) 根据假说进行推理：如果结构为 A，1mol 乙醇与金属钠反应放出 H_2 为 2.5mol 或 0.5mol；如果结构为 B，1mol 乙醇与金属钠反应放出 H_2 为 3mol。

(v) 实验验证：设计实验，测定一定量的乙醇与足量金属钠反应生成 0.5mol H_2。

(vi) 得出结论：乙醇的结构式为 A。

又如，在“铁的钝化”的教学中，为了让学生亲眼“看见”铁表面的钝化膜，可模拟科学发现的另一重要思路：提出问题→对问题进行分析→实验事实→科学抽象→得出结论。

(i) 提出问题：在浓 H_2SO_4 中被钝化的铁表面是否真的存在一层氧化膜？

(ii) 对问题进行分析：①如果铁的表面没有氧化膜，必能从铜盐溶液中置换出铜；②钝化后的铁，如果表面有一层氧化膜，必不能从铜盐溶液中置换出铜；③如果钝化后的铁仅是表面生成一层氧化膜，则将表面氧化膜破坏后，内层的铁必能从铜盐溶液种置换出铜。

(iii) 实验事实：根据上述分析设计实验，取一铁片，用砂纸打磨至光亮，浸入浓 H_2SO_4 中约 10min(可在课前完成)。取出铁片，用水冲尽酸液，用滤纸吸干表面水分。在铁片上滴几滴

$CuSO_4$溶液，铁片不变色。再在铁片上覆盖一张浸润$CuSO_4$溶液的滤纸，用锋利的小刀刻破滤纸，在铁片上留下划痕，过一段时间取下滤纸，发现划痕呈红色。

(iv) 科学抽象：对上述实验事实进行抽象概括。

(v) 得出结论：铁遇浓H_2SO_4被钝化，表面生成一层致密的氧化膜。

新知识与旧知识的矛盾，日常概念与科学概念的矛盾，直觉与客观事实的矛盾等，都可以引起学生的探究兴趣和学习欲望，形成积极的认知氛围和情感氛围，都是可以用于化学新授课导学的好素材。

(3) 科学历史体验探究情境。让学生置身于化学发现和发明的情境和过程中，和化学家一起经历矛盾、困惑、惊讶甚至失败的情感体验，感受猜测、直觉、想象、顿悟的欢乐和为追求真理而运用实验的、理论的研究方法的过程，使学生品尝到科学研究、探索的乐趣，唤起学生浓厚的学习化学、探索化学的内在兴趣，激发创造的动机，从而富有创造性地学习和研究化学。

例如，“元素周期表”的教学，可重演历史上门捷列夫的“化学独人纸牌游戏”。

史实介绍：门捷列夫对元素分类所采用的“研究与试探”的方法是一种被称为“化学独人纸牌游戏”的方法。他把当时已知的63种元素的各种原子量、主要性质以及化合物的化学式写在一张厚纸片上，一种元素一张纸片，然后进行比较和排列。他把元素的性质作为扑克牌的“花色”，而把原子量作为牌上由大到小通用的点数。他首先按“点数”排列元素的顺序，又按不同“花色”归类，形成了若干化学元素的序列。

课堂操作：让学生课前准备18张硬纸卡片，在介绍原子序数等概念后，要求学生设计1～18号元素的“元素卡”，“元素卡”形式(示例)如图5-2所示。

元素名称	原子序数	元素符号	原子结构示意图	主要化合价
氢	1	H	(+1) 1	+1

图5-2

要求学生将“元素卡”按原子序数由小到大的顺序排列成横行，观察最外层的电子数、主要化合价的变化情况，学生就可以得出：每过一定数目的元素，元素的性质的变化又会出现前面元素性质的变化，也就是呈现周期性变化。得出元素周期律及其实质后，再要求学生将“元素卡”按一定规律进行分类排列，并说明排列的依据和理由，这样就引导学生得出“元素周期表”。

在讲授电子云的图像时，如果能够适当联系一下人们对原子结构探索的过程，从汤姆孙的“西瓜式”，卢瑟福的“行星式”，到玻尔的“旧量子化”的原子模型，直到玻恩运用概率分布解释的电子云图像，从变动和发展的角度去阐述，就会使学生自然地认识到，每一种模型的提出，在当时看来尽管比较合理、甚至得到过公认，但随着科学实践的发展，有的需要补充或修正，有的则可能被推翻。这样把知识作为历史的产物来考察，从它的孕育、产生和发展的流动中去阐述，就会活跃学生的思想，启发学生的科学探索精神，甚至可能为此而立志，为揭示微观物质世界的奥秘而奋斗终生。

3. 言语直观教学情境

所谓言语直观，就是在形象化的语言作用下，通过对语言的物质形式(语音、文字)的感知及对语义的理解而进行的一种直观形式。有的知识不便运用实物模象来展示，而学生对要讲授的知识又具备感性经验，就可以采用言语直观的形式来导学，即教师利用学生头脑中已有的知识，通过形象的语言和生动的比喻，使学生在头脑中形成表象和想象，帮助学生理解、建构新的知识体系。

例如，“溶解度”一课——“食盐”与“硝酸钠”的对话，可谓是言语直观导学的佳作。

有一天，食盐与硝酸钠在比谁的溶解能力强。食盐说：“我的溶解能力大，20℃时，在 50g 水中我最多可以溶解 18g。”硝酸钠一听很不以为然：“那有什么了不起，我在 10℃时，100g 水中就能够溶解 20g 呢。”食盐又说：“别忘了，硝老弟，你的 20g 可是溶解在 100g 水里，当然还是我的溶解能力比你强。”硝酸钠很不服气地说：“但是你溶解时水的温度比我的高呀，我在 60℃时，50g 水中最多能溶解 55g 呢。”食盐接着说：“那在 20℃时你怎么不说?”硝酸钠又反问：“那么，你在 60℃时又是多少呢?”……究竟谁的溶解能力强，大家给它们评一评吧……

4. 模象直观教学情境

模象直观是通过对事物的模象的感知而进行的直观形式，包括实验、图片、模型、幻灯片、教学电影及参观等。

化学概念是化学课程内容的重要组成部分，是化学知识的“骨架”。抽象的化学概念往往使学生望而生畏。例如，“相对原子质量”的概念，对初中学生来说其概念定义复杂、抽象，仅用文字说明学生难以理解，这时就可以采用模象直观导学形式帮助学生理解概念。

先以数学形式[图 5-3(a)]导出：将甲等分为 12 份，取其中 1 份作为“基准”，乙与该“基准”相比得到一个数值(m)——引导学生形成——是一个相对数值，然后将其迁移到化学上[图 5-3(b)]，指出：甲是一种碳(碳-12)原子的质量——国际上规定以其 1/12 作为基准，乙是其他原子(任何一种)的质量，如氧原子的质量与该“基准”(碳-12 质量的 1/12)相比得到一个数值“16”就是“氧的相对原子质量”。如果将图 5-3 制作成多媒体课件形式导出，效果会更佳。这样将抽象的概念形象化，能更好地帮助学生从感知概念到形成概念到建构概念。

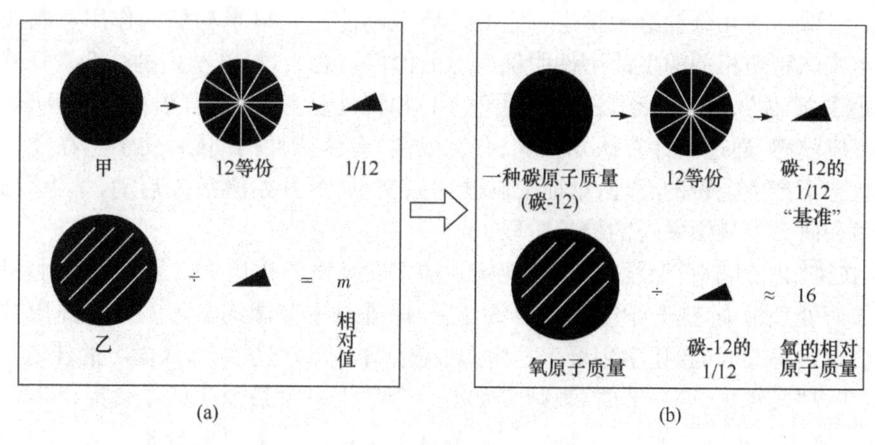

图 5-3

第三节　以人为本的高效课堂教学策略

教育在本质上是实现人生命价值的活动。我国基础教育新课程改革的基本理念是“为了中华民族的复兴，为了每位学生的发展”，其主题最根本、最集中地表现为对完满人格的培养和追求，重视智力因素与非智力因素全面和谐的发展，强调受教育者在身体、精神、情感、智力等方面的有机统一和个体潜能的开发。

人是课堂教学最重要、最能动的因素。教师的职业态度与情感价值观影响着学生的情感态度与价值观，教师的知识技能影响着教学的效果，教师的教学策略影响着学生的学习效果和兴趣。以人为本的课堂是达到了师生‘自我实现’，是洋溢着丰满人性的课堂；以人为本的教学是体现了重视人，尊重人，发展人，将学生的学习动力与潜能释放出来的教学。

从课程改革的实践来看，由于教师没有以人作为教育的根基和出发点，缺乏对以人为本的理性思考和必要的理论与方法的指导，用外在的强化训练忽视了作为个体的人的内在要求与精神需要，导致的教学功利化，教学策略不合理，教学效率低下，教学靠经验的积累或自我摸索，教学质量是依靠时间战术与师生身心的疲惫作为代价来换取学生分数的进步，其最终的结果就是学生学习动机的缺乏与教师普遍的职业高原现象，大大影响了学生创新能力与综合素质的形成和发展，所以在新课程改革中如何实践以人为本的高效课堂教学是教师必须面对的重要课题。

一、积极学习情绪的营造

学习需要积极情绪的参与，情绪影响着学习过程的质量和效率。情绪对学习的影响主要表现在动机性、信号性以及感染性三方面：①积极的情绪能激发学生的认知和学习的动机；②情绪的信号性有助于学生之间的交流、了解；③情绪的感染性有助于感情的沟通和引发的情绪体验。情绪对于学习过程具有增力或减力作用，积极的情绪能激励学生学习，促进学生主动地解决新的、更加复杂的任务，消极情绪则会使学习时的智力活动受到障碍。很多学生学习凭兴趣，这就要求教师注重教法选择，给学生一个轻松、和谐、风趣的课堂。

1. 情境激励能诱发学生积极的学习情绪

在开始讲课前的几分钟给予学生一定的情境激励能起到事半功倍的作用。例如，教师通过设计与本节课密切相关的生活事件明确学习的价值与意义，提升学生的社会责任感；通过实验探究问题建立“愤”、“悱”状态，激发学生好奇心和积极思考；通过言语激励提升学生学习自信心和学习成就感；通过设计有认知难度、有挑战性、有诱惑性的问题，使学生在欲答不能、欲罢不休的状态下产生企盼的心理，继而大脑开始兴奋，思维开始激活并启动，学生因此而自发地进入探索和研究的科学发现的模拟阶段。

例如，在讲“化学肥料”课题时，可从现实生活中的环境问题让学生了解化肥对环境造成的污染以及如何处理污染，提升学生的社会责任感，促进对本节课的学习。同时提出“同学们知道土壤也会缺钙吗”的问题让学生疑惑丛生，兴趣倍增，从而把学生引入学习的佳境。

又如，在讲“氢氧化钙”一节时，教师可拿出一个学生平时最爱吃的小食品，当着全班同学将包装打开，拿出其中的干燥剂，让同学们猜测这个干燥剂的主要成分是什么，它起的作用是什么，能否写出它反应的化学方程式。如果有学生回答正确，可将小食品奖励给他。联系生活实际，引出所讲化学物质，又从实验的角度感知若干关于氢氧化钙的知识。学生在轻松的氛围中快乐学习的同时，真正体会到生活中处处有化学，并学以致用。

2. 教学情绪的营造需要情绪激昂的教师

在课堂教学活动中，教师和学生的情绪情感会相互影响。教师精神饱满、情绪激昂，通常会不经意地感染、打动学生，使后者渐入情绪情感唤醒状态；相反，教师精神萎靡、情绪低落，通常会使学生的情绪情感由激情状态或正常状态转入休眠状态。面对一批精神萎靡不振、情绪低迷惆怅的学生，就是处于激情状态的教师也不能幸免其负面影响。学生之间也同样存在着这种情绪情感上的协同变化。

幽默的语言是一种才华，教师的幽默感更是一种力量，是现代课堂教学中不可多得的品质。它打破了课堂内死水般的枯燥局面，使整个教学过程达到师生和谐、充满情趣的美好境界。例如，在学习"氢气还原氧化铜"的实验时，对于通氢气和酒精灯的先后顺序，学生很容易混淆，于是有老师这样总结出：氢气早出晚归，酒精灯迟到早退，同时幽默地说："大家要向氢气学习，学习酒精灯是万万不行的。"

3. 身体学习系统参与调动学习情绪

身体学习系统是认知学习系统的一部分，运动、戏剧、舞蹈以及音乐表达等都与身体学习系统有关。在实际教学中，教师可以运用游戏、活动、故事、竞赛、表演、音乐、体育活动等手段来引发学生的积极情绪。这些身体运动系统的参与对抽象的概念或原理教学的理解将起到重要作用，有利于激发学生的学习动机与持久的兴趣。例如，在讲"酸的化学性质"时，可设置游戏场景，让学生用角色扮演的形式进行四个活泼金属的"潜水运动员"的比赛，让学生用肢体语言、表情、声音等表现出比赛过程中四个活泼金属在酸中表现出的不同金属活动性。

二、多感官表征协同学习

心理学研究表明，人们在接受外界信息时，由于参与的感觉器官不同，记忆的保持率也会不同。在学习知识时，如果只靠听，三小时后还能保持70%；只靠眼看，能保持72%；视听并用，则能保持85%以上。如果过两天后再测查，只用听的方式能保持20%；只靠看，能保持30%；听看结合，能保持50%；边听、边看、边写、边说、边做，能保持70%以上。之所以如此，是因为外界各种信息通过感官传到大脑皮层的通路不一样，如果多感官协调活动，大脑皮层的多条神经通路也会各自发挥作用。这样，即使某一通路的记忆痕迹消失了，其他神经通路的记忆痕迹仍然存在，仍可以保持记忆的牢固性。此外，美国哈佛大学加德纳教授在《心智的结构》一书中指出，我们每个人的大脑至少由八种智力构成，即语言智力、逻辑数理智力、空间或视觉智力、音乐智力、身体运动智力、人际智力、内省智力、自然智力，每个人在学习和使用概念、技能上存在着天生的优势和偏好差异。由此可见，在学习中同时动脑、动手、动眼、动口、动笔等多感官表征协同学习模式能高效地提高学生记忆力并能满足不同智力倾向的学生对学习方式的不同需求，使每个学生所擅长的智力都充分运用到学习之中，收到最佳的教学效果。

例如，教学实验之前，教师先留时间让学生进行思考与讨论，让学生带着问题与假设进行下一步的实验，上讲台操作的同学要边操作边向同学说出自己操作的步骤及注意事项，下面同学要观察、思考、纠错，本组同学可在讲台下口头协作，提出问题并指导纠错，每一个步骤结束要求学生立即进行随堂练习。这种同时进行思考、操作、讲解、观察、练习的实验教学就实现了动脑、动手、动口、动眼、动笔相结合的多感官表征协同学习模式，提高了课堂教学效率。其基本模式是：动脑思考（明确问题，提出假说）→动手实验（验证假说）→动口说出实验操作的步骤及注意事项(明确实验步骤,纠正实验操作习惯)→动眼观察实验现象(思考反应原理)→动脑思考(得出科学结论)→动笔练习、运用(交流解释与应用)。

多感官表征协同学习让每一个学生在课堂上都有事可做。强化了学习效果,提高了课堂教学效率,训练了学生提出问题、解决问题的能力,同时可以增强学生的凝聚力,培养竞争与协作精神,发展学生的创新思维。

三、知识的呈现逻辑与学生认知规律的匹配

脑科学研究表现,大脑优先记忆那些有意义的、与已有知识或体验相关联的信息,如果信息没有意义和价值,大脑找不出任何记住宏观世界的理由就会抛弃它。学生更倾向于关注和学习有趣的或与自己密切相关的内容。同时,巴赫特、林伯恩、费斯廷格等的研究认为,个体从千变万化的外界环境得到的信息与自己已经形成的认知结构不致时,就会意识到差异和矛盾,形成好奇心,并改正不和谐的活动。所以知识的呈现逻辑对教学效率的影响很大。教师要重视知识呈现逻辑的设计,从学生学习认知规律出发,寻找最佳的知识显现方式,才能激发学生的认知冲突与学习动机。

例如,"浓硫酸稀释"的教学一般为教师演示正确的操作方法,教师再进行操作要点的总结,最后让学生反复朗读教材最后一段注意事项。而我们将知识显现逻辑改为先让学生猜测浓硫酸加入水中和水加入硫酸中有什么不同,会发生什么变化,让学生先带着问题思考进行假设,然后教师进行实验演示操作,最后让学生进行稀释要点和注意事项的总结。从课堂教学效果来看,知识的呈现逻辑:学生思考假设→教师演示实验→学生分析→学生总结的效果好于教师演示实验→教师分析→教师总结的效果。前一种方式能激发学生的认知冲突,将学习的主动权交给学生,让学生学会学习的方法,学会思考,培养一种科学的分析思维,这也就是科学素养潜移默化的培养。

知识的显现逻辑要能激发学生好奇心、质疑、探究的需要,还要与学生原有认知结构之间能够进行同化与顺应,与学生原有的知识图式之间能够匹配,学生就能在教师搭建的脚手架上顺利地学习,不会产生知识漏洞与冲突,如果学生的知识逻辑链之间缺少衔接,就会产生学生学习困难,最终导致学习厌倦。

例如,在讲授"中和反应"时,从中和反应的应用中引申出中和反应的概念与本质有助于提供知识的意义价值,激发学生认知冲突,产生学习兴趣。但是如果处理不恰当,容易让学生感到知识跳跃过大,不容易接受。所以知识的显现逻辑对教学效果的影响在于知识显现时逻辑关系是否符合了学生先前的知识结构,能够有一定的距离但是这个距离不能太远。如果学生与新知识有一定的认知距离,就要事先要给学生搭建"脚手架",让他们不仅能够看到"香蕉",且努力一下还可以拿到。基本流程是:新旧知识的衔接引导→讲应用(激发好奇)→进入新知识→回顾应用。

四、首因-近因效应的安排

首因-近因效应是指学生在学习中,对首先(第一个高效期)和最后(第二高效期)接触的信息或材料记忆最好,对中间(低效期)的内容记忆效果最差。所以高效的课堂教学应该有效利用时间,合理分配时间。

(1) 在第一高效期,一般认为在一节课的 10 分钟左右,首先要教授新的知识,这是保持记忆的最佳时间。一定要避免将宝贵的高效时间用于课堂管理或安排复习,如训话或点名等非

学习的任务，应立即教授学生新的、极为重要的知识。许多教师喜欢将复习放在课前，这通常要占用很长的高效学习时间，我们认为应该将复习内容放在课程中间穿插进行，如果课前复习时间太长，超过10分钟以上，学生的学习效率会大大降低。分散复习的效果要远远优于集中复习，复习应该与新课同时进行，在进行新课时应该不失时机地对学生进行前面知识的复习，这样才能提高教学效率。

(2) 课上到大约20分钟，学生的注意力逐渐减弱，低效期产生了。在低效期要改变知识的教授方式，可设计问题解决、课堂讨论、活动或练习等内容，将学生调动起来充分参与智力活动。例如，上课20分钟左右时，一个老师正拿着 $Fe + 2HCl = FeCl_2 + H_2\uparrow$ 演示实验的试管在教室中绕圈请学生观察，有学生问："老师，为什么试管到我这里时就不反应了？"教师及时地鼓励了这个学生并表扬这个是好问题，然后让全班同学计算化学物质的量来解决这个同学提出的问题。通过满足学生的好奇心和求知欲，推动学生高水平思维技能的学习活动，能最大地激发学生的学习积极性和学习热情，将低效期时间高效地利用，同时也培养了学生的科学素养和探究质疑精神。

(3) 在第二高效期，即在学习结束前的10～20分钟，这个阶段虽然学习效果不如前10分钟那么好，但对大脑而言仍然是有效的学习时段。这个时段应该及时总结、复习并运用知识。可以留5分钟让学生以各种方式对本节课内容进行回顾反思，可让学生用对比法、概括法、提纲法、思维导图法、比喻法进行知识的梳理，教师及时评定和总结。例如，有同学将实验室制氧气的步骤用"查、装、定、点、收、离、熄"七个字概括，用谐音将其幽默地记忆为"茶庄定点收利息"。这种谐音式概括复习删繁就简，择精选萃，帮助了对基本概念的理解，促进了对知识的记忆。

五、科学思维方法的学习

科学思维方法是学习的重要手段，直接影响学习的效果和学生未来的发展。科学思维方法具有形式化的逻辑规则、程序性和规范性的特点，必须在观察、思考、理解的基础上进行。主要包括抽象、比较、分类、类比、分析、综合、归纳、演绎、联想等几种基本的思维方法以及结合这些思维方法形成的方法流程。在课堂教学中重视科学思维能力的学习，有利于培养学生解决实际问题的能力，获取信息的能力，完善的思考问题的方式，严谨细致的科学作风，实事求是的科学态度和敢于超越现状的科学精神。

例如，利用类比法可以建立知识与已有经验之间的联系，依据知识与已有经验在某些属性上的相同或相似性进行推理和迁移，从而做出可能的判断。通过类比，可以沟通新旧知识之间的联系，从而化难为易，化隐为显，化陌生为熟悉，使问题得以解决。例如，在向学生讲授核外电子排布三个原则时，就可以通过形象的类比。泡利不相容原理可以类比成一个宾馆各个房间内每张床最多容纳两个人，但两个人不能睡同一头，因为电子自旋方向相反；洪德规则可以类比成当一个房间内有空床位时，就不要两个人睡在同一张床上而应当尽可能分开到不同床位上，并且头朝一个方向；能量最低原理可以类比成一个人坐着比站着稳定，躺着比坐着稳定，站着的势能高于坐着的势能，坐着的势能高于躺着的势能，能量越低越稳定。这样在愉快活跃的气氛中，学生就掌握了核外电子排布的原则。

化学实验探究教学能引导学生自主、独立地发现问题，通过实验、操作、调查、收集与处理信息、表达与交流等活动，促使学生进行探究性学习，形成初步的探究能力、培养科学思维。它有两种思维方法流程：模式一，化学实验问题→化学实验事实(或科学抽象)→科学结论→交流解释与应用。该模式是探究的化学实验的基本模式，很多元素化合物知识、化学概念、定律、原理等都可以通过此模式获得。模式二，提出化学问题→提出化学假说→验证化学假说→得出科学结论→交流解释与应用。此模式以假说和验证为主要内容，由于要求学生进行大胆的猜想和推测，发表自己的见解，因而更有利于培养学生的表达交流能力和创新能力。同时，在教学中让学生掌握两种不同的演示实验教学方法也有助于培养学生严谨的科学思维：①探究法，从实验探究入手→得出实验现象→分析原理→得出结论；②验证法，从原理入手进行原理分析→得出结论→实验设计并验证→完善原理的结论。

六、教师教学特色的彰显

教师的职业信念、专业态度、知识观、知识技能、教学的方法等都影响着教学的质量。教师的性格特点也会导致他们在课堂上表现出不同的教学风格和特色。根据教师不同的气质风格将教师分为研究型、魅力型和情感型。

研究型的教师富有教学激情，善于研究教学问题并总结归纳方法，喜欢观摩反思，自主构建实验模型并反复运用。他们善于广泛借鉴教学经验，不断总结教学策略方法，教学中注意精讲多练，随机应变，特别注意考虑学生兴趣和学生能力的培养，喜欢使用已有的教学资源和生活物品革新实验设备仪器和设计新的实验方案。

魅力型教师性格幽默风趣，语言形象生动，有很好的亲和力，对于任何一个哪怕是乏味无趣的课题，都能找出其中蕴含的幽默元素，或利用课堂突发事件，引人发笑，让学生在轻松愉快的气氛中获得知识。他们善于恰当比喻，使学生更容易理解抽象的知识，并能够根据学生差异找到他们的闪光点。

情感型教师办事公平，关注学生，相信学生，能用真心感动学生，让学生从内心喜欢他的课程。他们在教学中喜欢采用微笑式教学，用学生身边或学生熟悉的事物来举例，特别考虑学生的内心感受，学生的接受心态和能力，同时注重对学生自主探究能力的培养，让学生能够通过自己的思考驾驭知识，能在知识层面上结合自己的生活经验总结让学生进行讨论。

例如，对于“化合价”的教学，研究型教师可能使用原子轨道排布的理论或模型解释化合价的本质，激发学生求知欲望，并为今后高级阶段的学习打下良好基础。魅力型教师可能将常见元素及原子团的化合价绘制成直观的曲线图表，加强学生的形象记忆；情感型教师可能让学生将化合价用口诀或歌曲有感情地唱出来。虽然不同风格的教师采取了不同的教学方法，但它们都是殊途同归，只要达到了让学生理解掌握知识的目的，尽情展现了自己教学魅力和风格特色的教学都是高效的课堂教学。

教学应该是一个以人为本，重视人性发展的过程；是为学生提供他们需要的帮助和支持，让学生感受到学习是自我发展需要的过程。教不是目的，而是为了学生更有效地学，让学生轻松、愉快、幸福地学。以人为本教育是以“育人”为目标的教育，是将学生看成平等的人、有潜力的成长中的人的教育，是强调学生发现自我，认识自我，满足学生的兴趣和需要的教育；是让学生能够勇于面对生活现实，深刻理解生活意义，追求有尊严生活价值的教育。

第四节　基于广义知识加工的教学策略

认知心理学为解释知识的本质提供了理论基础与方法论。认知心理学的广义知识分类理论把一切学习结果都当作广义的知识,从而用新的知识观揭示了知识的本质。认识知识的本质对于教师看待知识的价值和进行教学策略设计具有决定性的意义。

一、陈述性知识的教学策略

陈述性知识的学习是程序性和策略性知识学习的基础。陈述性知识的获得其实质就是学习者对符号、概念、命题等言语信息新知识与原有知识网络中的有关知识联系起来进行储存的过程。陈述性知识学习的关键是提供"线索",使学习者能在以后成功地搜索并提取信息。陈述性知识学习由学习的准备,知识的获得与作业,学习的保持、巩固与迁移三个阶段组成。各个阶段的心理活动是学习的内部条件,其教学活动是影响学习的外部条件,应根据不同的阶段进行相应的教学策略设计。在不同的学习阶段利用情景化和去情景化手段交替进行教学有助于学生对陈述性知识的掌握。在学习的准备阶段,教师可通过创设实际的问题情境,提示学生回忆原有知识,呈现经过精心安排和组织的新知识,引导学生建立新知识与已有认知结构之间的联系,帮助学生形成认识冲突,激发学习动机,明确学习目标。案例教学法是一种非常好的情境化教学方法,但值得注意的是这个阶段的案例最好以正例先入为主,帮助学生形成正确的前概念。知识的获得与作业阶段,教师可对陈述性知识进行去情景化概括,即对知识进行编码,只有进行了良好编码的知识才易于提取、组织,才能形成学生良好的认知结构,便于新知识的同化。讲述教学法、演示教学法、启发式教学法和练习教学法有利于教师传递一些较为抽象、艰深的知识体系和概念,使学生在较短的时间内尽快地掌握系统知识,提高学生的概括水平。贾得的概括化理论表明,学生一旦掌握有关的原理并概括化,就能产生广泛的迁移。学生掌握的基础知识越多,越容易产生广泛的迁移。在学习的保持、巩固与迁移阶段,对于简单的陈述性知识,指导学生复习与记忆策略的难点不在于理解而在于保持,可采用以下策略进行巩固:复述策略、精加工策略和组织策略。对于复杂的陈述性知识,同样可以采用以上三种策略,只是应用的目的和条件不同。例如,在使用复述策略时,不再仅是简单重复,而是利用一些特殊符号、特别标志来进行强化,还包括运用联想方式使所识记的材料赋予某些人为的意义和"过度学习法"。所谓过度学习法,就是指当学习达到恰能掌握(如背诵)之后再继续学习。在指导学生巩固与迁移策略方面,教师可用情景化演绎练习及时指导学习者巩固新知识,强化学生对新习得知识的运用。巩固学生学习效果最常用的方法是让学生听讲完后进行练习,但这种方法如果没有从认知过程上找问题,很容易导致练习与反馈的低效,也可能强化作用是消极的。如果进行活动探究式练习、辨别练习并结合元认知监控反思的情景化演绎练习,则有助于提高对新学知识的解释、推理和运用能力,建立良好的解题图式,有利于陈述性知识向程序性知识及策略性知识的转化,同时对学生的态度价值观及后来的表现都有很大的积极影响。陈述性知识的教学策略总结于表 5-1。

表 5-1　陈述性知识的教学策略

知识类型	内部加工	三个阶段	教学活动	教学策略设计
陈述性知识	编码、同化、顺应	学习的准备	引起与维持注意，形成认知冲突，激活原有知识	情境化演绎教学(案例教学法)
		知识的获得	呈现经过组织的新信息，阐明新旧知识的各种关系，促进新知识的理解	去情境化归纳教学(讲授教学法、演示教学法、启发式教学法)
		学习的保持、巩固与迁移	指导学生复习与记忆策略	复述策略、精加工策略、组织策略、联想、过度学习
			指导学生巩固与迁移策略	情境化演绎练习(活动探究式练习、辨别练习、元认知监控反思)

在实际教学中，用情景化和去情景化手段交替进行教学还要根据陈述性知识的特点与学生认知结构的关系及学生的认知水平来选择，但无论使用何种次序方式，都要鼓励学生自己去发现归纳，这样有助于学生对知识的理解与记忆。还要鼓励学生运用于实践，以检验学生对知识的理解和掌握情况。

二、程序性知识和策略性知识的教学策略

程序性知识和策略性知识的学习由三个阶段构成：程序化→自动化→策略化。自动化的程序性知识是经过充分练习而能自动激活的产生式系统构成的策略性知识。知识有效学习的条件是自动化，自动化要依靠反复练习，通过有目的地运用练习策略，可以做到帮助学生促进基本技能的自动化。在这一过程中的教学策略设计中，程序性知识首先要分解组装，即将一个完整的思维过程分解成一个个具体的思维技巧，然后一个个进行练习，再组装成一个完整的思维程序，最后通过反复多练以达到学生熟练掌握的目的。学习了程序性知识，还要有意识地运用，将学到的程序性知识用于解决问题，迁移到实际生活现实中，在运用的过程中，使这种程序性知识达到熟练化、策略化的程度，即形成策略性知识。同时在此过程中，学生要不断对自己的学习结果进行元认知的自我反思与检测，主要目的是让学生增强学习的自主性，以此激发学习动机和学习兴趣。

具体来说，程序化、自动化阶段教师要注重对知识的选择和处理加工，促进知识的概括化和分化。学生原有的知识结构与新知识如何融合是学习的关键。教师要根据新知识的性质与难易考虑对知识进行教学任务分析，合理分解组装。程序性知识重在模仿与操作，掌握结果为自动化，认知学徒制教学策略设计较为有效，在教师指导下的讲解示例法、讨论教学法、演示教学法、练习教学法都不失为有效的认知学徒指导方法。在促进概括化时要提供包含正例的问题，促进分化时要提供包含反例的问题。而在学习动作步骤程序时，要注意给学生提供这一动作步骤在什么条件下使用的问题，先让学生练习简单的问题，再练习需要先行知识的复杂问题。在练习的形式与时间上看，集中与分散相结合的变式练习与间隔练习更为有效。

在策略化阶段，要使程序性知识策略化，促进知识的泛化和迁移，变成学生的认知策略，首先教师必须让认知策略的学习作为一个重要的教学目标，将学习方法的培养融入教学策略的设计之中。在教学设计中教师要考虑教会学生进行知识的组织与意义加工，教师可以分别在课时教学、单元和学年教学结束后让学生绘制课时知识、单元知识以及学科知识结构图，有助

于学生形成认知策略，深入理解知识之间的联系，构建良性的知识网络结构，也有助于新旧知识的同化整合。其次，探究学习、发现学习也有利于促进程序性知识的掌握和认知策略的形成。最后，还要充分发挥认知策略的监控作用，练习过程中和练习之后应及时地指导学生在学习中灵活运用认知策略，如复述策略、精加工策略、组织策略、理解监控策略和情感策略等，对学习过程进行反思、归纳的总结。程序性知识和策略性知识的教学策略总结于表 5-2。

表 5-2　程序性知识和策略性知识的教学策略

知识类型	内部加工	三个阶段	教学活动	教学策略设计
程序性知识	概括化、分化	程序化、自动化阶段	提供例证、组织信息、练习反馈、变式练习、反思、归纳总结	认知学徒制（讲解示例法、讨论教学法、演示教学法、间隔练习和变式练习）
策略性知识	泛化和迁移	策略化阶段	学会思维、学会学习、“做中学”、问题解决教学	学习结构图、探究性教学、发现性学习、认知策略的运用

在认知心理学的视野下知识是一个开放的系统，具有内在的统一性，统一指向人的发展；知识的掌握具有最佳性，知识库在元认知的调控下，通过区分、整合与建构实现了认知策略的深加工，完成了知识的有机融合。总之，通过认知心理学对知识的深刻理解，教师能根据知识加工的认知心理过程，科学地设计教学策略和教学活动，以实现高效率的教学。

第五节　化学陈述性知识的教学逻辑与教学策略

在认知心理学，陈述性知识通常是用术语“知道”来定义的。它包括：①具体的内容要素，如术语或事实；②一般性的概念、原理、模型或理论。化学陈述性知识是指反映了物质及其变化的本质属性和内在规律的有关化学概念、事实和原理性的知识。化学事实性知识是指反映物质的性质、存在、制法和用途等多方面内容的元素化合物知识以及化学与社会、生产和生活实际联系的知识；化学概念性知识是将化学现象、事实经过比较、分析、综合、归纳、类比等方法抽象出来的理论知识，反映了化学现象及事实的本质，是化学学科知识体系的基础；化学原理性知识是指反应物质在组成、结构以及在化学反应中所遵循的基本规律的知识，是对化学概念的演绎和发展。

从信息加工的观点来看，人类的学习要经历注意、知觉、编码、储存和提取等过程。安德森的 ACT 理论推测陈述性知识的运行基本过程如下：学习者在工作记忆中将新的信息转换成一个或多个命题，同时提示长时记忆中的相关命题，再通过激活扩散过程，新的命题与工作记忆中的有关命题便建立了联系，随着这个过程的发生，学习者会衍生出另外的命题，最后，所有的命题（呈现的和学习者衍生的）一起储存在长时记忆中。这个过程中，如果材料能够组织成按照一定的层次排列，那么就为长时记忆准备好了一个易被接受的结构。这个理论说明，陈述性知识的编码决定了陈述性知识的有效的储存、激活与提取。而在教学中，教学逻辑是知识编码的首要环节，是教学过程中教师根据教学的内在规律对知识呈现的层次、次序的合理安排，它反映教师对教学设计和实施过程中客观规律的认识及形式化的结果，是选择、组织教学内容和教学活动的依据。

学科知识内在的规律是人类科学文化进步的结果，具有系统化、严密化的特点，教学需要在遵守学科知识内在逻辑的同时还应考虑学生的思维认知发展规律，只有当学科知识逻辑与思维认知逻辑相一致时，教学逻辑才能达到有效编码的目的。

一、讲授式教学逻辑

奥苏贝尔指出，学生需要花好几个小时才能收集到的信息，如果通过教师的有效讲解，可以大大缩短时间。化学陈述性知识的教学中，有效的讲授式教学能够充分地传递知识信息，引发学生思考、理解与记忆，并掌握科学的思维方法。

任何科学研究都是从具体到抽象，或者从认识特殊事物开始，然后推向一般。科学重在了解物质的内在本质。因为只有了解了物质的本质结构，才能知道物质所具有的性质，而这些性质决定了物质的用途。结构决定性质，性质决定用途，这是化学学科所特有的知识逻辑，这种逻辑也反映了化学学科对物质世界的认识和研究的规律。体现在教学上，这种教学逻辑是：结构（原理）→性质→应用。

瑞士著名心理学家皮亚杰在《发生认识论》中指出，人类对于知识的掌握总是从感性过渡到理性。奥苏贝尔也认为人的认识过程往往是先认识事物的一般属性，然后在这种一般认识的基础上逐步认识其具体细节。思维认知逻辑是按照人认识物质的思维规律进行教学，人的思维规律一般是从感性到理性再到感性，即哲学上的从实践到认识再回到实践的思维方式。按照这种思维方式的教学逻辑是：性质→结构（原理）→应用。

这两种教学逻辑不同之处在于对知识的认知过程不同。学科知识逻辑的教学思维是归纳推理式的，运用归纳思维强调对知识的泛化，是从特定事实得出一般性结论的过程，换句话说，是从具体到一般的过程；而思维认知逻辑的教学思维是演绎推理式的，运用类比、辨析思维强调知识的分化，是从一个或几个一般性前提中得出具体的、符合逻辑的结论的过程，是从一般到具体的过程。

在教学中要根据对不同知识的认知层次需要，适用不同的教学逻辑。思维认知逻辑是教学的基本逻辑，能够促进学生对知识的认识与理解，而在思维认知逻辑基础上的学科知识逻辑可以促进对知识的研究和深化。识记、理解水平的学习，思维认知逻辑非常有效，而运用、分析水平的学习则必须有学科逻辑的教学。化学陈述性知识的教学中一般采用思维认知逻辑结合学科知识逻辑的循环式讲授方法：化学事实→物理性质→结构（原理）→化学性质→应用，即从学生思维认知规律出发，先从感性到理性，再从学科知识内在发展规律出发，将理性应用到感性，从实践到理论再回到实践，螺旋式上升。这样使知识讲授由表及里，由浅入深，让学生认知水平从记忆、理解、分析、运用、综合、评价等认知过程循环上升，学生的认知能力也会随着一定的积累得到量子化的跃迁提高。

二、探究式教学逻辑

杜威强调科学教学不仅是教给学生探究的结论，而且需要学生形成探究的思维、掌握探究的操作程序，即让学生像科学家开展科学研究工作那样去探索和获取知识，这种思想后来发展为科学教学的一种方法，即探究式教学。探究式教学是一种模拟性的、促进学生高级认知能力发展的教学活动，是指教师在教学过程中以提出问题、科学验证、解释与抽象、评价交流和运用等科学研究的形式来组织教学活动，让学生通过解决问题获得新知识、新技能，发展科学思维，认识科学的本质和价值，提高科学素养和培养科学精神的过程。具体来说，探究式教学包括两个相互联系的方面：一是有一个以学为中心的探究学习环境；二是教师给学生提供必要的帮助和指导，使学生在探究中能明确方向。教学资源、知识准备、原型启发、元认知和学习兴趣都是影响探究式教学的关键因素。

施瓦布在《探究学习》中说，科学知识是不断得到修正的。在科学研究中存在着两种不同的探究方法：一种是不变动科学体系的探究，称为“固定性探究”；另一种是从根本上变革科学体系本身的探究，称为“流动性探究”。探究的固定侧面与流动侧面相互交替是科学研究过程的特征。科学教学必须反映并且必须理解这种知识的修正性格。基于科学哲学对科学探究模式基本特征的阐释，依据科学研究过程的特征将探究式教学逻辑分为验证式和发现式。验证式探究源于科学认识的归纳模式，强调通过观察获得证据以及对证据的解释和评价，发现式探究侧重于假设的建立和检验，走的是假说-演绎模式的路径。验证式探究从化学事实出发，要求学生通过观察、调查、实验等收集数据，从众多的现象、结果或结论中进行分析、概括和推理，得出能够解释这些事实的合适的结论。具体流程是：明确问题→搜集证据→分析证据→形成解释或预言→交流与应用。发现式探究则是给学生创设问题情境之后，要求学生利用较一般的化学理论，经过一个推理过程，针对问题进行猜想假设，最后搜集证据，归纳抽象，得出一个具体应用中科学合理的结论。具体流程是：明确问题→提出假说→验证假说→得出科学结论→总结巩固与应用。

验证式探究主要通过搜集证据验证科学事实或原理，所有的证据都为了证明解释和归纳前面提出或发现的化学事实或原理，属于问题聚合式，花费时间较少；发现式探究是问题引导下不断解决问题的过程，在解决问题的过程中可能有许多意外发现，同时要运用一般的化学原理不断分析、推理、抽象这些意外发现的结果，属于问题发散式，花费时间较多。另外，验证式的思维方法更多是从证据入手进行分析、推理与归纳，有助于学生近迁移能力的培养；发现式则是从不同的问题解决过程进行演绎抽象，能够促进学生的远迁移能力。一般情况下验证式探究主要培养的学生是分析、运用、综合阶段的认知能力，发现式探究进一步培养学生运用、综合、评价、创新等高级思维阶段的认知能力。探究式教学逻辑都有明确的问题主线，在教学中要根据不同的教学目标和认知层次的需要适用不同的探究式教学逻辑。

三、讲授式、探究式教学逻辑的比较与教学策略

讲授式教学逻辑是依据学科知识逻辑和思维认知逻辑进行教学，不容易看到明显的教学线索。而探究式教学逻辑由于问题需要解决，这个需要解决的问题作为一条显性的教学线索不断引导学生去探究发现，所以探究教学的教学线索是显性的，问题主线贯穿了教学的始终，不断让学生在认知冲突中进行问题的剖析与发现，更强调解决问题的过程与方法，并且这种教学中学生一直在主动地建构着知识。所以讲授式教学与探究式教学逻辑不同之处主要在于：①讲授式的教学逻辑是隐性的教学线索，而探究式教学逻辑是显性的教学线索；②讲授式教学逻辑符合学科知识规律和学生思维认知规律，而探究式教学逻辑更能激发学生认知冲突和内在动机；③讲授式是学生被动建构，而探究式是学生主动建构。

讲授式教学逻辑与探究式教学逻辑相比存在着许多不足，但是讲授式教学逻辑也有优点，如在较短的时间内给予学生较大的知识信息量、课堂容易掌握、学生不需要有大量背景知识与科学思维方式的准备、知识组织系统性较好、承载的人文教育价值相对较大、教师容易将学习热情传递给听众、指出正在教授的专门领域的内容与学生一般兴趣点之间的关系、更容易解释理论与研究结果是怎样同实际问题联系起来的等，同时对于一些认知层次不高、结构清楚、教师容易表达的陈述性知识不需要花费过多时间进行探究，所以好的讲授式教学逻辑也能产生高的教学效率。那么如何从教学策略上弥补讲授式和探究式教学逻辑的不足呢？

(1) 弥补讲授式逻辑教学线索不清晰可进行情境的显性化处理，将情境目标与知识目标统一形成复合线索。给记忆搜索和提取提供线索是记忆极其重要的外部事件。认知心理学研究表明，在知识提取过程中，启动效应归因于提取加工，即目标和启动物二者配成一对，用于从记忆中提取信息。启动效应的关键在于将启动和目标的心理表征作为一个统一的复合线索，而不是离散的节点。对目标的提取反应通过对启发物(一个被激活的节点)的提取而得到增强，增加启动物和其目标物之间每个链接之间的强度，则会提升启动效应。所以，在讲授式教学中可用问题或故事情节进行情境的显性化处理向学习者提供记忆的有效线索，即教师通过创设实际的问题情境，将情境作为讲授的线索将主要的知识内容串联起来，引导启发学生沿着问题线索进行质疑思考，激发学生的认知冲突，起到激活课堂气氛、激发学生的学习兴趣、建立知识学习的意义与价值、调动学生学习内驱力等作用。情境设计线索有历史文化情境、政治经济情境、游戏活动情境、实验现象情境、生活实际应用情境等；从手段上可分为语言直观情境和模象直观情境，具体可以通过故事描述、实验操作、游戏、魔术、电影、图片、音乐等手段来导入。

例如，"氯气"的讲授教学中，以氯气泄漏事故新闻报道中的相关问题作为显性的教学线索，引出并学习本节所包含的相关化学知识。

【问题一】喷出的黄绿色气体是什么？为什么要紧急疏散周围人群？

启发学生总结归纳报道中所包含的氯气主要的物理性质和化学性质。

【问题二】为什么氯气泄漏后周围的花草叶子会变白或有白色斑点？

通过实验验证氯气与水反应生成了具有漂白性的次氯酸，使花草叶子变白。

【问题三】为什么消防人员向储蓄罐中喷洒大量石灰水？

组织学生小组讨论，得出喷淋石灰水的原因。

情境的显性化处理要特别注意情境设计的合理性。一是情境设计与学生原有认知结构之间要能够进行同化与顺应，要与学生原有的知识图式之间能够匹配；二是知识情境逻辑链之间衔接要合理，情境与知识内容也不能脱节；三是教学情境中介链接数量不要过多，情境链接数量过多会导致知识启动效应的降低；四是情境要对学生有吸引力、有思想性、有情绪的唤醒、有认知冲突；五是要注意情境的现实性与艺术性的结合一致性，情境主线要明显、连贯、起伏、情节合理、符合逻辑。

(2) 弥补讲授式教学逻辑认知冲突的不足要注重启发式教学。布鲁纳认为启发式教学有提高知识保持，增强智慧潜能，激励学生内在动机，获得解决问题技能的作用。有效的讲授教学应使学生的思维和情感处于主动积极状态，而积极主动的情绪的形成离不开教师的启发和诱导。"启"可理解为教师开启学生的思路，引导学生解除疑惑，而不直接告诉结论。"发"意味着教师开导学生通畅语言表达而不代替学生表达。启发式教学是在充分尊重学生内在学习需求的基础上，教师通过点拨思路和方法，启动学生求知欲和兴趣，引导学生自主建构、主动积极思维的过程。启发式教学的关键在于满足学生好奇、怀疑、困惑以及探究的认知需要，使学生产生认知冲突，知识结论不是由教师直接告知，而是由教师引导下的学生自主观察、自主发现、自主推理、自主建构。启发式教学的方法有比喻启发、故事启发、直观演示启发、表情动作启发、设疑启发、类比启发、图示启发、点拨启发等。

例如，讲授"氢气在氯气中燃烧"，可以通过氢气在纯氧中燃烧的条件类比氢气在氯气中燃烧的现象和条件，并通过实验演示和教师点拨启发，让学生对燃烧条件与定义进行修正与完善。

【类比启发】首先让学生联系前面总结的氢气在纯氧中燃烧的条件(有可燃物、有氧气、达到着火点),再比较氢气和氯气燃烧的条件与氢气在纯氧中燃烧的条件是否符合。学生会说有一个条件不符合,没有氧气参加反应。

【直观演示启发】实验演示却表明,将氢气通入纯净的氯气中能够安静地燃烧,火焰呈苍白色,生成大量白雾。面对以往知识经验与当前实验现象的矛盾,教师立即让学生根据刚才的实验将燃烧的条件再完善一下,最后学生讨论得出燃烧的条件为:有可燃物、有助燃物、达到着火点。

【点拨启发】教师进一步启发点拨,学生得出更加完善的燃烧定义:发光发热的剧烈的氧化还原反应都是燃烧。

启发式教学要符合学生认知的规律性,循序渐进地进行,要留给学生一定的思考时间,让学生通过积极地思考学会系统、科学的思维方法。教师应在学生各种尝试中做出适当的、略超出学生思维水平的引导和点拨,使学生做出合理的推理和设想。

(3) 弥补讲授式教学逻辑学科思想方法的不足要加强科学思维方法的学习。科学思维教学能够激励学生学习的主动性和积极性,将陈述性知识迁移转化为学生的学习能力,有效地培养学生的创新精神。讲授式教学逻辑需要教师给予学生科学思维方法的引导。

化学常用的科学思维方法有比较与分类、分析与综合、抽象与概括、归纳与演绎、系统化与具体化等。还有一些特殊的方法,如类比分析法、假设验证法、实验验证法、化学模型方法、数学迁移法、问题解决法、等效法、守恒法、整体思维法、模糊思维法、转换法、逆推法、分解法、画图、列表、科学抽象法等。教学中教师要善于综合运用这些方法,以问题为中心组织、启发、诱导学生进行探索、讨论、交流,寻求解决问题的方案。

例如,讲授“氯水的成分”时就运用了许多科学思维方法。

【假设验证法】假设氯水中可能含有Cl_2。学生通过仔细观察氯水的色、态、气味,加入几滴淀粉-碘化钾溶液后溶液变蓝,证明氯水中有Cl_2。

【实验验证法】取少量氯水于试管中,滴加几滴紫色石蕊试液,溶液先变红后褪色,说明溶液存在H^+,同时还有另一种有漂白性的物质;再取少量氯水于试管中,滴加一定量的酸性硝酸银溶液,溶液出现白色沉淀且不溶解,说明存在Cl^-。盐酸不具有漂白性,那么一定存在另一种物质。

【类比分析法】将干燥红布条置于干燥的氯气中,红布条不变色;将润湿的红布条置于干燥的氯气中,红布条变白色(褪色),说明氯气分子不具有漂白性,而氯气与水反应发生了化学反应,有新物质生成。

【演绎推理法】氯元素化合价有-1、0、$+1$、$+3$、$+5$、$+7$,氯气分子的化合价为0,氯气分子具有氧化性,根据“同一元素价态相邻迁移原则”得出氯气与水反应后氯元素的价态应该是-1和$+1$,而水中氢元素为$+1$,氧元素为-2,再根据“原子组成和得失电子守恒规律”得出氯气与水反应生成物为HCl和HClO,即反应方程式为$Cl_2+H_2O = HCl + HClO$,而HClO是一种强氧化性弱酸,得出$2HClO = 2HCl+O_2\uparrow$,从而推断出氯水的成分。

科学之所以能保证科学结论的真实性和确定性,是因为科学研究有严密的实证逻辑。科学的实证逻辑包括证实和证伪。科学的证实过程需要大量的正面的事实与证据,而证伪实际上只需要一个相反的例子。波普尔指出,仅从验证实例来进行简单的概括(归纳)绝不能在逻辑上证明一个假设为真,科学的标志是证伪而非证实。所以在教学中教师应多问:“证据呢?证据充分吗?”“举一个相反的例子。”少问:“为什么?”因为科学结论依靠观察实验,而不是道听途说。

(4) 弥补讲授式教学逻辑记忆、巩固、迁移的不足需要进行知识的深加工。知识表征与信息加工的ACT模型表明，知识加工可以影响整个知识系统的激活程度。加工水平理论认为，当学习材料在较深层次上进行加工时，学生一般理解得比较好。知识深加工反映了陈述性知识的三个重要的认知活动：联结、组织和精致。最终目的是增强知识网络之间信息传递的灵敏度，加快知识的提取速度，促进知识的泛化和迁移，变成学生的认知策略。知识的深加工，一是从结构上进行加工，让知识前后关联；二是对知识内容进行分解，让复杂的知识变得简单，容易组合；三是策略上的加工，让知识与提取知识的条件相结合，学习变得容易高效。具体来说即是对知识的纵横建构、重新组织和知识学习的条件化、意义化。

知识的横向建构是构建不同学科知识之间彼此沟通、启发、渗透的桥梁，以培养学生综合运用知识的意识和能力；纵向建构是从新旧知识之间建立系统、深入的联系，并通过这种知识的联系，使学生克服编码特异性和初次学习时信息组织方式的影响。知识的重新组织是教师依据学生的心理认知规律，对知识进行比较、分析、辨别、整理、重新分解、整合等，让繁难的知识变得容易接受理解，并让学生明晰新知识的使用条件。知识学习条件化、意义化意味着确定信息针对特定情境或目的何时、何地被应用以及重要性，使学习能够满足学生的内在需要，同时将大脑中情境记忆、情绪记忆、自动记忆和程序记忆通路都利用起来，减少知识加工的负荷，起到记忆、理解和巩固知识的作用，同时使知识更加具有趣味性，学起来也更容易。

对知识的深加工不仅是为了增强学生对知识的记忆、理解，更是为了促进知识的迁移。学习科学研究表明，影响迁移的因素如下：①要产生迁移，就要在最初的学习中求得超越一定阈值的充分的学习；②花费大量的学习时间本身并不是有效的学习条件；③基于理解的学习比死记硬背教科书知识的学习更能促进迁移；④在多元情境中练习的知识比单一情境中教授的知识更容易促进迁移；⑤理解"何时、何地、为什么"应用知识也是熟练的重要特征；⑥学习的迁移是一种能动的过程。优秀教师必须有效地在学生已有知识与新的学习目标之间搭起联系的桥梁，帮助学生产生正确迁移。迁移分为低路迁移和高路迁移，低路迁移是自然的、自动化的，高路迁移的发生需要对迁移的原理有一个抽象的概括，也就是需要有意识地对知识进行抽象理解，以便将它应用于其他的情境。通过大量练习并创设与学习情境相似的应用情境，可以发生低路迁移；而将知识进行去情境化的科学抽象会促进知识的高路迁移。

例如，讲授"氯气与金属反应"时，可以将氧气与硫、钠、镁、铜、铁等金属反应的规律进行科学抽象并迁移于氯气，进而推断出通过原子结构判断性质以及元素氧化还原性反应的规律。

【低路迁移】首先通过氧气能与硫、钠、镁、铜、铁等金属反应体现出的强氧化性的回顾，科学抽象出元素的化学性质与原子最外层电子密切相关和氧化还原反应的规律。

【高路迁移】通过对氯原子结构的分析，发现氯原子具有很强的氧化性。再通过氧化还原反应的规律，推断出氯气化学性质很活泼，能与大多数金属反应，如钠、铁、铜，生成最高价态的金属化合物。

知识的深加工一定要科学、贴切、创新，具有一定高度的人文教育价值。知识的深加工如果不建立在科学的基础之上，就会起到异化概念或者误导概念的反作用；同时如果描述过于繁杂，额外信息负担过多，则不利于学生在初步掌握概念时更好地辨析概念。

(5) 弥补探究式教学逻辑需要大量准备性知识、花费时间较长、学习信息量不足，可采用讲授与探究融合式教学。拥有丰富的背景知识和科学思维方法知识的准备是进行探究式教学的前提条件。对于基本知识缺乏的学生，不可能在探究教学中有好的表现，因为这种教学模式要求学生对原则进行推理与运用，同时教师也必须接受大量的训练，才能根据学生的思维水平提出适当的探究问题。

探究式教学逻辑有利于学生科学素养的全面培养，使学生学会如何科学地进行思考，并以其问题性、发现性、思考性、探索性、开放性吸引学生对科学的浓厚兴趣，但由于探究教学要占用较长的时间，教学工作量大，许多教师认为会影响教学任务的完成。对于这点，我们认为学得精就是学得多。教学的关键不在于单纯地记忆，而在于让学生通过本质理解现象。探究式教学逻辑让学生不是仅仅记住了知识，而是真正地理解了知识，同时还学会了科学的思维与方法，提高了学习的兴趣，这些教学价值是教学目标所孜孜追求的。当然不能说所有的知识都适合探究式教学逻辑，如物理性质和低认知水平的化学性质可采用讲授式教学逻辑，需要较高认知水平的化学性质可考虑探究式教学逻辑，在实际教学中教师可依据知识类型与教学目标的认知要求因地制宜地进行选择。

例如，氯气物理性质、化学性质的教学可采用讲授与探究融合式教学。

【讲授式】

让学生观察一瓶新制备的氯气，讲解归纳氯气的物理性质。

【验证式探究】

将一支鲜花放入氯气中，让学生观察现象并提出问题：为什么氯气能使新鲜的花朵颜色褪去？是否氯气具有漂白性？

通过验证式实验证明氯气不具有漂白性（氯气和干燥的布条反应，干燥布条没有褪色，说明氯气不具有漂白性）。

进一步提出问题：可能是花瓣中含有水？

再次验证氯气和润湿的布条反应，润湿的布条褪色，得到氯水具有漂白性的结论。

【发现式探究】

提出问题：氯水是混合物，氯水中的哪种物质具有漂白性呢？

提出假设：

假设1：根据贝托雷的实验结果，氯水的主要成分是Cl_2、H_2O、H^+、Cl^-。

假设2：氯水中的主要成分除Cl_2、H_2O、H^+、Cl^-外可能还有其他离子。

制订实验方案进行探究：

氯水成分	验证方法	实验现象	结论
Cl_2	观察氯水颜色并加入淀粉-KI溶液	溶液呈黄绿色，加入淀粉-KI溶液后变蓝	有
H^+	紫色石蕊溶液	溶液先变红，后褪色	有
Cl^-	酸化的硝酸银溶液	白色沉淀	有

以上成分均不具有漂白性！假设1不成立。一定还存在另一种物质！

原理分析推测：$Cl_2 + H_2O \xlongequal{} HCl + HClO$，$2HClO \xlongequal{光照} 2HCl + O_2\uparrow$

实验验证：①氯水中滴入紫色石蕊溶液先变红，后褪色；②用强光照射氯水，氯水颜色变浅，并有气泡产生。

实验结论：Cl_2能和水反应，生成次氯酸，次氯酸具有漂白性的原因是它具有强氧化性，假设2成立。

【讲授式】

如何用次氯酸的漂白原理解决生活中的实际问题？

可用作棉、麻、纸张等的漂白剂，还可用来杀死水中的细菌，所以自来水常用氯气来杀菌消毒。直接用氯气作漂白剂，氯气的溶解度不大，生成的次氯酸不稳定，难以保存，效果不理想。工业上常利用氯气与氢氧化钙反应来制取漂白粉，用于漂白和消毒。

探究式教学逻辑对教师、学生和教学资源环境都提出了更高的要求，因为探究的问题通常都具有现实性、综合性、生成性，甚至社会文化价值性，这就要求教师必须具有一定的课程选择能力、跨学科教学能力与科学人文的相关素养，同时探究式教学离不开教师的引导，教师必须熟悉科学探究的过程，熟悉探究教学的逻辑，设计的探究问题处于学生认知的“最近发展区”内，能够科学运用教学策略指导学生进行符合科学逻辑的探究，并能够宽容地对待学生在问题解决中表现出的差异，适当地给予学生帮助，还要善于运用、整合各方面的教学资源，为探究式教学做好充分的准备。

(6) 弥补探究式教学逻辑人文素养教育的不足要考虑探究式教学在培养科学素养的同时潜移默化地渗透人文素养教育。人文素养决定了一个人是否具有完美的人格与健全的人性关怀，是否能够深刻理解人类的悲欢与痛苦，是否具有正确的价值判断能力，是否具有求真、求善和求美的精神品格，是否具有以天下为己任的社会责任感。探究式教学逻辑人文素养教育包括理解科学，即对科学事实和成就的了解，还包括对科学方法和科学之局限性的领会，以及对科学的实用价值和社会影响的正确评价。

根据马斯洛的需要层次理论，能够满足人的需要才能激发人的学习动机。凯勒的 ARCS 动机理论研究认为，人的动机激发需要四个条件：注意、相关性、自信心、满足。探究问题的现实价值、科学价值与人文价值的结合能够激发学生好奇、质疑、愤悱、自信、责任感、使命感等个体心理需要，让学生理解所学知识的价值与意义，从而激发学习情感。

例如，学习氯气制取时可以回顾氯气的发现史，重温科学家的氯气探究发现之旅，让学生认识到科学的发现是在实践中检验真理，然后再认识再实践的往复过程，科学研究需要像舍勒那样的科学家大胆质疑、严谨求实、勤奋执著的科学态度与科学精神！同时让学生思考：从实验目标、实验安全、反应现象、反应效率、经济成本、操作简便、环境要素等因素分析实验优化的条件是什么；如何对制备氯气的原料进行选择，从哪些方面进行选择；什么才是科学的选择方法；怎样的实验装置更加简便、安全、易于控制；实验装置的评价依据是什么；由于氯气有污染，尾气如何处理；如何看待氯气泄漏等。通过以上问题的思考，学生学会对知识价值进行综合客观的分析、总结与判断。

在化学教学中，思想是人文的，方法是科学的。科学性就是教学要讲深度、科学性、逻辑性、真实性、精确性、系统性，人文性就是教学的广度、思想性、价值性、艺术性，科学与人文的结合就是思想方法的教学。人文思维具有创新性，科学思维具有严谨性，创新力的培养来源于科学思维与人文思维的综合。

总之，教学过程是一个整体协调的过程，讲授教学逻辑和探究教学逻辑并不是对立、排斥的两极关系，而是可以互相补充、互相配合和促进的，正如个体的知识源于直接经验和间接经验，二者缺哪一部分都是不完整的。讲授式教学逻辑是间接经验的获得，它在系统性、效率性方面存在一定的优势；探究式教学逻辑是直接经验的获得，符合学生的心理认知发展规律，能激起学生的学习兴趣，培养科学方法和科学素养。教师应根据教学内容的特点、学生的基础与学习特点，结合现有的教学条件来合理选择教学方式。好的教学是教师对教学内容的驾驭、教学策略科学灵活地运用，以及教师素质、个性魅力高效率统整的结果。只要符合学生认知规律，满足学生学习的需要，让学生在教学中主动建构，符合教学逻辑与教学规律，充满思想性、艺术性与教师个人魅力，体现了化学的逻辑美、理性美、艺术美、创新美的教学，就是高效的化学教学。

第六节 化学陈述性知识的加工阶段与教学条件

化学陈述性知识是指反映物质及其变化的本质属性和内在规律的有关化学概念、事实和原理性的知识。心理学研究表明,陈述性知识的内部加工分为激活启动、获得加工、巩固迁移三个阶段,每一个阶段都为后续学习提供了基础。激活启动阶段是激活启动原有心理图式,引起注意并对信息特征与差异进行选择性知觉的阶段;获得加工阶段是进行抽象编码,新旧知识区分、重新整合、建构的阶段;巩固迁移阶段是控制学习过程,对行为结果的预期有着明确方向并且将新的知识运用于不同情境的阶段。学习条件是指影响学习的一整套因素,起着将要学习的信息与学习者早先习得的结构相关联,有效地提取线索和组织图式的作用。

一、知识激活启动阶段与教学条件

奥苏贝尔认为,学习者头脑中已有的认知结构可通过先给学习者呈现一个先行组织者而加以激活。其用意旨在为呈现材料的学习提供一个观念框架。如果设计适当,先行组织者有助于事实形式的言语信息的保持,也有助于智慧技能的保持与迁移。所以在学习的激活启动阶段,符合学习认知规律的教学情境与教学情境的人文性加工等教学条件能够引发学生认知冲突,给记忆搜索和提取提供线索,建立新知识与已有认知结构之间的联系,让学生明确学习的责任与意义,起到激发学生学习动机的作用。

1. 设计符合学习认知规律的教学情境

情境认知理论认为,知识的实现表现在人与社会或物理情境的交互状态中,分布于个体、媒介、环境、文化、社会和时间之中。学习不仅是一个个体意义建构的心理过程,更是一个社会性的、实践性的、以差异资源为中介的参与过程。知识学习应植根于情境脉络之中,这不仅是从动机、情感、兴趣等的角度考虑,而且是知识本性所决定的。学生在运用知识的同时,不断构建对知识自身内涵的理解。认知心理学研究发现,对信息的提取受编码情境的影响。如果学习者在对信息进行编码时使用了情境线索,则在测验时这些线索会成为促进信息提取的有效线索。这一规律被塔尔文和汤姆森称为编码特定性原则。人本主义学习理论也注意到在真实的情境中,学习者可以全身心地投入学习中,通过感受、行动,其智性活动和感知、情感活动交织在一起,因为这种学习对他个人来说是有生存和发展的意义的,所以是高效率的,不容易忘记的。

设计符合学习认知规律的教学情境给知识编码、搜索提供了重要的外部教学条件。一是能够引起学生原有认知水平不平衡,引发学生注意、好奇、质疑、矛盾、愤悱等急于解决问题的心理状态;二是能够将新知识与学生已有的生活经验建立联系,架构起新的知识与学生原有知识之间的桥梁,帮助学生进行选择性知觉;三是能够给记忆搜索和提取提供线索,为学生提供一个知识编码的框架,便于知识的记忆、提取与预测。

在化学教学中,科学史实、新闻报道、案例、两难选择、辩论、竞赛、实物、图表、数据、实验、模型、影像资料、魔术、小品、小故事、音乐、漫画、诗歌等都是创设教学情境的有效形式。一般情况下化学情境设计线索有以下几种:

(1) 认知差异情境。化学史上许多化学物质和定律都是从新异的实验现象中被发现的,对于学生来说,这些没有见过或与已有的生活经验不同的化学现象会引起学生强烈的好奇心。

(2) 认知对立情境。在新问题面前，学生通常习惯根据已有的知识经验去进行推断，而当推断的结果被验证与事实相矛盾时，就会激发其探究知识的欲望，积极主动地调整错误概念，接受新概念，形成科学的认知结构。

(3) 认知协调情境。皮亚杰认为人的认知要经过顺应、同化、平衡三个阶段。当新的知识融入学生原有的知识结构时，个体总有使自己原有的知识与新的知识保持一致性和一贯性的强烈欲望，原有的知识结构自动进行重新调整，对新的知识不断进行同化与建构，最终使之趋于协调平衡。

2. 教学情境的人文性加工

教学情境的人文性加工就是以更加人性化的角度，从教学情境的思想性、价值性、艺术性方面进行加工。一是使学生在运用知识时理解其意义价值，激发学习动机，提高学习效能；二是使学生了解知识使用的场合和条件，便于后续阶段知识的组织与提取，促进对知识的有效记忆；三是使学生带着不同的先前经验与教师创设的文化情境进行互动，逐渐积累解决实际问题的能力以及感悟社会文化，提升社会责任感，培育学生的社会素质。

教学情境的人文性加工具体可以通过新闻事件、科学史实、实验演示、生活现象等教学情境的人文性反思，文化故事、谜语、拟人、比喻等教学情境的艺术化加工，激发学生的学习动机，发挥学生的想象力与创造力，促进学生对化学事实的社会理解与现实反思。

教学情境的人文性加工要求科学、贴切、新颖、信息量合适、艺术化水平要高，要建立在科学的基础之上，还要有一定的人文教育价值。如果描述过于繁杂，含有许多虚构成分，就会起到异化概念或者误导概念的作用，不利于学生在初步掌握概念时更好地辨析概念。

二、知识获得加工阶段与教学条件

化学陈述性知识的获得加工阶段主要有以下三个方面的任务：从表面意义上说就是强调关键术语的罗列和用科学事实对知识进行学科的理解与界定；从深层意义上说就是对陈述性知识进行抽象分析后让学生进一步深入理解、重新定义和构建联系；从价值意义上说是让学生了解所学陈述性知识的价值。精致性编码、例—规—例分层加工、情感注入与动作镶嵌、多感官协同学习等教学条件能够有效促进上述任务的完成。

1. 精致性编码促进知识结构化、条件化

心理学研究表明，信息加工水平越深，获得的回忆水平越高。为防止信息从工作记忆中丧失，需要两个过程：复述与编码。为使信息在长记忆中达到相对持久的状态，在高度过度学习的基础上简单的重复对于简单的信息也许是可行的，但是，对于更复杂、更有意义的信息，重复不能保证它们被充分加工进入长时记忆，而精致性编码却能做到这一点。梅耶认为，学习的心理模型分为两个阶段：第一个阶段构建成分模型，第二个阶段构建因果模型。所以化学陈述性知识的精致性编码，一是让学生对符号、概念、命题等言语信息新知识与原有知识网络中的有关知识联系并形成较为系统的知识结构；二是要建立知识之间条件化的因果链条，提供知识搜索和提取的“线索”。

知识的结构化是将知识按照一定的线索进行归类、整理，构建新知识之间以及新知识与学习者原有知识之间系统、深入的联系，并通过这种知识的联系，使学生信息组织方式得到改善，有助于陈述性知识进入长时记忆，使知识提取变得更为容易。例如，学习过程中可以有意识地组织学生对知识进行系统地梳理、分类，通过思维图、层次图、类比图、概念图等编码手段促进学生知识的结构化。

知识的条件化是将知识与应用知识的条件相结合，增强知识网络之间信息传递的灵敏度，加快知识的提取速度，促进知识的泛化和迁移。例如，教学中讲事实性知识时可以将物质的性质与用途结合讲授，让学生理解“物质的结构决定其相关的化学性质，从而决定其用途”的因果关系。

2. 例—规—例分层加工促进概念的分化、抽象与泛化

布鲁克斯认为，学习者是通过具体的例证获得概念表征的，并依赖于其后所遇到的更多具体例证和情境引起储存概念的表征向着典型性方面不断发生变化。概念获得有三种加工水平：第一种是分化水平，即运用“例”的作用激活与联系，让学习者从其他概念中区别新的概念，并通过例的变式练习从不同的情境或不同的视角来认识新概念，有助于排除无关特征的干扰；第二种是抽象水平，在这一水平，学习者在原有知识的基础上通过比较、自我解释等主动的认知加工，将知识从各种原型中抽象出来，发现本质特征与关系，形成“规”；第三种是泛化水平，通过复合情境的“再例”将知识进行巩固与迁移，获得熟练解决问题的技能。如果学习者能够成功识别这些新例证并将第二种水平抽象出来的“规”应用于新的例证中，就可以认为新的概念已经习得。

在概念的获得过程中例子的挑选与次序对于认知过程十分重要。教师应该仔细挑选概念的第一个正例。这个例子应该能够清楚地展现概念所有的必要特征（有时又称为关键特征），它的干扰性或无关性很少，并且还应该为学习者熟悉。在随后的教学中，教师应该使用一些困难的例子来帮助学习者提炼他们的概括与判别，让学习者加工更多的、越来越复杂的正例和反例。概念的正例与反例尽可能广泛地分散在各种不同的情境之中，以促进学习者的概括能力和将概念迁移到尽可能多的合适的情境中去的能力。例子的复杂性可以促进学习者更好地描述概念的关键特征和无关特征。

3. 情感注入与动作镶嵌将陈述性记忆转化为程序性记忆

情感与认知是不可分割的。情感对于记忆也是至关重要的，因为它们促进信息的储存与回忆。心理学研究表明，当对知识进行深度加工时，情感信息就会选择性地影响注意、学习和记忆，心理学定义为情感注入。基于脑的教育研究认为脑在生理程序上首先注意那些具有强烈情绪内容的信息。带有情感内容的记忆能够被优先加工。例如，教学中将化合价口诀用歌曲唱出来，再配上背景动画，或将五个基本的化学反应编成一个幽默故事或顺口溜，这些都是将教学内容注入情感信息，促进了知识的巩固和有效记忆。

动作镶嵌是将陈述性知识的教学与动作技能和大量“真实性活动”结合在一起，促进对知识最佳的理解与记忆。动作记忆属于非陈述性记忆，具有内隐性，信息被加工后存入小脑，以产生式的形式储存，提取非常迅速，通常自动进行。例如，浓硫酸稀释的教学改为将学生先计算如何稀释再进行实验演示操作的方法。这样将智力技能与动作技能结合讲授更能激发学生的认知冲突，培养一种综合系统的思维方法，这也就是科学素养潜移默化的培养。

4. 多感官协同学习激活多种记忆通路

陈述性知识以命题的形式储存于命题网络之中，某一特定项目与其他信息联系越多，其保

持效果越好，提取时也会因为有多个提取通道而反应迅速。脑科学研究认为，人的认知功能是分化的，学习者可能具有所偏好的加工通道以及在各种通道上的不同潜能。大脑有五种记忆通路：语义的、情境的、程序的、自动化的和情绪的，外界各种信息通过感官传到大脑皮层的通路不一样，如果多感官协调活动，大脑皮层的多条神经通路也会各自发挥作用。这样，即使某一通路的记忆痕迹消失了，其他神经通路的记忆痕迹仍然存在，仍可以保持记忆的牢固性。由此可见，在学习中同时动脑、动手、动眼、动口、动笔等多感官表征协同学习模式能满足不同认知偏好的学生对学习方式的不同需求，使每个记忆通路都能够发挥作用，彼此激活，收到最佳的教学效果。

三、知识巩固迁移阶段与教学条件

在知识的巩固迁移阶段，让学生在最初的学习中求得超越一定阈值的主动的练习、精细性复述、在多元情境中充分复习并抽象地表征知识等教学条件能够进一步巩固、修改和完善学生形成的知识图式，改正理解中的错误，促进知识的长久保持。

1. 复合情境练习、变式练习和间隔练习

练习有价值引导、复习巩固、训练思维、迁移的功能。研究发现，有效的练习反馈有以下特点：及时性、具体性、提供矫正性信息、伴有积极的情绪。按照练习的情境维度、形式维度和时间维度将陈述性知识的练习条件分为复合情境练习、变式练习和间隔练习。

研究表明，当知识的学习在单一而非复合情境中传授时，情境间的迁移就相当困难。当学习者用学习材料情境中的细节来详细解释新材料时，知识尤其容易受情境制约，当知识在复合情境中传授，更有可能抽象出概念的特征，形成弹性的知识表征。加涅认为学习的刺激情境应代表所学习概念的实际范围，否则出现的概念在某些意义上将会是不完全的。学习是由外部线索激活的，能够提供的外部线索越多，激活的效果就越好。复习过程中审慎地引入各种背景性线索，可以增强所学内容的可迁移性。这说明教师要确保有足够的情境变化来获得对知识的正确理解，复合情境练习就是让学生通过在新的情境中使用学习过的知识，增加记忆提取的不同背景线索，更好地辨别、概括出陈述性知识的关键特征，增加有效练习的概率。

变式练习就是不断变更概念中非本质情境，变化问题中的条件或结论，转换问题的形式或内容，配置实际应用的各种环境，而概念或问题的本质不变，使学生从中获得再认识并提高识别、应变、概括等能力。变式练习会导致陈述性知识转化为以产生式系统表征的程序性知识，便于陈述性知识的快速提取。

从练习的时间上将练习分为集中练习与间隔练习。前者是集中一段时间对学习过的知识进行重复，后者是在不同的时间对学过的知识进行重复。心理学研究发现，间隔练习效果优于集中重复，即通过对知识“隔天”的回忆与复习，个体对知识的编码内容与策略发生了一定的变化，信息图式得到了强化与精细化，所学知识与已有的知识体系联系更加紧密，从而更容易记忆，因此学习时尽可能采用间隔练习的形式。

2. 运用方法论知识进行精细性复述

为了将信息转移至长时记忆，个体必须采用精细性复述。通过它，个体以某种方式对识记项目进行精细加工，使信息更有意义地融入已经知道的知识体系中，或者使之与其他信息之间的意义联系更加紧密，从而更容易记忆。相反，如果个体采用维持性复述，即只是简单机械地

复述待记的项目，那么只能把信息暂时保存在短时记忆中，而不能使之转移成为长时记忆。如果没有任何形式的精细加工，信息不能得到组织与转移。“方法论知识”是旨在实现目标的一定的智力操作如何进行的知识，即掌握知识、技能的学习方法本身的知识形态。思维能力、判断能力、问题解决能力等作为“生存能力”的知识内涵，就是“方法论知识”。“方法论知识”是精细性复述和编码的工具，即使“事实性知识”如何变化，“方法论知识”是不怎么变化的。化学常用的方法论知识有分析与综合、比较与分类、抽象与概括、归纳与演绎、系统化与具体化、模型化、假说及其检验等。这些科学思维方法的掌握是学生化学学习的基本能力，是可以迁移于不同学科、解决不同问题的能力，是学生终身学习的基础。

3. 情境化与去情境化交替复习

学习迁移的关键是在具体例子和一般原理之间找到平衡。对于自动化的低路迁移而言，学习的情境和迁移的情境尽可能一致，这会促进学习的迁移，反映出情境在迁移中的积极作用。而对于非自动的高路迁移而言，有意识地将知识与技能从一种情境抽象出来以便用于另一种情境是学习的关键条件。发生了低路迁移的知识能够在今后类似的情境中被自动激活，发生了高路迁移的知识能够将知识运用于不同的新情境，具备更强的解决问题的能力。

在学习巩固、迁移阶段利用情境化和去情境化交替复习能够促进知识学习的自动化与迁移，使学习者能在以后成功地搜索并快速地提取信息。教师可以通过设计问题应用情境，让学生在相似情境或不同情境中复习同一种知识，提示学生回忆原有知识，引导学生注意相似情境或不同情境中的相关线索、共同的原理和关键特征，有意识地发现学生可能存在的错误观念，同时要有意识进行去情境化的抽象与高度概括，这样习得的知识才能利于学生对知识进行同化，形成良好的认知结构。最后教师还需要创设一个综合性的问题应用情境，强化学生对新习得知识的记忆和运用，训练学生科学的思维方法与提取知识的速度。此外，教师还要给学生提供机会让学习者自己生成综合性的问题情境。

教学是一种将知识的本质、学习者的认知规律以及知识获得过程的规律有效组织在一起的过程。有效的教学不是将学习的结果放入学生头脑中的结果，而是让学生通过自己的思考参与确立知识的过程，是与周围的人相互作用创设或再创设知识的过程，是认知成长的过程，是理解社会文化并内化为个体知识的过程。

第七节　化学程序性知识的加工阶段与教学条件

程序性知识是指在认知策略的控制下用于操作具体任务的方法或步骤，即加涅的学习结果分类中的智慧技能和动作技能。智慧技能的本质特征就是掌握正确的思维方式和方法，包括感知、记忆、想象和抽象思维等。动作技能是一种习得的能力，是执行身体运动的行为表现。程序性知识回答“为什么”和“怎么办”的问题。在化学教学中包括：①概念、原理和规则的运用和计算，如识别物质的类别，配合物、有机物的命名，式量、摩尔质量的计算，化学平衡的计算，物质鉴别，实验设计等；②根据有关原理、规则进行实验操作的化学实验技能，如气体的制备、物质的提纯、有机物的合成等。

安德森认为程序性知识包括模式识别和动作序列两种表现。模式识别就是对事物分类，实际上也就是概念的运用，它划分为辨别、具体概念、定义性概念、规则、高级规则（问题解决）五个层次；动作序列就是根据符号进行一系列运算或操作，也就是规则应用，可以分为感知、准备、有指导的反应、机械动作、复杂的外显反应、适应、创新等层次。程序性知识之间不仅是一个从低级到高级的序列，而是任何高级程序性知识的获得都是以低一级程序性知识的获得为条件的基础上才发展起来的。例如，化学程序性知识的学习是通过化学概念、原理和规则的学习，培养学生运算技能、实验技能和科学思维能力、独立解决化学问题的能力，最终达到培养学生科学素养的目的。

现代心理学的研究认为，程序性知识获得的心理机制是产生式，从而使得陈述性知识转化为程序性知识的结果。程序性知识是对原有陈述性知识进行了精细加工和知识重构，以产生式和产生式系统的方式储存和表征，遵守条件-行动的规则(C-A 规则)，即保持在短时记忆中的信息或内在的心理活动或运算出现或条件满足时，便产生反应或活动。产生式系统也称控制流，产生式通过控制流而相互形成联系。当一个产生式的活动为另一个产生式的运行创造了所需要的条件时，则控制流从一个产生式流入另一个产生式，产生式系统中的前一个产生式中的结果可成为后一个产生式的条件。经过足够练习后，产生式系统的一系列动作能自动发生，不容易受到其他正在进行活动的干扰，操作步骤不再需要提供的线索引起。所以程序性知识具有激活速度快，自动化提取，习得速度慢，遗忘也慢的特点。

程序化知识的学习实际就是让学生从陈述性知识过渡达到自动化技能的过程。程序化学习可以由三个阶段构成：陈述化→程序化→自动化，即在了解有关概念、原理、事实和步骤等陈述性知识形式后在大量练习和反馈的基础上将储存于命题网络中的陈述性知识转化为程序性知识，最后达到学习者在完成整个行动时已经无需意识控制的状态。

一、知识陈述化阶段与教学条件

在这一阶段，学生首先必须要了解有关的概念、原理、事实、步骤和要求等，能够对某一技能作出陈述性解释和各项条件的编码，智慧技能指导整个动作技能组成复合整体。

1. 模式辨别与概念获得

模式辨别与概念获得是能够鉴别区分各个概念的特征属性并且能够根据一些共同的抽象属性作出反应。

模式辨别过程第一要区分事物之间的异同点；第二要辨别具有共同特征的同类事物并抽取出这类对象的共同特征；第三能够运用概念的定义特征定义事物或表示若干个概念之间的关系；第四能够使用过去已获得的有关规则解决问题。加涅认为，影响模式辨别学习的内部条件是："在个体的内部必需的一个条件是，能够回忆和恢复为表现这种识别而必须具有的不同的刺激——反应连锁……在学习对多重刺激作出反应时，学生必须能够表现也与这些刺激差异同样多的不同的刺激——反应连锁。""辨别学习的一些外部条件表现为某些最基本的学习原理的应用。第一，接近的原则必须具备，即在刺激呈现后必须紧接着对它作出反应。第二，强化的原则在辨别学习中起特别重要的作用，应当使强化随正确与错误的反应而有区别地出现。第三，重复也起着重要的作用。辨别的情境可能需要重复多次，以便选出正确的刺激差异，对于学习多重辨别来说，必然需要更多的重复。"

概念获得前四种水平，每一种水平要求不同的智力加工。第一种是具体水平。在该水平，学习者从其他物体中辨别出某一客体。第二种是再认水平。在这一水平，学习者从不同的情境或不同视角来认识客体。第三种是分类水平。当学习者能识别新遇到的例证时，从他们的行为可以推断这一水平。第四种是正式水平。当学习者根据物体的属性界定物体所属的种类时，就达到这一水平。具体概念达到正式水平时，这些概念会被赋予更完整更精准的意义。

（1）理解概念或规则的本质属性或关键特征，能够用言语抽象的方式对先前概念进行联系和回忆。一般来说，一条规则总是体现若干概念之间的某种关系，所以掌握概念（或者形成模式识别的能力）是掌握规则的前提条件。根据加涅的智慧技能层次论，学习具有积累性，低一级智慧技能的获得为高一级智慧技能的学习提供了先决条件。例如，物质的量计算公式 $n=N/N_A$，在学会运用这个公式计算物质的量之前，学习者必须能理解这一公式的含义，知道它的每个字母都代表什么，然后在此基础上学会运用此公式。

（2）充分的变式练习和正、反例的运用。变式练习是陈述性知识向程序性知识转化的关键。变式练习就是不断变更概念中非本质情境，变化问题中的条件或结论，转换问题的形式或内容，配置实际应用的各种环境，而概念或问题的本质不变，使学生从中获得再认识并提高识别、应变、概括等能力。变式练习会导致陈述性知识转化为以产生式系统表征的程序性知识。变式练习的作用在于使概念和规则的本质特征逐渐显示出来，概念和规则运用的情境不断明确。同时反例的出现也可使学习者在不断比较的过程中排除概念的无关特征。没有对大量合适的正、反例的分析和比较，概括化和分化的过程就无法完成，也就很难达到对同类和不同类刺激模式的准确判别和区分。而模式辨别如果无法完成，动作步骤也不可能被正确运用到该用的问题情境中来。例如，在讲授氧化还原这一概念时，可以通过交替出现氧化反应和还原反应的例子，从而让学生形成氧化还原反应的图式。同时选择匹配的反例，一个匹配的反例仅缺少图式所含的一个关键特征。

2. 信息图示化

信息图示化就是在对问题进行整体感知的基础上，运用图示方式进行表征，以揭示化学知识之间的相互关系和联系，从而有效促进学生理解化学知识，在头脑中建构化学学科认知结构的策略。研究发现信息图示化对程序学习有所帮助，除有解释功效外，还可以做工作辅助。该策略既能帮助学生建立知识网络，弄清并理解化学教学内容中关键性概念及其相互的联系，还能帮助学生对化学知识进行归纳、分类、比较，以加深对解决化学问题的流程、化学实验操作程序、化学生产工艺流程等知识的理解，同时增加知识组块容量，减轻学生记忆加工认知负荷。

例如，用化学方法鉴别氯化钠、碳酸氢铵、碳酸钠和硫酸铵四种白色固体的流程如图 5-4 所示。

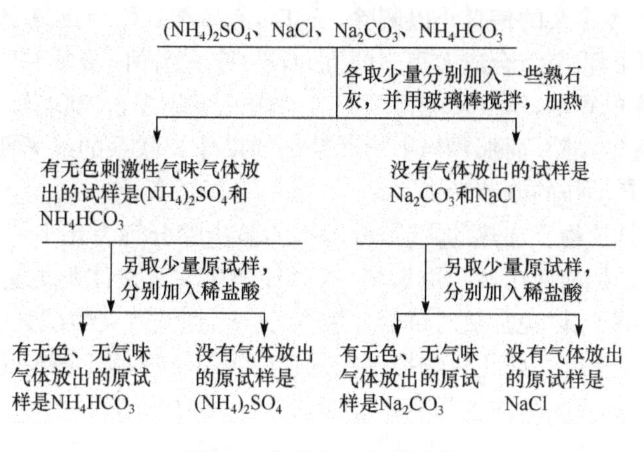

图 5-4　化学方法鉴别流程

二、知识程序化阶段与教学条件

在这一阶段,程序性知识受意识控制,由不能自动激活的产生式系统构成。在第一阶段指导行为的知识将发生两种转变:第一,形成特殊领域里的规则作为对事物分类的标准和指导人们如何办事的定义性概念,先前还没有达到平稳和准时程度的那些"部分技能"获得平稳性和准时性;第二,各个部分的产生式间的联结将得到增强,操作同一类特定的关系刺激发生了联系,单个的从属技能正结合为整体技能。

1. 整体和分解

把各个步骤分解成子技能,目的是降低示范速度,防止信息负担过重。加涅认为,执行性子程序必须从已有的学习中提取出来或必须作为初始步骤而习得。而就构成整体技能的部分技能而言,它们将依赖于对单个反应或单个动作技能链的提取。成功的教学的关键是确定子技能的层级并做出正确的顺序安排,充分练习层级中的各子技能并将其综合起来。

在这里需要强调的是,虽然动作技能需要被分解开来,但是这样的分解并不意味着一分到底,而只是需要根据认知主体的自身情况,分解他所认为的是新的动作技能即可。例如,对于比较复杂的实验技能性知识,可以先将其分解为几项相关的基本操作,而任何一项基本操作又可以分解为几个简单的单项操作,然后按照单项操作、基本操作、复杂实验的顺序进行练习,就容易掌握。

又如,氧化还原方程式的书写流程可以确定为以下四步:①确定发生氧化还原反应的反应物和对应的产物;②利用电子得失守恒初步配平式子;③利用电荷守恒进一步完善式子;④利用元素守恒写出完整的反应式。

2. 联系和定位

在这个阶段中,将前一阶段中被分解开的各个小程序连为整体,形成固定程序的刺激与反应的联系。在认知心理学家看来,即是最初形成的一些小的产生式组合形成了一些大的产生式。为了促进这种组合的产生,必须使两个小的产生式能够在工作记忆中连续处于激活状态,这样人的信息加工系统有可能注意到,前一产生式的行动为后一产生式的启动创设了条件,由此获得的一个新的产生式既含有前一产生式的条件,又含有前后两个产生式的行动,而对后一个产生式的条件则作为多余的信息予以删除。这时,教师要让学生反复交替进行不同的动作,给学生提供将一些小的程序组合成大程序的机会,形成一套操作步骤并通过练习增加其熟练程度。通过基本操作的重复,学生才能得到调节动作的一些线索,随着练习的进行,那些导致错误的内部线索被逐渐排除,而那些与平稳而精确的操作相联系的线索便开始建立并保持下来,这些线索成为技巧动作的调节者。

例如,使用酒精灯给物质加热的实验,教师将实验步骤分解为几步,分别对应相应的实验注意事项。第一步,加热前使用试管取液体,这时让学生注意液体不能超过试管的1/3;第二步,将试管外壁的水擦干,以免加热时试管炸裂;第三步,把试管夹由试管底部往上套到距试管口的1/3处(或试管中上部),防止污物掉落在试管内污染试剂;第四步,点燃酒精灯开始加热,加热前讲解试管与桌面夹角呈45°,试管不能对着自己或他人;第五步,用酒精灯的外焰预热,再对准液体的中下部加热,让学生讨论试管底部能否接触灯芯,加热过程中为什么要来回移动试管;第六步,加热完毕后,讨论为什么不能立即用冷水冲洗试管。

3. 练习和反馈

知识程序化的过程中，练习和反馈是两个极重要的因素，因为每一次练习均给两个有关联的产生式在工作记忆中同时激活的机会，因而也给了它们合成的机会，程序性知识的精确性是通过练习而获得的。程序性知识的习得是一个循序渐进的过程，练习也应该有一个循序渐进的过程。教师可以将这些练习分成几个阶段分别进行。在练习的初期，练习的时间和次数可以长一些、密集一些，在技能熟练以后，练习的时段间隔就可以相对拉长。在刚开始练习时，可以用一些与例子相近或相同的题目，然后逐步变化，以提高学生对智慧技能的把握。在安排变式练习题的顺序时，宜将具有对比性的题目放在一起，在进行练习的过程中和进行练习之后应及时地指导学生对解题过程进行反思，归纳总结规则。对于由一系列产生式组成的较长的程序性知识，应考虑练习内容与时间的分散与集中、部分与整体的关系，一般先练习局部技能，然后进行整体练习。

反馈是程序性教学的一个重要的教学事件。只有学习者从他们的操作和动作的结果中获得反馈时，练习才能对学习直到积极作用。对于智慧技能和动作技能的学习来说，提供给学习者正确的答案；让学习者自己判断正误并知道为什么；告诉学习者他们正在使用的错误解题策略的相关信息，并就更恰当的策略提供一些线索，而不是直接告诉他们对还是错；给学习者呈现他们的反映后果以及通过视频回放，让学习者审视自己；教师在呈现反馈后，确保学生对呈现的反馈信息进行思考与加工等，这些反馈策略才能实质性地促进学生对规则的学习。

例如，“过滤”操作可以分为三个基本操作：①过滤装置的装配；②过滤；③沉淀的洗涤。而过滤装置的装配又可分为滤纸的折剪和附贴两个单项操作；过滤又可分为过滤装置的固定、过滤、重过滤三个单项操作。首先进行各单项操作的练习，基本熟练后，再按步骤进行基本操作练习，在操作练习中注意动作和方法的反思总结，及时改正错误，将练习与反馈有机结合起来，最终使“过滤”实验操作准确、稳定、灵活。

三、知识自动化阶段与教学条件

在这一阶段，整个程序本身将得到进一步精致和调整，规则完全支配人的行为，技能达到相对自动化。程序性知识经过充分练习由能自动激活的产生式系统构成，在一定程度上可以称为熟练的技能。这一标志性事件的主要特征是：意识对动作的调控减弱，动作自动化；对于动作的反馈从外反馈逐步过渡到内反馈，即在刚刚学习一项动作时主体往往是借助来自外界的视觉反馈进行自我条件，而当熟悉了以后，主体就能逐步摆脱视觉的控制；主体能够利用动作中的细微线索进一步调节自己的行为，准时性和精确性得到进一步改善，使之趋于完善；即使在不利条件下，主体也能够维持正常的操作；形成协调化的运动程序记忆图式。

1. 身体练习与心理练习相组合

当学习者达到了技能自动化阶段时，心理练习可能会帮助他们达到竞赛的巅峰。只有完美的练习才能造就完美，不完美的练习只会导致几乎不可能改变的坏习惯。让学生在受到鼓励的情况下反思他们已经完成的工作并描述他们怎样完成这些工作，这将促进新生成规则或程序的保持。例如，学生在实验技能考试之前想象完整的实验动作，或者按照实验步骤的先后次序来联想记忆整个实验操作的注意事项。

2. 设计认知学徒制

设计认知学徒制的技术指导包括观察、练习以及及时给学习者提供反馈。所选择的任务是为了说明某些方法与技术的效力。教学生正确选用练习方法，适当而又典型的示范和讲解对于促进学生学习也有十分重要的导向作用。这种讲解和示范的速度和容量需要教师根据学生的情况进行灵活地掌握。例如，讲授固体粉末药品取用时，教师可以发给每个学生一支试管、一个纸槽、一些无毒无害的粉末药品，教师在讲台边示范边讲解，学生跟着教师一起操作，同时教师还对操作中的注意事项进行提问，有时故意出错让学生发现讨论，最后让学生总结出取用固体粉末药品的步骤与具体要求。

3. 将智慧技能与动作技能相结合进行教学

智慧技能与动作技能的完美结合是程序性知识教学的关键。教师在教学过程中必须留有时间让学生进行思考与假设，设置的问题可以从简单到复杂，在学生原有知识的基础上让学生学会猜想、假设、推理，再结合动作技能进行验证、总结与迁移。例如，在进行化学方程式的教学时，首先让学生从具体的实验情境中感知到化学变化中有质量的存在和质量的转移，使他们开始思考物质的质量从一种物质转移到另一种物质的过程与转移方式，教师引导学生从宏观物质的变化联想到物质的微观变化，即从物质质量到分子、原子和离子的质量变化，从而体会到物质质量实际上是微观粒子质量的体现，为学生提供了理解求算物质质量的动机和平台。学生就会提出怎样才能求出物质质量的问题，教师再分析化学变化中微观粒子的质量守恒，引出物质质量与化学方程式是紧密联系的，为化学方程式的计算作了从具体到抽象的思维转化的认知铺垫。在此基础上，教师再介绍化学方程式计算的相关步骤、注意事项、模式规范等。最后让学生讨论计算中哪些地方容易出错，再做适当的练习，巩固深化学生对化学方程式计算的理解。

4. 提供在多种情境中应用规则的机会以促进迁移

用多种多样的情境和问题来进行练习是促进保持和迁移(或泛化)的内部过程的一个必要的外部条件。为了增加任务的复杂性，整合成分技能与模型，让学生多种练习法相结合，如实地法、程序法等，同时要做好学生动作的及时反馈，以便学生能够尽快知道自己的不足之处和改进方法，最后教师要引导学生及时进行程序性知识的理论总结与提升，以促进程序性知识的迁移。例如，在讲授CO_2的实验室制取时，教师给学生提供了碳酸钙、碳酸钾、石灰石、稀硫酸、稀盐酸、浓盐酸和相关的实验室仪器，首先通过复习CO_2的物理化学性质和检验方法，让学生猜想、思考制取CO_2的最佳药品和装置，然后进行分组探究。有一组学生用了浓盐酸和石灰石的反应来制取，结果把产生的CO_2通入澄清石灰水中，石灰水没有变浑浊。学生提出了质疑。这时，教师又给学生提供一个装有碳酸氢钠溶液的洗气瓶，让学生先把产生的气体通过该洗气瓶后再通入澄清石灰水中，结果石灰水变浑浊了。这样引出了学生一连串的问题：碳酸氢钠起了什么作用，不通过碳酸氢钠溶液的“CO_2”为什么不能使石灰水变浑浊等。这样教师引导学生对所用药品的分析观察：浓盐酸具有挥发性，挥发出来的氯化氢气体溶于水得盐酸，把产生的碳酸钙溶解，导致看不到澄清石灰水变浑浊的现象。用碳酸氢钠溶液把氯化氢气体吸收后，就看到石灰水变浑浊。另一组学生选择了稀硫酸分别与石灰石和碳酸钾反应制备CO_2。结果发现稀硫酸与石灰石反应一会儿就停止了，与碳酸钾反应很快，产生了大量气泡，可收集时手忙脚乱，还没收集满就反应完了。学生提出问题，这时教师建议这组学生再做一次：把稀硫酸换成稀盐酸，把碳酸钾换成石灰石，并把药品和结果加以比较分析，教师给予学生一定的提示：$H_2SO_4+CaCO_3 = CaSO_4+H_2O+CO_2\uparrow$。这样学生很容易分析得出生成的硫酸钙把碳酸钙包裹起来，从而阻止了反应。碳酸钾呈粉末状，与液体的接触面大，反应快。通过这节课的探究，学生很容易掌握实验室制取CO_2的最佳药品是稀盐酸和石灰石。最后一组学生同时用了两套装置制取CO_2，通过讨论比较，找出最佳装置。最后，教师引导学生总结出最佳实验方案的原则、选择实验装置的原则以及制备气体的一般步骤。

第六章　化学教学策略实践篇

第一节　化学是一门什么特色的学科

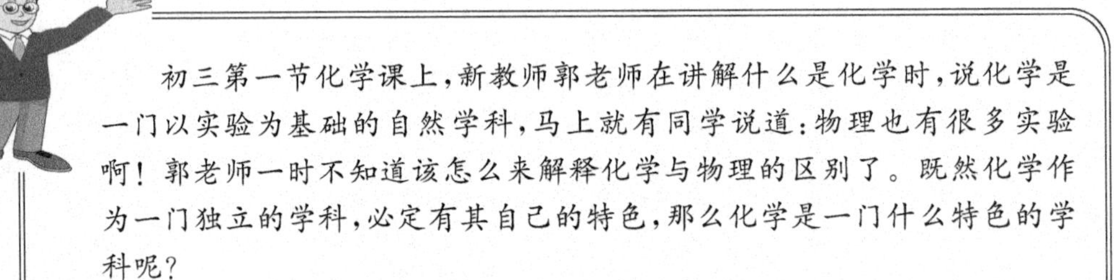

初三第一节化学课上，新教师郭老师在讲解什么是化学时，说化学是一门以实验为基础的自然学科，马上就有同学说道：物理也有很多实验啊！郭老师一时不知道该怎么来解释化学与物理的区别了。既然化学作为一门独立的学科，必定有其自己的特色，那么化学是一门什么特色的学科呢？

化学是研究物质的组成、结构、性质以及变化规律的科学。这是人民教育出版社义务教育课程标准实验教科书对化学的定义，化学科学经过一定的改造成为化学学科。那么作为一门学科，化学有哪些特色呢？

一、以实验为基础

近代科学建立在观察、实验与数学的逻辑推理相结合的基础上。根据不同的使命和不同的研究对象，自然科学分为不同的学科。化学是一门研究分子及其近层次的学科，以实验为基础，物质的结构、性质、演变、应用是靠化学家用实验一步一步探索得到的。

资料卡片

开始人们以为自然界繁多杂乱的物质是由一种或几种“元素”组成的，后来波义耳(Boyle)继承了元素思想，并依靠实验来剖析物质，寻找和确定元素，建立了科学的元素观；之后拉瓦锡(Lavoisier)在化学实验分析的基础上确定了 Fe、H、S、P 等 33 种简单的化学元素，中世纪的“燃素说”也被拉瓦锡的“汞燃烧生成三仙丹”实验推翻了，取而代之的是燃烧的氧化学说。另外，拉瓦锡还用科学实验第一次证明了化学反应前后物质的总质量不变的物质质量守恒定律，为定量的化学计算奠定了基础。

虽然物理与化学有着千丝万缕的关系，也有实验，但物理学中的很多原理(如著名的牛顿第一定律)要靠复杂计算、逻辑推理、假设猜想(特殊到一般)来获得，而物质的结构、性质是无法靠这些猜想推断获得科学独特的论断。也就是说：化学物质的结构和性质要用实验来获得，是建立在一个个实事求是的实验上，化学的基础是实验。

二、独特的化学语言

化学作为一门独立的学科，有其独特的语言体系：元素符号、化学式、结构式、化学方程式。化学语言与箭头、减号、等号、加号等的简单组合组成了特有的化学用语，这些化学用语浓缩包含了丰富的意义。

1. 物质组成的基础——元素符号和化学式

地球上的生物和非生物多达400多万种，而种类繁多的物质却是由简简单单的110多种元素组成，只是组成元素和结合方式不同。一个或几个元素符号组成的化学式就可以代替一种物质或一类物质，这是其他学科所望尘莫及的。

资料卡片

Ca代表的钙元素，不仅是岩石地壳的组成元素，也是人体牙齿骨骼的主要组成元素；H_2O代表“水”，可以表示固态的冰、液态的水或者气态的水蒸气，它是人们每天都会用到的物质；化学式$(C_6H_{10}O_5)_n$代表的淀粉、纤维素则是维持人体生命活动不可或缺的物质……

2. 物质结构的显现——结构式和电子式

由元素符号和短线组成的结构式及元素和点组成的电子式可以表示物质的结构，确定化合物的构成类型及原子的价电子结构，解释化学反应的过程，判断化学反应进行的难易。

资料卡片

溴化氢(H—Br)是一个极性共价化合物，其中的氢溴键是一个极性键，共用的电子对偏向溴原子，键能不大，容易断裂。原子核外的价电子决定了其化学性质，氟原子核外最外层有7个电子($:\ddot{\underset{..}{F}}\cdot$)，很容易得到一个电子达到8电子的稳定状态，所以氟的化学性质非常活泼。

由化学式和等号、加号等组成的化学方程式能够准确地解释物质发生变化的科学规律。所谓的“质变”，是由大量的分子或原子参与反应，但化学家能够从如此大量的分子所经历的亿万次变化的集合中抓住事物和事件的本质，从原子或分子的视角来认识这一切，用化学反应方程式准确地记录下来并将其量化。

案例 1-1

黄老师在讲解化学反应方程式时，明确了其优点：$C+O_2\xlongequal{点燃}CO_2$可以表示：①碳和氧参加反应生成了二氧化碳；②反应在点燃条件下进行；③12g碳与32g氧气反应可以生成44g二氧化碳；④一个碳原子与一个氧分子反应可以得到一个二氧化碳分子。

案例1-1中一个简简单单的化学方程式可以包含很多意思，若用文字说明，需很长一段文字才能说清楚，足见化学方程式非常简明扼要！化学方程式是连接宏观和微观、定性和定量的桥梁，大大地简化了人类的生产活动！

三、化学符号将微观与宏观有机结合

化学最具有特色的应该是通过化学符号将宏观与微观统一于一体。

例如，化学引入了物质的量，将宏观的物质与微观的粒子轻而易举地联系到一起：宏观的质量和微观的粒子数，宏观的体积和微观的粒子数，宏观的质量和微观的原子质量……物质的量架起了连接宏观和微观的桥梁！

资料信息

在标准状况下，1mol 水蒸气重 18g，约含有 6.022×10^{23} (N_A) 个水分子，体积为 22.4L。物质的量将看似毫无关联的分子个数和质量、体积用式子联系起来了！这样，化学可以由定性的研究转入定量的计算，可以通过控制质量来控制原子或者分子数目，进而控制反应进行程度，为化学工艺的生产提供基准！

除此之外，元素化学式也能表示类似的意思：O 既可以表示宏观的氧元素，也可以表示微观的氧原子；H_2O 既可以表示宏观的物质水，又可以表示微观的水分子；水是由氢、氧两种元素组成的，也是由无数水分子构成的。

化学不仅能够研究宏观的物质，而且能够深入分子、原子层面进行研究，量子力学的引入不仅成功地描述了原子外层电子的运动状态，而且揭示了化学键的实质，使人们对于分子化学结构的认识深入电子二象性的层次，把化学从经验或半经验的科学阶段推向理论性科学的发展阶段，成为一门更加严谨的学科。

四、化学具有内在的规律

化学既有大量的元素符号、化学式、原理等需要记忆，同时又有其内在的通性，可以举一反三，化学学习中的经验性、规律性很强！诺贝尔化学奖获得者李远哲曾经说过："化学的规律是有的，那就是量子力学，所有化学现象都是原子核和外围电子的重新排列和组合。"化学既然是一门自然学科，就会有一些特定的、科学的知识，这些基础的知识必须要能识记，如化学元素符号、共存离子、强氧化剂、各种官能团的性质等，为以后的变通奠定基础，就是所谓的"厚积薄发"。这就像数学中的加法运算，加法运算没有掌握好，后面的减法和乘法运算也就无从学起。但化学同时也有其内在的系统性和规律性，掌握了其中的道理，就能触类旁通。

案例 1-2

张老师在讲解"生活中常见的两种有机物——乙酸和乙醇"时，讲到其中乙酸与乙醇可以发生酯化反应，抓住了反应实质：乙醇(C_2H_5—OH)的羟基(—OH)脱去 H，乙酸(CH_3COOH)的羧基(—COOH)脱去—OH，结合成水，那么含有羟基的有机物均可与羧酸发生酯化反应。例如，醇类、酚类可以与有机酸发生脱去水生成酯的酯化反应。

案例 1-2 中教师根据含有同一种官能团的有机物有同一种性质，对一种官能团的性质进行集中学习，之后进行扩展，总结出一类物质具有的共同性质，大大地减少了学习的负担，也将知识联系起来了；学习无机化合物时，就可以充分利用元素周期表和元素周期律，使知识由点到面拓展。同时学生可以根据自己已有的正确知识进行建构，验证未知物质的性质，这是建构主义所推崇的符合新课改的理念。

五、化学与其他学科密不可分

物质有两种形态，一是事物，另一是场。化学侧重于研究物质中的化学物质，而研究其性质与结构时，就不得不研究物质所在的场的影响，这就需要物理来解决。物理学家研制的扫描隧道显微镜、原子力显微镜等给化学家莫大的帮助，而物质的物理性质同时受其内在结构的影响，同时特殊的物理材料也要靠化学的方法制得，所谓“物化不分家”！生物深入分子细胞水平必会借助于化学，利用化学物质的性质、化学反应过程来解释生命机理：弄清了世界上最基本、最重要的化学反应——光合作用的机理(图 6-1)，揭示了遗传物质是 DNA 或 RNA，利用营养液培养有益细菌(青霉素)……

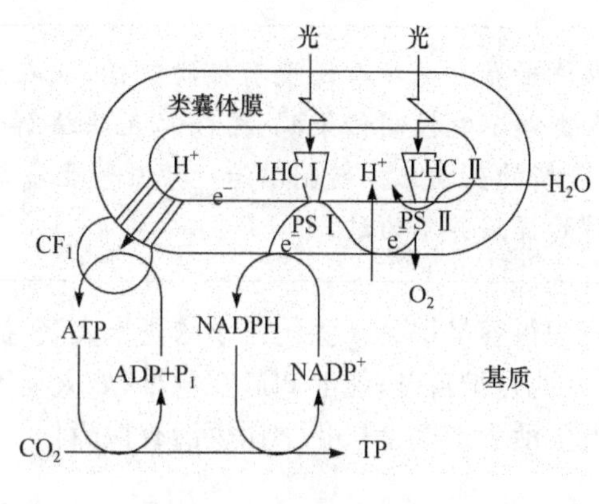

图 6-1　光合作用的机理

六、化学的独特魅力

1. 化学独有的自然规律——元素周期表

组成万物的元素可以按照一定的顺序统一到一张元素周期表中，且元素之间也有一定的递变规律(元素周期律)，由元素组成的类似物质也延续了这一特性。

资料卡片

变化 性质	同主族	同周期
金属性	从上至下，金属性增强	从左到右，金属性减弱
非金属性	从上至下，非金属性减弱	从左到右，非金属性增强

元素的性质可以根据元素周期律进行推断学习，元素之间除了共性之外，也有其独特的性质。例如，按照元素周期律，碱金属单质从 Li 到 Cs 的密度应该是依次增大，但金属 Na 的密度反而大于其下一周期的金属 K，这就是特殊之处。化学还有很多异于常规的东西等待着人类去追索、探究！

2. 化学与生活化工科技联系密切

1890年法国化学家贝特洛(Berthelot)就曾经自豪地用“Chemistry creats its objects”高度简洁地阐明化学的作用。

化学给人们的生活带来莫大的益处。在日常生活中,人们的衣食住行离不开化学,用来做衣服的布料染料,每天摄入的糖类,用来增加粮食产量的化肥,增加食物口味的味精,治疗疾病的药物,装饰房间的涂料,汽车行驶燃烧的汽油、天然气等。环顾一下四周,几乎没有一样东西不是化学的研究范畴,没有一样离得开化学!

资料卡片

没有农药和化肥,也许世界上半数人还没有摆脱饥饿,正在死亡线上挣扎;没有各种抗生素和新的药物,人类就不能控制传染病(疟疾),无法缓解心脑血管疾病,平均寿命就要缩短25～30年,且新的药物正被研制以治疗癌症等生命杀手。可见,“化学是人类继续生存的关键科学”的提法并不为过。

运用化学知识可以使我们很容易识破某些伪科学的魔术表演,拥有判别真伪的眼睛;可以使我们知道假酒的危害,更好地爱护自身;能够知道在危难(如火灾等)来临时的逃生技巧。懂得了化学知识可以让我们的生活更加安全! 化学让生活有保障!

阅读视野

曾经流行一时的“水变油”,让很多“大家”看到了人类的希望,但是从化学的科学性很容易判断其错误性:水是由氢和氧组成的化合物,油是由碳和氧组成的化合物。假如水变成油,则水分子中的H原子被C原子替代,但这个过程要靠核反应来实现。从能量转化的角度,这种变化在常温常压下是不可能进行的,所以“水变油”肯定是江湖骗子的把戏!

化工行业是国民经济的支柱产业,占据2012年财富中国500强企业前两位的是中国石油股份有限公司和中国石油天然气股份有限公司,这两个化工产业公司的收入(3 378 597百万元)比前10位中其余8个公司的收入之和(3 205 948百万元)还多,创造着巨大的社会效益和经济效益。化学可以指导化学工艺,为工业生产提供科学依据,以最少的原料获取最大的产品(避免高炉炼铁的主观想法),同时生产出新物质,丰富自然界。例如,煤刚被发现时是作为燃料直接燃烧,不仅浪费了资源,也造成了可怕的环境问题,随着化学工业的发展,煤的气化、煤的焦化、煤的液化不仅使煤转化成清洁的能源,还能够从煤中提取分离出宝贵的化工原料:氢气、一氧化碳、甲烷、煤焦油、乙烯、苯、氨等。

同时化学与科技联系密切,没有高纯硅就没有二极管,更不可能有计算机的发明和更新换代。从神舟飞船的绝热材料,歼-20战机的隐形材料、智能材料,嫦娥一号的太阳能集成板到国产奇瑞轿车的玻璃,居家少不了的平底锅,每天会用到的可分解餐盒等新技术、新材料的应用,都少不了化学物质的影子,少不了化学工作者的辛勤劳作。没有化学,就没有人类的文明!

3. 化学中包含了很多哲学思想

早在商周之交,中国就产生了五行说,认为世界万物都是由金、木、水、火、土“五行”构成的,五行说之后又有阴阳说,这两者结合起来就构成了中国古代的朴素辩证思想。近代原子、量子力学都是建立在哲学争论上，现代共振论、非平衡态热力学又不断引发新的哲学思考！

化学哲理

"量变引起质变"这句富含哲理的话语经常在我们耳边响起，玄之又玄，在化学中就可以找到强有力的证据：稀硫酸是没有氧化性的，当硫酸物质的量浓度达到一定，转化成为浓硫酸时，就具有了强氧化性，此时就会显示出完全不同于稀硫酸的性质，对稀硫酸保持稳定的C、Cu等均被氧化，物质的量的增加引起了物质性质的改变，"量变引起质变"就浅显易懂了！

1968年比利时化学家普利高津(Prigogine)提出了化学耗散结构理论，不仅对化学(解释了化学振荡现象)，也对社会领域带来了莫大的影响，同时促进了物理学和生物学规律的统一，认识到平衡态与非平衡态的并重，补救了无序自发性向有序性的转化[与克劳修斯(Clausius)的热寂说对立]，有力地捍卫了辩证唯物主义的自然观。

这就是化学的魅力所在！

综上所述，化学是一门以实验为基础，有其独特的语言体系，能联系宏观与微观，有内在的规律，与生活工业科技联系密切，研究物质之间关系的学科！在化学教学学习中，明白化学学科的特点，能够将化学与其他学科的本质区分开来，注重专业发展，用化学特有的教法、学法，充分利用实验、化学用语，着力把握化学的学科思想，培养学习兴趣，使学生爱上化学，献身化学！

第二节　从化学知识类型分析
——你是一个专业化的化学教师吗

在进行苯分子结构的教学时，吴老师采用了单纯的讲授法。首先通过一个简单的计算得到苯的分子式C_6H_6，然后依次直接讲解苯的结构式、结构简式及书写规则，再通过实验验证其真实构型是不是单双键交替结合的凯库勒式，继而得出苯分子中化学键类型不含碳碳双键，而是一种介于单键和双键之间的特殊的键。

上例中吴老师上课方式单一，太注重显性知识的传递，而忽略了对隐形知识的挖掘，也没有启发学生思考。化学知识可以分为很多种，不同类型的化学知识有不同的学习过程与传授条件，教师也就应该运用不同的教学策略进行教学。

教师应该如何把握知识的类型而成为一个专业化的化学教师呢？教师专业化是教师专业知识不断积累、专业技能和能力不断提高、专业情意不断完善的过程。化学是一门以实验为基础的学科，它具有自己独特的知识内容、逻辑关系和功效用途，所以专业化的化学教师不但要具有一般教师的素质，还要针对化学学科的特点拥有特殊的素养。

在一堂化学课的教学活动中，专业化化学教师不仅要掌握扎实的专业知识作为进行教学活动的前提，而且要针对不同类型的化学知识提炼出相应的教学策略，并将这些策略高效地移接到教学中。根据现代认知心理学的广义知识分类观点和化学学科内容的特点，可以将化学知识分为化学陈述性知识、化学程序性知识、化学策略性知识三大类。

一、化学陈述性知识

1. 化学陈述性知识的内容

陈述性知识又称为描述性知识，是指个人有意识地提取线索、能够直接陈述的知识。陈述性知识是关于“是什么”的知识，通常以命题的形式或事实陈述的方式呈现出来，如“由两种或两种以上的物质生成一种物质的反应是化合反应”，“氢气具有可燃性”等。它分为：

（1）有关名称或符号的知识。这类知识是对化学现象的高度概括和本质抽象，如元素符号、化学式、物质名称、化学仪器、原子结构示意图、化学方程式等。它是化学学科特殊的语言，是学习化学的重要工具，也是化学学科的独有特色。

（2）简单命题或事实的知识。这类知识是学生学习其他化学知识的基础，如基本概念、元素及化合物的性质、用途、制备等。它是学生学习其他化学知识的基础，被称为“真正意义上的化学”。

（3）有意义的命题组合知识。这类知识反映物质及变化属性和内在规律的化学基本概念和基本原理，如物质结构、化学定律、化学平衡等理论知识。它能加深学生对事实性知识的理解，深入认识化学现象的本质，促进化学知识的有效迁移。

2. 化学陈述性知识的教学策略

陈述性知识是解决问题的能力和创造力形成的前提，学生只有掌握了陈述性知识，并形成一定的知识结构，才能获得解决实际问题的方法和能力。第一类知识的习得主要在于保持，因此重点应该依据记忆的规律促进知识的保持。后两类知识的掌握的关键在于理解，要让学生参与知识的形成过程，学生才会获得内心的体验，才会真正意义上的理解知识。

案例 2-1

化学式书写规律

学习“化学式书写的规律”时，吴老师采用了“纸牌”游戏的方式。这副纸牌由 20 张卡片组成，每张卡片上写有一种物质的化学式（O_2、H_2O、KCl、He、MgO、ZnS、Fe_3O_4、N_2、H_2、Ar、P_2O_5、NaCl、Ne、S、P、Fe、C、Cu、Mg、Al），教师让学生按自己的想法，把纸牌上的化学式进行适当排列，到底怎么排列由学生自己决定，但排列后要说明排列的依据。经过一段时间的思考、尝试，学生可得出多种排列方式。然后让学生交流、比较各种排法，学生认为其中两种排列方式较好，而且还总结出了书写化学式的规律。

案例 2-1 中通过游戏创造了低警戒高挑战的课堂，学生在看似玩的轻松过程中思维很活跃，“头脑风暴”的方式能激发学生的创造性思维，体现学生的主体地位，强调“学”的过程。在讨论交流中学生能认识到自己思维的局限性，见识到别人不同角度的思维，在比较中选出最优方案，同学之间的关系也更融洽，同时也顺利完成了学习任务。在“做中学”会让学生对化学学习产生愉悦的情感，对化学学习产生更大的兴趣，学习动机也会得到加强。

案例 2-2

原电池的构成条件

学习“原电池的构成条件”时，周老师设计了这样一堂课。首先演示铜、锌、稀硫酸可以构成原电池，然后提出问题：“是否只有铜、锌、稀硫酸才能构成原电池？铜、锌在原电池中的作用是什么？是否一定要使用稀硫酸？”周老师为学生提供以下材料和试剂。

电极材料：碳棒、锌板、铜板、铁钉、塑料片。

溶液：硫酸、硫酸铜、氯化钠、蒸馏水、酒精。

不同的组提供的材料和试剂是不同的，学生用本组实验条件进行实验探究，回答上述问题，最终总结出了构成原电池的条件。

案例 2-2 中通过实验探究活动和随后的课堂汇报交流，学生总结出原电池的构成条件，使学生对于原电池的构成条件、原电池的反应原理有了更加深刻的认识。对于这类比较抽象的知识，如果只是让学生背诵构成原电池的条件，学生很容易遗忘甚至根本就不理解“为什么”。而在实验探究的过程中学生思维极其活跃，将知识与真实的活动联系在一起，实验的直观性、趣味性有助于学生在大脑中形成多维的记忆连接，促进对知识的最佳理解与记忆，原本很神秘的原电池问题学生也不再头痛了。

总体来说，化学陈述性知识生动形象、直观具体，理解起来比较容易，但知识点凌乱分散，教师在教学中可以采用以下几种教学策略促进学生对化学知识的学习，并有意让学生理解掌握这些策略，进而思考、加工转化为学生自己的学习策略。

1）多感官协同记忆策略

心理学研究表明，人们在接受外界信息时，由于参与的感觉器官不同，记忆的保持率也会不同。参与学习的感官越多，记忆会更牢固，如果只是单纯的一种感官参与，知识很容易被遗忘。在学习中同时动脑、动手、动眼、动口、动笔的多感官协同记忆策略能高效地提高学生记忆力，并能满足不同智力倾向的学生对学习方式的不同需求，让每个学生所擅长的智力都充分运用到学习之中，收到最佳的学习效果。

案例 2-3

二氧化碳的物理性质

教师预先收集一瓶二氧化碳气体，请学生观察并归纳二氧化碳的物理性质（视觉：无色气体）。请前排学生闻一闻它的气味，并将气味描述出来（嗅觉：无味）。

【实验】在一平衡杆的两端各挂一纸杯，请一位学生上台完成实验：向一侧纸杯中倒入一瓶二氧化碳（动觉），纸杯向倒二氧化碳气体的一侧倾斜，请学生思考说明什么问题（视觉：二氧化碳的密度比空气大）。往装满二氧化碳气体的塑料瓶内倒约半瓶水，盖紧瓶塞后，振荡，塑料瓶瘪了，又说明了什么（视觉：二氧化碳能溶于水）？

案例 2-3 中通过视觉知道二氧化碳的颜色、状态、密度、溶解度，通过嗅觉知道二氧化碳的气味，通过动觉体验实验过程，这种同时进行观察、讲解、操作、思考的教学方式就实现了动脑、动鼻、动手、动口、动眼相结合的多感官协同学习模式。将实验、观察、思考有机地结合起来，通过实验操作和观察获得丰富的感性认识，通过思考认识事物的本质和内在联系。这种方法获得的知识鲜活、深刻，提高了课堂教学效率，也能让学生发掘自己所擅长的智力，并将其转化为适合自己的学习方式，真正让学生学会学习。

2）联想记忆策略

心理学家詹姆斯曾说过："一件事情越是尽可能地与其他事情进行联想，就越容易被记住，越能被长久地留于心中。"联想记忆策略是在学习新知识之前利用已经学过的知识进行联想，使知识点之间不再孤立，学生学起来也不会觉得繁杂，而且能提高知识的迁移能力。联想记忆策略有相似联想和相关联想两种形式，相似联想是将新知识与已有的相似性知识相联系，相关联想是将新知识与已有的相关性知识相联系。

案例 2-4

巧记王水组成

王水是浓 HNO_3 和浓 HCl 按 1∶3 的体积比混合而成的，学生在记忆时，不容易区分是哪两种酸以何种比例混合的。王老师在教学时通过联想化学式下标与体积比来引导学生记忆，即"有三无三，无三有三"。

二氧化碳的"助燃性"

在初中的学习中，学生很清楚地知道，二氧化碳能使燃着的木条熄灭，它不能支持燃烧。而在镁的性质的学习中，李老师首先唤起学生对二氧化碳原来的印象，然后用一个实验证明镁能在二氧化碳中燃烧。新旧知识是相互对立的，回忆某一知识时也能联想起它的对立面。

案例 2-4 中第一种联想巧妙地应用了"三"所处的位置进行联想，化学式下标有"三"体积则无"三"，下标无"三"体积则有"三"。第二种联想是对立联想，二氧化碳在不同的条件下体现的助燃性质不一样，镁和二氧化碳反应的实验会激发学生的认知冲突，激发学生的好奇心。利用事物矛盾的两面将化学知识对立面成对地存进记忆。化学中有很多这样的例子，如电解质与非电解质、原电池与电解池、溶解与结晶。通过联想记忆策略就可以将抽象、生疏的概念变得形象化，更能引起学生的共鸣，帮助学生加深理解。

案例 2-5

铝的"浮想联翩"

在复习元素及其化合物知识时，可从原子结构入手，因为元素的原子结构决定了元素在周期表中的位置，也决定了元素的性质，进而联想到物质的存在、制法、用途、鉴别、储存等。例如，王老师在复习铝及其化合物时，首先明确铝原子最外层电子层上有 3 个电子，单质铝是一种活泼金属，由此可联想到铝是一种强还原剂（如铝热剂），铝在自然界只能以化合态存在，制备单质铝只能用电解法，铝还有优良的导电、导热性能等。

结构决定性质，性质决定用途，案例 2-5 中回忆铝元素及其化合物的知识时，从结构出发，联想预测铝的性质、制法、存在形式、储存方式，从性质推出其用途。由一个知识点联想其他相关的知识，把书中孤立的知识贯穿起来，进行归类整理，联想到的知识越多，掌握的化学知识就越板块化，学习中往往能得到事半功倍的效果，犹如将颜色相似或不同的珠子穿起来，提取知识更容易。

3）比较记忆策略

比较是确定现实现象异同的一种思维过程。比较法是记忆相同、相似、对立或有联系的知识的有效方法。通过对易混淆的具有相同、相似、对立或有联系的知识进行组合、比较，找出它们的共性和个性，学生能够一目了然，这样既避免了知识点间的混淆，又能使知识记得准和牢。比较法一般通过列表、画线图的方式进行。

案例 2-6

氧化钠和过氧化钠的比较

在学习过氧化钠的相关知识时，杨老师用下面的表格将氧化钠和过氧化钠的性质进行比较，发现两者的相同点，注意不同点进行对比学习，以达到牢固记忆的目的。

化学式	Na_2O	Na_2O_2
颜色、状态	白色、固体	淡黄色、固体
钠与氧原子个数比	2∶1	1∶1
氧元素化合价	−2	−1
属类	碱性化合物	非碱性化合物
与 H_2O 反应	$Na_2O+H_2O=2NaOH$	$2Na_2O_2+2H_2O=4NaOH+O_2\uparrow$
与 CO_2 反应	$Na_2O+CO_2=Na_2CO_3$	$2Na_2O_2+2CO_2=2Na_2CO_3+O_2\uparrow$
与 HCl 反应	$Na_2O+2HCl=2NaCl+H_2O$	$2Na_2O_2+4HCl=4NaCl+2H_2O+O_2\uparrow$

案例 2-6 中通过表格对相似而又不同的氧化钠与过氧化钠的相关性质进行对比、分析，掌握它们的不同点与相同点，在相同点的基础上寻找不同点，在不同点的基础上寻找相同点。氧化钠与过氧化钠化学式相似有微小差异，氧元素化合价不同，它们都能与水、二氧化碳、盐酸发生反应，产物也大同小异，区别只有产生氧气与否。这样使易混淆的知识相互区分，直观明了，易被学生掌握。很多化学概念与原理都存在着混淆现象，教师可以利用比较记忆策略来突破这些难点。

4）精加工策略

精加工策略是指对记忆材料作精细的加工活动，如补充材料细节、举例、做出推论或与其他观念形成联想，以达到加深对知识记忆的效果的教学策略。研究表明，能否运用精加工策略是决定学习能否成功的关键因素。对于一些难记易混淆的知识，进行精加工后变得生动形象，学生学起来更简单，更有趣，掌握得也更牢固。

案例 2-7

在记忆苯、硝基苯、溴苯三种物质相对于水的密度大小时，李老师对三种物质进行精加工。由苯的读音将苯联想到“笨”，而笨的人一般被形容为木头，木头通常浮在水面上，密度小于水，由此类比苯的密度也小于水。而硝基苯和溴苯相当于在木头上连了个石块，自然它们的密度要大于水。

案例 2-7 中教师利用学生头脑中已有的观念：木头一般会浮在水面上，其密度比水小，而“苯”和“笨”读音相似，可以进行生动形象的联想、类比，将新知识与生活中的常见现象联系在一起，学生记忆时就会联想到这个生活现象，脑海中就是木头浮在水面上的情景，不仅减轻了学生的负担，学习变得轻松，而且充满了乐趣，脱离了机械记忆。这样易混淆的化学知识变得形象，会存储进长时记忆，不容易遗忘。

5）歌诀、谐音策略

歌诀、谐音策略是指把化学知识编成歌谣、口诀，把零碎的化学知识组块化，成为一个有机的整体，有利于学生记忆的策略。而利用谐音策略能使学生对材料产生愉悦的情感，学生记起来就没有抵触心理，有了热情就记得又快又准。

资料卡片

元素的化合价规律

在初中学习"化学中元素的化合价"时，张老师将各种元素的化合价编成了顺口溜记忆：一价氢氨钾钠银，二价氧钙镁钡锌；三价铝，四价硅；一二铜，三二铁；二四六硫二四碳，氮磷氧锰常可变。

碱和盐的溶解性规律

对于碱和盐的溶解性规律可编成以下口诀记忆：溶碱钾钠钡钙铵，其余属碱都沉淀。钾钠铵盐硝酸盐，都能溶于水中间。盐酸盐不溶银亚汞，硫酸盐不溶钡和铅。碳酸盐很简单，能溶只有钾钠铵。

元素的化合价以及碱和盐的溶解性在初中学习的最初阶段属于无意义材料，靠机械记忆很不容易记忆准确，资料卡片中将其编成了顺口溜记忆。这些顺口溜读起来琅琅上口，学生很感兴趣，神经也会兴奋，创造最好的身心状态，很容易就记住了。顺口溜可以使材料具有双重意义，识记材料同顺口溜一起成双结对输入大脑，并分别与大脑中已有知识结构的不同层次相结合，到提取知识时自然就多了一条渠道。所以学生记住了顺口溜也就巩固了知识，学习往往有事半功倍的效果。

资料卡片

谐 音 巧 记

金属元素的活动性顺序为：钾钙钠镁铝锌铁锡铅氢铜汞银铂金。可把它们编成"加个那美丽新的锡铅氢统共一百斤"来记忆，或者用谐音"借给那美女，锌铁锡千斤，铜汞银百斤"来记忆。

记忆液态氮氧的沸点时，液态氮的沸点为－196℃，液态氧的沸点为－183℃，谐音记忆为"一把伞，依旧漏"(183，196)。

对于初中的学生来讲，由于还没有学习反应的本质原理，如果只单纯地背诵知识，很容易发生混淆。而这些基础知识的牢固记忆对以后进入高中学习有很大的帮助，金属活动顺序表贯穿整个高中化学的学习，物质的熔沸点也是无处不见。以上几个案例教师都采用了谐音的方式，采用谐音的教学方法能大大减少学生的工作量，又能增加课堂的趣味性，学生也愿意记忆这些"枯燥"的知识，激发学习化学的热情，便于存储，又利于检索。同时，教师还要着重培养、鼓励学生进行谐音创造，可以是词语、句子、打油诗，从而拥有自己的一套学习方法。

6）知识结构化策略

知识结构化是依据一定的线索把分散的、孤立的知识整合成一个彼此联系的整体，形成一个系统化、结构化的知识网络结构。化学知识的一个重要特点是知识点繁杂散碎，在教学过程中教师除揭示知识之间的联系外，更重要的是要有意识地将散碎的知识系统化、结构化地组织起来，这样学生才能在头脑中建立清晰有序的知识库，需要时才能有效地检索。学生自己也要对知识进行网络建构，对概念的含义、概念间的关系认识更透彻。常见的知识结构化策略包括列提纲、作网络图和表格等。

资料卡片

学习完氯气的相关知识后，教师可通过下面的结构图对氯气的性质进行归纳总结，达到复习巩固的目的。

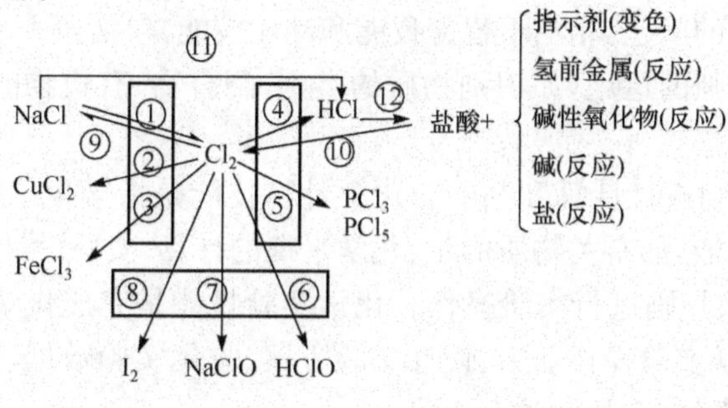

资料卡片中将氯气的化学性质分为氯气与金属、非金属、化合物的反应三个知识板块，再加上氯气的制法、氯化氢的制法及盐酸的性质。这就将氯气的化学性质、制法与氯化氢的性质、制法形成知识网络。以氯气为中心向外发散可得到其化学性质及用途，以氯气为中心向内收敛，可得到氯气的制法。这种经过结构化组织的概念图给人一种直观具体、简洁清晰的感觉，能一目了然地把握知识之间的复杂关系。学生将结构图有序地储存在头脑中，能减轻记忆负担，提高解决问题的效率和能力。

7）例—规—例加工模式

对于概念、原理的学习教师可采用例—规—例加工模式。运用若干例子给人以概念、原理直观的感受，体会概念的含义，然后从例子中抽象出概念、原理，最后通过复合情境的例子对知识进行巩固。运用这种模式可以促进对概念、原理的深入理解及知识的迁移。

案例 2-8

在学习“电解质”时，余老师采用了例—规—例加工的模式。首先列举一些电解质的例子：NaCl、Na_2SO_4、$BaCl_2$、HCl、H_2SO_4、KOH，它们都是在水溶液中或熔融状态下能导电的物质。进而提炼出电解质的概念，经过对概念关键字词的剖析，讲清概念的内涵。再列举另外一些例子：蔗糖、无水乙醇、$BaSO_4$、AgCl、Cl_2、NH_3，通过对这些例子的判断，可以对电解质概念的外延和本质有深刻的理解，加强知识的迁移能力。同时从NH_3这个例子还可以引出非电解质的概念。

电解质的概念对于学生来说是很容易记忆的，但是经常一做题就容易出错，究其原因就是没有抓住概念的本质特征。例—规—例的加工模式首先用一些正例展现电解质概念的关键特征；再归纳出电解质的概念，对概念进行分解剖析；最后列举一些比较复杂的正例和反例，检验学生对概念的掌握程度，是否把握了概念的外延及本质特征，也可以促进对概念的巩固、迁移。这样学生就可以抛弃背诵电解质的单纯概念，做到正确应用电解质的概念。

二、化学程序性知识

1. 化学程序性知识的内容

程序性知识也称为操作性知识，是难以清楚地表述，只能借助于某种任务间接推测其存在的知识。程序性知识是关于如何做事的知识，是运用概念和规则解决问题的知识。这类知识主要用来解决“怎么办”的问题，相当于智慧技能和动作技能，包括：

(1) 概念及简单规则的运用，如识别物质的类别，配合物、有机物的命名，式量、摩尔质量的计算等。

(2) 运用原理和规则进行计算和判断。化学计算技能是指学生依据化学知识，运用数学方法解决化学问题的技能，如有关物质的量、化学平衡的计算，实验设计等。

(3) 根据有关原理、规则进行实验操作。化学实验技能是完成化学实验所需要的各种技能技巧，包括基本的化学实验操作能力、设计实验方案、收集实验数据、处理实验结果等技能，如气体的制备、物质的提纯、有机物的合成等。

2. 化学程序性知识的教学策略

化学程序性知识的习得是培养学生能力的关键，检验这类知识的方法不是学生能陈述出具体的知识，而是依据学过的概念与规则，能创造性地解决实际的问题。因此这类知识的传递仅仅采用讲授法是远远不够的，更重要的是让学生充分练习。经过各种各样的变式练习、操作等知识的实际运用性活动，学生在掌握陈述性知识的基础上，能形成条件化、自动化的知识体系。

1) 概念、规则运用技能的教学策略

仅仅记住化学概念、规则是远远不够的，还要学会应用、迁移。这类知识可采用多重联系策略，在学习概念、规则时有意识地将与其代表的宏观事物、微观结构联系起来，深入理解概念、规则的多重内涵，比单从一个方面记忆有更好的综合效果。

案例 2-9

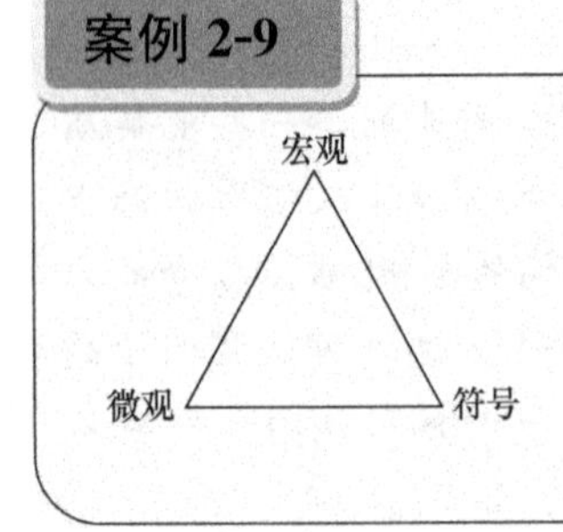

在学习“化学方程式的书写”时，张老师运用了多重联系策略。化学方程式 $BaCl_2 + H_2SO_4 \xlongequal{} BaSO_4\downarrow + 2HCl$，对应其中的符号，联系宏观现象为氯化钡溶液和稀硫酸发生反应，生成白色沉淀，再联系微观实质是 Ba^{2+} 和 SO_4^{2-} 反应生成 $BaSO_4$ 沉淀。

化学方程式是对化学现象的本质概括，仅仅通过背诵记忆学到的只是无意义的材料，而案例 2-9 中将化学方程式与宏观、微观代表的意义以三角形连接起来，赋予了知识“活力”，使知识自动化、条件化，比单纯记忆更牢固。学生书写化学方程式时先联想其他两重意义，再提炼出符号，不仅知识掌握牢固，学习方法也有很大改进。

2）化学实验技能的教学策略

熟练的操作是衡量技能获得的重要标志。新教材中演示实验数量大大减少，而学生实验数量明显增多，其目的在于让学生有更多的机会进行科学探究。科学探究的基本过程是：提出问题→动手实验→观察记录→解释讨论→得出结论→表达概括。学生的亲自动手操作能让学生在无形中记牢很多化学知识，动手操作能力得到提高，团结合作能力得到培养，实事求是、认真严谨的科学态度逐渐形成。

案例 2-10

在学习“盐类的水解”时，梁老师从生活中的泡沫灭火器出发，分析灭火器里面的成分，当学生看到演示实验中硫酸铝溶液呈酸性时感到很好奇，提出问题：盐溶液的酸碱性是怎么样的？然后由学生自己设计实验方案，改进实验方案，分小组进行实验探究，仔细观察实验现象并记录。再由学生小组内讨论在实验过程中的收获与不足，并试着得出实验结论。最后以小组为单位汇报成果，梁老师评价学生的探究过程，鼓励学生多思考、多探究，总结概括实验结论。

在新课程改革的进程中，探究性学习是一种非常重要的教学方法。案例 2-10 由生活到化学，泡沫灭火器中的硫酸铝溶液呈酸性引发学生的探究欲望。学生自己进行实验探究并得出结论，不仅能使学生的实验设计能力、思考问题能力、操作技能得到提高，而且学生对“水解”有了切身的感受，会真正信服盐溶液确实具有不同的酸碱性，继而促使学生去挖掘盐溶液显不同酸碱性的原因。这样的探究式教学有利于启发学生，提高学生解决问题的能力。

3）化学计算技能的教学策略

学生获得化学计算技能需要教师的引导和学生多练习，教师要引导学生明确化学计算的化学依据，如化学概念、化学定律和化学公式等。同时要训练学生的化学解题思维和计算能力，其中思维过程尤为重要，如怎样建立等量关系、思维模型、过程表达等。

教师在讲解计算题时，尤其是有关生产生活及复杂的计算时可以运用可视化策略，将题目中的已知、未知条件及联系用图示表示出来，这样可以帮助学生一目了然地明了题意。教师也可以采用练习-反馈策略，学生的化学计算技能也需要自己动脑动手才能提高，只有动手了才能将知识内化为能力。教师在课堂中可以只讲一些典型的题目，要把更多的时间留给学生自己练习，在练习的过程中教师找到学生的理解与计算误区，学生逐渐提高自己的计算技能。

案例 2-11

例题：Zn、Mg、Fe 的混合物 16 g，与一定量质量分数为 30%的稀硫酸恰好完全反应，经加热蒸干，得固体物质 30.4 g(不含结晶水)，则生成氢气多少克？

对于这类综合型的例题，李老师先让学生分析题意，明确化学依据，建立等量关系。学生在练习的过程中遇到了一些困难。例如，不知道怎样处理混合物发生多种反应中各物质量的关系，不知道怎样建立等量关系，不懂得应用质量守恒定律。随后教师对学生遇到的困惑、误区进行启发、解答、纠正，指出这道题关键在于将三种金属当作一种物质 M，然后根据质量守恒定律计算出参与反应的硫酸根的质量，再依据化学方程式的计量关系得出生成的氢气的质量。学生在教师讲解之后豁然开朗，根据教师提供的方法计算出结果。

案例 2-11 中的例题属于综合题型，能考查学生的知识识记、思维能力和计算能力。采用练习-反馈的方式比教师直接讲出解题的过程收获更大，因为在这个过程中学生参与了思考过程、动手过程。现在很多学生都出现了"听得懂，不会做题"的现象，原因之一就在于学生缺少自我体验知识的形成过程。在练习中既巩固了化学计算原理，也开拓了解题思维，在反馈中及时走出解题的误区，对提高学生化学计算能力有很大帮助。

三、化学策略性知识

1. 化学策略性知识的内容

策略性知识是学习者用来调控学习和认识活动本身的，目的在于获得新知识或用已有知识来解决问题。化学策略性知识是指有关化学学习的方法和策略的知识，包括学习获得能力、实践能力、创新能力、元认知能力。在学生的学习活动中，化学策略性知识比具体的化学知识和技能具有更高的概括性、更强的迁移性和更广泛的适应性。学生所形成的化学策略性知识体系是否良好，关系到他是否能够独立自主地思考问题，以及解决各种实际问题的能力。在新课程实施过程中就很强调学生对化学策略性知识的学习，只有当学生掌握了科学的学习策略，才能够自主建构知识，才能对知识进行深加工，才能有力地促进学生学习能力的形成和发展，这也是新课程改革的目标之一。

2. 化学策略性知识的教学策略

如果策略性知识能够被学生真正理解、熟练掌握、自觉运用、广泛迁移，那么策略性知识就转化为思维能力、解决问题能力。但在教学活动中师生往往忽略策略性知识的传递，导致学生的认知结构在知识类型方面存在缺陷，影响了对知识的学习和利用，进而导致学生不会学习，不会思维，所以这类知识非常重要。

在课堂教学活动中，教师自身要对知识进行深加工，然后教给学生一些以知识为基础的易记忆、易接受的策略性知识。除此之外，教师还要教给学生自我监控、检查、评价等策略，提高学生的元认知能力，让学生自己对知识进行深加工，再总结得到属于自己的策略性知识，并把它们迁移到新的学习情境中去。学生掌握了策略性知识也就学会了高效率学习、高效率解决问题的方法和技巧，真正实现了"教是为了不教"。

案例 2-12

在“酸碱盐”教学时，李老师在介绍常见酸碱盐的溶解性的基础上，给出某些常见酸碱盐的化学式：$NaCl$、$CuSO_4$、$Ba(OH)_2$、$FeCl_2$、$NaOH$、$AgNO_3$、HCl。然后学生回忆教师介绍的化学方程式，并尽可能多地写出能发生反应的化学方程式，教师指导并检查正误。学生分别从反应物和生成物的角度分析它们存在的共同之处，通过思考观察、小组间的合作能基本上归纳出复分解反应的条件是生成物要有水、气体或沉淀。教师再通过课件播放复分解反应的微观实质，帮助学生进一步理解复分解反应发生的条件。之后通过适当的课堂练习判断两种溶液混合是否会发生反应。

案例 2-12 中的课堂基本上是以学生为主角，充分体现了学生的主体地位，体现了教师对学生思维能力的培养。给出的是几种常见物质而不是现成的化学方程式，这就有利于巩固已学的知识。待教师检查后学生开始分析化学方程式的共同特征，猜想发生复分解反应的条件，培养学生的比较、观察、归纳能力。然后趁热打铁，学生从微观实质体验复分解反应发生的条件，加深对知识的印象，最后通过练习加以巩固。通过观察归纳总结，学生对复分解反应的实质有了全面透彻的理解，对于今后书写酸碱盐之间的反应很有帮助。学生的思维在一步一步打开，完善思维过程中的欠缺，逐渐形成一套思考解决问题的方法。

1）学习获得能力的教学策略

授人以鱼不如授人以渔，学生的学习获得能力远比知识重要得多。知识学习了容易遗忘，而学习能力能长久保持。学生的学习获得能力越强，学习知识就越快越牢，学习就很轻松。教师要善于将自己的思维过程展现给学生，让学生体会科学思维的方式，然后逐步内化成自己的学习获得能力。

案例 2-13

在学习“元素周期表”时，李老师在课堂教学中采用了“汉堡式”教学方法，并把自己是如何思考的展示出来。根据元素周期表的形状（层状），将元素周期表中元素分别比喻为

主族：面包

副族：奶酪

第Ⅷ族：火腿肠

解释：性质比较相似的族是同一种材料做成的，将第Ⅷ族想象成同一根火腿肠切成三段，既然是同一根火腿肠，味道就差不多，表示第Ⅷ族有三纵行，且所有元素的性质都相似。而且依据学生对汉堡的了解，元素周期表的位置就可以立即在脑海中浮现，即面包—奶酪—火腿肠—奶酪—面包，对应：主族—副族—第Ⅷ族—副族—主族，这样学生很轻松就知道主族、副族及第Ⅷ族的大致位置。

高中化学元素周期表部分的知识非常重要，但学生又很难记住元素周期表，一般教师都让

学生自己去背，但往往效果不好。案例 2-13 中教师采用有趣的汉堡教学法，从学生熟悉的汉堡出发，将元素分布的位置化难为易，深入浅出，趣味十足，学生能长久地记住元素周期表。元素周期表了然于胸，有助于学生解决有关位-构-性关系的相关问题，也为后续学习打下坚实的基础。学生在学习的过程中感受到的是教师的思维过程，通过学生的体会、思考、模仿、创新，逐渐感悟学习的方法，学生的学习获得能力就会越来越强。

2）实践能力的教学策略

《普通高中化学课程标准》明确提出学生的创新能力和实践能力要作为培养的重点。培养学生的实践能力首先要培养学生对化学的学习兴趣，然后以实验为基础，提高实践能力。

案例 2-14

学习了原电池的知识后，徐老师组织学生研究废旧干电池的回收和利用。学生首先讨论出要解决的问题：①废旧干电池会对生产生活造成污染；②回收利用的原理；③联系社会实际，调查收集学校周围的旧电池处理情况。

学生通过调查讨论研究解决上述问题，废旧电池中很多物质可回收供实验室使用。旧电池的回收原理比较简单，锌筒内的物质除了碳棒外还含有炭粉、MnO_2、NH_4Cl、$ZnCl_2$等物质。锌的熔点为 419.4℃，可在铁制容器内熔化进而制成锌粒，利用溶解性不同可将炭粉、MnO_2、NH_4Cl、$ZnCl_2$分离，然后灼烧固体残渣，可除去炭粉和有机物，得到二氧化锰，蒸发溶液得含少量氯化锌的氯化铵固体，再利用氯化铵受热分解的性质使其与氯化锌分离。学生在活动的过程中，联系社会实际，整理出了污染的各种问题，张贴了很多图画进行宣传，并设置了回收箱。还讨论了如何利用炭粉、MnO_2、NH_4Cl、$ZnCl_2$性质的差异，联系溶解、过滤、结晶、灼烧等实验操作，并把分离后的物质回收利用提供给实验室。

原电池的知识对于初学电化学的学生来说比较抽象，不容易理解，案例 2-14 中在学习了原电池的相关知识后开展实践活动，有助于加深学生对原电池知识的理解。这堂课体现了化学与生活的紧密结合，干电池是原电池的一种，也是生活中常见的物质，对它的结构和回收利用进行研究能够引起学生极大的兴趣。在探究过程中学生的搜集资料能力、团结协作能力都能有很大提高。将理论知识应用于实践，解决了实际问题，实践能力得到很好的锻炼，同时体现了学生的创造能力，环保意识也得到加强。

3）创新能力的教学策略

素质教育的核心是创新能力的培养。在教学过程中教师要着重训练学生的科学思维，增强创新能力。培养学生的创新能力要注重培养学生的问题意识，教师要鼓励学生自己提出问题，去思考和探索，创新能力得到提高；要注重培养学生的发散思维，针对一个问题教师要引导学生提出多种解题方案，然后进行分析，寻找最合适的方法；要注重强化探究意识，教师要鼓励学生根据实验目的和实验原理设计探究实验、改进装置，学生发现问题、进行实验操作、仔细观察、多角度思考问题，不但可以提高学生的实验能力，创造性思维也得到很好的发展。

案例 2-15

例题：向 100mL 1mol/L 的 $AlCl_3$ 溶液中加入 70 mL 5mol/L 的 NaOH 溶液，充分反应后，则铝元素以两种形式存在，其物质的量之比为多少？吴老师通过这道例题，意在培养学生的发散思维，他鼓励学生从不同角度思考这道题的解题方法，方法越多越好，最终学生总结出三种解题方法。

解法一：常规法　先将所有的 0.1mol Al^{3+} 完全沉淀，消耗 0.3mol OH^-，生成 0.1mol $Al(OH)_3$ 沉淀。过量的 0.05mol OH^- 又溶解 0.05mol $Al(OH)_3$，生成 0.05mol AlO_2^-，所以 $n(NaAlO_2):n[Al(OH)_3]=0.05:(0.1-0.05)=1:1$。

解法二：总方程法　$n(AlCl_3)=0.1mol$，$n(NaOH)=0.35mol$，$n(AlCl_3):n(NaOH)=2:7$，按此值写出化学方程式。$2Al^{3+}+7OH^- = xAlO_2^- + (2-x)Al(OH)_3 + yH_2O$，利用电荷守恒 $x=1$，所以 $n(NaAlO_2):n[Al(OH)_3]=1:1$。

解法三：守恒法　充分反应后溶液为 $NaAlO_2$ 和 NaCl。利用电荷守恒得 $n(Na^+)=n(AlO_2^-)+n(Cl^-)$，即 $n(AlO_2^-)=n(Na^+)-n(Cl^-)=0.35-0.3=0.05(mol)$，又根据铝元素守恒 $n(Al^{3+})=nAl(OH)_3+n(AlO_2^-)$，即 $n[Al(OH)_3]=n(Al^{3+})-n(AlO_2^-)=0.1-0.05=0.05(mol)$，所以 $n(NaAlO_2):n[Al(OH)_3]=1:1$。

案例 2-15 中的例题考点是溶液中的离子反应及各种离子量的关系，Al^{3+} 与 OH^- 先反应生成沉淀 $Al(OH)_3$，$Al(OH)_3$ 再与过量的 OH^- 继续反应生成 AlO_2^-。教师抓住了离子反应的特点，让学生对例题进行一题多解，多角度地思考问题，充分发挥学生的想象力。在思考的过程中是对学生的已有知识进行检验，也是在训练学生的科学思维能力，经过长期这样的训练，能有效地促进学生的发散思维，学生的思维逐渐打开，变得更活跃，创新能力也就体现出来了。

4）元认知能力的教学策略

大量研究表明，造成学生学习能力差异的原因并不是知识水平不同，而是元认知水平的差异，认知水平相同的学生元认知能力比较强的则学习能力较强，可见元认知能力对学习是极其重要的，教师要在教学中有意识地培养学生的元认知能力。提高学生的元认知能力，教师要注重教学情境的创设，加强学生自我反思，可采用自我提问法、头脑风暴法等。

案例 2-16

在学习"勒夏特列原理"时，于老师给学生设置了一个自我提问单：

(1) 这个原理说的是什么？(反映的是哪些方面的问题，若不清楚再读一次)

(2) 这个原理是怎样提出来的呢？(根据实验现象，或是生活中的实际问题，还是已学过的元素化合物知识)

(3) 我能用自己的语言来表述这个原理吗？

(4) 这个原理的核心内容是什么？适用于哪些方面？

(5) 我能用这个原理去解决实际问题吗？(做有关的练习，检查一下)

学生根据启发式自我提问单进行自我提问，可以发现自己的问题所在，启发学生学习的方法，然后针对问题进行重点突破。

勒夏特列原理对于初学者来说比较陌生，案例 2-16 中教师给学生设置的自我提问单可以启发学生如何学习，对学习内容进行反思，同时也是对知识的进一步巩固。自我提问法可以帮助学生整理知识、归纳知识、迁移知识，促进学生不断地进行自我反思和监控，从而提高问题解决能力、自我监控能力。教师还要引导学生自己设计自我提问单，学会自我提问，这样就不用依靠教师的引导，真正掌握自我提问法，元认知能力就能得到提高。

四、化学情意类知识

除上述根据现代认知心理学所分成的三大类化学知识外，现在很多学者认为还有一类知识——化学情意类知识对学生学习有不可忽略的作用，所以有必要对化学情意类知识作相关阐述。

1. 化学情意类知识的内容

人本主义理论认为学习的过程应该是人的全面发展，不仅是形成一定的知识、技能、能力的过程，而且是学生的情感、态度、价值观的培养的过程。化学情意性知识是新课程改革三维目标中的情感态度与价值观，指能对学生情感、意志、态度和价值观产生影响的有关内容，包括辩证唯物主义思想、爱家乡、对自然科学的好奇心和求知欲、对化学学习的兴趣、对科学本质的认识、对化学与社会发展关系的认识等。这类知识的渗透能够让学生产生很强的学习动机，并且这种动机一般会持续很长时间，对学生人格的形成乃至终身发展都有很大的裨益。

2. 化学情意类知识的教学策略

情意类知识的获得不能只通过教师的简单说教来实现，而是随着学生对知识技能的掌握过程，通过实践活动中的体验、感受、思考而潜移默化地逐渐发展的。教师要把化学情意类知识的传递装在头脑中，并有意识地渗透在教学过程之中，使其成为教学的灵魂，这样学生才能逐步形成健康的情感、积极的态度和正确的价值观。传递化学情意类知识可以通过以下几种方式。

1）进行实验探究

通过化学实验探究活动，让学生参与到美妙多彩的化学世界中，这样学生才能获得相关的情感体验，才能激发学生学习化学的兴趣、热情、动机，促进学习方式的改变，学生的创新精神和实践能力才能得到提高。在探究过程中，学生之间的交流合作、求实态度也很重要，通过集体努力，获得解决问题、沟通交流和科学精神，并在团结合作和获得成功中得到情感满足。

案例 2-17

铜和浓硝酸反应现象之谜

在何老师做“铜与浓硝酸反应”的演示实验中，溶液颜色的变化过程并不是学生所预料的直接“变蓝色”，而是“先变黑后变蓝”。“为什么会变黑呢?”学生心中出现了一个大大的问号，何老师就自然而然地提出产生的黑色物质是什么。学生开始对铜与浓硝酸反应可能产生的物质的颜色进行分析，经过激烈的讨论，最后一致认为黑色物质为氧化铜。通过自身的体验过程，这样学生就深刻地知道了反应：

$$Cu+4HNO_3(浓) = Cu(NO_3)_2+2NO_2\uparrow+2H_2O$$

实际上是由以下两个反应相加得到的：

$$Cu+2HNO_3(浓) = CuO+2NO_2\uparrow+H_2O$$

$$CuO+2HNO_3(浓) = Cu(NO_3)_2+H_2O$$

案例 2-17 中的实验虽然是教师演示实验，学生没有参与做实验的过程，但是参与了对实验现象进行探究的过程。在学生的激烈讨论中，不但能把奇特现象中解释清楚，更重要的是在“透过现象看本质”的教学过程中，学生能深刻体验科学探究的过程和方法，体验科学探究的艰辛和获得成功的喜悦，从而培养了学生的探究能力。学生感受到了探索发现知识的无穷乐趣，以后在遇到疑问时会不自觉地问自己“为什么”，然后自主地探究，这样收获的就不仅仅是知识，而是一种好的学习习惯和学习方法。

2）联系生活、社会中的热点问题

在教学中教师可以将一些化学问题放在社会的大背景下启发学生思考。例如，利用化学知识来解释生活中的现象，解决日常生活中的难题及一些简单实际问题，引导学生增强环境保护意识，充分体会化学与人类进步、与社会发展的密切关系，感受化学的魅力和学习化学的价值所在。

案例 2-18

2011 年上海“染色馒头”余波未平，重庆市也惊现“染色馒头”。2011 年 4 月 15 日重庆晚报记者从渝中区工商分局获悉，上清寺工商所在近日的一次食品专项行动中，在渝中区学田湾市场内查获大量“问题馒头”。专业检验结果显示，这批馒头加入了对人体有害的柠檬黄。

李老师利用生活中的热点问题“染色馒头”，在做习题的过程中引导学生思考化学的价值何在，让学生树立科学是为人类造福的观念。

例题：在染色馒头的生产过程中添加合成色素柠檬黄，将白面染色制成玉米面馒头，柠檬黄（化学式为 $C_{16}H_9N_4O_9S_2Na_3$）不可超量用于食品染色。下列有关色素柠檬黄的说法中不正确的是（　　）

A. 柠檬黄是一种有机化合物

B. 柠檬黄由碳、氢、氮、氧、硫和钠元素组成

C. 柠檬黄分子中含有碳和水分子

D. 长期食用人工色素会导致儿童智力减退

热点问题“染色馒头”一出现，相关的习题也蜂拥而至。案例 2-19 中教师认为在做习题的过程中最重要的不是如何选出答案，而是利用这个热点问题引导学生形成正确的价值观。化学是一把双刃剑，用之以治则吉，用之以乱则凶，“染色馒头”如何能体现化学的价值？只有将化学用在有益于人类的方面，才是化学的真正价值，让学生认识到学习化学的目的不是怎样投机取巧去赚钱，而是怎样才能让我们生活得更幸福。

3）化学史教育

我国著名化学家傅鹰曾说过："化学可以给人以知识，化学史可以给人以智慧。"这句话很准确地表达了在化学教学中渗透化学史教育是极其重要的。化学教材中，许多重大的发现、原理的总结背后都有一段科学家的感人故事，如侯氏制碱法、苯结构的发现等。教师应充分发掘这些材料，让学生充分感受科学家吃苦耐劳、坚持不懈、一丝不苟的科学精神，在学生的心中种下科学的种子。

资料卡片

元素周期律的发现在科学史和哲学史上都有着重大意义。19世纪60年代化学家仅发现了63种元素，到底地球上还有多少种元素？怎样去寻找它们？在这样的科学背景下，寻找已有元素的内在规律和联系已经成为科学家需要迫切解决的问题。这时门捷列夫对前人的结果进行了分析和比较，做了大量的工作，对已有的63种元素进行不同的分类研究，进而发现了元素周期律。元素周期律的发现就是比较和分类方法在化学中应用的一个典范。此后门捷列夫又根据元素周期律进行演绎推理，提出了镓的相对密度的正常范围，预测了锗、钪等未知元素的存在以及它们的性质，逐渐完善了元素周期律。

元素周期律的发现是化学史上的一个重大里程碑。当时只发现了63种元素，也不知道究竟还有多少种元素未被发现。面对重重困难，化学家门捷列夫没有退缩，在付出了巨大的努力后元素周期律终于诞生了，并预测了其他一些元素的存在和性质。从这个史例的教学中学生了解了化学家是在什么条件下提出问题的，对于问题的解决，化学家是通过怎样的途径，采取了一些什么样的科学方法等，使学生受到科学方法的熏陶，从中认识到科学方法的重要性。更重要的是学生看到了科学家在成功背后付出的艰辛，与科学家相比自己平时遇到的难题根本算不了什么，从而树立勇往直前、持之以恒的信念。

另外，教师自身也应该做好榜样，善于引导学生看到化学的重要性，因为教师会带给学生潜移默化的影响，学生是否喜欢化学这门学科在一定程度上是由对化学老师的喜好决定的。

由此可见，专业化的化学教师在专业知识方面不仅自己要拥有结构化的化学知识，还要对每类化学知识相应的教学方法、策略有了解并加以应用。也就是教师在课堂上对于每类知识的传递策略要做到心中有数，并以恰当的方式展现出来。上面提到的一些教学策略只是化学教学策略海洋里的一叶扁舟，许多化学知识还可以采用其他的教学策略，所以更多地需要教师在教学过程中自己去挖掘化学教学策略深层次的内容。广大教师在课堂上要根据教学的实际情况来选择和创造性地应用恰当的教学策略，这样才是活的教学策略，更有利于提高课堂效率。

第三节　开个好头
——良好的开端是成功的开始

叶老师今年刚参加工作，担任高一的化学老师。工作一段时间后叶老师感觉到她上课时学生老是很难进入上课的状态，因此教学效果也不好。于是请教一位有经验的老教师，老教师听了她的课以后说，一堂课要上得精彩首先就要在课的导入上下好功夫。叶老师吸取经验教训，重视导课，果然学生很快进入上课的状态，学生的学习效果也明显有所提高。

皮亚杰说："教师不应试图将知识塞给学生，而应该找出能引起学生兴趣、刺激学生的材料，然后让学生自己去解决问题。"一节课想要吸引学生的注意力，首先就要有一个精彩的"开场白"，也就是课堂导入。那么什么是课堂导入？课堂导入有什么作用？如何进行课堂导入和提高课堂导入技能呢？

一、课堂导入的作用

课堂导入简称导课，就是在课堂开始的几分钟，教师通过创设情境或者其他方式，有目的地引入新课，使学生积极参与到课堂中来。旨在集中学生注意力，激发学习兴趣，是连接新旧知识的桥梁，是开启一堂课的金钥匙，是一堂课中必不可缺的重要环节，有着重要的作用。

1. 引起注意

有人说：天才不过是持久的注意力。一语点明了注意力的重要意义。在加涅提出的教学历程的九件教学事项中，名列第一的也是引起学生的注意。因此，在上课伊始就将学生的注意力紧紧锁定于课堂中，是一名教师必须首要考虑的问题，同时也只有将学生的注意力集中于课堂，学生才会全身心地参与到课堂中来，学习效率才会大大提高。一段巧妙的导课可以有效地组织教学，将学生的注意力集中到教学情境中来。

案例 3-1

化学课开始了，老师走进教室，这时学生的目光都不约而同地集中在老师手中满满一篮水果上。

教师：同学们喜欢吃水果吧？

学生：喜欢喜欢！

教师：水果不仅味道很好，而且它们含有人体必需的物质——维生素，今天我们就一起来学习"维生素"，了解它们的作用。

案例 3-1 中教师先用一篮水果吸引学生的注意力，当学生的注意完全转移到课堂上时，外观表现为眼神集中到教师身上、黑板上，或是身体前倾认真倾听、表情专注等，教师便可以开始进入新课。同时这位教师用水果作为引入用具,在课堂中也可以将其作为奖励,奖励给积极参与课堂的学生,一举两得。

2. 激发动机

学习动机是激发和维持学生进行学习活动,并朝着学习目标努力的动力。当学生对知识技能产生迫切的学习需要时就引发学习动机,其内部唤醒水平提高,从而使之产生学习行为。因此引发学生的学习动机也成为课堂导入的重要构成要素。

案例 3-2

教师:今天朋友送给我一张音乐贺卡。(打开贺卡播放出美妙的音乐,一会儿音乐戛然而止,学生意犹未尽)

学生:唉,怎么没电了呀,真遗憾。

教师:今天没有带多余的电池,可是这里有一些实验用品,看看它们能不能"帮什么忙"。(将铜锌原电池装置与贺卡相连,这时音乐声又响起,学生都惊叹不已)

于是教师开始进入"原电池"授课。

案例 3-2 中教师故意拿出一张快没有电的音乐贺卡,因此音乐响起一会儿就停止了,学生正在遗憾时,教师提出了学生以往很难接触到的办法并且取得了成功,音乐再次响起,这时学生的兴趣自然也被充分地激发起来。

奥苏贝尔将动机按内驱力分为认知动机、自我提高动机、附属动机。其中认知动机就是从好奇心派生出来的。提出一个问题,讲述一个与实际经验相悖的现象,讲一段发人深省的故事都是引起好奇激发动机的有效手段。因此教师要激发学生学习动机,也就需要点燃好奇心这条导火索。另外引发学生的兴趣也是激发动机的方法。兴趣是学习动机的来源,维持注意也需要事件有吸引力,因此在课的导入过程中激发兴趣也是非常必要的。当然好奇、兴趣都只能短暂地激发学习动机,要培养学习动机,还需要教师在长期的化学教学过程中让学生学有所得,体验到化学学习过程中的成就与价值。

3. 明确目标

在导课时,教师应该让学生了解本节课的学习目标。明确的目标像航海途中的一盏灯塔,有了它学生才有正确的学习方向,有重点地学习,而不会在新课课堂中因为不知所学而迷茫;明确的目标能唤醒并保持学习注意力,学生能将眼光聚焦在自己认定的目标上,调控自己的学习行为,积极与教师配合,尽力完成自己的目标;有明确的目标,学生就有判断课堂学习效果的标准,学习起来越顺利,越接近学习目标。

案例 3-3

教师在讲"价层电子互斥理论"时这样引入:今天我们的学习内容是价层电子互斥理论,这是本节课的重要内容。同学们首先要了解并掌握它的理论要点,理解并掌握中心原子上的孤对电子数的确立方法,并掌握几种常见物质的 VSEPR 模型和推测过程。

案例 3-3 中教师讲授的内容是"分子的立体构型——价层电子互斥理论"(人教版选修

三)，本节对于高中学生来说难度比较大，并且课堂内容也比较繁多，因此教师直接告知学生将要学习的内容以及要重点理解并掌握的内容。这样一方面节约了课堂的时间，教师可以将重点放在引导学生学习新知识以及重点、难点知识的突破和理解上，另一方面学生了解学习目标后学习方向更明确，也便于学生调整自己的学习行为，在教师的引导下更顺利地学习。

4. 建立联系

教师在导课时，应该在学生已有的知识基础上，通过回忆、提问、巩固等有效手段，引导学生将所要学习的知识系统地连接起来，形成一个有机的整体。备课很重要的一方面就是要备学生，教学需要根据学生的知识储备、心理特点和生理特点来设计。学生已有的知识储备是学习新知识的基础与起点，因此教师的教学就是在学生已有的知识体系基础上不断完善。在设计课堂导入时更要考虑学生的知识水平，符合学生的认知规律，这样才能达到“温故而知新”。同时建立联系也要求教师建立导入材料和所学知识的联系，即所选材料要与新课内容密切相关，并且能够自然地过渡到新课中。

案例 3-4

上节课同学们学习了“分子间作用力”，分子间作用力比化学键弱，它对物质的熔点或沸点有一定影响。结构和组成相似的物质，相对分子质量越大，分子间作用力越强，熔点或沸点也越高，但是在上节课下课前老师给大家展示了一些氢化物的沸点，它们不符合这个规律，这又是为什么呢？

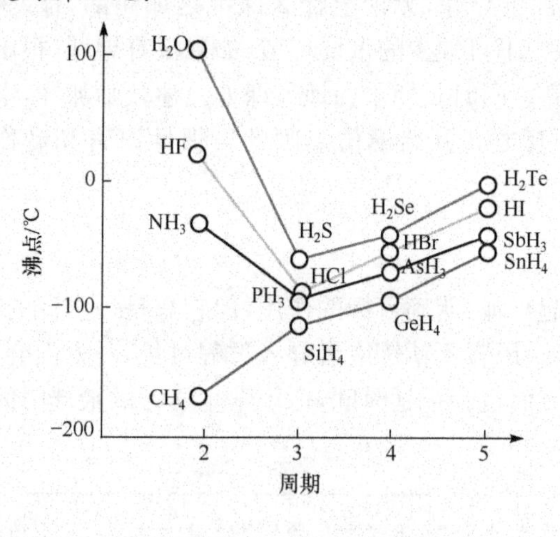

案例 3-4 中教师先适度回忆学生已学的知识，为学习新知识做好铺垫，然后又在新旧知识点的衔接处巧妙发问并引入新课。由于氢键的影响，ⅤA、ⅥA、ⅦA 的氢化物虽然结构组成相似，沸点却有不同于其他分子的变化规律。教师适当地提出疑问，引起学生的认知冲突，在好奇心的驱使下学生很想探其究竟，到达了有效导课的目的。同时从分子间作用力与氢键对物质熔、沸点的影响作为突破点，帮助学生更深刻地理解两者的区别与联系，构建完整的知识体系。

二、课堂导入常出现的问题

在新课程理念和现代教育理论下，课的开始必须有一段新课的导入，它对有效教学有着重要作用。然而课的导入技能仍然没有得到教师的重视甚至被认为是可有可无的，同时有些教师在导入过程中也出现了许多问题。

1. 方法单一

教师为了节约时间往往采用直接导入或者干脆不导入。例如，有的教师习惯一开始上课便说：今天我们学习×××，请同学们把书翻到××页。虽然节约了时间，但是课堂教学效率未必有所提高，开始上课时部分学生的注意力还处于分散状态，教师若立即进入课题，学生很容易漏听知识点，长此以往学生的学习兴趣将会大大下降。

案例 3-5

小丽老师走进教室，刚讲了没几句，就发现几个同学凑在一起偷偷发笑。她很生气，于是下课将他们叫到办公室问个究竟。原来几个男生打赌说小丽老师上课开始一定是那句话："好了上课了，上节课我们学习了×××，这节课我们来学习×××。"小丽老师听后虽然有点生气，但回想工作到现在自己确实每次上课都是那一句，然后就开始讲课了。学生渐渐觉得没意思甚至模仿自己的语气和样子。

案例 3-5 中教开始不注重导课，无论上什么课都是那句话，最终招来了学生的模仿和嘲笑。导课是一堂完整的课中不可缺少的重要环节，如果没有导课，很难将学生的注意力迅速集中到课堂上，课堂效率不高。同时长期单一地导课如上述教师那样，学生在上课一开始提不起兴趣，想着怎么又是这一套或者开始模仿老师的习惯性语言和动作，这时他们也就无心听课了。

2. 不够精练

导课有集中注意、激起兴趣、明确目标的作用，但它只是一堂课的引入，因此需要通过精练的语言来激起学生的兴趣。语言不精练或者导入过程过长，一方面会使学生感到不知所云，磨灭学生的学习热情；另一方面也会拖延时间，占用学生学习的最佳时间。

案例 3-6

一位老师在上课前本来计划讲授"化学键"的第二节——共价键。在上课开始时先复习了一下离子键，但是发现个别学生仍然没有很熟练地运用知识。于是老师将离子键的形成、电子式的书写、用电子式表示离子化合物的形成等内容都一一复习了一遍。然后一看时间一节课都过去一半了，只好匆匆进入新课，还没进入重点就下课了，老师抱怨说进度又慢了。

案例 3-6 中教师本来计划讲授新的内容，在上课时先复习旧知识然后引入新知识，可是由于少数学生在复习旧知识时并不理想，因此教师又将知识重新讲了一遍，学生对旧知识有了一定的掌握。这时教师又开始新的也是比较有难度的知识的讲解，学生的积极性也明显开始下降了。上述案例中只有个别学生还没有掌握已学知识，教师却耽误所有学生的时间来复习，使得教学效率下降，教学任务也没有完成。

3. 偏离主题

有的教师为了引起学生的注意或活跃课堂气氛，往往会讲述一些与本课毫无关联的故事或者笑话，也有的教师在上课前处理班级事物或者批评表现不好的学生。这些都是不可取的，会导致教师在进入正题时学生还沉浸在刚才的故事笑话或者被批评后的沉闷气氛中，教师的导入偏离主题反而会弄巧成拙。

案例 3-7

杨老师气冲冲地走进教室，同学们都不敢说话，原来昨天布置的化学作业有部分同学没有交到老师那里，还有的同学做得很差。杨老师很生气，将同学们狠狠地批评了一顿以后才开始上课，同学们都垂着头，也没有心情上课了，课堂气氛十分沉闷。

案例 3-7 中教师将不良情绪带入了课堂中，甚至将宝贵的课堂时间用于批评学生，使学生也带着消极的情绪进入课堂。学生有了小错误或不好的习惯应该及时纠正，但不是在上课的时间，可以课后交流、交谈。即使需要在课上提出来，也要讲究谈话的艺术，不能一味批评。像这位老师这样做不仅会使学生产生反感，同时也耽误了学生的学习时间，得不偿失。

4. 准备不足

课堂导入务必要充分准备，包括准备好导入所需要的材料，设计好导课的过程。曾有教师在演示烧不坏的手帕时准备不充分，结果自己被烧伤。这样本来预想的效果没出现，反而造成了教学事故。因此教师在导课前一定要充分准备，当然由于教学过程的灵活性也要考虑到可能出现的一些其他状况，以便能从容应对一切突发情况。

案例 3-8

在讲“卤族元素”时，老师首先做课本中的演示实验——卤素间的置换反应。可是在 NaBr 和 KI 溶液中加入氯水总是效果不明显，最后老师只好告诉学生本来应该出现的实验现象，学生明显露出遗憾的表情。课后老师检查试剂，结果发现由于氯水在实验室放得太久已经失效了。

案例 3-8 中由于教师没有充分准备，将久置的氯水用于实验，结果没有看到实验现象，最后只能由教师描述预期的实验现象。学生没有“眼见为实”，自然感到十分遗憾。如果教师在上课之前就检查过实验试剂并做过演示实验，那么这种教学失误就可以避免了。

5. 面向局部学生

每个班级的学生心理水平、知识储备、生活经验等难免有差异，教师在导课时有时会忽略一部分学生。例如，提出过难的问题让思维水平较低的学生摸不着头脑，或者复习过难的旧知识，这容易使没掌握好的学生失去信心。这就违背了教学面向全体学生的原则。

案例 3-9

盐类的水解

农民伯伯总是会说这样一句话：庄稼一枝花，全靠肥当家。可见肥料对于农业是很重要的。用肥料也是很有讲究的，一般氨肥和草木灰不能混用，否则会使肥料失效，这是为什么呢？

案例 3-9 中教师提出的问题只针对了局部学生。如果学生来自城市，从来没有听说过有关肥料的相关知识，对于这个问题根本无从作答或许也没有兴趣知道，课堂气氛很容易陷入尴尬境地。如果这个问题换到一所乡镇中学，教师在化学课上提出，学生多数来自农村，有相关的生活经验，自然也容易产生兴趣。因此教师的导课要充分考虑到学生的情况，如知识情况、生活经验等。

三、课堂导入的设计

1. 课堂导入的方法设计

1）直接导入法

直接法就是开门见山，教师直截了当地向学生提出新课所要学习的内容及重点，便于学生迅速了解新课的学习目标。这种导入法比较直接、平坦，有目标性，对于学习动机强、注意力集中的学生比较适用。但直接导入法缺乏新意，长期使用不易激发学生学习新课的兴趣。

案例 3-10

生活中常见的有机物——乙醇

成功快乐的时候，人们会想到它——会须一饮三百杯；失败忧愁的时候，人们会想到它——举杯消愁愁更愁。它就是酒，其主要成分俗名酒精，学名乙醇，今天我们就来学习乙醇的化学性质和它的结构。

案例 3-10 中教师开门见山引出本节课的主题，目标明确，可用于课堂内容多的新课或者复习课。教师通过简明的几句话告知学生本节课的重点，使学生有目标、有重点地学习。适当的学习目标也可以激发学生的外部学习动机，促使学生调整方向，向目标逼近。

2）复习导入法

复习导入法就是在进入新课教学时，教师带领学生对已学过的知识进行简单的回顾，找出新旧知识间的连接点，从而架起新知识与旧知识的桥梁。学生在回忆学过的知识后，往往会因为思维的连续性，导致其对整个知识体系中不完整的地方进行思考或产生疑惑。这时教师若提出完善旧知识体系的观点，即通过新旧知识的连接点导入新课，就会为学生开辟一条通道，让思维的泉水迸发而出。

案例 3-11

我们知道钠在氯气中燃烧生成氯化钠，钠原子在反应中容易失去一个电子形成阳离子，氯原子容易得到一个电子形成阴离子，钠离子和氯离子通过静电作用形成了氯化钠这种离子化合物。那么氯化氢的形成过程和氯化钠一样吗？氢和氯都是非金属，趋于得到电子，那么氢和氯是通过什么方式结合的？氯化氢中有阴阳离子吗？如果没有，又如何理解氯化氢中氯和氢的化合价？

案例 3-11 中教师先复习典型的离子化合物的形成过程，然后提问另一种典型的化合物氯化氢的形成过程是怎样的。巩固旧知识同时也降低了新知识的难度。同时教师提出的几个问题点出了新旧知识的不同点，点明了本节课所需要解决的问题即学习方向。对学生来说，在复习金属与非金属的成键过程时，往往会联想到非金属与非金属之间的成键又是怎样的，继而在教师的引导下顺利进入新课。

以复习引入符合学生的认知规律，同时又能帮助学生完善其知识体系。运用该方法，巩固旧知识又降低新知识的难度，学生更容易接受，学习积极性也越高。当然复习引入也要遵循一定的原则：①把握好复习时间，时间太短复习效果不明显，太长则会占用新课的学习；②把握好复习的难度，有重点地进行复习；③找准新知识与旧知识之间的连接点。复习导入要求知识间的连续性、逻辑性较强，因此找准连接点并自然地过渡更方便学生整个知识体系的构建，这就要求教师有扎实的功底和丰富的经验。

3）问题导入法

问题导入法，顾名思义就是教师提出一个或一系列与本节课密切相关的问题，继而导出新课。引发好奇心是激发学生动机的有效方法之一。当教师提出学生无法解决或者与学生已有经验相悖的问题时，学生自然就会产生想要攻克难题的冲动，于是便带着好奇心与想解决问题的急切心情主动参与到课堂中。不闻不若闻之，闻之不若见之，见之不若知之，知之不若行之。只讲述给学生听，他会忘记；再演示给学生看，他也只会记住；只有让学生参与，他才会真正理解。提出问题让学生思考并参与到课堂中，是教师为了引起学生注意和激发学生求知欲常用的导入方式。

案例 3-12

在讲授“乙酸”时教师这样导课：

一位很会煮鱼的师傅传授经验说，在做鱼时放点酒和醋会很香，这是为什么？酒的主要成分是乙醇，我们已经学习了它的化学性质。那么醋的主要成分是什么？有什么化学性质？加酒和醋使鱼更美味的原因又是什么？

案例3-12中教师先引用生活经验，煮鱼加酒和醋会更美味，贴近生活、贴近学生实际的情景很容易引起学生的注意。当学生的注意力已经集中在课堂上时，教师接着提出问题，并且层层深入，直指本节课的教学重点、难点。问题激发起学生的求知欲，自然顺利地跟随教师的引导进入新课。

问题导入法也有缺点：问题设置的难易程度不好把握。问题太简单，学生提不起兴趣；问题设置得太难，学生丈二和尚摸不着头脑，不知道怎么回答，导课也不会成功。所以在提问时要注意几个方面：①问题要贴近化学，贴近生活，更贴近学生；②问题与问题间的跨度不能太大，并且做到有层次，即从易到难；③问题要有开放性和启发性，一个好的问题答案自然不能是唯一的，而是能让学生思考出更多的解决办法并从中得到启发；④问题要有目的性，即能引出所学的内容或相关概念；⑤要保护学生回答问题的积极性，不能浇灭学生回答问题的热情。教师提出问题是为了让学生会答，更要让学生会问。因此，在运用问题导入法时要注意培养学生的思维，引导学生自己发现并提出问题。

4）实验导入法

化学是一门以实验为基础的学科。实验导入法将化学实验（包括演示实验、“双边”实验或学生实验）尤其是趣味实验作为导入工具，多感官地刺激学生的思维，甚至颠覆学生以往的认知，通过对实验进行观察分析，得出结论从而引出课题。教学中可以用于导入的趣味实验有“烧不坏的手帕”、“滴水生火”、“点冰生火”、“水果电池”等，它们都是用时短、现象明显，又容易引起学生的注意和兴趣的导入实验。

资料卡片

所谓趣味实验是指以生动、新鲜、新奇的实验现象来引发学生兴趣的一类实验。按照主要实验现象的特点，可以将趣味实验分为：

（1）火系实验，如“火山喷发”、“魔棒点火”、“蜡烛自燃”、“纸炮”、“烧不坏的手帕”、“睡眠鞭炮”、“冰川上的火焰”、“燃烧出的文字或图案”、“滴水生火”、“木炭跳跃”、“火龙写字”、“神奇的烟灰”等。

（2）水系实验，如“神壶”、“宝瓶”、“化学酒店”、“一杯几色”、“密写墨水”、“净水变色”、“寒来暑往”、“动物旅行”、“发射火箭”、“白花变成彩色花”、“水中火花”等。

实验导入法体现了化学学科的独特魅力，同时用实验导入，在激发学生学习兴趣的同时培养学生动手实践能力及求真、求实、求知的科学素养。虽然实验导入法有诸多优点，但是如果教师运用不当或不遵循一定的原则也达不到预期效果。

导入实验要遵循演示实验的一般要求：①准备充分，确保成功；②现象明显，易于观察；③操作规范，重视示范；④演讲结合，启迪思考；⑤简易快速，按时完成；⑥保护环境，注意安全。除此以外，用于导入的实验要贴近生活。例如，选取生活中的物质作为实验用品，选取生活中的化学现象作为实验内容。同时用于导入的实验还要有趣味性才能激起学生的求知兴趣。

5）故事导入法

故事导入法是教师向学生讲述一个与教学内容有关的故事或者事件，并在适当的时候提出疑问或观点，起到激发学生好奇心、引发学生思考的作用，进而导出将要讲授的新课。教师可以讲述与新课有关的科学家的故事或者化学史料，可以是教师或学生亲身经历的事情，甚至可以是合理编撰的故事。通过妙趣横生的故事或有意义的事件，吸引学生的注意力，激发学生的学习兴趣。并且将化学家的故事或化学史渗透于化学的教学中，对提升学生的科学素养，培养学生求是、求实、锲而不舍的科学精神和科学态度，加深学生对化学研究方法的理解，以及加强学生的爱国主义情怀都有着深远的意义。

案例 3-13

讲述"原电池"时教师先讲述这样一个故事：一位富翁决定建造一艘豪华的海上游艇，他不惜花重金用最昂贵、抗腐蚀能力很强的铁铜合金将船包起来，并用大量的特种钢来制造游艇的许多零件。不久一艘华丽的游艇诞生了。富翁兴奋得好几天都睡不着觉。可下海一段时间过后，游艇的底部竟然千疮百孔！铁铜合金和特种钢都是非常耐用的金属材料，为什么花费这么大，造出的游艇却如此不堪一击呢？今天就让我们走进原电池——金属的腐蚀和防护的世界，一起来探究其中的奥秘，并运用所学知识重新帮富翁设计一艘豪华的游艇。

案例 3-13 中教师采用故事导入法，引出了相关课题。教师的故事富有情节，惟妙惟肖，跌宕起伏，故事最后用自然的过渡语言将学生的注意力迅速拉到新课教学中，并思考为什么船会漏。案例中教师让学生自己重新设计游艇，也是引导学生将所学知识运用于解决实际问题，培养了学生的知识迁移能力。

故事导入法避免了平铺直叙，且能寓教于乐，但是故事导入并不适合所有的课程。故事是否有趣，一部分也取决于讲故事的教师。富有感情、绘声绘色地讲述是故事导入中需要注意的。另外，用于导入的故事要与新课有联系，简单明了，富有启发性和趣味性。

6）结合社会问题导入法

随着化学的发展，它对人们生活、生产的影响越来越大，可以说现代社会已经离不开化学，化学已经融入人们生活的方方面面。教师可以联系与化学有关的社会问题、社会现象，如环境问题、食品安全问题、能源问题等与学生切身相关的问题进行导课。

结合社会问题或社会现象导入新课，可以培养学生对知识的迁移能力，教师为学生创设了一个真实的情境，这时学生才能更好地掌握所学知识，并将其用于解决实际问题，这也是培养学生社会责任感的一种方式。只有当学习内容与其形成、运用的社会和自然情境结合时，有意义学习才可能发生，所学的知识才易于迁移到其他情境中去再运用。

案例 3-14

生命的基础——蛋白质

化学能够造福人类，但是如果人们不好好利用化学，而用它作为牟利的工具，将对我们造成巨大危害。2008 年，国内某知名品牌奶粉被发现非法添加化工原料三聚氰胺，众多婴幼儿受其毒害。我们知道乳制品是蛋白质含量较多的食品，那么三聚氰胺与蛋白质有什么关系？什么是蛋白质？它对人们的生命意义到底如何？今天我们就来研究这些问题。

案例 3-14 中教师结合当下最受人们关注的食品安全问题导入新课，新闻中出现的社会问题被呈现在课堂中更能引发学生的共鸣。同时在运用这样的反例时，一定要引导学生正确认识事件，而不能一味抱怨，导致学生对化学产生畏惧感和厌烦感。

7）趣味导入法

趣味导入法就是通过一些与课堂有关的趣味游戏或者活动提起学生的兴趣，活跃学习的气氛，然后导出要学习的新课。

案例 3-15

空气组成

教师：上课之前先请同学们猜个谜语："看不见，摸不着，说它是宝处处有，动物植物离不了"。

学生：空气。

教师：空气是我们再熟悉不过的物质了，是大自然赠与我们的巨大宝藏，今天我们就一起来了解空气的组成和各组分的化学性质。

案例 3-15 中用一个谜语引起学生注意，谜底则是需要讲授的新课内容。教师在满足学生求知的天性时，引导学生猜出新课的学习内容，带着对谜语的思考，学生很容易在课堂学习中联想谜面与谜底之间的内在联系，从而加深学生对学习内容的理解。趣味导入是方便记忆、引起学生注意的一个好方法。

趣味导入法的形式比较多，如猜谜语、讲笑话、唱改编诗词歌曲、绕口令、角色自述等，其明显优势就是能快速引起学生兴趣，对于低年级的学生尤其适用。但随着年龄的增长，学生对事物的兴趣不仅仅流于表面，因此就要求这些趣味活动有实际意义并且与知识紧密联系，能引发学生的深层次思考，化兴趣为求知欲。

8）利用学科交叉导入法

随着科学的发展，时代的进步，学科之间的界限越来越模糊。教师可以借用其他学科的知识或者信息来引出本节课的课题。利用学科交叉法导入可以拓展学生的知识面，将不同学科间的知识巧妙地连接起来，也能培养学生的思维能力，促进学生的全面发展。

案例 3-16

在讲"乙醇"时教师这样导入：有一位大诗人，余光中评价他：酒放豪肠，七分酿成了月光，余下的三分啸成剑气，口一吐就是半个盛唐。他就是诗仙李白，李白也是酒仙。杜甫也有诗句评李白：天子呼来不上船，自称臣是酒中仙。感性的说也许没有酒就没有流传至今的李白斗酒诗百篇。那么站在化学的角度来看，酒是一种怎样的物质？它的主要成分是什么？有什么化学性质？

案例 3-16 中运用有关"诗仙"李白的佳句以及杜甫对其爱酒的评价来导课，将文学的感性与化学的理性相结合。学生在与诗人李白狂傲不羁、举杯即成仙的豪情产生共鸣的同时，也集中起注意力，并勾起学生学习新课的渴望，激发学生的学习热情。

利用学科交叉导入法对化学教师的要求比较高，需要教师打破原有的陈旧思维，多接触各学科的知识，积累导入素材，更灵活、更丰富地导入新课内容。

课的导入方法多种多样，没有定式，在课堂中也不能用单一的导入方法，只要适合就是最好的。但是无论呈现方式有多少种，在课的导入上教师的基本操作程式都是：引起注意—呈现事实（材料）激起悬疑使学生参与—引导内容过渡。

2. 不同类型课的导入方法

1）绪论课的导入

绪论课是一门学科正式教学的开篇，主要介绍这门学科的研究对象与方法、发展历程、取得的成果、学科的重要性和学习方法与目的等。上好绪论课能给学生留下良好的第一印象，并期待新课的开始。

绪论课的导入形式多种多样，主要是以给学生留下好的印象、激发学习兴趣为目的。趣味实验、史料故事或者介绍化学的发展状况都是不错的选择，教师也可以在进入新课时先进行自我介绍，尽显教师独特魅力，学生对教师产生喜爱之情，自然能喜欢上这门课。

案例 3-17

教师在上初中化学绪论课时这样导入：欢迎同学们进入化学这个奇妙的世界，化学的世界是千变万化的，请看老师手中的白色纸花（预先涂上了酚酞试剂并晾干），当我喷上这种神奇的液体（喷射氢氧化钠溶液），白花变成了粉红色。拿出另一朵紫色纸花（预先涂上紫色石蕊试剂）同样喷射这种液体，它却变成了蓝色。这就是化学的奥秘，从今天起就让我们一起来探索这些千变万化的奥秘！

案例 3-17 中，初中学生第一次接触化学这个陌生的世界，教师通过一个简单、现象明显的化学魔术引起学生的注意。化学实验通常伴随发光、发热、颜色变化等，学生对这些现象最初都是好奇惊讶，这种惊奇感往往是点燃学习动机的引线，教师要善于利用学生的好奇心，在学生精力集中、思维活跃时因势利导，激发学生学习化学的内在动机。

2）探究研讨课的导入

探究研讨课指教学过程是在教师的启发诱导下，以学生独立自主学习和合作讨论为前提，以现行教材为基本探究内容，以学生周围世界和生活实际为参照对象，为学生提供充分自由表达、质疑、探究、讨论问题的机会，让学生通过个人、小组、集体等多种解难释疑尝试活动，将自己所学知识应用于解决实际问题的一种教学形式。

探究研讨课的实质是教师引导学生利用已有的知识和所提供的结构化材料，通过学生操作、实验、思考、研讨等掌握所学概念或结论。因此教师在探究研讨课的导入过程中要让学生明白探究的方向及意义。

案例 3-18

盐类的水解

酸呈酸性，碱呈碱性，那么酸碱中和形成的盐又呈什么性质呢？是中性、酸性还是碱性？在同学们的实验台上有几种不同的盐，请同学们按照预先分好的小组进行实验，探究盐溶液到底呈现什么性质，并填好实验报告。

案例 3-18 中是盐类水解的实验探究课，需要学生自己设计实验方案，探究不同类型的盐溶液的酸碱性。教师在本节课中扮演的角色是引导者和组织者，因此在上课开始时教师需要首先向学生说明探究方向以及探究的内容、目标等，再引导学生进入实验探究阶段。如果教师不向学生交代本节课的探究内容和目的，没有明确的组织纪律，学生很容易浪费掉宝贵的课堂探究时间。

3）传授新知识课的导入

这种课旨在传授新知识、新方法。这就需要教师在导课时引发注意，激发学生的兴趣，控制导课时间以提高教学效率。可以采用直接导入法、复习导入法、实验导入法、故事导入法等。

案例 3-19

物质的量在化学实验中的应用

在初中表示溶液浓度的方法是用溶质的质量分数。例如，20%的氯化钠溶液表示每100g溶液中含有20g的氯化钠。那么现在要如何从溶液中取出含0.1mol氯化钠的溶液呢？（学生计算）显然这个计算过程是比较繁琐的。如何能找到一种更简便的方法呢？这势必要引入一个新的量，接下来我们就来学习一种更简便的表示溶液浓度的量。

案例3-19这节课用了复习导入法，教师复习初中所学知识并且灵活地将其融入新知识的运用中，当学生体会到知识不够用时，教师又引出新的概念，自然使学生快速进入课堂。

4）复习课的导入

教师在结束一个单元或一个章节的教学时往往会设置一两个课时的复习课，帮助学生在回忆、巩固知识的过程中理清思路，整合知识体系，构建良好的知识网络。同时也能查漏补缺，拓展提升，培养学生灵活运用知识的能力。

案例 3-20

在复习“几种重要的金属及其化合物”时某教师这样导入：本章我们学习了钠、铝、铁等几种金属及其化合物的重要性质。这节课我们将对本章学过的内容进行简单回顾，重点掌握金属单质、金属的氧化物和氢氧化物以及其他重要的金属盐的化学性质和它们之间的转化。

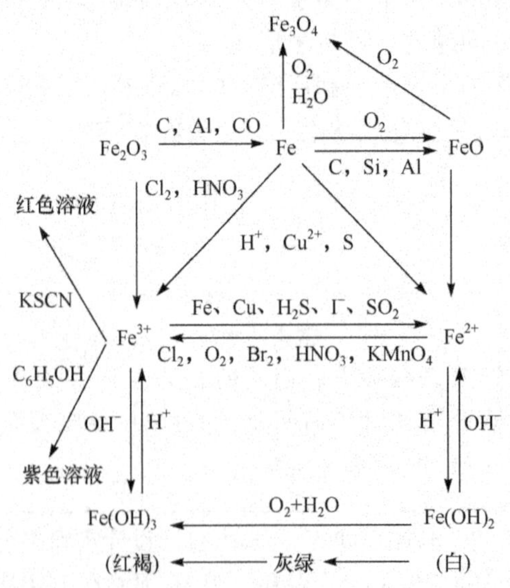

案例 3-20 中教师要复习金属及其化合物，由于复习课的内容比较多且比较繁杂，因此导课务必要精练。教师采用直接导入法，将本节课的复习重点和目标告知学生，不仅节约了导入时间，也明确了学习目标。对于复习课，直接导入法、问题导入法等都是既精练又目标明确的导入方法。

3. 课堂导入的设计原则

1）目的针对性

课堂导入不是一个独立的教学环节，因此课的导入阶段教师要迅速集中学生注意力，将学生领进预设的教学轨道，这就要求教师的导入有目的针对性。首先要针对教学目的和内容，尤其是针对内容。不同的内容选择不同的导入方式。例如，对于有机物的新课教学如甲烷的授课，教师可以展示球棍模型，引起学生注意，或者提出问题引发学生的好奇心；而当复习甲烷这节课时则要明确复习的重点、难点，从而提高课堂教学效率。其次要针对学生实际。学生的心理特点、生理特点、知识水平都是教师设计导课时要考虑的。例如，用问题导入法引入新课时，对于知识水平高、思维活跃的学生，教师的提问可以适当增加难度，如果设置过于简单的问题则难以激起学生的内在兴趣。最后，要针对教师自身特点，选择自己最擅长的导入方式，并尽可能吸纳运用新的导入方式。

2）吸引性

高效的课堂教学首先需要教师将学生的注意力紧紧锁定于课堂中，并激发学生的学习兴趣。苏霍姆林斯基说："教学的起点在于激发学生学习的兴趣和愿望。"教师可以从以下几方面引发学生的兴趣：①设置悬念，引起好奇，激发学生求知欲；②引用新奇的材料，"新"、"奇"是吸引学生注意的必要条件之一，如新事物、新现象等往往会给人耳目一新的感觉；③符合学生的"口味"，教学的主体是学生，导入越贴近学生，他们的兴趣也会越浓，参与度自然更高；④选择不同角度，独辟蹊径，同样的事例、同样的现象教师选用与众不同的角度去看待，也是引起学生兴趣的有效方法。

3）直观性

导入的直观性要求导课直接明了、开门见山，用于导入的材料也要形象直观。直接明了的导入如直接导入法、复习导入法简明扼要，一语点明主题，为后续的教学留下足够时间。用于导入的材料要直观，即用具体的事物或常见的现象导课。例如，在讲授烷烃的空间结构时可以提供部分烷烃的球棍模型，讲晶体结构时可以展示几种常见晶体的模型。另外，实验引入也是非常直观的。直观的材料能化难为易，化抽象为具体，更利于学生理解和接受。

4）关联性

从整个化学教学历程来看，每节课都不是独立存在的，它需要旧知识作铺垫。在新课学习以后又为后续将要学习的知识再作铺垫，新课的讲解往往需要建立在旧知识的基础上。站在每节课的角度来看，每个教学环节是环环相扣的，不能脱节，这又要求用于导入的材料一定要与课程相关，有目标指向性。相关性不是强行地将知识与知识拉在一起，必须是知识之间有逻辑联系。

5）精练性

课堂导入只是一节课的开场，不能花过多的时间，占用学生的最佳思维时间(开课的 10～30 分钟)。严格控制导课时间，教师就要做到导入语言简明扼要，词切意明，用于导入的内容短小精悍。如果是实验导入，则选定的实验一定要是方便快捷、易于操作的。

6）积极性

导入的材料最好选择正面、积极向上的。任何事物都有两面性，化学对人类的生产生活有有利的一面也有有害的一面，这主要取决于人们是如何运用化学的。导课时选择正面的材料，在激发学生的学习兴趣之余陶冶其情操，灌输正确的认识事物的方法，培养学生爱化学、愿意用化学的方法手段造福社会的热情。如果过于宣扬化学有害的一面，学生会从心里对化学产生厌恶感和畏惧感，不能正确认识化学对人类社会的贡献。

除此以外，课堂导入还要注意科学性，即所用的导入材料是科学合理的；情感性，即用热情和真情导课，从情感上感染学生；时代性，即引用的案例要与时俱进。

四、提高课堂导入技能的方法

1. 重视导课，精心设计

提高教师的导课技能首先就需要重视导课，只有思想上重视了才能真诚地付诸实践。其次，课堂导入环节虽然简单，也需要做好充分准备。在上课前准备好所需的导入材料，设计好导入过程，针对不同层次的班级设计不同的导入方法，做到环环相扣、面面俱到、言简意赅，前后联系过渡自然。一段好的导入都是精心设计的结果。

案例 3-21

在讲授“无机非金属材料的主角——硅”时教师这样导入：

投影：（多媒体播放图片并配上背景音乐）巍巍昆仑山，气势磅礴的泰山，奇峰峻岭的黄山，广袤无垠的塔克拉玛干大沙漠，美丽的长江三角洲。

教师：我们生存的地球，她坚硬的外壳是由岩石构成，岩石的主要成分就是硅酸盐及硅的氧化物。那么接下来我们就一起来学习无机非金属材料的主角——硅。

案例 3-21 是为“硅”设计的导课。无机元素及其化合物的知识既繁多又比较枯燥，因此教师精心设计，用引人入胜的图片搭配优美的音乐首先吸引学生的注意力，当学生的注意力集中，开始认真倾听时，教师便进入课题。在实际教学中，教师运用音乐、视频等活动引发学生的积极情绪，积极情绪能激发学生的认知动机，促使学生主动参与到课堂中。

2. 随机应变，灵活运用

教学过程是一个动态的充满变化的过程，常由于各种原因教师的教学不能按照预设的轨道进行。导入过程也是一个不断变化的过程，要求教师根据学生的状态、教学任务的变化对预先设计的导入做出相应的改变和调整以适应新的教学环境，从而达到导课应有的效果。

案例 3-22

初三（一）班教室离食堂不远，常常午餐的香味不断飘入教室，引得部分学生心神不宁。一天孙老师走进教室，浓郁的香味让学生都开始躁动了起来。这时孙老师说：“食堂中午的饭菜一定很香吧！”同学们纷纷点头强烈同意。孙老师又说：“为什么我们能闻到食堂的饭菜香味呢？”“因为离食堂很近”，“因为有风把香味吹进来了”，引得大家哈哈大笑。孙老师说：“这个问题其实很简单，只要我们学了‘分子的运动’就很容易理解了。”

案例3-22中,由于教室地理位置的原因,教室里飘进食堂饭菜的香味是不可避免的,但是这位老师却巧妙地利用香味,提出疑问,引发学生思考,将学生对饭菜香味的注意力转移到课堂中,同时也活跃了课堂气氛,使教学在轻松的气氛下进行。如果教师不注意学生的感受,一味按照原有计划上课,那么学生的注意力久久不能集中,学习效率自然不高。

3. 师生互动,营造氛围

教学过程是一个双向的过程,教学过程也是一个教师与学生不断交流互动的过程。师生互动能营造良好的气氛,教学只有在和谐、轻松的气氛中才能更好地达到教学目标。用散发着热情与激情的导入语,多提面向全体学生的问题,多让学生参与到课堂中,这些都是激发学生情感、加强师生互动、营造良好气氛的好方法。

案例3-23

教师在讲“焰色反应”时先提问:同学们还记得2008年北京奥运会开幕式吗?给你印象最深刻的是什么?学生踊跃发言,当有学生回答是焰火表演时,教师又提问,烟花绽放的那一刻非常美丽,同学们知道为什么烟花颜色是五颜六色的吗?进而导入新课。

提问法是教师常用的进行师生互动的方法。案例3-23中教师选取学生熟知的生活实际进行提问,联系实际,面向全体学生。学生积极参与到课堂中,畅所欲言,各抒己见,调动起课堂气氛,这样学生在学习新知识时也会更积极主动,从而自觉地进入学习。

4. 不断积累,与时俱进

导入的方式方法很多,不同类型的课要用不同的导入材料,这就需要教师有丰富的材料积累。书本上的科学史料、新闻中的社会问题、社会现象、科学前沿的新研究新发现、生活中的各种化学现象和化学问题等都是十分有用的导课材料,教师应该随时记录这些材料,积累一个丰富的资料库。

资料卡片

石墨烯(graphene)是一种由碳原子构成的单层片状结构的新材料。它是一种由碳原子以 sp^2 杂化轨道组成六角形呈蜂巢晶格的平面薄膜，只有一个碳原子厚度的二维材料。石墨烯一直被认为是假设性的结构，无法单独稳定存在。直到 2004 年，英国曼彻斯特大学物理学家海姆和诺沃肖洛夫成功地从石墨中分离出石墨烯，从而证实它可以单独存在，两人也因“在二维石墨烯材料的开创性实验”而共同获得 2010 年诺贝尔物理学奖。

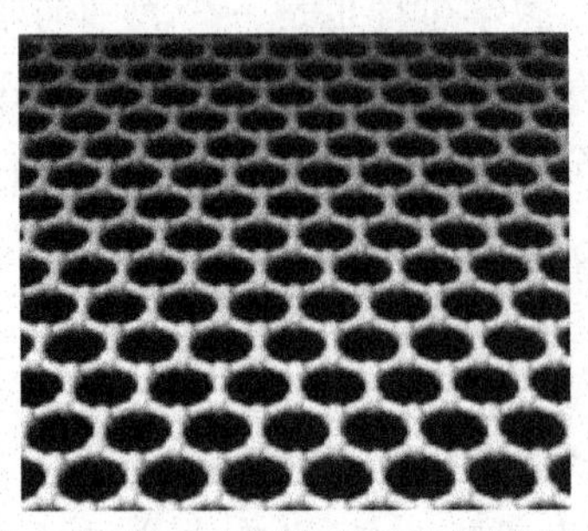

石墨烯是近年来研究比较热门的一种物质。由于石墨烯与石墨的结构有部分相似，教师在讲石墨的结构时可以将其作为资料补充传授给学生。教师如果适当地将科学前沿的一些研究成果材料整理好用于中学教学中，不仅能开阔学生的眼界，对培养学生的科学素养也有重要作用。这就需要教师与时俱进，不断积累。

总而言之，课堂导入不仅仅是课堂教学中的重要组成部分，更是一门艺术。只有用心去学习，用情去展示，才能更好地呈现一段精彩的导课。只有不断积累，不断反思，才能更加娴熟地进行导课，成为一位优秀的“导师”。

第四节　化学与学习情绪
——靠什么吸引学生注意

教化学的王老师班上有几个学生其他科目成绩都不错，可化学成绩总是不及格。后来王老师发现这些学生上化学课时经常走神，不注意听讲，还和周围的同学随意说话，甚至在化学课上写其他科目的作业，对老师和同学的发言也置之不理。对此，王老师进行了深刻的反思和总结，最后决定从调动学生的注意力开始做起。

俄国教育家乌申斯基说过：“注意是打开人们心灵的唯一门户，意识里的一切都必然要通过它。”一个人在学习时，只有将自己的注意力全部倾注在学习对象上，并自觉地完成学习所必需的活动，才能最大限度地发挥其主体作用，以达到高效学习的目的。因此，在化学教学中化学教师应该利用学生的学习情绪，充分调动学生的注意力。但是在实际教学中，一些学生的注意力往往难以集中，是什么原因造成学生课堂注意力不集中呢？在化学课堂中，教师又应该如何调动学生的注意力呢？

一、造成学生注意力不集中的原因

1. 缺乏教学的目的性

学习的目的性不等于学习目的，它不仅仅是“为什么学”的问题，更重要的是教师让学生明白将进行什么活动，如何进行，注意重点是什么，要达到什么目标。教学的目的性就是针对学习目的性进行的必要讲解和引导。对活动重点目的的理解是产生有意注意的首要条件。要使学生将注意力投射于教师所设置的任务和活动的完成效率上，就必须让学生对学习活动有深刻具体的理解，在明确学习目的的基础上设计出相应的注意重点和操作步骤。

案例 4-1

吴老师在做“镁条在空气中燃烧”这一实验前仅仅只说“镁在空气中能不能燃烧呢？让我们一起见证”，随后就将准备好的镁条点燃，学生看到明亮耀眼的火焰，都发出“哇”的惊叹声，但是在汇报实验现象时，吴老师发现大多数学生只注意到明亮的火焰，很少有人观察到镁点燃前的性质以及实验操作步骤，至于燃烧产物根本没有学生注意到。

案例 4-1 中教师由于实验之前没有明确提出实验的目的和观察的重点，只是模糊地要求观察现象，中间也没有适当的引导，学生不知道该观察什么，如何去观察，且由于该实验的明亮火焰对感官刺激较大，学生的注意力只锁定在明显的现象，而忽视了温和的现象，从而导致关注的焦点偏离实验的初始目标。

2. 缺乏学习兴趣

兴趣是最好的老师，学习兴趣是有意注意的重要催化剂。无师自通的根源就是学习者本身对学习的内容感兴趣，从而自觉开发学习资源，充分发挥学习者的主体作用。

案例 4-2

张老师刚接手高一(1)班的化学课，新学期第一堂课，张老师就发现小王同学上课不认真听讲，且在课后写其他学科的作业。事后张老师特意和他交流，结果小王同学说：“我不喜欢教化学的，化学物质又危险又污染环境，化学老师都培养一群毁灭世界的危险人物。”

学科认识有误是导致学生缺乏学习兴趣的原因之一，案例 4-2 中小王同学错误地认识了化学学习的意义，导致从内心对化学全无兴趣，甚至排斥学习化学，因此其注意力完全不在化学课上。

3. 学习环境不科学

学习环境不仅包括场景的安排和布置，也包括周围人的状态和不确定事物出现的频繁程度。学习环境造成学生对无关事物的无意注意，从而直接影响学生对学习对象的有意注意。环境中的信息通过多渠道进入人脑中，会对人的注意力产生影响。

案例 4-3

混乱的教室

放学后，张老师到班上查看，发现教室一片狼藉，布局随意，桌椅凌乱，纸屑横飞，长长的窗帘被风吹起，书本和文具随意分布各处，窗外有聊天的声音，时不时传来一阵哄笑。

案例 4-3 中的环境虽然不是学习和工作的正式场所，但具有类似特征的教室确实存在。科学的布置、积极的人物状态等有利于学生注意力的产生和持久的集中。相反，复杂混乱的场景、聒噪的人物环境以及高频率出现的无关刺激则会使学生注意力削弱，甚至无心关注所学内容。

4. 学生的知识断带

苏霍姆林斯基说过："如果在孩子的意识里事先没有一些跟教材挂起钩来的思想，那么你就无论如何也无法控制他的注意力。"如果学生对课本中所讲的知识没有必要的基础，在生活中也没有接触过，甚至闻所未闻，那么他很难对此产生兴趣。

案例 4-4

某校统一不进行"物质的结构与性质"选修内容的教学，学生未进行原子结构相关知识的系统学习。在学习"有机化学基础"的过程中，涉及有机物空间结构时，教材中给出原子轨道和杂化理论的信息，大部分学生无法理解，有的老师粗略提及或完全忽略对原子结构相关知识的讲解，有的老师试图适当深入解释却因学生的知识断带而一片茫然。

有机物的空间结构本质的判断方法依托于原子结构的相关知识，这些知识是高中化学中最抽象的部分，需要花较多时间理解和消化，这也是"物质的结构与性质"中对原子结构安排大篇幅的原因。如果先学习了原子结构，那么有机物空间结构中关于轨道杂化的知识无需教师大费周章，学生自然明白。

5. 教师上课状态不好

教师的状态包括教师对学生及教学内容的态度和教师在授课时的个人情绪及姿态。教师是学生学习最直接的媒介，也是陪伴学生学习时间最多的人，教师与学生之间的关系是从学生对教师的注意开始的。中学生正处在一个情绪很容易被影响、感情也很容易被调动的阶段，一个和颜悦色、真心关心学生的教师，不仅能够将学生的注意力吸引到自己身上来，而且能使学生对其所教科目更为重视和关注。

案例 4-5

让灰色情绪远离课堂

一位化学老师因家庭原因导致情绪低落，在上“乙烯及其性质”的相关内容时无精打采，表情灰暗，以至于半节课的时间，很多学生都睡着了，随后进行的实验室制取乙烯的实验要求学生配合操作，却没有人搭理他，为此，老师又大发雷霆。此后很长一段时间，学生对该老师带有抵触情绪，私下里总是挑老师的毛病，对其所教科目也完全不用心。

案例 4-5 中教师将消极情绪带入课堂，并且在产生问题后采用过激的方式解决，直接误导学生的注意力方向，甚至产生类似蝴蝶效应的恶性循环。教师上课的情绪直接影响到学生的激情，积极情绪有利于激发学生的学习激情，而消极情绪一方面影响教师对教学内容的把握，另一方面也容易让学生产生失落感和倦怠感，自然无法集中注意力完成学习活动。

6. 教学设计不合理

教学活动是在校学生获得知识的第一大渠道，而教学设计主导着教师的全部教学活动，因此，设计好每一个环节，实施好每一个细节都会正面促进学生对注意力的调动，反之则会使学生思维混乱不知所云，甚至注意力涣散，完全脱离教师的课堂。

案例 4-6

某老师在讲氧化还原反应时，上课前 10 分钟一直兴奋地聊自己的旅行，进入正题后以这样的逻辑设计教学：

(1) 物质的分类有多种标准，化学反应的分类也有多种标准。

(2) 复习由反应物和生成物的类别将反应分成的四大基本反应类型，并一一列举出实例。

(3) $Fe_2O_3+3CO\xlongequal{高温}2Fe+3CO_2$属于哪类反应？

(4) 寻求新的分类标准进行分类；氧化还原角度分析。

结束时比较氧化还原反应与四大基本反应之间的关系，突出氧化还原反应的适用性更广。

案例 4-6 中的教学设计有三处不合适：第一，根据首因效应，上课的前 15 分钟是学生注意力比较集中的时间，此时安排次要教学活动是一种不科学的选择，更不用说长时间的闲聊了；第二，开始教学时，切入主题太慢，在正式引入氧化还原相关知识之前，对四大基本反应的复习过于繁杂，容易造成思维倦怠；第三，反复强调化学反应的分类，冲淡重点。

以上是造成学生注意力不集中的主要原因。那么，在化学教学过程中教师应该如何抓住学生的注意力，将学生吸引到化学课堂中来呢？

二、化学教学中如何抓住学生的注意力

1. 充分利用化学学科魅力

化学具有鲜明的学科特点，有独特的魅力。从丰富多彩的化学物质世界，到变化多端的化学反应过程，再到神秘奇特的化学原理，化学学习中无处不渗透着美。这个奇妙的世界本身对学生就有一种吸引力，教师的任务就是巧妙运用这种学科优势，帮助学生实现从"可关注"到"爱关注"的转变。当开始了解这些奥秘时，新知识与已有知识和经验之间的冲突一定会抓住学生的注意力，此时，教师只需要做好技术指导和思维引导，学生就能在探索学习过程中不断获得生活世界的种种真相，这又会促使学生一直探索下去。例如，化学原理和定律看似单调、抽象、枯燥，实际上包含着丰富的审美内容。化学原理与定律用高度简练、概括、准确的语言揭示了大自然中纷繁复杂的物质变化。

案例 4-7

氧化还原中的美学

在探索氧化还原反应时，吴老师先分析有氧参与的反应，强调有氧得到必有氧失去。随后，由氧元素化合价不为零，转移之后给失去氧的物质和得到氧的物质造成化合价升降的结果，这种有化合价升降的现象还存在于没有氧参与的化学反应中，从而导出氧化还原反应的广义定义。再利用化合价的实质与电子的绝对关系，自然得到氧化还原的实质——电子得失或偏移。

案例 4-7 中教师引导学生思维由表及里，在一个问题解决的同时引出下一个矛盾，步步深入，揭开氧化还原反应"得氧、失氧"与"化合价升降"的关系，并利用化合价的实质和电子的关系最终得出氧化还原反应的实质——电子得失或偏移。三个对象两个关系一一对应，充分利用因果逻辑关系。不但设计逻辑抓住了学生的注意力，更重要的是以"对立统一"的辩证唯物主义观点看待化学变化中的守恒规律，并充分利用了化学世界中所渗透的哲学思想，让学生在无形中感受到化学与生活、化学与人类社会发展的统一关系，充分展示了化学的学科魅力。

2. 科学布置学习环境

科学合理的学习环境既有利于学生上课时精力集中，也有利于学生进行课后学习。为了使学生的注意力集中在化学学习上，就必须消除那些容易分散学生对教学内容的注意的无意注意因素，制造有利于注意力产生和维持的环境因素。引起不利注意的环境通常比较杂乱，在学生容易感知到的地方有与课堂知识无关又容易让学生关注的物品或声音。

案例 4-8

走进高一(3)班教室，对面窗户打开着，有微微清风拂过窗台上的几盆龙舌兰和海棠花，黑板上方的墙壁上镶着“静”、“净”、“敬”三个红底黑墨大字。紧密却不拥挤的四列桌椅，教室两边墙上整齐地排列着三组至理名言，背后的板报两侧，“今日问答”和“特别关注”版面上分别列着几个问题和当天所学的知识重点，右侧的“化学新视野”陈列着化学模型和当日重点化学知识卡片，教室外还设有两张讨论桌。

科学的环境正如案例 4-8 所述，充分利用自然资源和人文资源，清新的装饰，舒适的布局，利于学习活动开展的素材，人性化而又不影响环境安静的设计。在学生放眼可及的地方，每天所放的东西都不一样，学生自然会在第一时间注意到它，这是一个无意注意向有意注意转变的过程。另外，学生关注的是化学学习相关的内容，课上的注意有利于课堂知识的理解和建构，课下的注意有助于课堂知识的巩固和迁移。

3. 让学生成为教师的“粉丝”

教师是学生学习和模仿的榜样，好的教师能在各方面促进学生的学习，时刻抓住学生的注意力。中学阶段的学生效仿意识很强，如果学生对某个科目的教师印象极好，或者比较崇拜某科目的教师，他学习该科目的动力就较强，上课时的注意力也比较集中，课后对该科目的关注程度也较高，甚至会在今后的学习中一直对该科目投入充分的关注。一个合格的教师一定有独具特色的形象，除了语言规范、衣着大方得体、品味时尚外，最重要的是具有鲜明的专业气质。同时合格的老师懂得根据学生的身心特征与其交流，能够恰当地应对学生的敏感、自尊、自责、独立又爱表现的性格。因此，教师又应该具有良好的人文素养。

案例 4-9

李老师是一位刚毕业的女教师，她虽然不漂亮但是气质优雅，穿着朴素得体但是不失个人品位。她的普通话讲得很标准，上课时总是面带微笑，平时很关心学生。李老师还是学校参加化学奥赛培训的唯一的年轻教师，对化学教学有独到的见解和尝试。她总是能对生活中的现象给出令人信服的化学解释，在她的身上总是透着一种化学的严谨和务实精神。她的活动，从眼神到动作，从日常授课到大型比赛，每一件事都会成为班上学生关注的焦点。结果，李老师任教的 4 个班的平均化学成绩都在年级前列。高考后，有好几位同学因为受李老师的影响还选择了化学专业。

案例 4-8 中的李老师，气质、品味、和善以及真心是她的人格魅力，这种魅力无形中转移给了她所教的学科。标准的普通话、过硬的化学专业素养、严谨务实的精神是她赢得崇拜的资本，这种崇拜不但带动学生对化学学科的兴趣，也影响到学生的一生。这就是化学教师个人魅力影响着学生学习化学时的注意力的产生和维持。相反，一个平时懒散、上课没有激情、专业素养缺乏的化学教师，从开始上课就不利于学生注意力的增长，甚至会有学生对教师感到不屑而产生负面的注意力，这种情况不但教师自己上不好化学课，学生也不愿意听他所上的课，更谈不上化学学习的注意力的持久性了。

4. 明确学习目的

明确的学习目的是维持学生有意注意的重要因素，学生的学习目的主要是对学习活动的认识和对自己角色的定位，涉及知识内容、学习活动、学生在化学学习中的角色、知识对生活对社会的意义等。教师一般在上课时都会说一句：同学们，我们开始上课了。通过突发性语言或者动作先引起大家的无意注意，然后大多数人会由无意注意转为有意注意，但是也有部分不重视该堂课的学生不以为然，此时教师应该继续让学生明白本堂课的学习目的、知识在化学中的地位以及知识对人类生活和社会的重要意义，或者可以讲出和所教知识有关的有趣现象或者重大问题，多方面引起学生的有意注意。此外，学生已有的知识存在断带也是学生注意力不集中的原因之一，因此，新课之前对旧知识适当的复习也十分重要。

案例 4-10

“原电池”探究实验的问题引导

教学过程设计为探究性实验讨论课，提出以下五个问题作为整堂课的指导思路：

(1) 金属活动顺序表的含义是什么？

(2) 元素周期表中，同周期元素性质变化有什么规律？同主族元素性质变化有什么规律？

(3) 将锌片插入稀硫酸中有什么现象？为什么？

(4) 将铜片插入稀硫酸中有什么现象？为什么？

(5) 用一根导线将锌片和铜片连接起来再插入稀硫酸中有什么现象发生？

案例 4-10 中教师通过五个问题，首先针对部分学生对已学基础知识生疏甚至存在知识断带的情况进行必要的补救，随后进入教学重点过程。其次，开始就指明活动中的观察方向、问题思考以及活动最后的实验结论展示方式，让学生明确活动的方向，从而充分调动有意注意对实验进行全面的监控，即使没有明显的提示，也能将探究性实验功能发挥得淋漓尽致。

5. 让学生因兴趣而学

兴趣是最好的老师，因喜爱而注意是获得注意力的一种模式，人们对自己感兴趣的事情所投射的注意力是最为持久的，学生的兴趣是化学持续吸引学生注意力的最重要途径。化学教学中培养学生对化学的学习兴趣可以从两个方面考虑，一方面充分利用化学学科的魅力，让学生在学习过程中爱上化学；另一方面充分利用实验，让学生在活动中感受化学的美妙，如神奇的“魔棒”。

案例 4-11

神奇的“魔棒”

第一节化学课老师饶有兴致地说：在很早以前，人们就传说过“魔棒”的故事，据说有了它可以点石成金，化云为雨，逢山开路，遇水架桥。人们为了寻求“魔棒”历尽千辛万苦。随着科学的发展，如今真的找到了自然科学的“魔棒”，用它不仅可以知道物质的组成、结构、性质，而且可以把一种物质变成另一种物质。别说点石成金，就是石头变成比黄金还贵的东西也不成问题，更不用说化云为雨了。这一自然科学的“魔棒”就是我们将要学习的化学。接下来就请大家来见证无所不能的魔棒进行空中点火的过程。然后取少量高锰酸钾晶体于表面皿上，滴加 2 滴浓硫酸，用玻璃棒研磨几秒后，将蘸有混合物的玻璃棒末端接触酒精灯灯芯，酒精灯立刻被点燃。

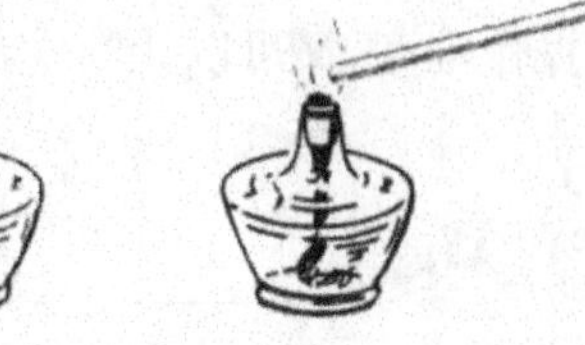

案例 4-11 中教师的做法就充分利用了化学的研究对象，运用巧妙的比喻造成学生的认知冲突，并且让学生现场感受了化学的神奇，学生对化学的注意力自然而然集中，对化学学习的兴趣培养也水到渠成。

6. 联系生活，让学生学有所用

一切学习活动的根源动力体现在知识的应用中。只有让学生体会到化学在生活中的妙用，接受化学对于生活的意义，实现从“要我学”到“我要学”的转变，才能将有意注意的作用发挥到最大，从而持久地获得学生的学习积极性。

案例 4-12

生活小妙招

在学习铁及其化合物时，老师现场模拟铁钉生锈过程，随即用食醋将铁锈除去。并让学生讨论：厨具生锈后如何洗干净？在讲到铁元素的存在时，老师不但现场展示铁矿石，而且邀请学生用磁铁在地上的尘土中收集了含铁的粉尘。整堂课气氛活跃，学生积极参与，效果极佳。

案例 4-12 中教师用生活中常用的材料解决常见的问题，让学生充分体会化学与生活的密

切关系,并达到学以致用的目的,这是化学持续吸引人的重要原因。而现场实践收集铁屑,不但验证教材知识,体会铁的存在及其性质,而且传递了化学无处不在的思想。

7. 充分发挥实验优势,在参与中获得兴趣

1）多让学生配合教师的演示实验

教师的演示实验一般比较典型,现象比较明显。让学生配合教师的演示实验既可以减少教师的操作难度,又可以让学生在亲自体验美妙的化学变化过程中获得兴趣,制造有意注意的促进因素。

案例 4-13

演示实验的细节安排

周老师在做"钠与水的反应"演示实验时,请两位坐在后排的学生上台协助老师做演示实验,在向全班学生介绍仪器和药品的同时,指导学生现场取药品,吸干煤油,用小刀切割金属钠,并一一引导学生分析得出结论。实验开始后,指导全班学生观察现象,再由台上两位学生补充总结实验现象。课堂轻松活跃,连平时不听课的学生都随时关注着讲台上发生的一切,教学效果颇佳。

案例 4-13 中教师的做法巧妙有三:首先,由学生自己参与归纳总结,适时地给予引导,有助于学生对知识的掌握;其次,由于该实验需要注意的实验现象较多,有的容易观察,有的现象则需要近距离观察,后排的学生可能观察不到,所以请后排的学生协助实验,而且请学生上台无意中引出了所有学生的无意注意;再次,学生亲自参与到化学实验中,通过多感官获得相关知识,无论是初学者还是学习多年后的学生都会将注意力投入其中。

2）多放手给学生,让学生参与进来

学生的自由参与是创新的源泉,在参与过程中才能发现最有效的学习方法。提高学生的参与度,让学生切身感受的真实与满足,是最能抓住学生注意力、最能让学生记忆深刻的方法。

案例 4-14

在讲"二氧化碳的实验室制法"时,杨老师在实验之前复习了气体发生装置的类型及相应的适用对象,做了必要的提示后,要求学生设计一个制二氧化碳的装置(包括制取、收集、检验装置)。学生带着提示问题积极讨论,充分发表自己的见解,根据讨论的结果组装实验装置。在实验结束之后,学生就把实验过程中用到的仪器、使用的方法、注意事项等都归纳总结出来,得出结论。最后杨老师再做补充和评价,教学效果十分显著。

案例 4-14 中教师直接演示实验,讲解实验,虽然能在实验时引起学生对实验现象的注意,但是就学生注意力持久性而言,让学生自己完成实验会是更好的选择。整个过程中,教师除提出问题,做出适当的引导外,主要让学生自己感受、探索、查明问题的关键所在,寻求解决问题的最佳方案,让学生通过思考、讨论、实验、理论分析等环节自己解决问题。在学生自主思考和探究的过程中,学生的注意力始终集中在自己要解决的问题上,在问题得到解决的过程中,学

生体会到学习化学解决实际问题的乐趣和成就感。

3）组织家庭小实验

家庭小实验是课堂实验的延伸和改进，通过利用家庭生活中丰富的素材，对课堂知识进行检验和探究，将化学的魅力由课堂开展到课外生活，既有趣又达到了化学学习的基本目的。

案例 4-15

生活中的指示剂

学习了指示剂后，教师给学生布置了作业：生活中遇到的类似指示剂的变色实验，并写出实验报告。一名学生的白衬衣被咖喱汁沾污后，用肥皂洗涤时发现污渍由黄色变红色，经水漂洗后红色又变为黄色。另一名学生用花朵做实验，把石灰水和乙酸直接滴到花朵上，观察得出结论，汁液遇到酸变红，遇到碱变黄。查阅资料后才知道，这就是指示剂的使用原理。

案例 4-15 中教师的设计巧妙之处在于将课堂中遇到的知识和方法迁移到生活中，让学生自己动手，体会探究实验的乐趣和发现问题的过程，不但加深了学生对知识的理解认识，还让化学知识和技能在生活中得以实际运用，同时增强了学生的创新意识。在整个过程中，化学就是一门生活艺术，其影响力自然渗透于学生心中。

4）合理安排教学活动，走出教室

室外学习是化学学习的重要方式，它能充分开发课程资源，实现学生对于化学的认识从小生活到大社会的转变。只有切身体会到化学对自身发展及社会进步的意义，才能更好地调动学生的学习积极性和有意注意。

案例 4-16

二氧化硫与环境污染

在讲二氧化硫和酸雨的相关知识时，张老师带领学生走出教室，采集雨水样品，对雨水的酸碱性进行现场测定。李老师带领学生检测土壤和湖水的酸碱性，并作出相应分析，让学生充分了解身边的化学，增强学生对化学的重视程度和认可深度，时刻关注化学及与化学相关的问题。

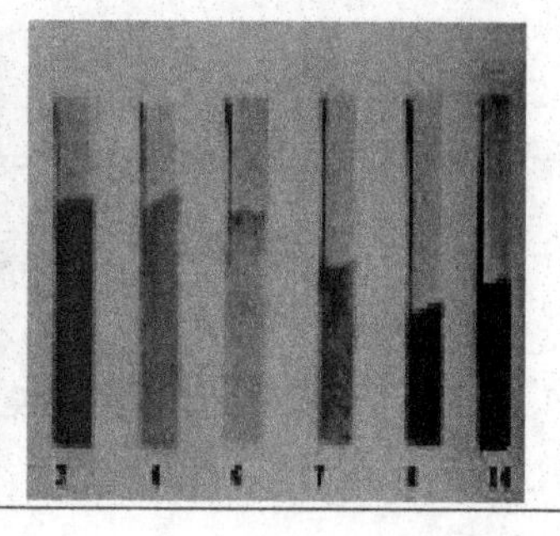

案例 4-16 中两位教师都在积极开发校本课程资源，跳出无聊的教室说教方式，让学生紧绷的神经得以舒展，减少思维倦怠，提高学习情绪。同时，课外活动的趣味性和学习活动的实用性，不仅能加强学生对所学知识的记忆，也能让化学学科的艺术和魅力深深印在学

生脑海中。

8. 引进高新领域知识

化学在高新领域的发展对社会进步起着巨大的作用，然而，学生对高新领域的发展进程和动向接触的机会很少。教学中引入最新的知识不仅是对教材资源的补充，更能适时地抓住学生的注意力。在学习纳米材料时，教师在教材知识中加入纳米材料在当今世界的地位，并介绍纳米材料已成为当今各国竞相大幅投入的领域。

资料卡片

蛋白酶与艾滋病的化学战

蛋白酶抑制剂是迄今为止人类所下的消灭致命敌人——艾滋病的最好赌注。初步结果表明，这些称为蛋白酶抑制剂的药物的疗效使其他药物相形见绌。蛋白酶是艾滋病病毒复制时必需的一种酶，美国食品和药物管理局批准的这些药物能使蛋白酶失去活力。当蛋白酶抑制剂与其他药物合用时，艾滋病病毒就会减少，直到一些病人病情减轻。目前，该项目临床试验正在进行中，如果安全性足够，人类战胜艾滋病指日可待。

艾滋病是目前人类社会面临的一个难题，关于艾滋病的研究一直备受关注，引入最新科技成果来说明蛋白质对于生命体的意义，可以激发学生的学习热情和关注欲望。化学知识博大精深，在社会生活的各个领域和其他社科共同作用，扮演着举足轻重的角色。化学在学生很少了解到的前沿领域的应用代表着科学发展的方向，往往能更快地吸引学生的注意力，并为有创新精神的学生提供可能的突破方向。

总之，在化学教学和学习中，教师应该充分认识到情绪对学习的积极促进作用，大力培养学生的学习兴趣，合理布置舒适的学习空间，明确学习目标，把握好学科特点，充分利用学校和社会资源，调动学生的学习积极性，使学生在生活中学习化学，在实验中学习化学，在快乐中学习化学！

第五节　化学教学情境
——怎样将生活引入化学教学

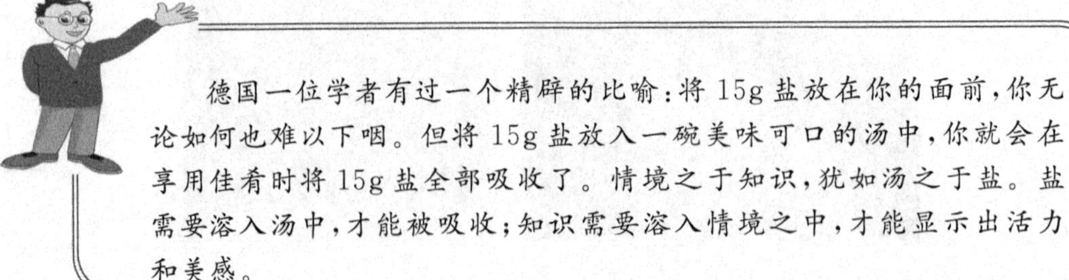

什么是教学情境？教学情境是指知识在其中得以存在和应用的环境或活动背景，学生所

要学习的知识不但存在于其中，而且得以在其中应用。此外，教学情境中也可能含有社会性的人际交往。还有一个词叫“教学情景”，既然一个是“境”，一个是“景”，二者必然有不同之处。化学教学“情景”是指在化学教学中能激起学生积极、主动参与化学学习过程的各种景物。景物即情景素材，是与化学学习主题相关的、能够激起学生化学学习积极性和主动性的背景知识和学习材料。

《普通高中化学课程标准(实验)》在提出的五条“教学建议”中，有三条提出了创设教学情境的建议：①创设能使学生主动学习的教学情境，引导学生积极参与探究活动，激发学生学习化学情趣；②创设生动的学习情境，引导学生通过调查、讨论、咨询等多种方式获取化学知识，认识化学与人类生活的密切关系，理解和处理生活中的有关问题；③创设生动活泼的教学情境，帮助学生理解和掌握化学知识和技能，启迪学生的科学思维，训练学生的科学方法，培养学生的科学态度和价值观。

因此，在教学过程中创设一个个教学情境，让学生在复合情境中不仅能学习化学知识，而且还能体会到化学的乐趣。下面对教学情境的特点和类型作简要阐述。

一、教学情境的特点

1. 真实性

真实的情境不仅拥有认知上的价值，而且它最接近学生的生活体验，能调动学生全部的感受力和过去生活中的经验。在某种意义上，情境的真实性有助于学生对于学习主题的认知和学习意义的建构，有助于培养学生真实的情感态度和价值观。

案例 5-1

某中学教师在讲“离子反应”时，是这样引入的：美丽的溶洞千姿百态，引人入胜，是大自然的神奇妙笔；世界上有那么多食品加工厂和造纸厂，它们每时每刻都在排放污水，这些污水又是如何处理干净的呢？这就与我们今天学习的离子反应有关。

案例 5-1 中教师首先引起学生认知冲突，然后顺着疑问进入教学，水到渠成。千姿百态的溶洞、工厂污水的处理，这些都是生活中真真切切的例子，接近学生的生活体验，能够调动学生的感受力，充分体现了教学情境的真实性。

2. 针对性

所谓针对性，是指教师在创设教学情境时，有针对性地指向一定的教学目标，而且学生的学习任务也是有一定的目标的。一方面，创设教学情境时，教师要明确为什么要设置情境，设置情境的作用是什么，应该达到的目标是什么。另一方面，学生在不同的教学情境中所获得的知识不尽相同，形成情感体验也丰富多彩。

案例 5-2

某中学教师讲“物质的分类”时用到这样一个例子：

【思考】我国战国时期的诸子百家中有这样一位名家——公孙龙，它曾提出“白马非马”的论断，从分类的角度看，你认为这种说法有合理之处吗？

【回答】有合理之处，如果从颜色的角度来分类的话，白马属于白色的。如果从物质种类来讲的话，白马属于马。

【分析】将事物按照不同的分类标准进行分类时会产生不同的分类结果。在分类的标准确定之后，同类中的事物在某些方面的相似性可以帮助我们做到举一反三，对于不同事物的了解很可能使我们做到由此及彼。所以分类法是一种行之有效、简单易行的科学方法。运用分类法不仅能使有关化学物质及其变化的知识系统化，还可以通过分门别类的研究，发现物质及其变化的规律。

案例 5-2 从学生熟知的“白马非马”的论断引入，并从分类的角度分析其合理之处，得出分类法是一种行之有效、简单易行的科学方法。教学目标很明确——简单分类法及其应用，充分体现了设置教学情境的针对性。

3. 知识性

创设情境的目的是使学生更加高效率地学习化学知识，因此创设的教学情境要“取之有材”，要涵盖本节课所讲的内容，将教学内容恰到好处地融合到教学情境中，使学生自然而然地在感受“生活情境”的同时学到化学知识。

案例 5-3

某中学教师分析讲解丁铎尔效应后，引入生活中的常见现象：

【阐述】早晨当阳光射入茂密的森林，我们常常会在枝叶间看到一道道光柱；看电影时，放映室中也常常会形成一道道光柱；在暗室里，让一束平行光线通过，从垂直于光线的方向用肉眼观看，可以发现有一条浑浊光亮的通路。

【提问】为什么会有这种自然现象？

【分析】这些自然现象都与我们刚刚讲到的丁铎尔效应有关……

很多生活中的自然现象蕴藏着有趣的化学知识，这就是教学情境的知识性。案例 5-3 中，讲完丁铎尔效应的理论知识后，举出很多生活中的丁铎尔现象，帮助学生加深理解丁铎尔效应，体现了生活教学情境的知识性。

4. 情感性

情境就是通过激发学生的认知情感，从学生的已有经验出发，引发其认知冲突，激发学生的学习兴趣。例如,化学教材中应用了很多生动贴切的卡通图片、亲切的生活场景、人物对白、社会焦点问题的图片等,利用这些图片创设的情境,引起学生心理和情感上的“亲切”,感受到教学的真实性,使学生愿意接受所学的新知识。这样就在学习内容和学生之间建立“对话”的桥梁,也是情境所起的独特作用。

案例 5-4

某中学教师在讲“金属及其化合物”时,是这样引入的:每到逢年过节时,同学们都会看到美丽的焰火表演,大家知道焰火的五颜六色从何而来吗?原来是往焰火里面加入了一些含金属元素的物质。例如,发出黄色火焰的就是加入了含有钠元素的化学物质,发出紫色火焰的就是加入了含有钾元素的化学物质,发出绿色火焰的就是加入了含有铜元素的化学物质,而我们所说的钠、钾、铜都属于金属元素。其实人类对金属的研究从古代就开始了,东汉的马踏飞燕体现了青铜器与工艺的完美结合,再远到法国的埃菲尔铁塔,近到中国刚刚成功发射的“神舟七号”,都表明人类对金属的研究从来没有停止过脚步。今天我们就沿着前人的脚步也进行金属相关性质的研究。

学生都很喜欢观看美丽的焰火表演,抓住这一点进行引课,激起学生内心的亲切,然后又贯穿古今中外,东汉的马踏飞燕、法国的埃菲尔铁塔、成功发射的“神舟七号”,这些又会激发学生的学习兴趣,对本节课充满好奇与期待。这两点充分体现了情境的情感性,之后就顺其自然地进入本节课的探究。

5. 整体性

创设教学情境时,需要注意整体性,切忌只是“一现而过”。在实际教学中常出现这种现象:通过“情境”导入新课后,“情境”随即就被丢在一边,弃之不用,而后面的教学内容、过程和前面所创设的情境完全无关,这种情境的创设是只流于形式的、失败的“伪”情境。

案例 5-5

原电池的原理

某中学教师的这一堂课就很值得借鉴：首先，巧用“病例”情境——格林太太的故事。格林太太有一口整齐洁白的牙齿，其中镶有两颗假牙，一颗是黄金的——这是她富有的标志；另一颗是不锈钢的——这是一次车祸留下的痕迹。令人百思不得其解的是，自从她出了车祸以后，格林太太经常头痛、夜间失眠、心情烦躁，医生绞尽了脑汁，格林太太的病情仍未好转。一位年轻的化学家来看望格林太太，揭开了格林太太的病因。化学家发现了什么？你能为格林太太开一个药方吗？

然后，分析病例，探明病因。模拟口腔环境，把培养皿想象成口腔，稀硫酸想象成口腔溶液——唾液，用 Zn、Cu 分别代表两颗不同的假牙展开探究活动。最后，再次模拟口腔环境，把苹果想象成口腔，苹果汁想象成口腔溶液，小刀、铅笔、牙签、铜钉等任选两种代表假牙探究原电池形成条件，为患者开出“药方”。

案例 5-5 中教师在这堂课里所创设的“病例”情境，他不是一用了之，而是一用到底，贯穿于整个课堂，学生完全投入到教师精心设计的情境中。高质量的“病例”情境成了这堂课一条让人迷恋的小溪，充分体现了教学情境的五个特点，在真实的教学情境——格林太太的故事中，激发学生的认知情感——医生都解决不了，化学家却轻而易举地开出了药方，令人匪夷所思，激发学生探究病因的欲望。之后在教师的启发引导下，模拟口腔环境进行探究活动，探明病因，也趁此时机讲解原电池的原理，最后为患者开“药方”之际，讲解原电池的形成条件，既有针对性地学习了本节知识，又使“病例”情境贯穿于整个课堂，提升学生的认知能力，这就是创设情境的双重作用。

二、教学情境的类型

1. 历史史实教学情境

在教学中，历史史实是创设情境的很好的素材。例如，指示剂的发明源起于赠送给波义耳的紫罗兰不小心被盐酸飞沫沾上而变色，波义耳是第一个把植物浸取液作酸碱指示剂的化学家。让学生感觉到化学的发明可以来自生活，生活中处处存在化学，原来化学并不是想象中那么难。

化学故事

会变色的紫罗兰

一天，化学家波义耳正准备进行晨间例行检查时，园丁送来一篮美丽的深紫色紫罗兰放在桌子上。波义耳看着花很美丽，就摘下一朵向实验室走去。做实验时，不小心将盐酸溅到了花上。他立即把花放在水杯里，自己继续工作。过了一会儿，他把花取出来，这时奇迹发生了。波义耳惊讶不已：紫色的紫罗兰竟然变成了红色。这一偶然的事件启发了科学家的思维。

于是他开始进行大量实验，发现不仅仅是盐酸，其他酸也可以使紫罗兰变成红色。不畏疲劳的科学家还不断用紫罗兰、玫瑰花、药草、地衣等制取各种浸液，有的在酸的作用下变色，有的在碱的作用下变色。之后又经过深加工，就制得了今天我们所用的酸碱指示剂。

讲解酸碱指示剂的由来，使学生意识到科学发现往往在一瞬间发生，一个偶然事件往往成为启发科学家的引线，它并不是想象的那么困难。当然真正的发明创造是以长期实验和思考为基础的，灵感和天才来源于一次又一次艰辛的劳动！看似偶然却并不是偶然，既要有发现机遇的火眼金睛，又要付出不懈的努力和永不言败的恒心！学生既了解了酸碱指示剂的由来，又经历了一次精神上的洗礼！此外，还有许多化学史实可供参考。

化学史实

门教授(门捷列夫)巧寻周期律，凯博士(凯库勒)梦连苯结构，拉瓦锡妙用天平测空气，道尔顿矢志创立原子论，阿学者(阿伏伽德罗)不惧权威提分子，拉姆塞大海捞针追惰气……

这些泛着科学精神和智慧之光的化学史料，在富有感召、崇敬和激励的言语引导下，定会在莘莘学子的心田留下“哥德巴赫猜想”那样深刻而动情的撞击，也会在学生的人生履历中绽放几缕合成与变幻的曙光。

2. 生活经验教学情境

生活化的教学情境就是将生活世界和科学世界联系起来，从学生的生活经验和已有知识出发，学科与学生生活相融通，创设有效的教学情境。例如，生活中检验司机酒后驾车的方法，去除热水瓶内的沉积污垢的方法，泡沫灭火器的原理，为什么吃水果可以解酒，为什么牛奶等蛋白质含量高的物质能解重金属中毒等化学知识，都可以让学生体验化学与日常生活的密切关系，感受化学知识学习的意义与作用，增强学习化学的兴趣和动机。

案例 5-6

在讲解“食品添加剂”的知识时，蒋老师预先请学生各自收集一些印有成分标签的口香糖、火腿肠、方便面、果汁饮料等的包装纸，并从图书馆借来几本化学化工词典。上课时，把学生分成若干小组，每组提供一本词典，请学生观察各种包装说明，统计、分析其成分，根据词典查找各种成分的作用、性质和危害，讨论、总结并交流。

案例5-6中，教师巧妙地将生活中的实例融入化学课堂中。在课堂活动时学生通过查阅资料、阅读课本和分析讨论，不但对添加剂有了全新的认识，而且也对过分钟情于方便面、火腿肠及饮料的“快捷生活方式”进行了反思，教学收到了良好的效果，体现了“化学知识生活化，生活常识化学化”的思想。

3. 新闻事件教学情境

只有在真实情境中获得知识和技能，才能真正理解、掌握并应用于真实生活和工作环境中，从而去解决实际问题。例如，一则生动的有关能源或环境问题的报道就能激发学生学习化学的热情，认识化学在实现人与自然和谐共处过程中的重要作用，最终形成综合的科学观。

案例 5-7

甲烷的可燃性

某老师这样引入“甲烷的可燃性”：2012年3月22日在辽宁省辽阳市大黄二矿井下发生一起煤矿瓦斯爆炸事故，为什么会发生瓦斯爆炸呢？瓦斯的主要成分是什么呢？在什么情况下会发生爆炸呢？

现在大多数学生都很关注新闻政治时事，案例5-7中教师抓住此特点，将生活中新近发生的新闻事件引入化学课堂中，创设新闻事件情境，引起学生关注，使学生一开始上课就处于高昂的状态，然后教师导入正题——甲烷的可燃性，起到了很好的导课作用，并且为甲烷使用的安全问题作好铺垫。

4. 科技前沿教学情境

学生对未知的奥妙的科学世界充满了向往与渴求。教师在化学教学中，可以紧紧抓住学生的好奇心，将与化学相关的最新科技引入课堂教学中。创设科技前沿教学情境，不仅能培养学生浓厚的学习兴趣，拓展学生科学视野，同时也能激发学生对科学探索的欲望。例如，现代社会化妆品越来越受到人们的欢迎，而化妆品的研制与化学密不可分。因此科学工作者一直在研制具有高效的化妆品——对人类的皮肤不仅没有副作用，而且兼顾美容和护肤功能。教师在课堂上可以应用这些既是科技前沿的问题，又是人们热切关注的话题来引导学生学习与此相关的化学知识。

科技前沿

人造血管

人们已制出了可以代替真血管的“人造血管”。这种人造血管是用组织材料编织成的假血管。丝织厂的技术人员根据人体的机能，选用了动物性蛋白纤维——蚕丝作为原料，在精巧的织机上先织成细致紧密的管状丝织物，再经过物理机械性的折缩和化学性的树脂加工处理，使管状的丝织物具有强韧性、弹性和伸缩性，可以任意弯曲，不瘪不折，不断不裂，还可以不漏水、不渗血，血液经过其中，也不起任何变化。最后经过严格消毒，就可以用于人体内部代替真的血管了。现在这种人造血管已能大量生产，而且有多种类型，如粗的、细的、粗细相连接的或呈“丁”字状的等，根据血管形状和需要可制出各式各样的“人造血管”，供医疗使用。

三、如何将生活引入化学教学

将生活引入化学教学中，就是从日常生活和生产中选取学生熟悉的素材，把生活中的化学知识与教材上的内容联系起来，引导学生参与到教学情境中，从而开阔学生的视野，拓宽学生的知识面，进一步提升学生的实际应用能力及科学文化素养。因此，将生活引入化学教学，既是社会发展的需要，又是教育改革的需要。如何将生活引入化学教学呢？

1. 利用导课将生活引入课堂

化学来源于生活，而又高于生活。身边的某些生活现象都可以用化学知识来解决，因此教师可以从生活中选取素材，抓住学生较熟悉的生活现象或生活常识，设置一定的教学情境进行导课。

案例 5-8

讲 $NaHCO_3$ 和 Na_2CO_3 的性质知识点时，张老师是这样引入的：首先从学生的生活经验出发，引导学生联想馒头的制作过程，并提出具有启发性的问题：

(1) 小面团怎样变成疏松多孔的馒头？

(2) 在做馒头时，碱和小苏打发生了怎样的化学反应？体现了它们的哪些化学性质？

学生越听疑问越多，张老师故布疑阵，激发学生强烈的探究动机，顺其自然地切入了正题。课堂结束时，张老师还引导学生利用本节课所学知识解决课前的疑问，很自然地将生活中的常识引入整个化学教学中。

案例 5-8 中，在课堂开始教师就从日常生活中常见的现象出发，提出一个个疑问，设置“悬念”，将学生引入设置的重重问题中，引导学生思考。正值学生的探究动机被激发之际，教师顺其自然地进入本节课教学，且在课堂结束时，教师没有草草收兵，而是首尾呼应，解答上课前提出的疑问，很自然地将生活中的化学常识引入整个教学中。

2. 教学中渗透生活知识

化学本来就是与生活息息相关的一门学科，许多课本上的知识都与生活密切联系。例如，讲“食品中的有机物”时，可以适当扩充营养物质(如糖类、油脂、蛋白质、纤维素等)的摄取方法、摄取时应注意一些饮食不当的问题、食物在人体内的吸收消化过程等；讲“化学元素与人体健康”时，也可以适当扩充生活常识，问学生“为什么有的食用盐中要加碘、锌、铁、硒”，从而使学生对常量元素和微量元素有更深的认识和提高；讲“用途广泛的金属材料”时，介绍生活中的很多门窗就是用铝合金做的，飞机、轮船上的材料很多都是钛和钛合金。向学生设疑“为什么要以合金为材料，而不用纯金属呢？”“合金拥有纯金属哪些没有的特性呢？”化学是一门以实验为基础的学科，实验的选取也是引起学生注意力，激发学生兴趣的关键。例如，在课堂开展生活化的趣味实验，让学生在熟悉的生活情境中感悟化学的魅力，用化学知识解决与化学有关的生活与生命现象，培养学生的化学思维能力。

案例 5-9

某老师在讲“二氧化碳的实验室制法”时，让学生从家里带来有水垢的热水瓶。上课时，让学生将乙酸加入水垢中，学生看到有大量的气泡冒出，并且水垢不断减少直至消失，既惊奇又欢喜。课后张老师又引导学生运用本次实验的原理，替妈妈做家里的清洁工，把茶杯里的茶垢清洗干净。此外，还做适当的扩展，布置以下作业：运用化学原理，把浴室、厕所里的污垢清理干净。

案例 5-9 中教师用生活中常见的物质代替实验室中的药品，使本来死板的化学知识以生动有趣的化学实验呈现给学生，增加学生的感性认识，避免了传统的“填鸭式”或“灌输式”教学。在教学中，引导学生将生活与化学紧密联系在一起，使“生活常识化学化，化学知识生活化。”

3. 创设趣味生活情境

在讲授比较抽象的化学知识时，为了便于学生理解，教师可以巧妙地创设生活场景，让学生置身于所创设的教学情境中，并同时达到学习知识的目的。

案例 5-10

在“硝酸”一节的教学中，单独讲解硝酸的知识往往比较枯燥，某老师创设“硝酸秘密档案”的趣味情境来教学，秘密档案如下：

姓名：硝酸、发烟硝酸。

双重国籍：酸共和国、强氧化物帝国。

体重：63kg。

密度：大于正常人体密度，为 1.5027g/cm³。

高烧时温度可达：83℃。

肤色：无色，见光受热后皮肤发黄。

气味：长期居住在阴暗的棕色房子中，身上有一种刺激性的气味。

性格：爱到“空气”家串门，喜欢坐铝槽车和铁罐车；脾气暴躁(易分解)，尤其是在口渴或受热的情况下；容易和碱性物质、大部分金属及许多非金属“发生纠纷”。

经历：化学专业毕业生，长期从事制造炸药、染料、塑料和硝酸盐的工作。第二次世界大战时期，曾经和夫人“盐酸”一起帮助过丹麦人玻尔隐藏诺贝尔金质奖章。曾严重损伤他人皮肤，后来悔过自新，投身教育，经常参与母校实验室的化学实验。

案例5-10中教师巧妙地将化学物质——硝酸拟人化，创设“硝酸秘密档案”的趣味情境，生动形象，赋予死板知识以生命的活力。这种具有趣味性的教学情境充分激发了学生学习化学知识的兴趣，大大提高了学习效率，同时学生也从中获得了丰富的情感体验，不失为一种巧妙的教学方法。

4. 布置生活化的作业

学生学习化学就是要学会解决日常生活的难题、社会中存在的问题。将生活引入化学教学，不仅体现在课堂教学中，还应该体现在课外活动、课后作业甚至日常生活中。

布置作业时，可以从以下几个方面进行考虑：①能源问题；②饮食与健康；③环境与化学；④生活常识与化学；⑤生命自然现象与化学；⑥化学故事。

案例5-11

某中学特级教师蒋老师习惯这样给学生布置课后作业。

学习了“燃烧与灭火”之后，布置这样的课后作业：2008年北京奥运会火炬传递的亮点与难点是让火炬在世界顶峰——珠穆朗玛峰持续燃烧，如果你是奥运会火炬的设计者，根据燃烧的三个条件，并查阅相关资料，合理设计火炬的内部结构及燃料的选择。

学习“溶液”之后，布置习题：汽油、润滑油等油渍无法用水洗净，你能有什么办法？并解释原理。给爸爸妈妈洗一次衣服，并和妈妈研究把衣服洗得又干净又快速的高效方法。

案例5-11中教师布置的作业不再是书本上死板的化学题目，而是从学生的生活经验出发，联系化学常识，转化为很有意思的课外活动。如此一来，学生不再认为那是让人焦头烂额的化学作业，而是很有趣味的游戏或活动，学生不再怀着抱怨的态度去完成，而是很乐意去完成。当然，作业的目的不再只是为了掌握知识点，作业也不能再是机械的理智训练，而要让作业也回归到生活中。

四、将生活引入化学教学时应注意的几个误区

化学教学生活化是实现高效教学的重要途径，很多教师在教学时使用这种方法，但通常一不小心就会走进情境创设的误区。利用生活设置教学情境时应注意以下几点。

1. 情境的设计忽略学生已有经验

“唯有被学生选择的知识才是有意义的”(杜威)。美国著名教育心理学家奥苏伯尔有一段经典的论述：影响学习的唯一最重要的因素就是学生已经知道了什么，要探明这一点，并应据此教学。他指出：当学习者把教学内容与自己的认知结构联系起来时，意义学习便发生了。因此，设置生活教学情境时要考虑学生的已有知识经验。学生学习的兴趣来源于其内在认知结构的冲突，如果引入课堂的生活知识都是学生不熟悉的，相当于一开始就给学生出道难题，大大挫败了学生学习的积极性。

案例 5-12

乙烯的催熟效果

某中学教师讲“乙烯”时，是这样引入的：

【投影图片】如何使生硬的猕猴桃快点变得熟软好吃？

【学生回答】一片茫然……

【老师提示】如果平常注意观察的话，在家妈妈通常将什么水果和生硬的猕猴桃放在一块儿催熟呢？

【学生回答】好像是苹果吧，香蕉也行吧？

【讲解分析】嗯，通常将苹果或香蕉与猕猴桃放在塑料口袋里，再把口袋扎好，过了几天，猕猴桃就会变得熟软好吃。

【学生质疑】这是为什么呢？

【老师讲解】因为熟的苹果或香蕉会释放出一种气体，这种气体会作用于生硬的猕猴桃，起到催熟的效果。这种气体就是我们今天要讲的“乙烯”。

仔细分析这个案例，可以看出当教师问学生“如何使生硬的猕猴桃快点变得熟软好吃”时，学生都是一片茫然，完全不知所措。究其原因，当代中学生都是90后，独生子女，家务大多是父母包办，所以对“如何使生硬的猕猴桃快点变得熟软好吃”这一生活常识一无所知也是预料之中的，出现课堂冷场也理所当然。因此教师备课时，应从学生的角度出发，考虑学生的已有经验及知识能力，尽量避免学生尴尬、课堂冷场的情况。

2. 忽略化学的学科地位

在教学过程中绝不能只是关注生活而忘记了化学，从生活走向生活，整个教学过程与化学无关。要清楚地认识到，关注生活是为了关注化学在生活中的重要性，关注生活是为了关注化学知识对生活的指导作用，也就是说，在教学中一定要突出化学的学科地位。

案例 5-13

蛋白质与人体健康

某中学教师是这样展开本堂课的：

第一环节　故事导入课程，激发学生的兴趣。

第二环节　讲解蛋白质的重要功能。

缺少蛋白质：①免疫力下降；②老化速度加快；③能量不足；④易疲劳；⑤骨质疏松；⑥伤口不易恢复；⑦皮肤易起皱纹；⑧精神失常；⑨智力下降。

过多摄入蛋白质：①容易患肾脏疾病；②诱发心血管疾病；③促进癌细胞生长。

第三环节　介绍富含蛋白质的食物。

第四环节　介绍生活中蛋白质的应用。

案例5-13中课堂确实激发了学生的兴趣，与生活联系密切。仔细分析，本节课的知识目标是掌握蛋白质的组成元素，知道蛋白质水解的最终产物是氨基酸，了解氨基酸的基本结构及性质特点。但整堂课却只字未提,教师在设置教学情境时没有考虑到这一点,忽略了化学学科知识。

3. 情境创设有"始"无"终"

在很多课堂上存在这样的情况,教师上课之前精心创设了一个生活情境,但当达到创设情境的目的——引出本节课所讲内容后,就立即将情境抛在一边,直接进入课堂,整个课堂从始至终只字不提课前所创设的生活情境。这就很容易使学生刚开始眼前一亮,兴趣十足,但当抛开情境进入新知识的学习时,兴趣很快消失,仍然感觉学习乏味。这样一来,创设的生活情境就没有起到真正的作用。

案例 5-14

二氧化硫的性质和作用

讲新课开始,某中学教师创设了这样一个"生活情境":居住于硫酸厂附近的阿姨某一天惊奇地发现,自家的田地里种的绿色蔬菜出了大问题:叶片有点卷曲、发黄,而且比往日显得更加油亮亮的,好像在油里面浸泡过一样。之后让学生探究其原因。

通过学生的思考、讨论、交流方案的设计,再通过学生亲手做实验,最后,在学生的手忙脚乱中,在玻璃仪器的碰撞"交响曲"中匆忙地结束了本节课,课堂结束之前,并未对课前创设的"情境"有所解释、分析和总结。

案例 5-14 中,整堂课虽然学生激情万丈,表现活跃,很积极地参与到实验的整个过程,但因为创设的情境目标不明确,有始无终,所以最终课堂结束后学生并不知道自己学到了什么,教学效果不明确。

4. 过多地渲染化学的负面影响

很多教师在教学中不假思索地用化学的负面素材创设情境。过多地渲染化学的负面影响,不仅会使学生对化学产生错误评价和认识、产生恐惧、失去兴趣,而且不利于培养学生正确的情感态度和价值观。

案例 5-15

讲"氯气"时,某老师利用这一新闻导课:据报道,2005 年 3 月 29 日晚,京沪高速淮安段,一辆山东开往上海方向的槽罐车与一辆迎面驶来的解放牌大货车相撞后翻倒在地,槽罐车上满载的约 32t 氯气快速泄漏。泄漏的氯气快速向周围的村庄蔓延,所到之处草木枯黄,大片农作物被毁,中毒死亡者达 28 人,另有 350 人被送入医院治疗……

案例 5-15 中用一则负面新闻进行导课,学生听完后会对氯气产生抵触和恐惧心理,不能正确看待氯气或其他化学物质。长期将负面新闻带入课堂,学生甚至对化学产生恐惧感,即所谓的"化学恐惧症",更别说对化学感兴趣,积极地投入化学学习中。化学是一把双刃剑,它既能造福于人类，同时也会给人类带来或大或小的灾难，让学生认识到这一点很重要。于是，积极引导学生正确认识化学的功与过这一重大任务就落在教师的身上。教师在教学中应该多向学生介绍化学对人类生活、社会的进步和生产发展所作的重大贡献，让学生亲身感受到化学的有用性和学习化学的必要性。

5. 创设的生活情境缺乏“新颖性”

创设教学情境会激发学生的学习兴趣，提高学习效率。但很多教师并没有考虑什么样的“情境”才能真正吸引学生的眼球，才能真正让学生有持久的注意力。很多教师往往不假思索地采用网上搜集的老套的案例作为情境设置的素材，而这些素材其实学生已经非常熟悉了，因此并不能很好地引起学生的好奇心和兴趣。

案例 5-16

二氧化碳的性质

很多老师都用“屠狗洞”的例子引入本节课：在意大利某地有个奇怪的山洞，人过这个洞安然无恙，狗进入山洞就一命呜呼了。因此，当地居民称它为“屠狗洞”。其中的奥秘在哪里呢？原来，山洞中的二氧化碳浓度很高，由于二氧化碳的密度比空气大，聚集在地面附近，形成一定高度的二氧化碳气层。因此，当狗进入山洞时，狗被淹没在二氧化碳气层里因缺氧而窒息死亡。这就是“屠狗洞的秘密”。

案例 5-16 中所举的例子不仅教师信手拈来，连学生也会讲给小朋友听了。应用这个例子引入，不能很好地引起学生的注意力。如果以学生知道但又不是很熟悉的泡沫灭火器为素材，引入本节课效果较好，还有二氧化碳的其他用途：人工降雨、饮料商吹捧它为“人气王子”、表演人员靠它来“腾云驾雾”、消防官兵赞美它是“灭火先锋”、建筑师还称它为“粉刷匠”、环境学家却指责它是造成全球变暖的“罪魁祸首”，这些都是二氧化碳的用途，但是用另一种方式呈献给学生，体现了情境的新颖性。

授课前教师不仅要备课，还要备学生，明确学生的知识层面、认知程度。什么样的情境能够引起学生的兴趣，激起学生的求知欲，什么样的例子能够给学生以“新颖”的感觉，从而全身心地投入到本节课当中。

五、将生活引入化学教学中的意义

将生活引入化学教学，帮助学生理解化学对社会发展的作用，让学生从化学的视角熟悉科学、技术、社会和生活方面的有关问题。了解化学制品对人类健康的影响，懂得运用化学知识和方法治理环境污染，合理地开发和利用化学资源，增强学生对自然和社会的责任感，使学生在面临与化学有关的社会问题的挑战时，能做出更理智、更科学的决策。创设适合的教学情境能充分调动学生的积极性，把科学和艺术结合起来，使学生学得生动、活泼、主动。

新课程从以人为本、回归生活、注重发展的教育理念出发，大大丰富了情境的内涵，并对情境创设提出了新要求，情境创设因此成为新课程改革在课堂教学领域内的一个热门话题。把生活融入课堂，让课堂成为生活的一部分，用课堂上获取的知识指导现实的生活，在具体的生活实践中感悟、升华学识，从而让课堂教学更生动、更有效。

第六节　科学地安排教学时间
——首因-近因效应的合理应用

某高中化学教师一直以来在化学教学上独树一帜，尽管他的课看起来内容和其他老师没有太大区别，但是他的学生总能够比其他班的学生学得更好。当被问及有什么教育秘诀时，他谈到："我只是在合适的时间给学生传授了合适的知识。"那么，什么是课堂中合适的时间呢？

学过教育心理学的化学教师都知道，化学教学的课程设计和课堂实施应符合教育学和心理学的基本理论，只有这样才能实现科学地教学。首因效应和近因效应是心理学中两个重要的现象，在课堂教学的适当时间适当合理地利用这两个效应，可以使学生更好地掌握和理解知识，让化学教学事半功倍。

一、首因效应

1. 什么是首因效应

认识或接触某一事物，给人留下第一印象称为"首因效应"。对于首因效应，最早由美国社会心理学家阿施于 1946 年在关于印象形成的研究中提出。在印象形成、沟通过程中的说服教育和广告等场合，经常运用首因效应对信息进行不同的组合排列，以产生预期效果。换句话说也就是先入为主。在教学中的体现是学生一接触到某种事物，便以第一印象作为对该事物的评价。从效果上讲，首因效应分为正首因效应和负首因效应，教师在课堂中应积极利用正首因效应，尽量避免负首因效应。

2. 首因效应的优势

1）记忆上的优势

人们对于首先呈现的资料印象较深，较易回忆且遗忘较少。根据教育心理学中的系列位置效应，记忆的内容所处的位置对于记忆的效果是有影响的。例如，初中化学要求学生记忆元素周期表中前 20 号元素的名称及元素符号的书写。让学生说出第 1 号元素是什么，学生可以很快回答是氢，第 2 号也可以回答出来是氦，对于这些开头的，学生的回答往往是很果断且正确的，因为这些资料在学生大脑中呈现的速度较快。但如果让学生回答第 13 号元素是什么，一些学生则可能会把前 20 号元素从头到尾背一遍才能知道是铝。相对于中间记忆，首因效应的优势是很明显的。

案例 6-1

化学平衡对于初学者来说很难，原因就在于它很抽象。因此张老师在课堂开始时就先将它归纳为"动、逆、等、定、变"五大特征，之后解释每一个字，借助这些字来讲解这些特点。最终使学生很好地理解了化学平衡，达到课程所要求的教学目标。

案例 6-1 中教师的处理方式很值得借鉴，对于化学平衡而言，学生理解其特点很难，但是如果学生先记住“动、逆、等、定、变”这五大特征，再根据这五个关键字的提示自行回忆体会平衡的相关特点，就显得容易了很多。对于复杂的化学知识，教师可以利用首因效应在记忆上的优势，先提取关键字、先讲骨架，学生记住骨架后再自我完善细微。开头便讲既容易记也容易回忆复习。

2）效率上的优势

科学研究表明，人的注意力的高度集中是不可以长期保持的。能够高度集中的时间段一般出现在课堂的开始和末尾，课堂中间时段是学生最容易倦怠的。在课堂开始这一期间，学生的注意力比较集中且记忆知识的能力最强，遗忘知识的可能最小，在这一期间学习可以达到事半功倍的效果。

案例 6-2

在讲“氧化还原反应”时，李老师为了更好地将初中氧化还原反应和高中氧化还原反应的概念进行比较，先花了很多时间从得氧、失氧、得氢、失氢的角度复习初中的氧化还原反应概念，然后从化合价角度对高中的氧化还原反应进行分析讲解。结果学生上完课后对于氧化还原反应中化合价变化及其本质的理解还是欠佳。

高中氧化还原反应是学习的重点，概念上比初中所学有所上升，需要从认知上纠正学生初中的观念。案例 6-2 中教师在课的开始花太多时间复习初中的概念，不仅淡化了本节课高中化学知识主体，更浪费了学生注意力可以集中的宝贵时间段，导致最后教学效果欠佳。所以，在教学中教师应根据首因效应，了解知识在课堂呈现的最佳时间段，更科学地安排自己的授课。

3）影响上的优势

首因效应的核心就是第一印象。第一印象作用最强，持续的时间也长，比以后得到的信息对于事物整个印象产生的作用更强。事物的以后印象很多依赖于第一印象，这在学习中很有意义。

案例 6-3

刘老师在上“硝酸”这一部分内容时，在课堂开始先做了一个实验：将铜片放到一杯未知溶液中，铜片溶解并且有红棕色气体放出。刘老师顺势提问：铜的化学性质很不活泼，那么是什么溶液将它溶解了？它是否可以溶解金银？放出的气体是什么？一个个疑问激发了学生的学习兴趣，大家对未知溶液讨论纷纷。

案例 6-3 中教师从铜的一个反应出发进入课题，通过实验，学生对于硝酸有了可以与铜反应的第一印象，后面的提问便是引导学生思考硝酸的强氧化性。学生通过铜与硝酸这一特别反应的接触，对硝酸的强氧化性也有了更深刻的印象，这一印象贯穿于整个高中化学学习。这也为推断类似与铜反应的酸液的性质提供了一个思考的方向，有利于学生从科学角度举一反三思考问题能力的形成。

3. 如何利用首因效应提高学生的学习效率

1）单刀直入，直击重点

根据首因效应的特点，将其应用于课堂中便出现了课堂中的第一高效期。所谓第一高效期，一般认为在一节课开始的前10分钟左右，这是保持记忆的最佳时间。教师一定要将新的知识放到这一时间段来讲授，单刀直入，直击重点，讲授学生新的、极为重要的知识。要避免将宝贵的高效时间用于课堂管理或安排复习(如训话或点名等非学习的任务)。

案例 6-4

盐类的水解

李老师在讲“盐类的水解”时，因本节课所涉及的知识量较大，包括强弱电解质、平衡移动、水的电离、强酸强碱的分类、酸碱中和反应等一系列初、高中知识，虽然这些知识对于盐类水解很重要，但他课堂上并未对这些知识进行彻底复习后再进行盐类的水解的讲解，而是将这些内容穿插在教学中进行。例如，最开始只复习了酸分为强酸和弱酸，碱分为强碱和弱碱，这样中和反应时会生成四种盐：强酸强碱盐、强酸弱碱盐、弱酸强碱盐、弱酸弱碱盐，然后提问这些酸碱中和反应生成的盐显什么性，讲到这里后李老师开始进行盐的酸碱性的探究。在讲解盐类的水解本质时，再复习强弱电解质的概念以及平衡移动原理，而电荷守恒、元素守恒这些老概念的应用则放在后续的讲解中进行。

案例6-4中教师对知识的复习采取了分散复习方式。很多教师在上课时喜欢将复习放在课前，这通常要占用很长的高效学习时间，可以将复习内容放在课程中间穿插进行。如果课前复习时间太长，超过10分钟，学生的学习效率就会大大降低，所以分散复习的效果要远远优于集中复习。复习应该与新课同时进行，在进行新课时不失时机地对学生进行前面知识的复习，这样才能有效提高教学效率。

2) 难点放在开头讲

在讲课的效率上，学生在课堂初期的注意力是比较高的，而在课程中段出现了分心状态，最后注意力又得到了恢复，这就是马鞍形注意力分布规律。根据马鞍形注意力分布规律，教师如果能够在学生注意力高度集中时快速进入课堂主题，则能大大增加学习效果。高度的注意力有利于学生在课堂中紧跟教师思路，在课中快速掌握知识。因此，教师可以把难点放在开头讲，把最重要的知识提前。

案例 6-5

王老师在讲“氨气”这一节时，氨气的制法和反应为课堂重点。为了获得良好的学习效果，王老师打破教学常规，暂时不讲氨气的物理性质，而是先讲氨气的制法，适当提到氨气的物理性质。然后讲解氨气与其他物质的反应，在喷泉实验中再系统地提出氨气的物理性质。这样保证了学生在注意力集中时学习的知识都是重点知识。

案例6-5中教师对于氨气的授课很有借鉴意义。关于氨气的制法的探究在很多高考题中都有出现，在新课标下讲解这些知识有利于学生实验设计能力的提高，因此具有很强的教育意义。由于它考查学生综合利用各种知识进行实验评估的能力，学生对于这一知识的掌握有一定难度，因此，将此内容放在课堂开头讲解，有利于学生更好地理解和体会解决这类问题的思维套路，最终促进学生培养实验评估思维和习惯。

3) 开个好头，留下好的第一印象

一般把教学分为六个基本阶段，即心理准备阶段、感知知识阶段、理解知识阶段、巩固知识阶段、运用知识阶段、检查和评价阶段。首因效应产生于课堂初期，属于心理准备阶段，这一阶段是学习的黄金阶段。先入为主，首次感知在教学中有着不可估量的作用。19 世纪德国著名心理学家艾宾斯(Ebbinghause)曾说过："保持和重现在很大程度上依赖于有关的心理活动第一次出现时的注意和兴趣的强度。"兴趣是影响学习者学习的一个重要因素，因此教师可围绕教学目标，根据受教育者的知识水平和文化特点，创造出各种情境，努力树立学生学习化学知识的兴趣，培养学生对所学知识的良好第一印象，合理利用第一印象。化学课堂中，可在导课中用到第一印象。

案例 6-6

钠的趣味引入

某位新老师备课时，对钠的教学设计进行了创新。他考虑到在进行钠的学习中，如果只是单纯地讲解理论知识，比较枯燥乏味，学生很难集中注意力听完整堂课。因此，该老师在课堂开始前做了一个滴水点灯的实验，收到了不错的课堂效果。

案例 6-6 中教师对钠的趣味引入，引发了学生的认知冲突，大大激发了学生的学习兴趣，把学生的注意力迅速吸引入课堂中。教师在授课过程中，可以在演示实验结束后(仍在第一高效期内)讲解钠与水的反应这一重要知识点。钠与水的这些反应能够在很大程度上引起学生的兴趣，激发学生的学习动机，使学生的注意力适当延长至第一高效期之外，缩短学生注意力分散的时间，提高整堂课的学习效率。同时这个实验也为演示实验"钠与水的反应"埋下伏笔，使课堂更连贯。

4. 在课堂中使用首因效应需注意的问题

首因效应必须要确保正确的第一印象。它是先入为主的概念，正是这样一个特点才使其有了优势，但不足之处也正因为这些而体现出来。首因效应本质上是一种先入为主的思维活动，是依据感性、片面、短时空内的信息作出认知判断的过程，这就决定了首因效应具有的非科学性因素。人的认知过程是对事物客观规律的把握过程，这一过程需要大脑对大量的感性材料进行去粗取精、由表及里的信息处理方式，而首因效应却回避了这一过程，这是不科学的。

案例 6-7

初三王老师在讲解二氧化碳时，为了方便学生记忆，明确指出二氧化碳是不支持燃烧的。加上学生平时对于灭火的生活积累，在化学上首次接触到二氧化碳不支持燃烧的概念很容易被放大而深深植入学生的记忆当中，以至于很多高中老师要花很大工夫才能纠正。

案例 6-7 中的问题很普遍。错误的观念在学生的大脑中一旦形成，很可能会影响学生一生。因此，为了避免首因效应的不良影响，教师必须给学生留下正确的第一印象。这要求教师做好正确的示范和引导作用，包括实验、知识等。对于单堂课的化学教学，教师在讲授新知识时，必须在确保知识正确性的前提下发挥趣味性的作用，对于一些常用概念，必须加以特例的强调。

二、近因效应

1. 什么是近因效应

所谓近因效应，是指新近获得的知识对个体的影响作用比以往获得的信息作用要大，即“后来居上”，而且前后两次信息间隔时间越长，近因效应越明显。从效果上看，近因效应分为正近因效应和负近因效应。个体现在接受的刺激如果对于个体整体发展有着积极意义则为正近因效应，反之则为负近因效应。在化学课堂中应大力使用正近因效应，尽量避免负近因效应。

2. 近因效应的优势

1）记忆上的优势

系列位置效应中一个重要的内容是对于最近记忆的材料记忆会更加深刻。同样是元素周期表前20号元素，学生可以很快回答出第20号元素，但如果直接问磷是第几号元素，没有经验的学生很可能是从头到尾数一下，直至数到磷才知道是15号。因为近因效应的记忆材料比较近，按照遗忘规律，在时间上离记忆材料越久远，越容易忘记。

案例 6-8

王老师在“物质的量”结课时，对物质的量的概念、摩尔是物质的量的单位进行再次强调，对阿伏伽德罗常量以及摩尔质量等再次阐述，几分钟对概念的复述使学生对物质的量和摩尔之间的关系再次明确，为以后高中化学的学习打下了坚实的基础。

案例6-8中物质的量知识主要是记忆性知识，在学习刚结束时遗忘率最高，为了防止知识遗忘，迅速复习是很有必要的。课堂上最后结课复习本节课知识有着“提纲挈领”的意义，可以使学生记住一堂课中最重要的化学知识信息，对于记忆性知识更该如此。

2）效率上的优势

根据马鞍形注意力分布规律，在课堂将要结束时学生会出现第二个注意力集中期。在这一期间，学生的注意力再次回归课堂。此时的讲课内容学生会仔细聆听，因此会很快掌握和理解。

案例 6-9

高老师在讲“盐溶液中各种微粒浓度的关系”时，对新知识只讲了一遍就要求学生自己看课堂的笔记，自己体会分析的思路和方法并完成课后作业。结果大部分学生花了很多时间去复习，但理解起来仍然有难度，在作业中出现了很多问题。最后高老师只得再次抽时间对这一内容进行讲解。

案例6-9中盐溶液中各种微粒浓度的关系是高中学习的难点，电荷守恒、物料守恒以及某些习题中的常量代换都是学生理解起来难度较大的内容，对于这类要求掌握但难度又大的知识教师可以进行必要的重复讲解。结课时学生注意力会高度集中，自觉聆听自己不会的知识，利用宝贵的结课时间有针对性地对难点再次讲解，这是教学中比较高效的做法。

3）影响上的优势

近因效应发生于认知主体最近认知的时间段，尽管此时认知主体对事物已经有了较完善的了解，但这个时间段的印象仍可影响之前的印象。根据情况可分为抵消和加强的作用，若之前对事物的印象不太好而在近因效应对事物有一个良好的印象，则可以部分抵消之前的不良印象；若之前的印象已经很好而在后期强化这种印象，则可以加强认知主体对事物的兴趣，在以后的学习和研究中便会投入更大的努力。

案例 6-10

林老师在讲解"烯烃"这节课时，先是讲了单烯烃的加成，最后林老师又提了一下1,3-丁二烯的1,2-加成和1,4-加成，使学生明白烯烃的加成并不都是和单烯烃一样。林老师的这一内容激发了大家对其原因的好奇，林老师顺势强调只要学生好好学习，大学就会知道这个问题的原因。

案例 6-10 中林老师是一位很有思想的老师。高中所学的知识很多都是"知其然"，但是高中生正值青春期，有着强烈的求知欲，更希望是"知其所以然"，学生先学习了单烯烃的知识，以为加成就是在双键两端，通过后期对 1,3-丁二烯的讲解，学生意识到对于多烯烃，加成不仅仅只是在双键两端，可能会生成更复杂的加成产物，激发学生继续探索化学知识的兴趣比单纯的知识传授更有意义。

4）认知上的优势

由于近因效应发生在认识事物的后期阶段，是基于大量的感性认识去粗取精、由表及里而得出的认识，因此，认知主体在后期的认识更加成熟。这符合人类认识事物的一般规律，这样一个积累和加工的过程保证了认识的正确性。

案例 6-11

曹老师讲"硫酸和硝酸的氧化性"时，先做了铜与稀硫酸的实验，然后做铜与浓硫酸的实验，讲到初中所学的铜与硫酸不反应的结论是错的，要看浓度，再讲解浓硫酸的性质。通过学习，学生得出了同样的物质发生反应，浓度不同产物也不同这一结论，为学习稀、浓硝酸与铜的反应作了铺垫。

案例 6-12 中教师及时纠正以前的错误认识，使学生的认知真正能够螺旋式正确发展。学生对于硫酸浓度引起反应改变的思考，可以引起其对过去所学知识的批判性反思，促进其对自身现有认知体系的完善，为未来认知发展提供更加丰富正确的储备，为发展完善自我认知体系积累经验和方法，最终使学生走向成熟。

3. 如何利用近因效应提高学习效率

将近因效应运用于化学课堂中，便出现了第二高效期。所谓的第二高效期，一般为学习结束前的 10～20 分钟，这个阶段虽然学习效果不如前 10 分钟那么好，对大脑而言仍然是有效的学习时段。

1）结课前复习重点

在第二高效期这个阶段内，学生的记忆力也是比较高的，这也为化学教学提供了契机。

在这一阶段最好的上课方式便是复习为主，复习本节课需要记忆的重点概念、重点知识点等。

案例 6-12

在学习了“离子反应”以及“离子反应方程式”后，李老师在课堂结束前对课堂内容进行了复习且制订了一条复习主线。

第一步，先讲书写离子方程式的一般步骤：①写出反应的化学方程式；②把易溶于水、易电离的物质写成离子形式，把难溶的物质、气体和水等仍用化学式表示；③删去方程式两边不参加反应的离子；④检查方程式两边各元素的原子个数和电荷总数是否相等。

第二步，在复习完这些重要的知识后，在第一步的基础上进行再次讲解。询问学生哪些是难电离的物质？什么是弱电解质？这些物质是不是弱电解质？哪些是难溶的物质？是不是所有难溶解的物质就是弱电解质？$BaSO_4$ 难溶于水，它是弱电解质还是强电解质？

案例 6-12 中教师根据线索对强弱电解质进行复习，保证了离子方程式等重点知识的复习，同时顺带复习强弱电解质，也可以强化学生在第二步的注意。这时的复习利用的是近因效应在记忆上的优势。这就要求教师必须熟悉本节课所讲内容的知识逻辑，并且梳理好知识条理，理出重点、难点，避免旁杂的细碎知识，以便于快速复习。

2）结课前对难点再次进行讲解

根据注意力马鞍形分布规律，在课堂后期学生注意力会比较集中，利用这个时间可以把教学重点和教学难点再次复习一下，尤其是教学难点。一般来说，教学难点学生理解起来比较困难，因而很难在课堂上随堂掌握。为了深化学生对教学难点的理解，课堂最后再次复述是很有必要的，学生在这一阶段注意力集中、认真听讲可以很好地保证对难点的掌握。这种优势与记忆的优势是不一样的，利用这种优势更重要的目的是加强学生对难点知识的理解并随堂掌握。

案例 6-13

在高一的化学教学中，王老师对“最简单的有机化合物——甲烷”进行了教材分析，甲烷的立体构型是本节教学的重点，也是教学的难点。王老师在课堂后期再次对甲烷的立体结构和二氯甲烷进行讲解，使学生对甲烷的立体构型有了更明确的认识。

案例 6-13 中教师利用学生高度集中的注意力，引导学生的思维。从甲烷的立体构型方面深入思考为什么二氯甲烷只有一种，理解了二氯甲烷只有一种才能够更好地理解甲烷独特的立体构型而非平面构型，只有理解和掌握这些知识，才可以透彻地掌握有机物的立体结构等知识。

3）学生在学习的最后阶段留个好印象

近因效应一般要完成巩固知识阶段、运用知识阶段、检查和评价阶段的任务，而后面的三个阶段也是认知学习的高级阶段，学习难度较大。如果学生能够很好地完成这三个阶段，不仅可以获得对已学知识更加透彻的理解，还可以帮助学生获得自我肯定，树立学习的信心，这也符合“高挑战”的学习要求。一旦学生对学习产生了不断挑战、不断超越的兴趣，则这种学习动力必将在今后的学习中极大地促进学生的学习和教师的教学。

案例 6-14

在学习“质量守恒定律”时，一般学生都会使用化学方程式来解决问题。例如，向10g $CuSO_4$和$CuCl_2$的混合溶液中加入若干质量的铁粉，充分反应后，溶液质量减少0.5g，则反应投入了多少铁粉？

在做这道题时，学生一般会从$CuSO_4$和$CuCl_2$分别与铁的反应入手，列出方程组，分别求出各用了多少铁来进行求解。某老师在讲解此题时，让学生再次思考质量守恒定律的实质，跳出题目的束缚，站在题目外思考。经过老师的引导，学生分析出溶液质量减少是铁和铜离子的反应导致的。每63.5份的铜与每56份的铁反应，溶液质量减少7.5份，根据这个比例列出方程式求解。最后老师讲道“这也就是所谓的差量法”。

案例6-14中教师对学生进行引导，使学生通过自己的分析发现问题实质并找到更为简单的解题方法，这必定会使学生产生很强的学习成就感。对于学习好的学生而言，他会在以后对化学的兴趣越来越浓，继续努力，继续钻研；对于其他学生，则可以重新拥有对化学学习的兴趣，并激起继续寻找巧方妙法的学习热情。对于这一节课的内容，学生会掌握得更牢。从长远来看，学生对化学的兴趣也会增强。

4）让学生带着问题离开教室

许多教师喜欢在下课时问学生：“都听懂了吗？还有问题吗？”当学生回答说没有时，教师就放心地下课了。有经验的教师并不是把所有的问题都解决在课内，而是让学生带着问题离开教室。因为学生带着问题离开教室，受近因效应的影响，学生会对问题进行更深层次的分析与加工，有利于思维能力的培养。同时，这样做也是课堂教学的一种有效延伸。

案例 6-15

在学习了“离子反应”后，高老师会把一些有难度的题目留给大家课下思考。例如，在学习了铝及其化合物后，他给学生留下这样一个问题：课后归纳总结Al、$AlCl_3$、Al_2O_3、$NaAlO_2$、$Al(OH)_3$之间的相互关系。这是对铝的知识大集合，其知识容量是相当大的，但也很有利于学生思维能力的提高。

对于一些有思考价值的问题，学生可以尝试自己去思考。教师并不当堂解决所有问题，而是留一些问题作为学生课后思考，这样不仅有利于学生课后对知识的再复习再思考，而且有利于学生课后自学能力的提高，能够有效延伸课堂教学，培养了学生思维能力，体现了新课标的育人理念。

4. 在课堂中使用近因效应需注意的问题

鉴于近因效应对之前学生获得的知识有覆盖作用，教师必须保证在近因效应作用时间内传达给学生正确的信息。有些教师喜欢在教学中故意编造错误的教学信息，以为通过评价和纠正这些错误信息既能培养学生的批判思维，也能加深印象，却不知这样做很有可能会产生负近因效应，不仅不利于学生纠正原先的错误看法，还会强化原来的错误认识。因为错误的说法出现的频率和强度超过正确的说法是很容易被“合法化”的。

所以，教师在教学中应尽量给学生呈现正面的学习材料，让学生接受正确知识的刺激，通过正近因效应来发现和纠正自己的错误,完善认知结构。例如,某老师在批改化学作业时,发现很多学生把苯写成笨。其实起因很简单,学习苯后,有的老师担心苯这个字是在化学中第一次出现,学生比较生疏,在课堂结束时往往会强调一句:同学们在做题时一定不能把苯写成笨了,很多同学都经常写错。不强调还好,一强调反而让很多学生不自觉地把苯写成笨。在近因作用时间内,学生对错误信息的记忆也会很好,如把握不慎,有时可能导致更严重的问题。

案例 6-16

学习“钠的性质”后,学生对钠的强金属性有所了解,同时根据初中学习的金属活动顺序表,学生也早已知道钠的金属性比铁、铜等很多金属强。某老师为了培养学生思考问题的严谨习惯,直接告诉学生钠是不能从金属性位于其后的盐溶液中置换出金属单质的,尽管这个提醒是教师出于好意,但有时学生往往在以后接触到此类问题时,很容易写出错的反应式。最好的方式是教师暂时先不要提出,等以后遇到了再纠正,这样学生的印象会更深刻。

实际教学中常会遇到案例 6-16 的问题,错误的说法出现的频率和强度超过正确的说法是很容易被“合法化”的。尤其对于钠这一节内容,钠的强金属性很容易使学生在学科惯性思维作用下认为钠可以从盐溶液中置换出其他一些金属,却忽略了溶液中的水这一最简单的问题。遇错再纠正错误,有利于学生加强对错误的深刻检讨和改正。

三、综合利用首因-近因效应提高课堂效率

前面已经阐述了如何单独利用首因效应和近因效应把握课堂教学时间、提高教学效率,现在探讨如何综合利用首因效应和近因效应提高课堂效率。

1. 上课时注意课的开头和结尾

懂得心理学基本原理的教师在组织课堂教学时,往往把最重要的知识放在课堂的开始,在课堂结束时,总结一节课的重点和难点,对重点理解内容、容易出错的地方反复强调。讲课一定要抓两头,在课堂开始时和课堂结束前都应尽量吸引学生的兴趣,可采用幽默诙谐的语言等多种方式。

案例 6-17

高中的一名化学教师在讲“元素周期表”这一节课时,采用了很多人文的设计。他预先自制了 1～20 号元素的元素卡片,要求学生试着将这些卡片自行摆放,然后又讲了门捷列夫利用纸牌摆放发现元素周期表的故事,从而引出了正确的元素周期表。趣味的设计使学生迅速对课堂产生兴趣。结课时教师要求学生自行设计一句话总结元素周期表,并设计“三短三长一不全,七主七副第八族”作为参考。一堂课下来,学生对元素周期表印象深刻。

案例 6-17 中元素周期表的结构及其排布依据是“元素周期表”这一节课的重点,该教师通过一些人文的设计,增强了课堂效果,且这些设计出现在认知角度合适的时间段,让学生在合适的时间接受合适的知识,进一步增强了这些设计的实际效果。

2. 课堂起伏，不断制造小的首因效应和近因效应

课堂开始大约20分钟后，学生注意力逐渐减弱，低效期产生了。但是在低效期内仍可以适当利用首因效应和近因效应增强课堂效果。而单独一个首因效应和近因效应很难全局把握课堂，如果在课堂中不断制造认知冲突或是将学生注意力尽可能多地吸引在课堂中，使学生持续兴奋，都是有利于总体课堂效率的。

案例 6-18

在学习"钠"时，某老师使用"滴水点灯"的实验引入课题，使学生的注意力集中在课堂上。但经过一段时间对钠的知识点的枯燥总结后，学生的学习热情和注意力都开始有所下降，这时老师做了一个"吹气点火"的实验，再次点燃了学生的学习热情。在教学中，该老师按照课堂内容进入过氧化钠和氧化钠的讲解，在课堂中段再次按照课堂内容进入过氧化钠和氧化钠的讲解，再次吸引学生的注意力，产生了新的首因效应和近因效应。

案例6-18中教师在课前和课中分别演示了两个趣味实验，使学生学习热情持续增长。课堂虽然是一段完整的教学过程，但是是由若干教学环节组成的，每一个环节既是相互独立的，又是相互依存共同服务于整个课堂的。因此在每一个课堂环节中尽量使用首因效应和近因效应，这不仅有利于每个环节的目标完成，也有利于整节课堂教学任务的完成，使整个教学相得益彰。

3. 合理设置教学情境，使教学呈现线索性

学生的思维一般是单线的，因此如果教师讲课具有一定的线索，使整节课连贯，不仅可以使首因效应和近因效应互相照应、相得益彰，更可以使学生注意力始终贯穿在课堂中，因为有线索，学生很期望顺着线索走下去，这是符合人类的认知特点的。

案例 6-19

在讲"氯气"时，有一位老师创造性地设计了一个"小氯当家"的教学情境：小氯的妈妈不在家，小氯想帮妈妈做家务，于是就去洗衣服，刚洗衣服衣服就褪色，小氯于是想到去炒菜，可是刚点火，铁锅就被烧通了，小氯很失望，觉得自己一无是处。妈妈回来后安慰小氯说每个人都有长处和短处，其实小氯还是有很多长处的，生活中有很多方面会用到氯气。

案例6-19的组织就是一个教学线索。在整个课堂中，拟人化的导入迅速吸引了学生的注意力，整条线索吸引学生继续把故事听下去，最后的情感态度升华又很自然地引出了氯气在生活和工业中的运用。整个教学过程浑然一体，学生听得仔细，学得轻松。

4. 课堂中安排时间让学生趁热打铁

孔子曰：学而不思则罔，思而不学则殆。在学习的每一环节或每一任务完成之后，都要或多或少、或长或短地进行思考、总结及练习，以达到学以致用、举一反三。例如，教师每讲完

一个新知识后，可以让学生用自己的话把教师讲解分析的方法、解题的思路说一遍，从而把教师的解题思路和方法转化成自己的思路方法。及时复述，这符合遗忘的规律，同时受近因效应的影响，学生此时反思回想效果比较好。

案例 6-20

黄老师上课有自己独特的套路，一般不会对课堂容量要求过多。在每节课最后几分钟内，黄老师会布置一两道与本节课内容相关的随堂作业，学生做完后再简单讲解，然后让学生自己回顾本节知识并体会习题解题思路，用习题来巩固知识，用知识来处理习题，实现了二者的统一，使习题和知识在课堂运用中相得益彰，教学效果明显。

案例 6-20 与现行的化学课程改革典型教学模式有些相似，都很强调课堂的随堂检测环节。随堂检测从实施层面上看是对课堂效果的检测和反馈，从认知层面上看是对课堂所需知识的再次强化，这也正是随堂作业相对于课后作业的优势所在。课堂不练习，课后很难再理解，得不到强化的知识是很容易忘记的。

5. 复习要及时

利用艾宾浩斯遗忘曲线，在学习后及时复习有利于学生的记忆。在复习时可以是集中大量复习，也可以分散复习，而许多实验研究表明，分散复习的效果明显优于集中大量复习的效果。把这个规律运用于化学课堂中，教师在讲完知识后，可以布置一个习题练习，然后再进行下一个知识点的讲解。布置一个习题练习，该习题最好能涵盖上一个知识点，这也是一种教学方法，随讲随练，及时反馈。

案例 6-21

马老师在教授卤素部分的内容时，讲到 Fe^{3+} 可以与 I^- 反应，让学生写出 Fe^{3+} 与 I^- 反应的离子方程式。之后学习 Cl^- 的检验时，他设置了这样的题目：已知一混合溶液中必定含有 I^-，可能还有 Cl^-，为了检验是否有 Cl^-，请选择合适的试剂，设计合理的检验方案。

案例 6-21 就是分散复习的典型例子。分散复习也是一种常用的教学方法，这种教学方法可能会减慢教学速度，但是它能够步步为营、稳打稳扎，保证每一个知识点的掌握。这样做可以避免一个弊端，即教师讲了一节后发现学生中间的知识没有掌握牢固而影响后面的理解，那样会造成大量的时间浪费。学一点，就学好一点，这是一种良好的学习方法。

以上都是一些建议，如何提高课堂效率，其实不只是首因效应和近因效应，在实际教学中，教师还需积极探索，努力学习。伊索寓言中有一句话，“在适当的时候干适当的事是一项伟大的艺术。”光阴不可倒转，时间不可再生，但教师可以改进工作与学习的方法，完善工作与学习的程序，掌握工作与学习的艺术，提高时间的使用效率，用较少的时间做好做完更多的工作。

对于学生而言，学无定法；对于教师而言，教无定法。尤其在素质教育如火如荼进行的今天，在题海战术越来越受到批判的今天，教师要综合利用各种心理学和教育学的原理和方法，在尊重学生学习主体的基础上，改革教育弊端，实现以人为本，以学生为本的目的，使学生尽量能够科学学习和轻松学习。教师不可能延长每节课的长度，却可以拓展每节课的宽度。教学是一门艺术，也是一种文化，值得每一位教师用一生去探求。

第七节　轻松地学习
——如何科学地安排课堂教学活动

吴老师是一位刚从师范大学毕业不久的年轻化学老师，工作勤勤恳恳，每天认真备课、上课，可是班上学生的成绩却和他的努力不成正比，这让他很是苦恼。原因何在？他请了年级一位老教师听课，帮他找一找原因。一节课下来，老教师告诉他，你的教学活动安排有问题，一些环节把握得不是很好。那么要怎么合理安排教学活动，让课堂活动的安排更科学呢？

如何让学生快乐而轻松地学习，这就要教师在课堂内容的安排上花大心思。怎样科学合理地安排课堂教学内容，既达到快乐教学又保证教学效果呢？

一、教学准备

1. 考虑本节课的知识内容

相信很多教师在进行教学设计时都要考虑本节课的知识内容在整个化学知识体系中的地位与作用。知识不是独立的，每一个知识与其他知识都有其内在的联系。因此在备课时就要仔细思考这种内在的联系，以求在教学准备时有所体现。

案例 7-1

盐类的水解

某老师在准备“盐类的水解”这一节课时，就联系前面学习过的离子反应、电解质的电离、水的电离平衡以及平衡移动原理等知识，着力思考如何通过这些已学过的知识推导出盐类的水解，而不是单纯地告诉学生“有弱才水解，都弱都水解，谁强显谁性……”

案例 7-1 中，这种前后联系的设计不仅是对前面知识的复习与巩固，也使学生认识到前后联系的重要性，教会学生综合利用知识。同时，也要考虑学科间的联系。客观上来说，每一个学科并不是孤立存在的，其在内容与方法上或多或少借鉴了其他学科。因此，教师在教学准备时应当尽量寻找学科间的联系，丰富自己的教学手段和方法与教学内容，使学生认识到学科间联系的重要性与必要性。例如，在准备酸碱中和滴定与 pH 变化这节课时，教师可以考虑与信息技术联用，用手持技术来显示酸碱滴定过程中 pH 的变化，直观又方便。

2. 考虑学生的学习情况

每个学生的学习成绩都不一样，知识的层次有所差异，同时对知识的接受程度与方式也都不一样。要尊重学生的这种差异，把它当作一种宝贵的教育资源去开发与利用，充分发挥每个学生的差异与潜能，让不同程度的学生都能够参与到学习的过程中，体验到学习的快乐与成功的喜悦，这样学生才会主动去学。

案例 7-2

氯化钾和二氧化锰的混合物制取氧气

某老师根据学生的实际设置的随堂检测是这样的：写出加热氯酸钾和二氧化锰的混合物制取氧气的化学方程式：

(1) 氯酸钾($KClO_3$)在催化剂二氧化锰(MnO_2)作用下，加热分解生成氯化钾(KCl)和氧气(O_2)。

(2) 氯酸钾在催化剂的作用下，加热分解生成氯化钾和氧气。

(3) 加热氯酸钾和二氧化锰的混合物，写出实验室用氯酸钾制取氧气的化学方程式。

案例 7-2 中教师设置了三个难易程度不同的问题，各个层次的学生都有机会和能力回答，进而获得学习的满足感，易提高学习兴趣。教师在教学准备时头脑中始终要有学生间有差异的意识，在教学设计时可以设置分层教学目标，让每个学生找到自己的位置，达到他的学习目标，使其有所发展。

3. 考虑教学方式

在教学方式上要注意向以学生为主体的方向发展，不要仅仅局限于教师的讲授，要考虑哪些内容可以让学生讨论。例如，在谈到对水资源的保护时，可以让学生讨论交流生活中有哪些节水小窍门，以求交流启智。教师还要考虑哪些内容可以让学生探究。例如，在讲到影响化学反应速率的因素及其关系时，可以让学生在教师的引导下进行探究得出结论，并在全班汇报交流。

案例 7-3

实验室里研究不同价态硫元素间的转化

【教师】试剂分析：除了 Na_2SO_3 溶液和浓硫酸，其中的酸性 $KMnO_4$ 溶液和氯水是常用的氧化剂，铜片和 Na_2S 溶液是常用的还原剂，其他试剂可用于鉴别判断。

【活动探究】设计方案：根据氧化还原反应原理，按照学案顺序以小组为单位经过讨论，尽可能多地设计出转化方案。

学生设计的可能方案预测：

(1) Na_2SO_3 的转化。

方案 1　向酸性 $KMnO_4$ 溶液中滴加 Na_2SO_3 溶液。

方案 2　向氯水中滴加 Na_2SO_3 溶液。

(2) Na_2S 的转化。

方案 1　向 Na_2SO_3 溶液中滴加 Na_2S 溶液。

方案 2　向盛有铜片的试管中加入 Na_2SO_3 溶液。

……

案例7-3通过学生自主设计实验方案并探究的形式，转变学生的学习态度与学习方式，让学生主动学习，积极参与到课堂教学中。培养学生的批判精神和怀疑精神，使学生敢质疑书本和教师，发挥与表现自己的个性。

4. 考虑课程资源

课堂教学要尽可能贴近学生的生活，生活中一些很具有教学价值的资源应该为教学活动服务，为学生的成长服务。应该说，生活中可以利用的教学资源是相当丰富的，如做菜用的各种调料与添加剂。只要认真发掘，就能在想用的时候信手拈来。备课时应该怎样选择资料呢？

第一，分析教材，有针对性地收集一些资源。例如，准备酸碱指示剂这一节课时，可以从植物的花瓣中提取色素，亲自动手制作酸碱指示剂，以探究哪些花的色素适合作酸碱指示剂。

第二，做生活的有心人，有目的、有计划地收集一些教学资源。例如，某老师为了备课硅及其化合物，就长期收集硅胶干燥剂。

第三，学会分类储备收集到的资源。这样在使用时既可以方便快捷地找到想要的资源，也可以明确资源收集的方向。

第四，通过共享获取资源。每位教师都会有一定的教学资源的储备，相互之间共享教学资源，可以相互交流，弥补各自的不足。

在教学准备时，要有计划、有目的地将收集到的资料运用到教学活动中。可以用收集到的资料创设情境、问题导课等，尽可能发挥它们的作用。这些从生活中来的教学资源不仅可以激起学生的学习兴趣，还可以让学生学以致用，用所学的知识解决实际问题。

二、教学过渡

古人写文章要求“起要美丽，中要浩荡，结要响亮”，说明文章必须跌宕起伏。教学的实际也应该如此，安排内容时也要注意各部分错落有致。在实际过程中不仅要处理好各个知识点的教学，还要重视各个知识点之间的过渡与衔接。有的老师或是不会过渡或是懒得过渡，往往采用“接下来是……”，“下面让我们来一起看看……”等方式敷衍各个知识点之间的过渡。这样的过渡易产生思维的跳跃与不连贯，使学生感到学习困难，听课效果一般。比较好的过渡方式有以下几种。

1. 关联词过渡

在表达上关联词往往显示出表达者的一些价值取向，显得比较简单、自然。

案例 7-4

SiO_2

讲完 SiO_2 是碱性氧化物后再讲它与酸反应，某老师是这样过渡的：既然 SiO_2 是碱性氧化物，那么它是否能与酸反应呢？

案例7-4中从碱性氧化物的性质自然联想到 SiO_2 能与酸反应，因果关系明显。这样的过渡顺理成章，非常自然，能够直接点出前后知识点的逻辑关系。关联词有“既然……那么……”，“因为……所以……”，“虽然……但是……”等。在实际教学过程中，根据前后知识点的不同关系，选取不同的关联词自然过渡。

2. 设疑过渡

疑问是学习的动力，因此在学习过程中恰当地设置疑问能够很好地将两个知识点连接起来。

案例 7-5

物质的量的单位——摩尔

原子是化学变化中的最小粒子，分子与分子、原子与原子按一定比例定量进行化学反应。原子很小，用肉眼不可能观察到，更不能一个一个地称量。如何将微观粒子的数目与宏观物质的质量联系起来，研究分子原子或离子所进行的化学反应呢？这就需要确定一种物理量——物质的量。

案例 7-5 中通过设疑引发学生思考如何将微观粒子的数目与宏观物质的质量联系起来，同时也很自然地过渡到接下来要讲授的内容“物质的量的单位——摩尔”。疑问过渡的关键在于教师如何根据教学内容创设恰当的问题情境，通过提问引发学生的认知冲突，从而产生解决问题的内驱力。

3. 归纳演绎过渡

在上个环节教学内容结束后，用简明扼要的语言择其重点进行归纳、演绎、总结、梳理，然后过渡到下一环节的施教内容，这就是归纳演绎过渡。

案例 7-6

氧化剂和还原剂

下列反应属于哪类反应？是否属于氧化还原反应？

(1) $2Na+Cl_2\overset{\triangle}{=\!=\!=}2NaCl$　　(2) $Fe+CuSO_4=\!=\!=FeSO_4+Cu$

(3) $2HgO\overset{\triangle}{=\!=\!=}2Hg+O_2\uparrow$　　(4) $NH_4NO_3=\!=\!=N_2O+2H_2O$

(5) $CaO+H_2O=\!=\!=Ca(OH)_2$　　(6) $3Fe+2O_2\overset{\triangle}{=\!=\!=}Fe_3O_4$

(7) $BaCl_2+H_2SO_4=\!=\!=BaSO_4\downarrow+2HCl$　　(8) $CaCO_3\overset{\triangle}{=\!=\!=}CaO+2H_2O\uparrow$

根据以上练习，请学生总结四种基本反应与氧化还原反应的关系。

案例 7-6 中的练习归纳过渡既能促使学生积极归纳总结四种基本反应与氧化还原反应的关系，也是在复习四大基本反应和氧化还原反应。归纳和演绎是两个相反的思维过程，归纳是由特殊到一般的过程，演绎是由一般到特殊的过程。巧妙地运用归纳和演绎能够在教学过程中取得很好的教学效果。

4. 偶发事件过渡

课堂上的偶发事件随时都可能发生，偶发事件不一定都是坏事，有些就算是坏事，只要教师有足够的教学智慧，也能够将其转为极具教育意义的事件，对教学活动产生推动作用。但是这要求教师在平时多观察多思考，遇事沉着冷静，学会因势利导，拥有足够的教学机智。

案例 7-7

为了测量氧气在空气中的含量，某老师演示了课本上的实验“探究空气中氧气的含量”。预设观察到的实验现象：①红磷燃烧发光放热，冒出大量的白烟；②水由导管从烧杯倒流进入集气瓶内约五分之一。而实际观察到的实验现象：①红磷燃烧发光放热，冒出大量的白烟；②水由导管从烧杯倒流进入集气瓶内不足五分之一。这说明老师演示的实验失败了，借此老师让学生讨论了实验失败的原因。经过老师的引导，学生讨论后分析总结出了实验失败的原因：①红磷量不足；②集气瓶没有完全冷却到室温就打开了弹簧夹；③装置的气密性不好；④集气瓶内氧气浓度太低，不足以支持红磷的燃烧。

案例 7-7 中教师的实验虽然失败了，但他灵活处理，因势利导，借机和学生共同讨论实验失败的原因，不仅锻炼了学生思考解决问题的能力，同时也巧妙过渡，进而讲解该实验中应注意的事项。

三、教学高潮

教学高潮是指在教学过程中，教师科学地运用教学方法和教学手段，巧妙地组织教学内容，创造特定的教学情境，使师生的智力、心理、情绪、情感交流等一定阶段呈现出某种起伏，发生一定程度飞跃的教学状态。实际教学过程中，一些教师不能很好地把握教学高潮或者不能很好地创造教学高潮，失去了升华课堂教学内容的机会。化学课堂中比较好的教学高潮创设方法有以下几种。

1. 巧设悬念创高潮

悬念最容易激发起学生的积极性和求知欲，有位心理学家曾经说过：“我们体验到，在那些使人困惑的情境中，我们被引起的动机最为强烈。假如我们完全解答了我们所面临的问题，全部紧张感就消失了。因为没有什么使人感到兴味，我们就不再感兴趣。”

案例 7-8

Na_2CO_3溶液与 HCl 溶液反应

在讲到 Na_2CO_3溶液与 HCl 溶液反应时，某老师做了以下实验：取两支试管，向其中一支加入适量的 Na_2CO_3溶液，向另一支加入适量的 HCl 溶液，请两位学生上台，一位学生用胶头滴管吸取 HCl 溶液一滴一滴地加入 Na_2CO_3 溶液，另一位学生吸取 Na_2CO_3溶液一滴一滴地加入 HCl 溶液，下面的学生观察实验现象。实验结束后，老师提问，实验现象有什么不同？为什么会不同呢？

案例7-8中，Na_2CO_3溶液与HCl溶液反应，学生在没有接触到此类问题时一般认为Na_2CO_3溶液滴入HCl溶液和HCl溶液滴入Na_2CO_3溶液的现象应该是一样的，但是实验证明，现象是不一样的，教师通过实验设置了这一悬念：为什么实验的现象不同？借此悬念，学生的求知欲被激发，增强了学生的学习兴趣，使课堂达到高潮。

2. 引导思考创高潮

提问是课堂教学中必不可少的一个环节或手段，好的提问不仅能够联系前后，成为好的过渡，更能够激起学生的学习兴趣，引导学生积极思考，启迪智慧。

案例7-9

元素周期表的运用

ⅠA族的金属元素锂(Li)、钠(Na)、钾(Ka)、铷(Rb)、铯(Cs)等称为碱金属元素。根据金属钾、钠的性质，预测其他碱金属元素单质的性质的相同点与不同点。

当学生在教师的引导下通过积极思考而解决课堂中的教学内容时，就形成了教学高潮。案例7-9中教师通过已学的碱金属钾、钠的性质，让学生自己预测其他碱金属的性质，不仅能让学生更好地理解元素周期律，同时也让学生学会知识的迁移运用。

3. 创设认知冲突创高潮

认知心理学家认为：当学习者发现不能用头脑中已有的知识来解释一个新问题或发现新知识与头脑中已有的知识相悖时，就会产生"认知失衡"，也会产生认知的内驱力。

案例7-10

钠的性质

某老师在课堂做了以下的演示实验：将黄豆粒大小的钠块擦干后投入硫酸铜溶液中，没有置换出铜，反而产生无色气体和蓝色沉淀。老师提问：按照已学习的知识，本该有铜被置换出，但事实并非如此，为什么呢？

案例7-10中，根据学生已学习过的知识，本该有铜被置换出，但是实验事实并非如此，这就引起了学生的认知冲突，学生的求知欲被激发，课堂气氛也被引向高潮。对于因认知冲突而获得的新知识，学生容易学得深刻和保持较长时间的记忆。因此在课堂教学中，教师应有意识地运用认知冲突，设置认识冲突，产生教学高潮，启迪学生的思维。

4. 引入化学史创高潮

化学史是化学教学的重要组成部分，因此在教学时应适时给学生讲讲有关的化学史，既可以提高学生的学习兴趣，有时还可以将教学推向高潮。

案例 7-11

空气的组成成分

某老师在讲完"空气中氧气的含量"后，讲了拉瓦锡的故事：在拉瓦锡实验之前，人们普遍认为空气组成只有一种，当时人们称之为燃素。拉瓦锡为了证明以上观点是错误的，做了大量研究，其中就有著名的拉瓦锡实验，实验具体是这样的，拉瓦锡把少量的汞(水银)放在密闭的容器中……

案例 7-11 的故事中拉瓦锡不畏权威，用实验证明自己的观点，让学生认识到化学实验的重要性，同时感受到拉瓦锡的科学精神，教学进入高潮。新课标倡导教学三维目标，从知识与技能的角度来看，化学史提供了重要的科学事实概念、原理及科学发现的历史背景、现实来源及其应用，可以加深学生对知识的理解；从过程与方法的角度来看，有助于学生学习科学家的方法，掌握科学研究的艺术，为学生提供典型的科学探究的案例教育；从情感态度与价值观的角度来看，可以学习科学家的高尚品质、科学态度和人文精神。

将化学史引入课堂教学，以化学家的高尚人格感染学生，可以激发学生的学习热情，调动学生的情感因素，能进行科学方法、科学态度的教育，使学生从中学习到科学家为真理、为科学忘我追求、甘愿献身的精神。

四、课堂练习

课堂练习是课堂的有机组成部分，科学合理的课堂练习能够有效地巩固课堂教学，使学生巩固知识、学会技能方法、发展智力，同时教师也能够得到反馈，实时对课堂教学做出调整。但是课堂练习必须把握授人以渔的原则，少练精练，同时注意培养学生攻克难题的精神。具体要注意以下几个方面。

1. 紧扣要点

课堂练习要紧扣教学的重点、难点，可以对教学重点、难点设置不同难度、不同方法的题目，使学生快速准确地抓住教学重点、难点，但切记不可设置偏题怪题，那样不仅没有任何意义，而且浪费宝贵的课堂教学时间。

案例 7-12

闻老师在讲完"氯气的性质"一节后，设置了以下课堂练习：

(1) 将氢气点燃后插入氯气集气瓶中，产生的现象是(　　)

A. 爆炸　　B. 安静燃烧　　C. 瓶内充满棕色烟　　D. 火焰立即熄灭

(2) 下列氯化物中，不能用金属和氯气直接反应制得的是(　　)

A. $CuCl_2$　　B. $FeCl_2$　　C. $MgCl_2$　　D. KCl

(3) 下列说法正确的是(　　)

A. Cl_2有毒而Cl^-无毒　　B. Cl_2和Cl^-都是黄绿色的

C. Cl^-只有还原性　　D. Cl_2只有氧化性

(4) 下列对Cl_2的性质说法不正确的是(　　)

A. 黄绿色　　B. 不溶于水　　C. 易液化　　D. 不支持燃烧

案例7-12中教师设置的问题虽然难度不大，但是紧扣本节课的内容，针对性较强，便于及时巩固和检验学生课堂所学的内容。课堂练习的目的在于巩固和复习刚刚所学的内容，故难度不宜偏大，要体现针对性和基础性。

2. 以点带面

习题的设置要以点带面，少练精练。习题的设置要力求避免贪多贪全，那样会使学生陷入无尽的题海中，致使学生重复劳动，浪费时间和精力。

第一，要在知识点上突破，同样知识点的题目尽量少重复，注意方法的变化。第二，要在方法上进行突破，主要在以下四个方面突破：

(1) 变式练习。同一类型的题目可以以不同的形式出现，或改变题目条件，或改变题目的问题，培养学生的应变能力。

(2) 变化语境。在练习中可以变化题目的语境，使学生熟悉所学知识，这里的语境既可以是提问的方式，也可以是题目的背景信息。

(3) 对照练习。通过新旧知识、相近知识、易混知识的对照练习，可以加强学生对知识的分辨能力，加深理解。

(4) 综合练习。在设置练习时，可以适当设置一些综合题目，使学生理清各知识点间的关系，知识系统化。

案例 7-13

某老师在讲完电解池后给出以下练习：

1. 原电池和电解池中都为 NaOH 溶液时

(1)原电池中，①正极的电极反应为____；②负极的电极反应为____。

(2)电解池中，①阴极的电极反应为____；②阳极的电极反应为____。

2. 将1中的 NaOH 溶液改为 H_2SO_4 溶液，其他同1，试写出答案。

案例7-13中教师改变电解质溶液，使题目的情况有所变化，题目结果不同，考查学生知识的扎实程度和应变能力。变式练习在不增加题目数量的前提下增加了题目本身的容量，丰富了题目本身的内涵。课堂练习以少而精为主，切不可贪多，否则会过多地占用课堂教学时间，而且由于匆忙，效果可能还不好。

五、结课

好的结课能够产生余音绕梁的效果，使学生再三回味教学内容。具体有以下方法。

1. 设疑结课

教材内容的编写都有一定的逻辑，因此在结课时应学会利用这种逻辑，提出一些具有启发性的问题，激发学生课后学习的欲望，同时也产生一些期待。

案例 7-14

氧化还原反应

某老师在讲授“氧化还原反应”时是这样结课的：氧化还原反应有哪些分类呢？在生活中又有哪些应用呢？我们下节课继续讨论。

案例 7-14 中的设疑结课自然、简洁，既引导学生课后自学，又提出下节课的教学内容，便于学生预习，一举两得。设疑结课关键在于设好疑，要找准教材内容前后的联系，无目的的设疑或是设疑不当会影响整个结课的效果。

2. 总结结课

总结结课是大多数教师喜欢用的结课方式。一节课结束时，为使学生对这节课的内容有一个整体的把握，教师可以用简洁明了、精练简单的语言或图表等方法，对整节课进行概括性的总结，归纳知识主线和知识点，强化重点。

案例 7-15

某老师在讲授“铝与氢氧化钠溶液反应”时是这样结课的：本节课主要介绍金属铝与酸和与碱反应的情况，告诉我们金属铝既可以与酸反应，又可以与碱反应，同时都有氢气生成。本节课的第二个问题就是介绍了物质的量在化学计算中的应用，让我们学会了物质的量用于化学方程式的计算，以及规范化书写的方式。

案例 7-15 中教师简明扼要的一段话清晰地勾勒出本节课的主要内容，使学生在教师总结的同时回忆本节课所学的内容，起到强化和复习的作用。总结结课要简洁明了，勾勒出整节课的脉络即可，将具体的内容交由学生自己去填补，起到巩固与强化的作用。

3. 延伸结课

事物是联系的，又是变化的。课堂教学也是这样，其联系并不是孤立的、静止的，而是运动的、发展的。延伸结课就是引导学生运用本节课所学知识向课外延续、向实践伸展的一种教学方式。就课堂教学的动态性而言，其方式特点是：由课内到课外的巩固，由教材内到教材外的联结，由校内到校外的迁移，由本学科到其他学科的联系。

案例 7-16

爱护水资源

某老师在讲授“爱护水资源”时是这样结课的：假设你是一名科普工作者，你正要建一个为初中学生介绍关于自然界中水的科普网站。你打算扮演什么角色？并提供从不同角度提出问题，课后在作业本上写好。

案例 7-16 中教师通过布置角色扮演的作业结课，不仅很好地结了课，也布置了课后作业，学生在角色扮演中思维得到发散，积极地参与到水资源的保护中，认识到保护水资源的重要性，培养了环保精神。

科学地安排教学活动需要教师对所授课的内容有一个整体的把握和相关知识的丰富储备,以及对所教授学生的学情有清楚的了解。在此基础上,结合各种方法使课堂教学内容的安排科学而精彩,使学生学得轻松而快乐。

第八节　探究式教学
——创新能力从这里开始

某中学化学老师让学生课后做甲烷的空间模型,当学生上交模型时,那位老师发出了这样的感慨:现在的学生,思维之活跃,做法之新颖,真令人大开眼界呀!

学生做出的甲烷模型有:①用火柴棍和橡皮泥做的模型;②用纸叠的模型;③用木头削的模型;④用乒乓球和竹签做的模型;⑤用不同颜色的泥巴做的比例模型;⑥用玻璃管和玻璃球烧制而成的模型……

什么是创新?创新是以新思维、新发明和新描述为特征的一种概念化过程。

"创新是一个民族的灵魂",教育创新更不能小觑。在高中教育中,把创新教育作为素质教育的一个重要组成部分,把培养学生的创新能力作为实施素质教育的重点,是我国教育思想观念的一次重大转变。

化学是一门实验学科,无论是其研究内容还是学科特点,都具有进行创新能力培养的优势。探究式教学作为一种教学方法,为课堂教学所服务。

探究式教学是指以探究为主的教学,是在教师的启发诱导下,以学生自主学习和合作讨论为前提,以现行教材为基本探究内容,以学生周围世界和生活实际为参照对象,为学生自由表达、质疑探究、讨论问题提供机会,让学生通过阅读、观察、实验、思考、讨论、听讲等途径探究,自行发现并掌握相应的原理和结论的一种教学形式。在探究式教学过程中,学生的主体地位、自主能力得到了加强。探究式教学注重培养学生自学能力和创新能力。

一、化学探究式教学

随着中学化学教学的深入,很多知识无法通过直观的实验现象或者单纯的言语讲解就可以让学生最快的掌握、理解并很好应用。为了改变学生被动的学习方式,教师就需要在教学中不断创新教学模式,改进教学手段,在教和学中真正体现出"教师是主导,学生是主体"的教学理念。其中,探究式教学起着重要的作用。

探究式教学的一般过程如下:

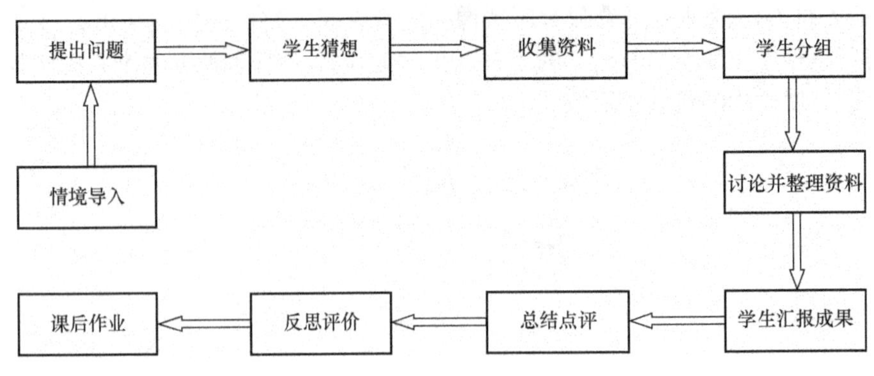

1. 情境导入

化学课堂教学中，教师通过科学创设情境，巧妙导入新课，能有效地调控学生的情绪，激发学生的情感，激活教学活动，渗透三维目标尤其是情感目标，使教学活动在积极的情感和优美的环境中展开。新颖的化学情境使学生在身临其境的感觉中，迅速、自觉地进入新课学习的最佳境地，极大地激发学生的学习兴趣，积极主动地与教师一起探究新知，体验学习的快乐，领悟求知的真谛，为促进学生全面发展奠定了良好的基础。教师要牢牢抓住这个时机，点燃学生兴趣的火花。

案例 8-1

二氧化碳的性质

王老师在上“二氧化碳”这节课时，让学生猜谜语然后引出他要讲的二氧化碳，谜题是：似雪没有雪花，叫冰没有冰碴，无冰可以制冷，细菌休想安家，打一化学名词。学生立即开动脑筋，猜出答案为：干冰。王老师又说道：干冰是怎么来的呀？学生回答道：是二氧化碳的固态形式。王老师说：这节课，我们就一起学习二氧化碳。

“良好的开端是成功的一半。”课堂教学中，导入新课的设计和运用起着至关重要的作用，好的导课会激发起学生浓厚的学习兴趣和强烈的求知欲望，从而提高课堂教学的质量。案例8-1 中教师采用谜语的形式引出新课，别具一格，新颖有趣。

谜语是人类智慧的结晶，运用谜语导入新课，会给课堂带来无限生机，对活跃课堂气氛、激发学生学习化学的兴趣、发掘学生心灵深处的智慧等起到很好的效果。

2. 提出问题

亚里士多德说过：“思维从对问题的惊讶开始。”为了更好地培养学生的思维能力，古今中外的教育家无不注重问题的设计。在课堂教学中，每一个有价值的问题都能够点燃学生思维的火花。教师如何在教学过程中精心提出有价值的问题，诱发学生思维的积极性呢？如何卓有成效地启发引导，促使学生思维活动的持续发展，从而更有效地达到素质教育的要求呢？

案例 8-2

金属活动性顺序

李老师在上“金属的化学性质”一课时，讲完置换反应后，给出置换反应的定义：一种单质与一种化合物反应，生成另一种单质和化合物的反应称为置换反应。而且书上也说：在金属活动性顺序中位于前面的金属能把位于后面的金属从它们化合物的溶液中置换出来。因此李老师请学生思考：钠和硫酸铜溶液反应生成什么呢？为什么？用这个问题让学生进行探究。

根据认知理论，教学过程应该是以不断提出问题和解决问题的方式来获取新的知识，如案例 8-2 中所述：在金属活动性顺序中位于前面的金属能把位于后面的金属从它们化合物的溶液中置换出来。这种说法在初中本来就有局限性。可是如果教师将这些知识通过实验来论证，既可以激起学生浓厚的学习兴趣，同时还能激发学生探索的欲望。

3. 学生猜想

探究式教学是一个过程，从这个过程来看，学生猜想是探究的核心环节，它是学生认识事物的第一自我判断，没有对问题探究的猜想也就谈不上验证。因此，在学生的探究式学习中，大胆而正确的猜想与假设是非常重要的。

猜想是学生的一种思维，学生通过观察、操作或根据已有知识经验对问题的发展趋势或本质规律进行归纳，判断。因此，猜想并非瞎猜，而是以一定科学事实和理论为依据的。猜想也是一种超前思维，它与理论是有区别的，猜想的结论是否正确还需要通过实践检验。

猜想更符合学生好奇、大胆、敢于尝试的心理特点，为学生展示自己的才能提供了自由空间。当学生的猜想正确时，心理就会产生一种满足感与成就感，从而更能促进其探究问题的兴趣；当学生的猜想错误时，会留下深刻的印象，加深其对知识真伪的辨别与体验。爱因斯坦说：“我内心深信，科学探索的发展主要在于满足对纯粹知识的渴求。”因此，猜想对于学生主动学习和主动发展都有十分重要的意义。

案例 8-3

化学能与热能

学习完“化学能与热能的相互转化”后，张老师提出问题：请举出在生活中化学能转化为热能的例子，并说明原理。下面是学生给出的猜想。

学生甲：在北方的冬天，供暖一般是通过燃烧煤炭加热水来提供热量的，煤炭的燃烧就是将化学能转化热能来加热水的。

学生乙：神舟九号推进剂燃烧放出热能是化学能转化为热能。

学生丙：电池放电时，电池会发热，就是因为化学能转化为热能。

学生丁：酸碱中和反应是化学能转化为热能。

……

著名物理学家费恩曼认为：“科学家成天经历的就是无知、疑惑、不确定，这种经历是极其重要的。当科学家不知道答案时，他是无知的；当他心中大概有了猜测时，他是不确定的；即使他很有把握时，他也会永远留下质疑的余地。”只有当学生主动在现实生活中探究，亲身体验和真心感悟的东西才会给他们留下深刻的印象，才会激发学生进一步探索的欲望，才能更深地沉淀到学生的心里，成为一种素质、一种能力，伴其一辈子，终生受用。

这种猜想也代表了每位学生的想法，各抒己见，通过不同学生的发言分享各自的猜想，这样也有助于相互学习，提高学习效率。

4. 收集资料

收集资料的过程和质量决定着解决问题的最终效果。如果资料收集不全或者收集的资料不能有效地帮助学生解决问题，就会导致问题解决的失败。收集资料的能力对于解决问题来说很重要，特别是对于陌生的具有创造性的问题而言更是举足轻重。学生收集资料的过程并不是简单地找出问题解决所需要的信息，同时还要对这些信息进行精制和组织，以利于问题解决过程中信息的提取和迁移。对资料的精制和组织就是把获得的资料与已有的知识用适当线索联系起来，形成网络化认知结构。精制和组织的方法有找出新资料与认知结构中原有知识的联系，如对学习材料列提纲，作图解或画概念图；理解新信息的涵义，对其进行分类和概括等。

案例 8-4

农作物的保护神——农药

张老师在学习这节课之前，让学生通过查阅资料，了解生活中使用农药的种类以及情况。通过学生的反馈，张老师了解到，学生获取资料的途径很多，有的用自家的计算机；有的去图书馆；有的看课本；有的回家后问父母；有的干脆去附近的农药店看。

案例 8-4 中学生收集资料，教师点拨，这样就把要学的内容搞清楚了。在探究式教学中，收集资料也是非常重要的。其中，收集资料的方式很多，可以上网查找，快捷、方便；也可以去图书馆翻阅图书，工作量很大，但是得到的资料准确性很高；另外还可以通过课本教材，课本教材知识面涉及不够，可能会导致收集的资料不全；更有效的方式就是实地考察，通过自己去现场观看获取资料。这些都是主要的来源，如果把这些结合起来，那么所收集到的资料将会更有价值。

5. 学生分组

过去传统的教学课堂上，师生关系因授课方式过于呆板，教师讲学生听，教学的气氛过于沉闷，学生不能参与到探究知识过程中，从而不利于学生的学习与探索。

探究性教学中，教师布置完任务后，通常穿行于各小组之间，进行旁听(观)、指导、帮助或纠正，这样的学习气氛显得轻松、活泼而又团结互助，有利于学生顺利完成学习任务，有利于师生间的有效沟通，有利于学生间彼此了解，有利于学生相互帮助、相互支持、相互鼓励，从而促成学生之间亲密融洽的人际关系的建立，进而培养合作能力和团队精神。

探究性的课堂教学中，教师与学生及学生与学生之间的交流活动是多边进行的，学生有更多的机会发表自己的看法，并且学生能充分利用自己的创造性思维，形成相同问题的不同答案，自主发挥的空间更为广阔。另外，在小组的合作学习中，同伴之间一起动手实践，在实验中发现及探究科学的奥秘，提高了学习的兴趣，通过满足学生的各种内在需要激励学生的参与意识，并能使学生在参与学习的活动中得到愉悦的情感体验。

案例 8-5

硫酸的氧化性

学习“硫酸的氧化性”时，王老师介绍浓硫酸的脱水性，这个实验就是用蔗糖和浓硫酸再加点水发生反应而得到的结果。蔗糖炭化的这个实验不容易成功，可是当学生探究清楚蔗糖炭化的条件以后，这个实验就很容易进行。在王老师的指导下，学生分六个小组探究 10g 蔗糖和 8mL 浓硫酸，分别加 2.5mL、2.0mL、1.5mL、1.0mL、0.5mL、0.25mL水，观察现象，得出结论。

案例 8-5 中采用小组合作学习的方式，形成了教师与学生、学生与学生之间全方位、多层次、多角度的交流模式，使小组中每个人都有机会发表自己的观点与看法，也乐于倾听他人的意见，每个学生都能参与到实验中，使其感受到学习是一种愉快的事情，从而满足了学生的心理需要，促进学生智力因素和非智力因素的和谐发展，最终达到使学生学会、会学、乐学的目标，进而有效地提高了教学质量。小组合作学习的方式更强化了学生对自己学习的责任感和对自己同伴学习进展的关心，在学生的心里种下责任感的种子，为以后服务社会打好基础。

6. 讨论并整理资料

萧伯纳说过：“你有一个苹果，我有一个苹果，我们彼此交换，每人还是一个苹果；你有一种思想，我有一种思想，我们彼此交换，每人可拥有两种思想。”讨论其实就是这个道理，是一种思维的交换、思想的碰撞。在讨论时，一般都是前排的学生回过头来，即可面对面地进行活动。这种由不同爱好的学生组成的学习小组有利于学生之间相互交流，相互切磋，相互学习。同时，由于各小组整体实力不相上下，有利于各组之间开展有效的竞争活动，从而最大限度地调动学生的学习积极性。

案例 8-6

化学与资源综合利用

张老师上这节课时，给学生提出了问题：为保护我们的环境，应该如何利用现有的资源呢？

小组讨论后给出了结论。

小组 A：我们小组认为可以利用风能来发电，减少煤炭的燃烧，这样可以保护环境。

小组 B：我们小组认为可以利用太阳能来发电，我们可以在太空上建一个太阳能发电站，这样就可以不用燃烧煤炭和树木了，有助于保护环境。

……

案例 8-6 中教师通过小组讨论的形式，让学生对物质的分类这部分内容有了更透彻的认识，同时也让学生自己找出了很多新的分类方法。小组讨论有利于发挥学生的积极性，便于学生发现和探索；小组讨论能有效地合作交流，激发思维；小组讨论能更多地接触新思想，让学生共同进步。

当前的教育本来就有一个新的趋势，平时的小组讨论只是一个基础，在小组讨论的基础上运用小组合作进行开放性交流更有利于学生表达观点，发挥想象，互相启发，共同发展。

教师要更多地用学生自己的资料，学生之间展开激烈的讨论，最后通过小组内的讨论、比较、合作，把复杂的问题简单化，最终得出统一的观点。在交流的过程中，学生始终积极投入，思维活跃。学生的方法有的相当不错，虽然有的也不可取，但小组讨论已经收到了很好的效果。

7. 学生汇报成果

"协作"和"交流"不仅是建构主义学习理论的要素，也是基于问题解决的探究教学模式的一个重要环节。在学生汇报成果阶段，要求学生以合作学习的方法，把问题的解决过程和结果呈现给同伴，取长补短。这体现了新课程中三维目标的实现，也促进学习者进行自评，便于了解自己的不足与优势。从另一方面讲，对某一次问题解决加以总结和交流评价，是提高问题解决效率的绝好机会，也有助于学生学会合作。同时，小组讨论后都是小组内的思想，汇报有助于思想的交流和更多思想的吸收，这是让学生共同提高的有效方式，是值得教师重视的一个环节。

案例 8-7

用途广泛的金属材料

在学习"用途广泛的金属材料"时，张老师让学生汇报：合金在生活中都有哪些运用？

小组 A：铝合金是工业中应用最广泛的一类有色金属结构材料，在航空、航天、汽车、机械制造、船舶及化学工业中已大量应用。

小组 B：合金钢中有锰钢、硅钢等。锰钢一般含锰 1.4%～1.8%，用于制造汽车、柴油机上的连杆螺栓、半轴、进气阀和机床的齿轮等。硅钢是含硅量高的钢，具有很高的电阻，在电气工业中有广泛应用。

小组 C：碳素钢中有一般碳素钢和优质碳素钢。前者含碳量在 0.4%以下的用作铁丝、铆钉、钢筋等建筑材料，含碳量为 0.4%～0.5%的用作车轮、钢轨等，含碳量为 0.5%～0.6%的用来制造工具、弹簧等。

……

案例 8-7 中学生汇报成果更是对学生的锻炼，让学生以教师的身份站在讲台上给同学们汇报，这对于学生也是锻炼的机会，很多学生就因为这样的机会而不再胆怯，就因为这样的汇报有了自己的舞台。学生成果的汇报让更多的思想交流，更多的思想去碰撞，让每一位学生都有或多或少的收获。

8. 总结评价

首先，总结能帮助学生理顺知识结构，突出重点，突破难点。教师在讲课的过程中，为了使学生更好地记忆，不仅会讲到知识点，还会涉及与知识点相关的内容来拓宽学生的知识面。

其次，在总结的过程中可以帮助学生复习知识点，发现问题，解决问题。总结要求学生对所学的知识能够熟练地掌握，对其知识结构、概念有清晰的认识。这就要求学生能够自主地查阅书籍，翻阅课堂笔记。这样在无形之中又进行了一次学习，有利于知识的巩固和记忆。

最后，总结可以承上启下，为后续内容做好准备工作。教学过程中所涉及的知识是系统的、连贯的，在考试中一道题可以考到好几章的内容。总结可以帮助学生尽快地接受下一步要学的知识，便于理解。

案例 8-8

糖类、油脂、蛋白质在生产、生活中的应用

这节课学习以后，就“饮食合理，身体健康”为主题的小组讨论总结，小组代表发言如下：

第一小组在组长的带领下，通过积极的讨论，详细记录，整理得到下面的结论：合理饮食对于我们的身体起着至关重要的作用，早餐吃得好、午餐吃得饱、晚餐吃得少，多吃蔬菜，少吃油腻。我们组的每个组员都能积极地参与，大胆地发表自己的看法，这是我们小组讨论顺利的前提。通过本节课的学习，我认为我们对这部分知识有了深刻的认识，同时我相信每位同学都能在今后的生活中有所注意，合理饮食，感谢小组给我发言的机会，也感谢所有同学的耐心聆听，谢谢！

总结评价的作用是使学生再现活动过程，对活动中的体会进行回味，对活动的探究成果进行陈述评价，从而激起学生再次探究的欲望，为下一个探究的开展奠定良好的心理基础。

总结是通过学生在活动中的参与度、主动性、创造性程度、发现问题解决问题的能力、独立工作能力、与人合作意识、组织能力、承担小组工作情况、对工作完成的努力情况等做出相应的评价。

9. 反思评价

对于教师来说，反思是促进其专业化水平自觉提高的重要途径。反思能使教师明确自己的教育方向、教育目标，科学而理性地设计、实施自己的教育，从而不断地总结、提炼、升华自己的教育实践，逐渐走向成熟，最终成为充满智慧的自我反思型教师。

对于学生来说，反思就更有意义和价值了。孔子说：“学而不思则罔”，可见反思的重要性。海涅也说过：“反省是一面镜子，它能将我们的错误清清楚楚地照出来，使我们有改正的机会。”学生要学会反思，学会反省，只有这样才会有进步。

案例 8-9

化学与资源综合利用、环境保护

通过这节课的学习学生对环境有了更理性的认识，就“保护环境从我开始”这一课题张老师做了评价，发言如下：

或许很多大人会觉得环保是无用的，污染对现在人们的影响确实不大，但在未来的某一天，它会像火山一样爆发。

人类一直以为地球上的水、空气是无穷无尽的，所以不担心把千万吨废气送到天空中，又把数以亿吨计的垃圾倒进江河湖海。这是非常愚昧的做法，是会受到大自然的惩罚的。

对于一个普通人来说，环保其实很简单，只是在举手投足之间：使用布袋，多乘坐公共汽车，节约粮食，随手关闭水龙头，一水多用，随手关灯，节约用电，节省纸张，回收废纸等。所以在你下次扔垃圾的时候，注意一下分类，就可能避免了未来的一次灾难。

案例8-9中教师对这一课题做出了评价，也是对这节课做出了反思，更让学生看到了反思的重要性。教师通过评价，让学生反思，这也更好地体现了三维目标中的情感态度与价值观，让学生通过学习领悟到其价值所在。在评价的过程中，教师要以鼓励学生为前提，教给学生"四个不断"。

第一是不断地探索。探索，意味着学生有进取的意识，是一个善于思考的学生，是一个想不断超越自我的学生，而不是一个故步自封、庸庸碌碌的学生。只有不断地探索才会有更大的进步，争取做一名有思想、有智慧，勇于探索、敢于探索、善于探索的新青年。

第二是不断地学习。孔子说："学而不厌，诲人不倦。""学而不厌"是每个学生应该具备的重要品质。"学而不厌"体现了学生内心的开放、永不满足与不断进取。作为一名有理想、有追求的学生，只有做到"学而不厌"，才能保持学习的源头活水，才能达到更有效地学习。

第三是不断地总结。古人说，聚沙成堆、集腋成裘；积跬步，成百步。积累是十分重要的。学生应养成及时总结的习惯，要及时捕捉自己所听到的、看到的、读到的、经历到的有价值的东西。

第四是不断创新。创新，意味着学生能够不断地探索以改进自己的学习，不断尝试新的学习方式和学习风格，能够从不同的角度对那些习以为常、司空见惯、熟视无睹的问题作出新的解释，能够对那些理所当然、天经地义的事物进行重新审视。只有这样学生才能不断提高。

10. 课后作业

课后作业与课堂教学是一个不可分割的整体，它是课堂教学的一个重要环节，是课堂教学的延伸与补充。探究式教学中，课后作业尤为重要。教师通过课后作业可以洞察学生的学习态度、学习效果及存在的问题，从而针对这些情况，调整和改善教学方法、教学过程等。

案例 8-10

钢铁的腐蚀和防护

学习完"钢铁的腐蚀和防护"这部分内容后，丁老师给学生留的课后作业为：请同学们以这节课内容为基础，联系生活中的实例，两个人一组做一份手抄报，下周上课时交。同学们可以利用一切可以利用的资源，把手抄报做得漂亮，我们会评出最优秀作品，予以奖励。

课后作业是课堂的延续，学生是否能够认真地完成老师布置的作业显得非常重要。案例8-10中教师通过手抄报的形式让学生完成，并且予以一定的奖励。在化学教学中，教师对学生的动手能力和思维的培养显得尤为重要。根据学生对课后作业的兴趣以及重视程度，对于一般难度的作业，教师可以予以书面表扬；对于有难度的作业，根据学生完成情况教师予以合理的口头表扬；对于要求很高、难度很大的作业，教师可以予以奖励，这样有助于学生更积极地独立完成课后作业。

二、探究式教学案例

案例　乙醇与人体健康

教师活动	学生活动	设计意图
情境导入(2min)		
在人类社会发展史中,有一种饮料一直出现在人们的生活中,从曹操的“何以解忧,唯有杜康”到李白斗酒诗百篇,从名著中的武松打虎到国粹京剧中的贵妃醉酒,都在体现酒作为一种饮料的社会价值。通过上节课的学习,我们已经知道乙醇就是酒的主要成分	认真倾听、思考	让学生知道,从古到今酒都没有离开我们的生活,为本节课的学习做好准备
提出问题(2min)		
朋友聚会要喝酒,班级聚餐要喝酒,心情好要喝酒,心情不好也要喝酒,有些人喝得多,有些人喝得少,有些人醉了,有些人没有醉,酒进入我们身体以后发生了很多反应,那么这些反应对我们人体有什么伤害呢?这节课我们一起来讨论	回忆自己以前喝酒的情境,认真思考提出的问题,写出自己的猜测	在生活实例的基础上提出问题,学生容易接受,更能激起学生的兴趣
学生猜想(3min)		
根据同学们课后查阅的资料,同学们对刚才的问题给出自己的猜测	学生甲:酒喝多了可能会对我们的大脑有影响 学生乙:酒喝多了可能会对我们的肝脏有影响 学生丙:酒喝多了可能会对我们的神经细胞有影响 学生丁:长期酗酒可能会对我们的生殖细胞有影响 学生戊:大量饮酒可能造成酒精急性中毒,有可能使人丧命 学生己:大量饮酒的人会患上心肌病 学生庚:长期酗酒可能会使胃部受损,出现消化性溃疡病 ……	
收集资料(1min)		
同学们,上节课老师让你们放学后查阅资料,查阅有关酒在人体内的反应后会对我们身体造成什么影响的资料了吗	同学们齐回答:查了	检查学生的主动学习性、课后独立完成性
学生分组(1min)		
老师给同学们分组,九个人一个小组,分六个小组,并且每个小组选定一个小组长、记录员、汇报员	推荐出组长、记录员、汇报员	分组学习、合作学习、提高积极性

续表

教师活动	学生活动	设计意图
讨论并整理资料(6min)		
按照分好的小组,学生进行讨论,并对资料进行分析及整理	学生在小组长的带领下认真、积极地讨论,根据所查资料给出不同的观点,并对各自的观点进行分析,取长补短,最后对正确、有用的信息进行筛选及整理	学生讨论,合作学习,共同提高
学生汇报成果(16min)		
老师有秩序地组织学生对讨论成果进行汇报,各组做好笔记	第一小组:对大脑影响,进入人体的乙醇由于不能被消化吸收,会随着血液进入大脑。在大脑中,乙醇会导致神经元内钙含量过度升高,并使神经元细胞膜出现僵硬,破坏神经细胞,大量神经细胞会因此凋亡,各种认知功能也由此而受到影响(尤其是记忆力、分析能力和注意力)。饮酒者会出现心理问题、焦虑、抑郁。长时间喝酒会导致心血管疾病、神经纤维和肌肉纤维的损害、肝脏疾病、消化道癌症 第二小组:乙醇会抑制脑的呼吸中枢,造成呼吸停止,另外血糖下降也可能导致死亡。引起各种维生素缺乏,间接导致多种神经系统伤害 第三小组:饮酒会影响消化系统,从而患上口腔溃疡、食道炎、急慢性胃炎、胃溃疡、慢性胰腺炎、急慢性肝炎、肝硬化等。胃溃疡:可引起胃出血而危及生命,这一点非常严重 第四小组:乙醇是血管扩张剂,可使身体表面血管扩张,它除了使人看起来脸红红的之外,也会使人身体组织过分散热,这会造成人体在天冷时全身冰冷(体温过低)。如果妇女怀孕期间喝酒会对胎儿有影响,因为乙醇在胎儿体内代谢和排泄速率比较慢,对发育中的胎儿造成各种伤害,包括胎儿畸形、胎死腹中、生长迟滞及行为缺陷等 第五小组:我们小组认为:①损害脑:麻痹脑神经,导致记忆力减退,早年就会出现双手不由自主地颤抖的现象;②损害肝脏:长期饮酒会导致酒精肝、脂肪肝甚至肝硬化,后果严重;③酒精依赖还可导致心血管疾病,如心悸、诱发心绞痛	成果展示,增强学生的自信心,提高学生的兴趣

续表

教师活动	学生活动	设计意图
总结评价(5min)		
同学们,当我们喝酒以后,不到5分钟的时间乙醇就会扩散到我们的血液中,首先是乙醇发生氧化,生成乙醛,我们都知道,乙醛是有毒的,是致癌物质,对呼吸道和黏膜有刺激作用,慢性中毒与乙醇相似;但是体内会生成一种酶来分解乙醛,这样乙醇才算是解了,但是喝得太多会产生大量的酸,这样对身体是很不好的。刚才同学们说了那么多的不利之处,凡事都有两面性,虽然酒对人体有那么多的伤害,但是偶尔喝一点点酒也可以助消化,对我们身体是有好处的。刚才同学们说了那么多,归纳起来有以下几点:①对大脑;②对肝脏;③对神经系统;④对食道;⑤对血管;⑥对心脏;⑦对胎儿	认真倾听乙醇在人体内的分解过程,并做好记录	科学看待乙醇对人体的作用,让学生学会辩证地看待问题
反思评价(3min)		
通过这节课的学习,我相信同学们对酒有了进一步的了解,也知道了喝酒之后酒都扩散到了我们身体每个部位,对我们的身体造成了不同程度的伤害。那么,这就要求我们对酒有限制,同学们还小,更应该爱惜自己的身体,少喝酒、少抽烟,多吃蔬菜,锻炼好身体,做现代新人,有理想、有目标,并且为理想和目标不懈奋斗。下面请一位同学谈谈这节课的收获	学生A:以前有时候我们回去喝酒,都以心情不好为理由去喝酒,可是通过今天的学习,我不想在心情不好的时候去喝酒了,我查资料知道,心情不好的时候喝酒对身体的伤害更大,我希望在座的各位同学也能少喝酒,就像老师说的一样,我们要为我们的身体负责,健康地生活,做很多有意义的事……	培养学生的情感态度,同时教育学生要有高尚的奉献精神,有理想、有抱负
课后作业(1min)		
请同学们下去以后,每小组做两份手抄报,就以这节课学习的内容为题材,主题自定,但要凸显自己学习这节课后的想法	认真倾听,做好记录	巩固学习,提高效率

案例“乙醇与人体健康”中体现出了探究式教学的一般过程。这个案例说清楚了乙醇和人体健康之间的关系。通过教师的引导,学生提出问题—活动探究—结论获得—应用发展。在现实的课堂教学中,教师对探究式教学的过程可以做适当的处理。教师可以根据内容的不同,对探究式教学的过程进行详略处理,突出探究的某一环节或者几个环节。

探究式课堂教学模式下培养出来的学生思维变得更加活跃,交流、合作的能力以及创新的精神和实践能力都大大加强,学生所具备的化学科学素养也得到提高,形成一定的热爱自然、热爱实验、关注社会、珍惜生命的情感态度和价值观。

同时,探究式课堂教学模式要求教师转变观念和角色,从知识的“传授者”转型为学生学习活动的指导者、促进者、组织者、帮助者和课程的研究者、创新者和开发者。高中化学新课程也是如此。

总之,进行课程改革实验,实施“探究”式课堂教学,是用新的教学理念代替旧理念的过程;是用新的教学模式代替旧模式的过程。从事教学的一线教师,只有站得高,才能看得远。就像著名的物理学家牛顿所说的那样:“我之所以站得高,是因为我站在巨人的肩膀上。”

第九节　教学机智
——如何应对教学中的意外

一位新老师在讲公开课时，突然发现自己精心制作的幻灯片打不开了，这可怎么办呢？听课老师和同学们还在等着，老师心急如焚，看着在修投影仪的同学不知所措，同学们也无聊地说着话。最后投影仪修好了，可是老师上课的思路全部被打乱了，课也上不下去了。

俄国教育家乌申斯基说过："无论教育者是怎样地研究教育理论，如果没有教育机智，他不可能成为一个优秀的教育者。"化学世界中物质变化的多样性、复杂性，物质性质学习的阶段性和理论理解的有限性，学生在学习过程中认识能力的差异性以及随着科学知识的不断发展和学生思维的空前活跃等因素大大增加了化学课堂的随机性和偶然性。教师不能拘泥于化学教学设计方案的理想蓝图，也不能一味死板地按照计划讲课，否则一旦碰到与教学计划不符合的状况就会不知所措，致使课堂进程中断。虽然教学意外不可避免，但是作为教师可以充分考虑各种可能发生的情况，做好准备，尽量避免一些可能出现的教学意外。例如，在做演示实验前教师可以在课下多做几次，尽量排除可能导致实验失败的因素，以确保演示实验万无一失。由于教学过程不是一成不变的，意外不可避免，因此在发生教学意外时教师要积极有效地运用教学机智，将教学意外对教学效果的不利影响降到最低。

一、教学机智的特征

1. 现场及时性

教学意外是不可预见的，因此常会使一些教师手足无措。面对突如其来的事件，教师应该及时做出反应，调整教学计划，组织课堂秩序，否则可能导致课堂秩序的混乱，教学进度也可能因此而受阻。所以当遇到教学意外时，教师应该果断及时地处理，将教学意外变成课堂的助推剂，或者将不利影响降到最低。

案例 9-1

一次公开课上，某老师准备的内容是"空气"。上课铃响了，老师正准备讲课，这时忽然隐隐约约地闻到一股难闻的气味，是附近化工厂排放出来的。臭味使得学生开始躁动起来，课堂教学已无法正常进行。这时老师灵机一动转变话题："大家都闻到一股臭味了吧。"学生答道："嗯。好难闻啊！"老师说："近几年学校附近建了很多化工厂，给市区的经济带来了飞速发展的同时也对我们的生活环境尤其是空气造成了严重的污染。这种情况如果不改善，后果不堪设想。那么大气污染对我们有什么害处呢？如何改善空气的质量？这些都要围绕我们既熟悉又陌生的空气展开，接下来我们就来了解空气的组成和各组分的性质。"

案例9-1中教师在教学时遇到了化工厂排出的难闻的臭味，打乱了原本的教学计划，学生也没有心思上课了。教师在面对此教学意外时灵机一动，巧妙地利用外界的不利因素，逐步勾起学生想要了解空气组成成分和性质的兴趣，并将学生兴趣转化为学习动力，成功地吸引了学生的注意力，顺利导出要上的新课，一举两得。如果教师采取教学机智不够及时，或者是对外界影响置之不理，继续进行自己的讲课，可能会导致学生上课心不在焉，课堂教学效率低。因此，教学意外的现场及时性就是发生后立即解决，如果到课堂教学无法进行下去时再进行处理，不仅耽误了最佳处理时间，而且也会影响课堂的有效教学。

2. 实践正确性

“实践是检验真理的唯一标准”，教学机智需要以教学经验为基础，而教学经验需要教师不断地去实践去积累。只有教学经验丰富，接触并了解各种教学情况，才能正确地判断教学意外类型，并采取恰当的方式处理课堂教学中的意外。一位优秀的教师并不是天生就具有丰富的教学经验，只有不断实践，在失败中吸取教训，在一次次尝试中去其糟粕，取其精华，积累经验，才能真正做到从容地面对教学意外，处变不惊，在教学过程中“不管风吹浪打，胜似闲庭信步”。

案例 9-2

某老师在讲授“氯气的生产原理”时，由于实验现象比较明显，就想通过实验现象引导学生对电解装置及电极的学习。实验后老师问学生：“大家观察到了与电源正极相连的石墨棒上产生了黄绿色气体没有？”话音刚落，一位坐在距离讲台不远的学生立即回答没有看到，引起其他同学一阵大笑。老师没有因此而发怒，而是平静地说：“那么你有什么办法让大家‘看’到这实验现象呢？”学生红着脸站起来回答：“将湿润的淀粉-碘化钾试纸放在试管口，现象为试纸变蓝。”为了缓和课堂气氛，老师又趁机说：“那么请你上来给大家演示一下。”课后老师才了解到，原来这位学生的位置恰好反光看不到，无意识地脱口而出，后来在同桌的提醒下，换个角度就看到了。

案例9-2中教师并没有因学生脱口而出的答案而生气，而是将计就计。学生不是没看到吗？那就让学生自己说说如何才能让大家看到希望出现的现象，这样不仅能让学生认识到自己随口回答对课堂引起的不好影响，而且还能让学生自己开动脑筋解决问题，加深对知识的记忆。

学生有时说出打乱教学课堂的话，并不是蓄意要扰乱课堂。说者无意听者有心，如果教师没有足够的教学经验，就不可能正确地判断学生是故意扰乱课堂还是无心之失，甚至还有可能会将学生大骂一通。这样不仅会浇灭学生学习化学的热情，同时也失掉了一名教师该有的风度。巧妇难为无米之炊，教师如果没有丰富的教学经验和有效的教学技巧，很难产生成功的教学机智，从而不能恰当地应对教学意外。

3. 处理果断性

教师在遇到各种教学意外时应该果断处理，切不可优柔寡断，举棋不定。兵法说，行军打仗只有讲究天时、地利、人和才能在战斗中百战不殆。“天时”就是要抓住时机，方能一招制敌。课堂虽然没有战场那么残酷，但是同样需要天时、地利和人和。课堂教学中处理意外事件如果犹豫不决，只会让机会稍纵即逝。一节课只有短短的40分钟，还需要更多的时间完成教学任务,所以处理果断性是教学机智的重要体现。当然,在实际教学中并不是每一位教师都能对教学意外迅速作出反应并果断地处理,但是只要教师在课堂教学中时时磨炼自己,训练自己,教学机智的运用便会更加娴熟。

案例 9-3

在讲“氧化还原反应”的内容时,老师准备做“魔棒点灯”趣味实验(将高锰酸钾和浓硫酸混合均匀后,用玻璃棒蘸取后,立即点酒精灯,酒精灯会被点着)来引课。在实验过程中,教师一不小心把玻璃棒掉在地上,酒精灯也打倒了,这位老师当时就愣了,不知怎么办才好。如果直接捡起来继续做实验,害怕遭到学生的嘲笑,若承认自己的错误,可能会有失教师的威严。这位老师进退两难,难拿主意,最后因为时间耽搁只能嘿嘿一笑,不了了之。学生也没说什么,可老师心里一直想着这件事,致使课堂教学思维混乱,降低了学生的学习热情,课堂效率自然也降低了。

案例 9-3 中教师处理事情优柔寡断,考虑问题太多因而错过了实施教学机智的最佳时间。遇到这种情况,若教师不去计较刚才的失误继续进行教学,这堂课或许还不是很糟。或者教师果断地就自己的失误向学生道歉,学生反而会觉得教师心胸宽阔,进而对教师更加敬佩。教师也可以更加幽默诙谐地处理这个问题。例如,教师可以说:“同学们看到没有,这就是错误操作实验的典范啊,你们可不能犯老师这样的错误!”这样既能将此事揭过,又能使整个课堂气氛活跃起来,进而有效提高课堂教学效率。

有些教师认为教师就应该树立一个至高无上的形象,所以教师不应该犯错也不能犯错,在学生面前出现失误会失了教师的身份。其实不然,人无完人,教师也会犯错,敢于承认自己的错误也是教学机智的一种,它需要极大的勇气。敢于承认自己的不足会让教师赢得学生更多的尊敬和信服。

4. 独特创新性

哲学上说:“这个世界上不可能存在两片完全相同的叶子。”其意是在时间和空间不同时,同一件事或同一种情况不可能出现。同理,教学意外也是因时因地而不断改变的。此外,不同的教师,其世界观、价值观以及教学经验、教学理念等都不一样,处理事情的方法自然也不尽相同。并且因教学环境的不同,教学教材的不同以及教学硬件等的不同,所导致的教学意外也就不同,故而相应的教学机智也不相同。

案例 9-4

在做焰色反应实验时,学生透过蓝色钴玻璃观察氯化钾溶液的焰色反应,可是怎么也看不到紫色,于是学生去问老师原因。老师亲自做了一遍实验,现象还是不明显,这说明学生的操作是没有问题的,而此时如果再寻找其他溶液也来不及了。这位老师急中生智,让学生用火柴代替实验试剂(火柴头上含有氯酸钾、二氧化锰及硫等物质)。学生重新做这个实验时,现象非常明显,观察到了预期中的紫色。

案例 9-4 中教师在引导学生进行钾的焰色反应时,没有观察到原本的实验现象,可能是药品变质或有其他杂质干扰,再进行实验已没有意义。遇到这样的情况,教师没有局限于教材,而是根据自己所掌握的知识重新选择了火柴头进行实验并取得了成功,此时教学机智就体现出了它的作用。化学课堂中常会出现由于实验失败引起的教学意外，如果教师直接放弃实验，继续其他内容的讲解，会让学生感到失望，继而影响学生的学习兴趣。教师如果能灵活地运用教学机智，不仅能让学生兴趣大增，而且还能提高课堂教学效率。

教育家第斯多惠说："教师必须要有独创性"，即教师应当不断去创造、去创新。只有教师具有创新的意识，才能教出具有创新意识和能力的学生。教师平时不仅要教书育人，更要不断充实自己，不断接受新的知识和思想。案例9-4中的化学教师如果不知道火柴头的成分含有氯酸钾，又怎能迸发出如此精彩的机智火花呢？而且作为教师不应该拘泥于本学科，应该跨学科了解知识，多方位地学习，将理论知识与飞速发展的社会实际接轨，这样才能保证自己思想的先进性，保证不被历史的洪流所淘汰。

5. 灵活审美性

教学机智是一门艺术，它具有很大的灵活性。教学意外的发生是因时、因地、因人而异，因此在解决的方法上也不能一成不变，需要教师拥有开阔的眼界和发散性的思维。这不仅需要持之以恒的经验累积，还需要教师具有打破常规的勇气，这样才能为自己的思想构建更多的维度，进而以艺术美感让学生信服，让一堂枯燥无味的化学课变得美妙而吸引人。

案例 9-5

某老师在讲"水的组成"时，向学生提问"水是由什么组成的？"有位同学回答是氢气和氧气组成的，这位同学犯了概念性的错误。这时老师说道："那坏了，H_2和O_2是气体，喝一口你就飘飘悠悠，那么喝一杯水不是就有坐飞机的感觉，如果喝得再多一点可能就会飞向美国了。同学们想，如果在空中点火抽一支烟，什么结果？"同学们吆喝"爆炸啦！""因为H_2和O_2遇火可能发生爆炸，"老师接着说，"那只有唱'伤心太平洋'了。"最后引得学生哈哈大笑。

案例9-5中教师可以直接点明学生的错误："同学们能够说H_2O是氢气和氧气组成的吗？你们把氢气和氧气放在一起就能合成H_2O吗？同学们再好好想想正确的答案是什么？"学生立即得到答案，原来H_2O是由水分子构成的。但是这种方法较为平淡，可能当时学生记住了答案，过段时间又将知识遗忘，下次仍然会犯同样的错误。案例9-5中教师处理学生错误回答时的方法就值得借鉴，教师用幽默的语言，通过举一些假想的例子让学生自己判断答案是否符合实际情况，谈笑风生中否决了学生开始提出的H_2O是由氢气和氧气组成的说法，并加深了学生的记忆。这样不仅纠正了错误，而且也活跃了课堂的气氛。

二、如何培养教学机智

课堂教学机智是每一位教师都必备的教学技能，是上好一堂课必不可少的基本素养，那么教师应该从哪些方面培养、提高自己的教学机智呢？

1. 提高自身综合素质

首先，教师应该热爱自己的职业，热爱自己的学生。教学机智要求教师在发生教学意外时，能在较短的时间内做出正确的反应。因为人在快乐高兴时，大脑皮质的兴奋度较高，更容易对突发情况做出反应，所以，如果一位教师怀着烦躁、郁闷的心情上课，遇到教学意外肯定会火冒三丈，导致课堂无法按照原定计划进行。

其次，教师需要具有扎实的学科专业知识及足够的社会知识。知识就如高楼大厦的地基，如果连地基都没有打好，高楼大厦又怎么能建成？即使勉强建成，也不能长久维持，总有一天会因为地基不稳而轰然倒塌，化为乌有。如果没有深厚的专业知识作后盾，再聪明的教师也无法孕育出精彩的教学机智。

再次，教师需具有高尚的师德。身正方能为师，德高才可为范。只有德行能够服人的教师才能赢得学生的尊敬，才能与学生真诚地交流，才能更深入地了解学生的实际情况，在课堂教学上赢得学生的支持。在教师运用教学机智解决教学意外时，学生也能积极配合，快速解决课堂教学上的问题。

资料卡片

如何提高教师综合素质

(1) 树立全新的教育观念。提高教师的素质首先要解决的是观念问题。教师要从教育观念、教育方式、教育效果等方面入手，不断进行自我审视、自我调整、自我充实，以此适应由传统教育向素质教育转变的需要。

(2) 加强教育和心理学科的修养。要求教师掌握教育科学和心理科学，了解教育、教学的规律，按规律办事，有针对性地进行有效教育。

(3) 努力掌握和运用现代化教学手段。只有努力掌握和运用现代化教学手段，教师才能适应现代化教育并创造出先进的教学模式。

(4) 积极营造尊重教师、尊重教育的社会环境。构建一整套社会各界广泛参与和支持教育事业的运行机制，充分调动广大教师的积极性和创造性。

2. 准确把握教学意外的类型

教师在上课之前就应该考虑到可能发生的教学意外，并在意外发生时能快速判断教学意外的类型，运用最合适的机智解决问题，以取得最佳的教学效果。

1) 知识水平的限制导致的教学意外

有智慧的教师善于运用教学机智化解教学意外中的窘境，并赢得学生的尊敬，同时使课堂活跃起来。总之，无论采取什么方法解决，教师一定要鼓励学生多提问，多思考。提问是创新的开端，鼓励学生在课堂上质疑问难，也就是在一定程度上悉心呵护学生创新的嫩芽。最好的课，最令人难忘的课应该是在课堂上被学生问倒的课！这说明学生在积极动脑思考问题。

案例 9-6

某老师讲“铁粉与水蒸气的反应”这堂课时先给学生介绍了实验的内容，然后进行实际操作，并让学生认真观察实验现象，进而从实验现象进行归纳，推出要学习的内容。可是突然有个学生提出了这样一个问题：“老师，为什么我们生活中常见的铁丝都是银白色的，具有金属光泽，而铁粉却是黑色的呢？”老师当时就蒙了，不知如何回答，过了一会儿，老师才支支吾吾地答道：“这个问题啊，可能是，可能是铁变成粉末之后，又被空气中的氧气氧化所造成的吧。”学生又问道：“可是铁在空气中氧化成 Fe_2O_3 应该是红棕色的粉末啊。”老师显得更加紧张，情急之下只好说：“这个问题课下讨论，我们继续上课。”学生在下面议论纷纷。

案例9-6中，学生突然在课堂上提出问题，教师胡乱解答，遮掩自己知识结构中的缺陷，结果弄巧成拙，引得学生议论纷纷。在遇到这种情况时，教师可以向学生坦白承认："这个问题老师也不是很了解，等我课下查阅相关资料再来帮大家解决，行吗?"这样既表现出了教师对学生提出问题的重视程度，也体现出了教师对待学生的诚恳，学生会体谅老师并积极配合的。也可以将这个问题作为学生的课后作业，留给学生自己去查阅。当然还有其他的解决办法，针对具体课堂情况，教师可以采取不同的教学策略。

2）学生叛逆心理导致的教学事故

中学的孩子处于青春期时期，容易产生逆反心理，经常喜欢通过调皮捣蛋来吸引教师或同学的注意，难免会造成教学意外。

案例 9-7

某老师在评讲"硫和氮的氧化物"的习题，正讲得兴起，突然看到后排冒起了黑烟，然后几个女生开始尖叫。老师迅速走过去，看到地上有未烧尽的烟头和废纸，原来是班里一个调皮的男生躲在后排抽烟。他当时就怒了，举起手中的报纸，狠狠地朝他的头敲去。"啪"的一声响，学生都吓呆了，睁大眼睛看着老师，没想到老师会发这么大的脾气。老师接着说："平常我对你们要求不是很严格，你们倒是要翻天了。以后谁还敢做这些违反课堂纪律的行为，我绝不轻饶。"然后就继续习题的讲解，直到下课。

在教学中教师难免会碰到类似案例9-7中的教学意外。案例中教师的处理方式缺乏理性，由于青春期的孩子性格比较叛逆，一味压迫可能会引起学生的反感，导致师生关系恶化，不利于以后教学工作的开展。对于案例9-7中出现的教学意外，教师可以这样处理："吸烟会产生很多有毒的物质，其中有部分就属于硫和氮的氧化物，在教室燃烧废纸，不仅污染了环境，也浪费了资源，是一种不可取的行为。"还可以举出几个硫和氮的氧化物，进一步进行分析，既可以加深学生对化学知识的理解，也增强了学生的环保意识。

同样面对案例9-7的情况，有一位教师则采取了更有趣的方法来解决问题。"听其他老师说班上有些男同学经常偷偷在宿舍或者厕所抽烟，有同学今天还把烟给引到教室来了哦。既然这样，今天我就跟同学们来谈谈专家们研究的一项最新成果——吸烟的'好处'。"这种逆向性思维颠覆了学生的传统观念，学生瞬间就来了兴趣。教师趁热打铁说："专家们经过广泛调查，综合分析考证，最后得出结论，吸烟至少有以下四个好处：①吸烟者在室内，小偷不敢行窃；②吸烟者出门，狗不敢咬；③吸烟者永不衰老；④吸烟者不怕蚊虫。"学生都惊讶地睁大了眼睛，不明白其中的含义，老师接着解释："①吸烟者夜间要咳嗽，小偷自然不敢入室偷东西；②吸烟的人身体虚弱，走路时拐杖引路，狗自然也不敢咬；③吸烟的人容易得肺癌、心脏病，很难活到老，所以就永远不会衰老；④吸烟者皮肤发黄，有异味，所以蚊虫都不敢靠近。你们说抽烟是不是很有'好处'啊。"这时学生恍然大悟，会心地笑起来。那个抽烟的学生也红着脸低下了头。这种幽默诙谐的说理方式不仅让学生了解了教师的良苦用心，同时也赢得了学生的喜爱和敬佩。

3）由客观原因引起的教学意外

教学设施不完善、教学器具"失灵"或者实验出现意外等都可能出现教学意外，造成教学进程被打断。学生在自行操作实验时，可能因为操作不当导致实验意外，或因为环境因素等导致实验未按照计划出现相应的实验现象甚至出现事故。这些教学意外不仅考验教师对教材的了解程度，也考验教师遇到突发事件的灵活应变处理能力。如果教师在此时处理意外不够冷静，可能让学生更无助，甚至导致事态扩大。

案例 9-8

某老师在讲“磷”这节课时，安排了两个实验。第一个是红磷升华冷却变为白磷，这个演示实验进行得很顺利，效果很好，课堂气氛也不错。第二个实验是红磷和白磷着火点的比较。老师用铁架台固定一片平放的条形铁片，铁片的一端放红磷，一端放白磷，然后用酒精灯在红磷下面加热，红磷的温度比白磷高，但是白磷先着火。正在这时红磷突然燃烧起来，白烟四散，学生一下子乱了，来听课的老师也开始讨论。

案例 9-8 中由于实验仪器的原因致使实验失败，直接放弃势必会使学生学习兴趣大减，这时教师应该怎样处理这样的教学意外呢？教师在遇见教具出现问题时，千万不能惊慌，应该冷静下来，看是否能尽快找到解决方法。若短时间内不能解决，可以将此实验暂时延后，待下堂课补上并结合上次学习的知识进行复习。

3. 深入了解学生情况和教学环境

教师想更恰当、更灵活地运用教学机智，就应该对学生的学习情况和教学环境有所了解。如果没有摸清状况就滥用教学机智，可能会白费工夫。

案例 9-9

一位年轻老师到农村支教，开始上“金属及其化合物”时提到了金属活动性顺序表。可是学生茫然地看着老师，仿佛不知道。老师当时就生气地骂道：“你们是干什么吃的，以前老师教你们的东西都忘干净了吗?”学生依然不说话，表情有些委屈。下课之后，一个学生才大胆地跟老师说：“老师，我们以前的老师不喜欢给我们上课，所以我们经常无法上课。”老师这才恍然大悟，很是内疚，怪自己没有充分了解自己的新学生，错怪了学生。

案例 9-9 中教师没有了解学生的学习情况和教学环境，因此没有正确地判断学生无法回答问题的原因。教师以为是学生贪玩没有复习功课而向学生发怒，这样不仅让学生在课堂上无法集中精力，而且还有可能在学生的心里留下阴影，从此失去对化学的学习兴趣。

教学机智是教师的一种重要的心理品质，它突出表现为教师对突发事件敏锐、迅速、准确的判断和灵活、机智、巧妙的处理。教育机智的运用往往会保护学生的自尊，从而使学生的自尊心转化成一种自信心。一切成功的教育都应该建立在对学生人格的尊重上。著名教育家苏霍姆林斯基曾说过：“自尊心是学生人格的顶峰”，一个人认为自己不比别人差，这正是可贵的自尊的表现。教师要善于抓住契机，充分发挥教育机智，表扬和肯定学生的点滴进步，使学生从中获得成功的喜悦并逐步走向成功。

4. 遵守运用教学机智的原则

1）冷静性原则

即使在遇到教学意外时，教师也要沉着冷静。这样才能更加理性，考虑事情才会更加全面，在面对教学意外时才不会感情用事，从而能更加迅速、及时地发挥自己的教学机智。

案例 9-10

某老师正在讲授"蛋白质"一节课时，讲到血渍是蛋白质，问学生可以用什么方法来洗涤沾有血渍的衣服。有同学讲到用"酶"，马上一位学生怪腔怪调地说："唾液中也含有酶，那唾液也可以洗涤血渍？"顿时引来一阵哄堂大笑。老师没有被激怒，反而平静地说："这问题提得正好，你们说唾液可不可以洗涤血渍，为什么？大家讨论一下。"通过大家的讨论，这个问题很快就解决了。同时学生也再一次了解了酶的特性之一——专一性。

案例 9-10 中教师将计就计，顺着学生的问题往下走，既没有打击学生的积极性，又让学生习得了知识，同时还进一步培养了学生的兴趣，丰富了课堂内容，为获得良好的教学效果打下了基础。

2）诚恳自然性原则

苏霍姆林斯基说过："教育技巧的全部奥秘就在于热爱每一个学生。"教学是一个双向的过程，它需要教师和学生的共同配合、共同努力。只有倾注了真诚与热情，一堂课才更显得精彩纷呈。在处理教学中出现的意外时更应该秉承自然诚恳的原则。只有教师真心对待自己的学生，学生才能感受到教师对自己的关爱，才会更积极地配合教师教学，才能保证教学的有效进行。

案例 9-11

在学习"氨气的实验室制法"时，王老师不小心把"铵盐"写成了"氨盐"，这时一名学生在下面起哄道："老师，写错了。"王老师一看，说道："这位同学观察很仔细。同学们注意了，氨这个字很多同学都容易写错。氨气是气体，所以氨气的'氨'是气字头，而铵盐是阳离子为铵根的盐，铵根具有与金属离子类似的性质，所以铵根的'铵'为金字旁，同学们要记清楚了，千万不能犯跟老师类似的错误。"

案例 9-11 中教师遇到这样的意外，非常坦诚地承认了自己的失误，不但让学生学到了知识，而且还能拉近与学生之间的距离，极大地鼓励了学生参与到课堂中，提升了课堂的效率。

3）灵活性原则

教师灵活地运用教学机智，才能解决各种不同的教学事故，让学生保持一种新鲜感，更恰当、更好地解决问题。

案例 9-12

邱老师在讲"碳的几种单质"时，讲到了活性炭的吸附性，一边讲解，一边在黑板上板书，不小心将活性炭写成了"活性碳"。这时，一名同学在下面起哄道："老师，写错了。"邱老师一看，马上就反应过来："嗯，这位同学观察很仔细，老师故意这样写，就是看同学们有没有认真看书听课。同学们想过没有，'碳'和'炭'有什么区别呢？为什么活性炭要写这个'炭'？"看着同学们若有所思的样子，邱老师说道："是这样的，'碳'表示的是元素，如二氧化碳；而'炭'表示的是燃料，如'木炭'。"同学们恍然大悟，点了点头。

同样是教学中出现错别字的小意外，案例 9-11 和案例 9-12 中教师处理的方式却并不相同。所以，教学意外的处理方式并不是唯一的，只要符合学生的接受心理，有利于教学秩序的正常进行都是可取的,值得鼓励,教师可以根据学生情况灵活处理。如果在教学过程中出现类似案例中的教学意外,教师切不可粗暴对待,以批评学生的方式来掩盖自己的错误。

5. 注重实践经验的积累

教学是不断实践的过程,而实践是检验真理的唯一标准。教学机智是在教学过程中逐渐培养起来并发展成熟的。

案例 9-13

张老师在讲"物质的量"一节课时,强调"物质的量"四个字是一个整体,作为一个物理量来使用,不能说"物质的质量",也不能说"物质的数量"。这时,一位同学在下面说道:"那直接说成'物质量'多好啊,在汉语里面'的'字通常是可以省略的,加个'的'字读起来真拗口。"张老师微微一笑:"嗯,在很多情况下,'的'字在现代汉语里面确实是可以省略的,'的'就好像古汉语里的'之',都是一样的意思。要是按你这个省略规则来看,中国近代有个名人叫'张之洞',那我们是不是也可以把'之'省略掉呢?"同学们都笑了。张老师继续说道:"'物质的量'是一个物理量,四个字就好像是人的名字,不能往中间加字,也不能省略任何一个字,同学们要尊重它的'姓名权'嘛。"

案例 9-13 中教师在平时的教学过程中,如果遇到意外的教学事故,应注意课后及时反思,积累经验并不断充实自己,这样才能让自己在处理教学意外时越来越有智慧,越来越得心应手,甚至可以有效地避免很多教学意外的发生。

6. 设计好教学系统

虽然教学意外具有不可预料性,但是课前做好教案,知识结构体系等准备也是必不可少的。结合实际情况将可能出现的教学意外考虑周到,未雨绸缪,尽量避免教学意外的发生,在某种意义上说也是一种教学机智的体现。

案例 9-14

金属活动性顺序的探究

在验证 Al、Zn、Fe、Cu 的金属活动性顺序时,张老师设计了这样的方案:用这几种金属分别与同浓度的盐酸反应,观察生成气体的速率,让学生分小组来完成实验。这时,张老师突然想起自己忘记设计用砂纸来打磨铝丝的步骤了,很多学生得出与结论相悖的现象。这时学生也快做完实验了,张老师让学生停下来,自己接过装有铝片和盐酸的试管摇了摇(消磨时间),又让学生观察,片刻后铝片表面开始冒气泡,学生很纳闷地说:"刚才还没反应,怎么到老师手里就有气泡了呢?"于是张老师接着引导学生分析产生这种实验现象的原因及解决方案。

案例9-14中教师没有对教学中各种情况进行周密的设计，没有熟悉教学的各个流程。由于自己忘记事先用砂纸打磨铝丝，导致在课堂教学中学生实验时得出与结论相悖的实验现象，本来可以避免的教学意外却因为备课时考虑不充分而发生了。不过好在教师善于临场发挥，充分利用自己的教学机智而将问题顺利解决。

7. 不断进行创新与尝试

时代在进步，社会在发展。教师只有不断去尝试，并进行创新性教学机智的研究，才能时刻保证自己的先进性，维持学生的新鲜感，使教学课堂因为教学机智的润色而变得乐趣无穷。

案例 9-15

某老师在讲“电解池”的内容时，提到阴极和阳极，有个学生突然来了兴趣，脱口而出：“跟易经和太极阴阳好像啊！”这下学生也来了兴趣，开始议论起来。老师看这课是上不下去了，就对学生说：“同学们，你们对易经感兴趣吗？大家都知道易经是周文王在入狱时写成的，原来是用来算命的哦。”这下学生更来了兴趣，嚷着要算命。老师看这堂课的教学内容差不多完成了，就给学生讲起了易经的知识。

案例9-15中教师在学生的注意力被其他事物分散时，不仅没有发怒，反而给学生讲起了易经的知识。博学的知识使教师能够在出现教学意外时还能吸引学生的注意力，并通过这种劳逸结合的方法让学生通过对阴阳的了解加深对电解池知识的记忆。教学中不一定要学生一直把注意力放在课堂中才能提高课堂效率，提升学生对课外知识的兴趣也不失为一种良好的教学机智。

作为新时代的教师应该更好地掌握教学机智，在课堂教学中面对各种教学意外时做到沉着冷静，处事不惊，在快乐、幽默中提高课堂效率。教学机智的习得除需要对基本的理论知识进行学习外，更多的是需要广大教育工作者在实际的教学生涯中去反思、去总结，真正做到“以不变应万变”。

第十节　留给学生最宝贵的东西
——科学思维方法的学习

进入高中以来小王学习化学的积极性深受打击：刚接触物质的量就弄得他晕头转向，只会做题而搞不清楚概念之间的关系；然而这还不算，“金属及其化合物”这一章中要记忆的内容太多，总是记了又忘。这会儿老师又在复习铝和铁的化合物，各类反应太多，他强制自己去听却不一会儿就打起了瞌睡。相对初中时对化学学习的浓厚兴趣，他对目前这种学习状态很不满，很想去改变并且做了很多尝试，但结果很不理想。

上述案例中小王从原来对化学十分感兴趣到现在对化学学习索然无味，对自己的学习状态和学习效果极为不满，这是什么原因造成的呢？怎样让他改变这种状态呢？这就需要教师在教学中教给学生科学的思维方法。

科学思维在字面上由“科学”和“思维”两部分组合而成，但其实质并非两者的简单加和，而是两者的有机组合，它仍然是一种思维，但是更高级，对解决问题更有效。美国科学家弗拉维尔(Flavell)等在著述中谈道：“科学思维有两个阶段：在研究阶段，一个人设计实验以检验某个理论；在推论阶段，一个人将所得到的结果解释为支持或拒绝理论的证据，并且在必要时考虑解释。”从中可以看到，科学思维不仅要摆脱简单的感性认识，还要摆脱传统经验的束缚，即要以科学研究的方法对理论进行剖析和验证，使理论和实践（证据）完美结合，在这样的过程中所体现的思维就是科学的思维。

一、培养学科兴趣，种下思维种子

俄国教育家乌申斯基曾指出：“没有丝毫兴趣的强制性学习，将会扼杀学生探求真理的欲望。”心理学研究表明，当学生对学习对象有兴趣时，大脑中与学习神经有关的细胞处于高度兴奋状态，无关的则处于抑制状态。不得不说兴趣是一个神奇的东西，它是形成良好学习习惯的内在动力源泉。学生只有对化学学科有着强烈的探索欲望和浓厚兴趣，才能激发出创新思维和创新潜能。兴趣如此重要，怎样培养呢？

学生对化学的初次认识是通过“绪论”完成的，“绪论”囊括了化学史、化学趣闻、化学在生活中的应用、化学的未来发展等内容，资源相当丰富。在这里教师就可以抓住学生最感兴趣的东西——化学趣味实验和化学在生活中的应用来激发学生的兴趣，让学生爱上化学。利用化学的独到之处——实验，在学生面前一展化学的绚丽多彩和神奇科幻。学生一旦对化学产生了浓厚的兴趣，在接下来的学习中思维就能得到开发。这就要求教师在进行演示实验时应选择具有代表性的、现象明显、趣味性强且易操作的实验。

案例 10-1

王老师常在课堂上引入一些趣味实验：“烧不着的手套”——事先在手套上沾上酒精，将手套点燃，待火熄灭后，向学生展示没有烧坏的手套；“魔棒点灯”——表面皿里盛放高锰酸钾后滴入浓硫酸，用玻璃棒快速搅拌，然后用玻璃棒就可点酒精灯，利用的是高锰酸钾与浓硫酸反应放出的强热达到了酒精蒸气的着火点。此外还列举一些化学与生产生活相联系的事例，如生活中可以用酸除锈，化肥的合理利用，自制米酒，卤水点豆腐等。这些变魔术似的实验会激发学生学习化学的兴趣，并在学生的脑海中产生许多“为什么”，这些都能很好地激发学生的学习兴趣。

案例 10-1 中教师的趣味课堂收到了实效，这也启发了一线课堂的教师充分发挥自己的才智，激发学生兴趣并且使学生爱上化学。课后还可以开展丰富多彩的化学兴趣活动，让学生在轻松愉悦的环境中学习，既能使学生在紧张的学习之余轻松一下，又能让学生在轻松愉快的气氛中获得和巩固化学知识。化学兴趣活动的内容及方式很多，如开展趣味实验，鼓励学生进行家庭小实验，带学生到附近的工厂或生活小区让学生发现和学习生活中的化学等。

此外，多给学生一些自由的空间也可以激发学生的学习兴趣，在把握自由限度的前提下，尊重学生的个体差异，把时间和空间还给学生，让学生真正做时间的主人。学生拥有大量的自由时间，才可能获得各方面的知识及明晓与之相关的活动的要求。在此基础之上，学生学习兴趣的根基已经建立，接下来的学习就轻松多了，多种多样的思维方法才有可能被激发出来。

二、培养问题意识，唤醒思维种子

现代思维科学认为问题是思维的起点，任何思维过程总是指向某一具体问题。问题是创造的前提，一切发明创造都是从问题开始的。我国大教育家孔子早就提出了“每事问”的主张，强调问题意识在思维和学习过程中的重要性。但是在现实的教学中很多教师都是尽量缩减学生的提问时间，或者教师自己将问题的答案转化为学生只需回答是或否、对或错的简单问题。

案例 10-2

讲解盐类按酸碱组合分类的新方法时，在介绍完四种盐的类型强酸弱碱盐、强酸强碱盐、强碱弱酸盐、弱酸弱碱盐后，李老师给出几种盐，让学生对其分类，但是还没等学生反应过来，李老师就问 $Al_2(SO_4)_3$ 是不是强酸弱碱盐，CH_3COONa 是不是强碱弱酸盐，NaCl 是不是强酸强碱盐。学生就只能简单地回答是或不是。

案例 10-2 中教师所提的问题都是封闭式问题，即只能答是或否、对或错。这样的问题根本无法触动学生的思维，学生只能机械地回答是或否，甚至还没来得及思考。培根说过：“如果你从肯定开始，必将以问题结束；如果从问题开始，必将以肯定结束。”如果教师总是代替学生问问题，久而久之学生就会处于被动接受的地位，长此以往学生就会失去继续学习的兴趣。教学实践告诉我们：学生创新的智慧火花经常闪现在幼稚可笑的发问中，所以在课堂教学中一定要重视学生问题意识的培养，唤醒潜藏在学生脑海深处的巨大潜能，点燃学生的思维火花。

既然问题意识对培养科学思维如此重要，那么在实际教学活动中教师应当如何培养学生的问题意识呢？通常可由以下两个途径来实现。

1. 创设良好的课堂气氛，鼓励学生提出问题

学生有没有强烈的问题意识，能不能提出问题，与是否有一个良好的教学氛围关系很大。在教学过程中如果课堂以教师为主体，则课堂氛围显得活泼不足而严肃有余。学生在这样的环境下只能感到压抑，有问题也不敢提出来，这样只会制约学生的思维发展。所以教师要给学生一个自由的平台，给学生营造一个科学民主、宽松和谐的教学氛围，让想说的学生说，不想说的学生鼓励他说。对于学生提出的问题，要认真对待平等交流，及时表扬，给予鼓励，使学生产生成功的自我体验。就算提出的问题不合理或者很简单，教师也应及时肯定学生独立思考的主动性和积极性，然后共同研究不合理的地方，让学生自悟自明。

案例 10-3

李老师在教学中经常鼓励学生提问题、讨论问题。在学习“物质的量”的内容时，一位学生提出疑问：水的摩尔质量是 18g/mol，而水的相对分子质量是 18，为什么两者的数值是相等的呢？李老师充分肯定了这个学生提的问题，并表扬了这个学生善于思考、善于发现问题的好习惯。接着李老师就学生闪现出的思维火花，引导大家从“相对原子质量等于某原子的实际质量比 1/12 ^{12}C 的实际质量”线索讨论问题，解决问题。

案例 10-3 中教师为学生创造了和谐、自由的课堂氛围，鼓励学生发现问题。当学生提出问题时教师不是担心教学内容能否很好完成，而是立即将问题公开化，鼓励学生一起探

讨这个问题,并引导学生解决问题。学生提出的问题被接纳后感受到自己是被重视和理解的,同时问题的解决也让学生更有信心和动力去提出更多好的问题,从而更好地理解所讲内容。

在教学中教师应善于挖掘、发现学生感兴趣、容易产生问题的地方,创设良好的教学氛围,从而为学生提出问题铺平道路。良好课堂氛围的构建需要教师:

(1) 充分尊重个体,给予学生信任。

课堂教学中尊重每个学生,尊重每个学生提的问题,充分肯定每个学生的进步。坚信没有差生,只有不勤奋的学生。

(2) 融入情感,激发学生热情。

师生的情感共鸣是课堂心理氛围的重要变量。现代教学论认为,教学过程不仅是传授知识的过程,更是师生情感互动的过程。教师在教学过程中应倾注积极的情感和真诚的爱心,用情感和爱心感染和打动学生,让学生伴随着丰富而快乐的情感体验参与教学过程。

(3) 师生平等,民主参与。

新课程观认为,课程不仅是知识,同时也是体验,是活动,是教师和学生共同探求新知识的过程。教师与学生都是课程资源的开发者,共创共生,形成“学习共同体”,地位是平等的,因而也是民主的。

2. 创设问题情境,引导学生提出问题

现代教学论指出:从本质上讲,感知不是学习产生的原因,产生学习的根本原因是问题。没有问题也就难以引发求知欲,没有问题或感觉不到问题的存在,学生就不会深入思考,学习也就只能是表层和形式的。探究始于问题,而问题的发现及提出常依赖于问题情景的创设。若把学生的大脑比作平静的湖面,那么富有针对性和启发性的良好问题就是投入湖中的石子,将会激起学生思维的涟漪,唤醒学生沉睡的大脑,开拓学生的思路,让学生处于积极的思维状态。

案例 10-4

在讲授“分子”这一节课内容时,杨老师首先提问:50+50=? 话音刚落,学生哄堂大笑,杨老师却在黑板上写下:50+50<100,接着让学生做了 50mL 酒精和 50mL 水混合在一起的实验,经观察体积小于 100mL。学生在惊讶之余,纷纷提出疑问:“老师,50mL 水与 50mL 水混合,体积是多少呢?”杨老师答“100mL!”学生又问:“那 50mL 水和 50mL 酒精混合,体积为什么会小于 100mL 呢?”对此,杨老师笑着说:“要想知道是谁‘偷’了水和酒精,同学们在学习完分子后就会找出‘凶手’了。”

案例 10-4 中教师利用学生对生活常识与化学知识间的认知冲突激发了学生的探究热情,创设一个与旧认知相矛盾的问题加以实验验证,激发出学生继续探究的兴趣。这种问题创设情境对于新知识的教学是一种很好的方法。

当然,创设问题情境不仅仅是“教师问—学生答”这种传统的教学模式。教师还应有目的地创设一种驱使学生提出问题的情境,引导学生学会发现问题,善于提出问题,并让学生讨论,教师适时点拨,这样的课堂让每个人都参与进来,对培养学生的问题意识、提高学生发现问题解决问题的能力是极为有利的。

教学过程中,教师要善于将教学内容设计成新颖别致、妙趣横生,能唤起学生求知欲的问题。这些问题可能很简单,但是与课堂内容联系起来后如果能引发学生认知冲突,带动学生思考,那么这些例子就是非常好的。除创设问题情境外,教师也可以在探究式教学中实现问题情境的产生并引导学生思考。探究式教学模式的成效取决于教师对大纲、教材的深入钻研、领会和对学生情况的全面了解,在此基础上吃透教材,灵活选择教法,精心设计探究方案,实现课堂教学结构的最优化,从而培养出具有创新精神和创新能力的高素质人才。

三、在课堂教学中渗透科学思维,让思维之花遍地开放

课堂教学中重视科学思维能力的学习有利于培养学生解决实际问题及获取信息的能力。科学的思维方法落脚点在方法上,但其中无不浸透着科学思维的灵光,展现着科学思维带给我们在解决问题上的突破。下面用几种常用的方法来展示科学的思维,并且通过一些实例分析展示科学思维给教师在解决问题上面带来的巨大改变。

1. 分析法

这里所说的分析法是将一个待考查和研究的问题或事物分成若干部分后分别进行研究,每个部分是这一个整体的要素和重要组成部分。从分析结果来说,它具有很强的导向性,必定是针对所遇到的问题进行分析的,而且结合理论使过程尽可能地精简,而不是"撒大网捕鱼"式的分析。这种方法所体现的分析性思维是科学思维的一种良好的体现方式,可以使教师思考问题时更全面、更深入。

案例 10-5

张老师在讲解"过氧化钠的漂白性"时通过实验引入:在过氧化钠与水反应后的溶液中加入紫色石蕊溶液,紫色溶液先变为蓝色,随后变为无色。根据实验现象,张老师问道:"溶液变为无色是否说明过氧化钠具有漂白性,或者说起漂白作用的是过氧化钠?"很多同学回答是,张老师只好摇了摇头。

深入分析案例 10-5,弄清楚这个反应的本质后问题就迎刃而解了。过氧化钠与水反应实质是分两步进行的,开始反应剧烈并放出大量的热使过氧化钠水解产生的过氧化氢大量分解而产生很多的氧气,后来随着反应物的减少,生成的过氧化氢和放出的热量都比较少,过氧化氢分解减慢,溶液中就会留有较多的过氧化氢。过氧化氢具有漂白性,因而真正产生漂白作用的实际上是溶液中残留的过氧化氢。具体反应过程的化学方程式如下:

第一步反应:$Na_2O_2+2H_2O═══2NaOH+H_2O_2$

第二步反应:$2H_2O_2═══2H_2O+O_2\uparrow$

总反应:$2Na_2O_2+2H_2O═══4NaOH+O_2\uparrow$

分析法从具体问题入手,深入剖析实质,针对性强,对解决问题有极大帮助。在其中用到了发散思维,但导向性和选择性更强,因而在一些看似繁琐、实则简单的问题上应用广泛。

2. 综合法

综合法是指将要研究的对象的各个不同或有一定关联的方面结合起来研究,从整体上认识研究对象。综合法研究的一般是特定的对象,其目的性很强,在这过程中非常注重将发散的

思维聚敛起来解决问题。对于这个研究事物能否从更多的方面对它进行阐释？这一点对于综合法是否用得好与巧是十分关键的。

案例 10-6

讲解“元素周期律”时，林老师首先给大家讲解元素周期表的产生过程，然后从金属性、非金属性、电子层排布、元素的原子半径、化合价的变化，让学生找出这些性质呈现怎样的规律性变化，最后揭示这些性质规律性变化的本质就是原子序数的递增与电子层结构的周期性排布，导致这些性质呈现周期性变化，从而总结得出元素周期律的内容。

案例 10-6 中，各种形式的元素周期表的排布依据让学生的思维得以发散，进行第二步时，就是将发散的思维即对各种性质的变化总结其变化规律，这样所用的思维都集中在寻找规律这个问题上，对特定的对象（变化规律）进行研究，目的性强。在发现元素周期律的整个过程中，思维总是处于发散再收敛的过程，研究的问题就在这一放一收的思维过程中轻松解决。

综合法看上去似乎是对相关事实的简单收集和堆砌，实则内涵丰富，要在其中培养学生对实验现象、数据的分析能力和判断能力，运用众多的材料找到对解决问题有利的途径，聚合思维在其中起到了很大作用。

3. 分类法

分类法即根据一些事物之间的异同，而后按照一定的分类标准（同类物质之间的共性与非同类物质之间的差异）进行划分。分类法的适用对象多是初学者，因为他们对知识缺乏系统性的认识，在学习时感到内容繁多，难掌握，这时可以教他们尝试用分类法去处理已学知识，从而加深对新知识的理解与认识。

案例 10-7

在学习“物质的分类”之前，欧老师要求学生说出在初中阶段学习过的物质，并且把它们一一罗列出来。学生认真地回忆着学过的那些物质……1 分钟后欧老师问学生：“你们是怎样记住这么多物质的？它们有什么特点呢？”于是学生又七嘴八舌地讨论开了：有的说是根据它们的性质相似性，有的说是根据它们是否常见……课堂气氛非常活跃。通过讨论，学生知道了分类标准的选择，对物质的认识也加深了。

案例 10-7 反映出学生对众多物质的记忆是建立在分类的基础上，而且这种方法在高中阶段用得较多，同时也极大地体现分类法的优越性。

分类法伴随着接触事物的增多而出现，它对平息起初因认识简单而引发的混乱有很大的帮助。分类法符合大多数人的思维习惯，并且方便记忆和研究，体现了一种逻辑的严密性和科学性。当学生进行更高层次的学习时，接触到的物质越来越多，分类标准也变得多样，认知水平也将一次次得到提升。

4. 类比法

类比法是在分类的基础上,用比较的方法对两个或多个对象进行研究,查看其相似性与不同点。其核心是异中求同,即在比较过程中首先应清楚地知道待研究的对象是否可以依照某一标准进行划分,如果可划分为同一类物质,就在此基础上寻找该研究对象之间的差异。

案例 10-8

学完有机化学内容后丁老师并没有开始总结,而是问了学生几个问题:为什么有机物家族如此庞大?醇、醛、酚、酸、酯同为烃的含氧衍生物,为什么性质差异却很大?具体推断某个有机物的结构的依据是什么?学生经过思考之后不约而同地得出类似的答案:同分异构及官能团的不同。

案例 10-8 中学生的结论是在通过类比之后得到的,经过类比后学生能够清楚地了解众多知识点间的关联,进而进行思考和探究。这种思维方法使学生能够从更本质的方面挖掘有机化学的内容,同时对知识进行深加工,拓宽知识面。

类比思维的独创性为科学创造活动及启发思路提供了线索,达到了触类旁通的效果。卢瑟福把原子结构和太阳系的结构进行类比,建立了原子行星模型。著名哲学家康德认为:“每当我们缺乏可靠论证的思路时,类比这个方法往往能指引我们前进。”一代又一代的科学巨人用他们的实践证明了类比法对科学发展所作出的巨大贡献,这给培养学生的创造力带来极大的启示。

5. 演绎法

演绎法和归纳法是相对的,它是从一般的规律出发得出特殊事实应遵从的规律,即由一般到特殊。从常见、常用的方法或知识入手,结合理论分析和实践进行推断,得出的结果是可以在现实中实现的。这种思维方法和假设法不同之处在于:它有现实的应用根据,结论可以是解释,也可以是推论或推导,但是在这过程中所能够涵盖的内容远比假设法丰富。在归纳的过程中依赖着演绎,演绎中渗透着归纳,两者相互依赖,又相互渗透,在一定条件下可互相转化。演绎法中渗透着发散思维,要求尽可能想得更全面,其思维过程和归纳法相反。

案例 10-9

学了“金属矿物的开发利用”后,王老师让学生总结金属的冶炼方法,随后让学生根据金属活动性顺序表及前面学到的知识分析:为什么铁可以用铝来还原,而铝要用电解法?为什么加热汞和银的氧化物就可制得金属汞和银?

K Ca Na Mg Al Zn Fe Sn Pb (H) Cu Hg Ag Pt Au

金属活动性由强转弱

案例 10-9 中教师让学生总结分析金属的冶炼方法,学生或许会这样分析:在铜之后的金属活动性很弱,可直接加热其化合物得到相应的金属;处在铝和汞之间的金属需通过热还原法制取。学生对问题分析透彻后,适当的迁移运用也不在话下。给出一种金属,知道它在金属活动性顺序表中的位置就可选择适当的制备方法。例如，铬处在锌和锡之间，可采用热还原法，而工业上也确实使用这种方法制备铬。

演绎法对于解决实际问题有很大帮助，它增强了学生的知识迁移能力，“举一反三”说的就是这个道理，演绎法对旧知识的巩固和新知识的学习起着承接提升的作用。

6. 数学模型法

科学研究中经常会遇到一些十分复杂的问题，对这些问题的处理一般是在获得初步的概念之后用数学模型对其简化，然后类比、抽象揭示出其本质特征，或者用数学工具对研究对象进行描述和分析，从量化的角度去考查，目的在于认识其规律性和变化的特点。这种方法在物质结构与性质、化学反应动力学等方面的研究上用途广泛。在运用这种方法的过程中，弄清楚待处理的数据间的关系是重中之重，事关模型的选择及方法的优劣。

案例 10-10

等效平衡是化学平衡中较特殊的一种，学生较难理解。基于此刘老师在课堂上给出了下面的练习题：在等压容器中充入 3 体积 H_2 和 1 体积 N_2，在一定条件下反应达到平衡。反应条件不改变，再充入 2 体积 NH_3，平衡将如何移动？如果充入的是 3 体积 H_2 和 1 体积 N_2，平衡又将如何移动？

$$N_2(g)+3H_2(g) \rightleftharpoons 2NH_3(g)$$

有的学生遇到这类问题想法很简单：在体积不变的条件下又充入气体且压强不变，但反应物的浓度增大，平衡自然就向正反应方向进行，可答案却不是如此简单。刘老师在叙述完相关理论后，为了清晰表达出等效平衡，画出了模型图(图 6-2)。

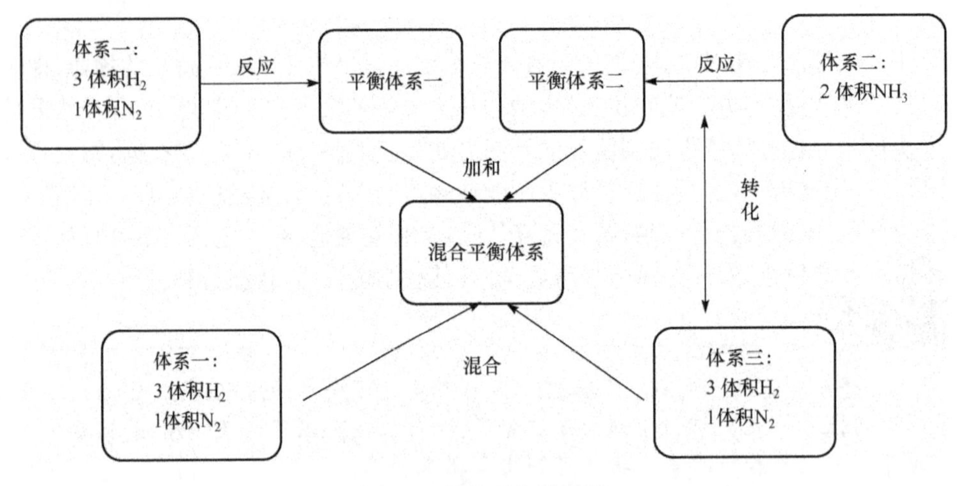

图 6-2　等效平衡模型图

学生一看模型图，明白了原来理论可以通过形象化的模型简化，同时模型图的使用简化了解题思路，为学生理解这种原理给予了很好的启示。数学模型法的核心在于建立模型，如化学平衡中的"三段法"以及"等效平衡"。用数学模型解题核心就是把复杂抽象的过程简约化、形象化。框图、代数式、流程图等是常用数学模型的代表。

7. 假设法

进行科学研究，有时需要根据一定的事实材料和理论知识对研究对象的性质及变化规律做出猜测或假设，从而为进一步的研究提供大致的方向。这种思维方法在运用的过程中体现了创新性思维，打破了原来的定式思维，即不一定非要知道十分详细的信息才能解决问题，对于研究的问题仅仅需要一些关键的信息就已经足够。虽然结果是推测、推导，甚至经过实践的检验之后有些结果是错误的，但是相对于培养思维方法来说其目的达到了。

案例 10-11

某老师在讲"元素周期律"的内容时讲道："门捷列夫编制的第一张元素周期表中有很多元素空位，他就利用已知的元素的性质对这'空位元素'进行推断，元素最终被发现后也确实证实了他的推断。元素周期表中元素性质的递变规律很强，下面请同学们推断一下 114 号元素应当具有哪些性质。"

根据元素周期表提供的信息，首先可以知道这个元素应当在第七周期、第ⅣA族，属于碳族元素。又由于碳族元素一般在化合物中显＋4 或＋2 价，这种元素可能也有这两种化合价；主族元素从上到下金属性逐渐增强，非金属性逐渐减弱，而它上面的 82 号元素铅为金属，这种元素应当是金属；其高价态的物质不稳定，有很强的氧化性，故其化合物中多显＋2 价；氢氧化物有很强的碱性和还原性等。

8. 极限法

极限法是建立在假设法基础上的，即假设影响变量的一个或多个因素为某一种确切的极限状况，运用极限假设的思想探究变量的变化。对于确切的极限状况，如存在、不存在、最大、最小等的假设是解决问题的关键，也是这种思维方法的核心。在一些定量分析与计算中，运用极限的思想找出某些变量的范围，能够使问题简化，从而更好地解决问题。

案例 10-12

多种物质混合体系中对相关物质的计算是有机化学计算的一个难点，为了讲解这部分内容，王老师在黑板上写了这样一道练习题：在一个容器中可能有 CH_4、C_2H_6、C_2H_4 三种气体中的两种或三种均有，经测定其平均相对分子质量为 24，试判断下列说法正确的是（　　）

A. CH_4 的体积分数可能小于 30%　　B. C_2H_6 的体积分数可能为 58%

C. C_2H_6 和 CH_4 物质的量之比可能为 1∶1　　D. C_2H_4 的体积分数大于 70%

案例 10-12 中的问题相对于大多数学生来说较难。题目只给出了平均相对分子质量的信息,好像无从下手。案例 10-12 中教师给学生大致讲了一下思路:由于只有平均相对分子质量,根据这三种物质的相对分子质量可知混合气体中必定有甲烷,因而得出甲烷体积分数的可能范围是非常关键的。可以先假设只有两种气体的情况,讨论出甲烷体积的极限值(气体体积范围)和另一气体的极限体积分数,再讨论三种气体并存时甲烷可能的体积范围。根据教师提示的思路,大多数学生在课上做出了正确答案。

极限法本是一种数学方法,用在化学中为解决定量问题带来了曙光,也昭示着创新思维将在其中发挥不可估量的作用。

以上八种方法是常用的科学思维方法,通过上面的举例和分析可以看到运用科学的思维方法给某些问题的解决带来了巨大的转机,甚至对有些问题是“起死回生”,这就是科学思维方法的魅力。

四、专项思维训练,给思维之花“追肥”

植物的生长需要追肥以促进其生长,同样教学中也需要思维专项训练。教学经验表明,解题是培养学生科学思维方法,提高思维品质的一条重要途径。在解题过程中融入思维方法的训练,引导学生思考和进行有针对性的练习尤其重要。

1. 解题过程中科学思维方法的渗透

通常教给学生科学的解题思路比教会学生解题方法更有用,这种解题思路或者说解题套路就是一种比较科学的思维方法。图 6-3 从整体出发向学生概述解题过程中主要环节的基本要求和一般思路,这对绝大多数题目来说都是适用的。

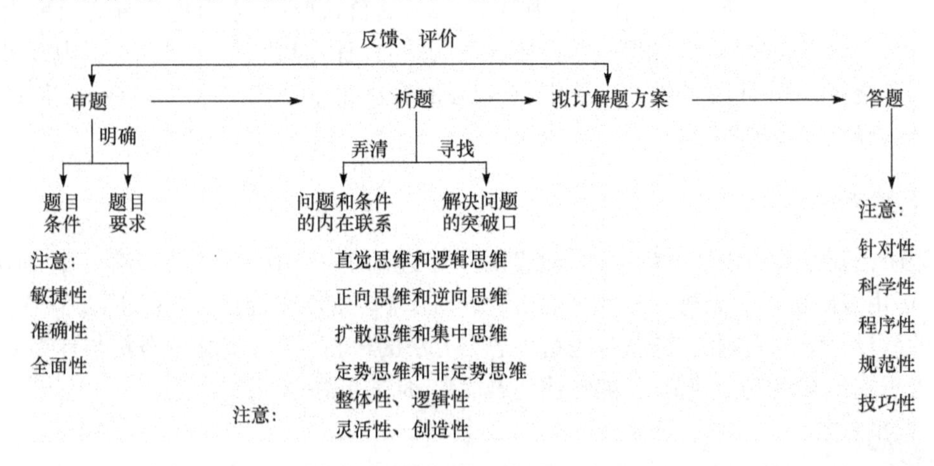

图 6-3 解题过程中主要环节的基本要求和一般思路

教给学生解题思路后教师可以按照常见题型和特殊题型开设不同的专题进行专项思维训练。一般程序为:“模式”→学生练习→后续研究(包括巩固、补充、发展三种“模式”)。建立“模式”的目的不是限制学生思维,而是为了引导学生运用科学的思维方法分析问题。这有利于帮助学生捕捉问题的关键,迅速找准思维方向和方法。

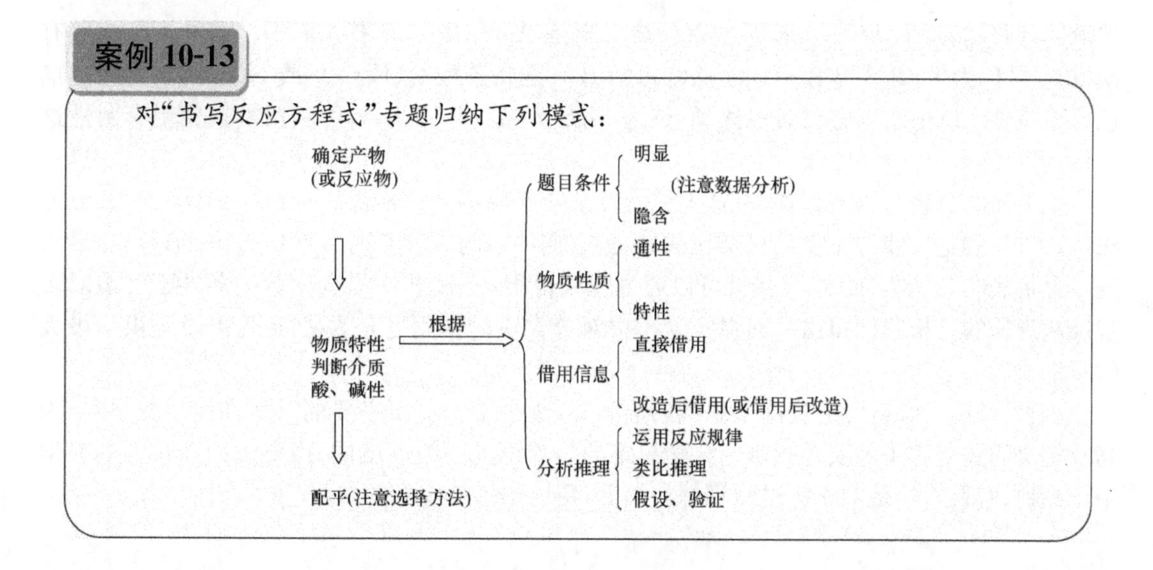

案例 10-13 中给出的解题思路较为常用，可以为解决这类问题带来很大的便利。然而在解题的过程中，不仅要让学生学会一些套路，还要让学生在其中穿插使用多种科学思维方法，这对于学生来说是十分重要的。例如，在书写反应方程式时，可以让学生尽可能运用“模式”中的思路分析、解决问题。练习结束后要求学生及时回忆自己的思维过程并与“模式”的思维方法进行对比，改进自己的思维过程或补充、发展“模式”。

2. 科学思维方法的综合运用

课堂教学中常会遇到这样的情景：教师提出一个问题后很少有人想得出来，但是提示解题思路后学生就感觉简单了许多，问题迎刃而解。其中这个“刃”就是科学的思维方法。在解题过程中很多都涉及思维方法的综合运用，多种思维方法的综合运用对于学生来说要求可能有些高，但却是学生学习中必须要经历的过程。在日常生活中，一个问题的解决通常要借助多种方法。

案例 10-14

在一次高考专题讲解时，赵老师布置了这样一道题目：有 A、B、C、D、E 和 F 六瓶无色溶液都是中学化学中常用无机试剂。纯 E 为无色油状液体；B、C、D 和 F 是盐溶液且它们的阴离子均不同。进行以下实验：①A 有刺激性气味，用蘸有浓盐酸的玻璃棒接近 A 时产生白烟；②将 A 分别加入其他五种溶液中只有 D、F 中有沉淀生成，继续加入 A 时 D 中沉淀无变化，F 中沉淀完全溶解；③将 B 分别加入 C、D、E、F 中，C、D、F 中产生沉淀，E 中有无色、无味气体逸出；④将 C 分别加入 D、E、F 中，均有沉淀产生，再加入稀 HNO_3，沉淀均不溶。要求根据上述实验信息给出能确定的溶液(写出溶液标号与相应溶质化学式)，不能确定的写出其标号及溶质可能的化学式和进一步鉴别的方法。

针对案例 10-14 中的问题，教师做了以下分析：实验①可推出 A 是 $NH_3 \cdot H_2O$；实验②根据信息可推知 F 中含有银离子(结合银氨溶液制取)，分析可知 F 为 $AgNO_3$；实验③由无色、无味气体及 B 是一种盐可推出气体只可能是 CO_2，B 为碳酸盐或碳酸氢盐，E 为一种酸且为油状液体,则只能是 H_2SO_4;实验④中有沉淀应当是 AgCl,则 C 含有氯离子。而常见沉淀还有 $BaSO_4$,则 C 为 $BaCl_2$。B 和 C 由实验③可知 B 只能是碳酸盐(K_2CO_3 或 Na_2CO_3),可通过焰色反应检验。D 中还应有硫酸根离子,D 为 $MgSO_4$ 或 $Al_2(SO_4)_3$,可利用氢氧化铝有两性这一特性区分。

从上面的分析可以看到:解决这类综合性推断题目需要分析法、分类法、归纳法等多种方法。B 和 D 的进一步鉴别要用到类比法,根据它们的不同进行鉴别。A、C、E、F 的得出主要用到了分析法和归纳法,而 A 直接就可以通过现象得出,C、E、F 在借助实验的条件下经由对多步反应现象的分析归纳得出。而在实验④中对分类法的使用更是为推断 C 和 D 提供了极大的帮助。

多种思维方法的使用,提高了思维的准确性,减少了一些不必要的时间和精力的浪费,为高效解决问题奠定了坚实的基础。科学思维的培养不是一蹴而就的,需要教师在长期的教学中不断地、有针对性地对学生进行训练与培养,留给学生最宝贵的东西。

主要参考文献

艾伦 C 奥恩斯坦，弗朗西斯 P汉金斯. 2002. 课程：基础、原理和问题. 3 版. 柯森主译. 南京：江苏教育出版社.

安德森 L W，等. 2008. 学习、教学和评估的分类学：布卢姆教育目标分类学修订版(简缩本). 皮连生主译. 上海：华东师范大学出版社.

安德森 L W，索斯尼克 L A. 1998. 布卢姆教育目标分类学——40 年的回顾. 谭晓玉，袁文辉译. 上海：华东师范大学出版社.

包亚明. 1997. 文化资本与社会炼金术. 上海：上海人民出版社.

毕晓琳. 2008. 新课程理念下初中化学教学策略的研究. 济南：山东师范大学硕士学位论文.

波林 E G. 1981. 实验心理学史. 高觉敷译. 北京：商务印书馆.

布卢姆 B S，等. 1986. 教育目标分类学(第一分册)：认知领域. 上海：华东师范大学出版社.

布约克沃尔伟. 2001. 休能的缪娜. 王毅，等译. 上海：上海人民出版社.

陈佳圭. 2009. 对科学的认知、理解和信任——科学探究性教学的最终目的. 物理，2：116-120.

陈列，靳玉乐. 2008. 初中课堂时间管理的问题与改进. 中国教育学刊，4：45-48.

陈琦，刘儒德. 2002. 当代教育心理学. 北京：北京师范大学出版社.

陈瑞. 2011. 初中学生化学创新能力的培养. 科技教育，2：145.

陈世华. 2010. 化学中的世界之最. 广州：广东世界图书出版公司.

陈向明. 2003. 在行动中学作质的研究. 北京：教育科学出版社.

陈向明. 2006. 质的研究方法与社会科学研究. 北京：教育科学出版社.

陈永明. 2001. 现代教师论. 上海：上海教育出版社.

程刚，曾捷英. 1995. 教育心理学的发展与展望. 心理科学，4：247-249.

崔允漷. 2007. 课程・良方. 上海：华东师范大学出版社.

戴尔 H 申克. 2003. 学习理论：教育的视角. 3 版. 韦小满译. 南京：江苏教育出版社.

戴・冯塔纳. 2000. 教师心理学. 3 版. 王新超译. 北京：北京大学出版社.

戴维 H 乔纳森. 2002. 学习环境的理论基础. 郑太年，等译. 上海：华东师范大学出版社.

德里斯科尔. 2007. 学习心理学——面向教学的取向. 王小明译. 上海：华东师范大学出版社.

迪克 W，凯瑞 L，凯瑞 J. 2007. 系统化教学设计. 6 版. 庞维国，等译. 上海：华东师范大学出版社.

第斯多惠. 1990. 德国教师培养指南. 北京：人民教育出版社.

丁家永. 1998. 知识的本质新论——一种认知心理学的观点. 南京师范大学学报(社会科学版)，2：67.

杜威. 1985. 哲学的改造. 许崇清译. 北京：北京商务印书馆.

杜伟. 2011. 课堂教学中教学机智的生成途径. 新课程研究(上旬刊)，9：183-184.

恩斯特・卡西尔. 1988. 符号 神话 文化. 李小兵译. 北京：东方出版社.

恩斯特・卡西尔. 2004. 人论. 甘阳译. 上海：上海译文出版社.

范良火. 2003. 教师教学知识发展研究. 上海：华东师范大学出版社.

范梅南. 2001. 教学机智——教育智慧的意蕴. 北京：教育课程出版社.

房寿高，吴星，潘洪建. 2006. 化学知识类型与学习方式选择的探讨. 化学教育，7：16-18.

弗拉维尔 J H，米勒 P H，米勒 S A. 2002. 认知发展. 4 版. 邓赐平译. 上海：华东师范大学出版社.

弗兰克・戈布尔. 1987. 第三次浪潮——马斯洛心理学. 吕明，陈红雯译. 上海：上海译文出版社.

弗里德里希・席勒. 1985. 审美教育书简. 冯至，范大灿译. 北京：北京大学出版社.

高剑南. 2003. 试论化学学科特色. 化学教学，10：1-3.

高亮. 2006. 小议学生的学习风格. 赤峰学院学报(汉文哲学社会科学版)，5：159.

龚正元. 2007. 关于化学课程“三维目标”的思考. 上海教育科研，7：85-87.

龚正元. 2007. 化学课程中的科学过程技能研究. 上海：华东师范大学博士学位论文.

巩子坤,李森.2005.论情境认知理论视野下的课堂情境.课程·教材·教法,8:28-31.
谷衍奎.2003.汉字源流字典.北京:华夏出版社.
顾泠沅,王洁.2003.教师在教育行动中成长——以课例为载体的教师教育模式研究(下).课程·教材·教法,2:17-22.
顾明远.1998.教育大辞典(增订合卷本).上海:上海教育出版社.
郭芬云.2010.课的导入与结束策略.北京:北京师范大学出版社.
郭永玉.2000.超个人心理学的理论与实践.南京:南京师范大学博士学位论文.
郭永玉.2005.维尔伯的整合心理学.华东师范大学学报(教育科学版),23(1):53.
海德格尔.2000.人,诗意地安居.郜元宝译.桂林:广西师范大学出版社.
韩百川.2011.新课程理念下,优秀化学教师应具备的素质.新课程学习(下),7:370.
韩仲文,孙敬全.1996.初中化学教学应注重"首因效应".化学教学,9:22-23.
郝德永.2002.课程与文化:一个后现代的检视.北京:教育科学出版社.
何新贵.1994.模糊知识处理的理论与技术.北京:国防工业出版社.
和学新.2000.教学策略的概念、结构及其运用.教育研究,12:54-58.
贺真真.2008.数学教育研究中运用数据处理方法的若干探索.上海:华东师范大学博士学位论文.
侯金凤.2009.化学教学情境创设研究.大连:辽宁师范大学硕士学位论文.
胡波.2005.混沌理论与新课程理念下的教学设计.教育探索,10:20-22.
扈中平.2004.教育目的论.武汉:湖北教育出版社.
黄瓅,曾兵芳.2006.在化学实验中培养创造性思维的策略.广西教育,06B:31-32.
黄龙飞.1997.记忆化学知识的几种方法.中学理科(上旬),9:42.
黄梅,李远蓉.2010.三维目标的知识加工与教学策略.课程·教材·教法,4:22-28.
黄梅,龙武安.2008.三维教学目标的内涵关系与整合实施.教学与管理,5:6-8.
黄梅,龙武安.2009.以人为本:课程目标的核心价值.教育探索,9:41-44.
黄梅,裴昌根,龙武安.2008.幸福教育:教育目标的人文价值追求.教学与管理,23:3-5.
黄梅,宋乃庆.2009.基于三维目标的教学目标设计.电化教育研究,5:99-103.
黄梅,张辉蓉.2012.学习的边界与教学策略.教育研究与实验,3:70-73.
黄梅.2008.教学常规管理要以人为本.中国教育学刊,9:72-73.
黄梅.2008.教学设计的评价范畴及其有效性探析.教育探索,7:54-56.
黄梅.2008.农村中学教师新课程适应现状与反思.教育理论与实践,9:18-19.
黄梅.2008.三维教学目标的内涵关系与整合实施.教学与管理,5:6-8.
黄梅.2008.新课程教学的教育哲学理解与现实反思.中小学教师培训,2:35-36.
黄梅.2009.基于广义知识加工的教学策略设计.教育科学,5:30-33.
黄梅.2009.新课程三维目标的知识观解析.教学与管理,1:15-17.
黄梅.2010.以人为本:基础教育课程改革的核心价值.教育发展研究,22:79-83.
黄梅.2010.以人为本的高效课堂化学教学策略.中国教育学刊,8:39-42.
黄梅.2011.教学的智慧与智慧的教学——以化学学科为例.课程·教材·教法,4:82-86.
黄梅.2012.化学陈述性知识的教学逻辑与教学策略.中学化学教学参考,7:12-15.
黄梅.2012.化学陈述性知识加工阶段与教学条件.中国教育学刊,1:67-70.
黄珉珉.1990.现代西方心理学十大流派.合肥:安徽人民出版社.
黄若林.2010.历奇教育在课堂教学导入中的"首因效应".广东青年干部学院学报,9(24):91-93.
黄书光.2006.中国基础教育改革的历史反思与前瞻.天津:天津教育出版社.
黄翔,李开慧.2006.关于数学课程的情境化设计.课程·教材·教法,9:40.
黄翔.2006.论基础教育和谐发展:基于课程的视角.教育研究,4:23.
加涅 R M.1999.学习的条件和教学论.皮连生,等译.上海:华东师范大学出版社.

加涅 R M,等. 2007. 教学设计原理. 王小明,等译. 上海:华东师范大学出版社.
贾湘. 2005. 概念图:化学教与学的重要工具. 教育理论与实践,25(3):59-60.
江茂珍. 2007. 化学思维教学策略谈. 成都大学学报(教育科学版),5:104.
蒋雁峰. 2004. 中国酒文化研究. 长沙:湖南师范大学出版社.
金红. 2011. 转变—学习—实践—反思——新课改下化学教师快速成长的基本途径. 中学课程资源,5:43-45.
金磊. 2011. 从首因效应引论证据认知制度的科学构成. 广州市公安管理干部学院学报,2:43.
金生竑. 1997. 理解与教育——走向哲学解释学的教育哲学导论. 北京:教育科学出版社.
靳玉乐,黄黎明. 2007. 教学回归生活的文化哲学探讨. 教育研究,12:82.
靳玉乐,张家军. 2000. 国外基础教育课程目标的特点及其启示. 外国教育研究, 27(4):29.
靳玉乐,张丽. 2004. 我国基础教育新课程改革的回顾与反思. 课程·教材·教法,10:10.
靳玉乐. 2002. 探究教学论. 重庆:西南师范大学出版社.
靳玉乐. 2004. 基础教育课程改革的理论与实践. 重庆:重庆出版社.
康德. 1960. 纯粹理性批判. 蓝公武译. 北京:商务印书馆.
克拉斯沃尔 D R,等. 1989. 教育目标分类学(第二分册):情感领域. 施良方,张云高译. 上海:华东师范大学出版社.
孔凡哲,王威威. 2009. 教师教学反思的两种基本方法——基于个案研究的归纳分析. 教育理论与实践,4:51-54.
孔凡哲. 2008. 反思备课——教案反思与研究. 长春:东北师范大学出版社.
孔凡哲. 2008. 完善基础教育课程标准的若干思路. 教育研究,4:56-62.
孔凡哲. 2009. 基本活动经验的含义、成分与课程教学价值. 课程·教材·教法,3:35-40.
夸美纽斯. 1999. 大教学论. 傅任敢译. 北京:教育科学出版社.
雷纳特 N 凯恩,杰弗里·凯恩. 2004. 创设联结:教学与人脑. 吕林海译. 上海:华东师范大学出版社.
李定仁,徐继存. 2001. 教学论研究二十年. 北京:人民教育出版社.
李定仁,徐继存. 2004. 课程论研究二十年. 北京:人民教育出版社.
李广洲,任红艳. 2004. 化学问题解决研究. 济南:山东教育出版社.
李杰红. 陈代武. 2007. 化学知识的分类与教学设计. 现代教育科学:普教研究,1:114-115.
李金莲. 2007. 文化·教育·人——从教育发展与社会变迁想起. 福建论坛(社科教育版),8: 64-66.
李茂莲,徐淑庆. 2007. 关于在实验教学中渗透绿色化学理念的探讨. 教育与职业,27:152-153.
李森,潘光文. 2008. 教学论研究的事实与价值之思. 西南大学学报(社会科学版). 34(6):130-138.
李森. 1998. 教学动力论. 重庆:西南师范大学出版社.
李森. 2005. 论课堂的生态本质、特征及功能. 教育研究,10:57-62.
李森. 2005. 现代教学论纲要. 北京:人民教育出版社.
李亦菲,朱新明. 2001. 对三种认知迁移理论的述评. 心理发展与教育,1:59-63.
李英. 2006. 化学教学中培养学生思维品质的研究. 济南:山东师范大学硕士学位论文.
李桢. 2005. 高中生化学问题解决中的表征与策略研究. 长春:吉林大学博士学位论文.
李忠如. 2001. 试论课堂教学案例的基本理论和实践. 教育理论与实践,4:54-59.
李子建. 1998. 中小学环境教育理论与实践——迈向可持续发展. 北京:北京师范大学出版社.
连榕. 2006. 生态心理学的情境观:学与教的新视角. 教育探究,1:3.
联合国教科文组织国际 21 世纪教育委员会. 1996. 教育——财富蕴藏其中. 联合国教科文组织总部中文科译. 北京:教育科学出版社.
联合国教科文组织国际教育发展委员会. 1996. 学会生存——教育世界的今天和明天. 华东师范大学比较教育研究所译. 北京:教育科学出版社.
廖伯琴. 2008. 例析课程改革中探究式教学的功能. 中国教育学刊,1:65-66.
林卫民. 2001. 试论化学教学设计的两大策略. 中学化学教学参考,6:7-9.
刘芳,吴星. 2012. 论中学化学学科特色. 化学教学,6:6-8.

刘佳佳. 2011. 化学教学中学生学习兴趣的培养. 教育与管理,3:35.
刘蕾. 2005. 中学有机化学知识内容的分析及教学策略研究. 济南:山东师范大学硕士学位论文.
刘庆生. 2000. 开展竞赛 培养能力 优化素质. 化学教育,1:40-43.
刘涛. 2006. 基于创造性思维培养的化学教学设计研究. 曲阜:曲阜师范大学硕士学位论文.
刘毓敏. 2002. 教学设计的方法论反思. 电化教育研究,2:11-16.
刘知新. 1996. 化学学习论. 南宁:广西教育出版社.
刘知新. 2003. 再谈内容目标与过程目标的融合统一. 化学教育,(9):9-12.
刘知新. 2004. 化学教学论. 3 版. 北京:高等教育出版社.
柳立菊. 2011. 运用探究性实验教学,展现化学魅力. 教育艺术,2:26.
陆军. 2008. 运用认知心理学指导高中生学习化学概念. 上海教育科研,5:87-88.
吕传汉,汪秉彝. 2005. 中小学教学的一种基本教学模式——中小学"情境-问题"教学模式. 贵州师范大学学报(自然科学版),1:86-90.
吕萃峨. 2011. 化学课堂教学如何做"导"师. 都市家教(上半月),2:140.
罗伯特 D 坦尼森,等. 2005. 教学设计的国际观(第 1 册):理论·研究·模型. 任友群,裴新宁主译. 北京:教育科学出版社.
马宏佳,周志华. 2005. 中外科学教育教学策略比较. 课程·教材·教法,1:91-96.
马兰,盛群力. 2005. 教育目标分类新架构——豪恩斯坦教学系统观与目标分类整合模式述评. 中国电化教育,7:20-24.
马斯洛. 1987. 存在心理学探索. 李文译. 昆明:云南人民出版社.
马斯洛. 1987. 人性能达的境界. 林方译. 昆明:云南人民出版社.
马斯洛. 2003. 马斯洛人本哲学. 成明编译. 北京:九洲出版社.
马云鹏. 2001. 课程实施探索——小学数学课程实施的个案研究. 长春:东北师范大学出版社.
梅雷迪斯 D 高尔,沃尔特 R 博格,乔伊斯 P 高尔. 2002. 教育研究方法导论. 6 版. 许庆豫,等译. 南京:江苏教育出版社.
尼采. 2004. 天才的激情与感悟. 文良文化编译. 北京:华文出版社.
潘洪建. 2003. 当代知识观及其对基础教育课程改革的启示. 课程·教材·教法,8:9-15.
裴新宁. 2001. "学习者共同体"的教学设计与研究——建构主义教学观在综合理科教学中的实践之一. 全球教育展望,3:11-16.
彭兵. 2003. 基于学习对象的教学设计模型研究. 上海:华东师范大学博士学位论文.
彭永帆. 2006. "价值缺失"与"本真回归"——课堂教学情境创设的误区及对策. 小学教学设计,10:6-9.
皮连生,卞春麟. 1991. 论知识的分类与教学设计. 铁道师院学报(社会科学版),2:83.
皮连生. 1997. 学与教的心理学. 上海:华东师范大学出版社.
皮连生. 1997. 智育心理学. 北京:人民教育出版社.
戚宝华. 2007. 试论"思维导图"在新课程背景下中学化学教学中的应用. 化学教学,7:18-20.
齐红霞. 2003. 论陈述性知识与教学——兼谈教师观知识观的更新. 教育探索,3:68-70.
钱一舟. 1996. 学会关心——一种全新的师资素质要求. 学校管理,2:30-31.
邱学华. 2007. 邱学华怎样教小学数学. 北京:中国林业出版社.
任红艳. 2005. 化学问题解决及其教学的研究. 南京:南京师范大学博士学位论文.
任志鸿. 2010. 高中优秀教案:化学必修一(配人教版). 海口:南方出版社.
闰承利. 2001. 课堂教学的策略、模式与艺术. 教育研究,4:43.
上海市教育科研青浦实验研究所,上海市教科院教师发展研究中心. 2007. 关于数学教学目标因素分析的数据报告——以上海市青浦区数学学科为例. 教育发展研究,7A-8A:82-84.
邵瑞珍,等. 1983. 教育心理学——学与教的原理. 上海:上海教育出版社.
邵瑞珍,皮连生,吴庆麟. 1997. 教育心理学(修订版). 上海:上海教育出版社.

佘莺. 2009. 浅谈高中化学探究式教学模式. 中学课程辅导:教学研究,5:101-102.
盛群力,等. 2008. 21世纪教育目标新分类. 杭州:浙江教育出版社.
盛群力,李志强. 1998. 现代教学设计论. 杭州:浙江教育出版社.
盛群力,马兰,褚献华. 2008. 论目标为本的教学设计. 教育研究,5:73-78.
师铁军. 2009. 给学生一个自由展示的平台. 新课程学习(下),2:108.
施良方. 2001. 学习论. 北京:人民教育出版社.
石中英. 2001. 知识转型与教育改革. 北京:教育科学出版社.
石中英. 2002. 当前基础教育改革的若干认识论问题. 学科教育,1:1-5.
石中英. 2002. 教育哲学导论. 北京:北京师范大学出版社.
斯卡特金. 1985. 中学教学论(当代教学论的几个问题). 赵维贤译. 北京:人民教育出版社.
斯腾伯格 R J. 2000. 超越 IQ:人类智力的三元理论. 俞晓琳,等译. 上海:华东师范大学出版社.
宋剑,扈中平. 2007. 教育与人性:教育人学研究的永恒命题. 教育理论与实践,17:10-12.
宋乃庆,陈重穆. 1996. 再谈"淡化形式,注重实质". 数学教育学报,5(2):15-18.
宋乃庆,程广文. 2008. 用科学发展观审视基础教育课程改革. 中国教育学刊,7:1-7.
宋乃庆,罗万春. 2002. 创新学习误区析. 人民教育,1:34-35.
宋乃庆,徐仲林,靳玉乐. 2002. 中国基础教育新课程的理念与创新. 北京:中国人事出版社.
宋乃庆,朱德全. 2000. 论数学策略性知识的学习. 数学教育学报,2:26-30.
宋乃庆. 2001. 当代国外基础教育改革. 重庆:西南师范大学出版社.
宋乃庆. 2007. 平实·朴实·真实. 人民教育,19:44.
宋心琦. 1993. 化学的明天. 南宁:广西教育出版社.
孙可平. 1998. 现代教学设计纲要. 西安:陕西人民教育出版社.
孙蕊. 2008. 情感态度价值观的培养与教学方法. 科技信息(科学教研),25:197.
唐劲松. 2002. 教育机智漫谈. 深圳:海天出版社.
唐有祺,王夔. 1997. 化学与社会. 北京:高等教育出版社.
陶行知. 2005. 陶行知全集. 第4卷. 成都:四川教育出版社.
田利静. 2009. 刍议化学课堂教学导课艺术. 文理导航:教育研究与实践,1:43.
王策三. 1985. 教学论稿. 北京:人民教育出版社.
王丹. 2010. 教师如何提高学生的注意力. 读写算(教师版):素质教育论坛,8:109.
王德清. 2010. 教学艺术论. 成都:四川大学出版社.
王凤民. 2008. 初中化学课堂导课艺术浅谈. 大众文艺:学术版,5:37.
王海英. 2011. 谈谈中学化学课堂的教学机智. 新课程改革与实践,10:131.
王汉松. 2000. 布卢姆认知领域教育目标分类理论评析. 南京师范大学学报(社会科学版),3:65-71.
王后雄. 2008. 高中化学新课程教学案例研究. 北京:高等教育出版社.
王后雄. 2009. 新理念化学教学技能训练. 北京:北京大学出版社.
王辉,高长梅,原真. 1999. 学校教育技术操作全书. 北京:经济日报出版社.
王兰桢. 2009. 思辨与感悟:来自中学化学课堂教学的案例和思考. 上海:上海教育出版社.
王仁甫. 2002-09-19. 45分钟价值曲线. 中国教育报.
王荣生. 2001. 论语文课程与教学目标的分析框架(上). 教育探索,12:64-66.
王淑华. 2004. 谈高中化学概念的教学策略. 长春:东北师范大学硕士学位论文.
王炜. 2010. 随风潜入夜,润物细无声——如何面对冲动型的学生. 教师,27:19.
王伟廉. 2001. 人才知识、能力结构中广度与深度关系研究. 高等教育研究,4:71-74.
王雁. 2003. 普通心理学. 北京:人民教育出版社.
王映学. 2007. 初中学生空间与图形认知技能获得的教学策略研究. 重庆:西南大学博士学位论文.
王祖浩. 2002. 全日制义务教育化学课程标准解读. 武汉:湖北教育出版社.

威廉·詹姆士. 1979. 实用主义. 陈羽纶，孙瑞禾译. 北京：商务印书馆.
文庆城，岑春月. 2010. 中学生化学学习中的近因效应及其教学策略. 教学与管理(理论版)，10：139-140.
吴玲. 2008. 中学化学知识迁移的教学策略与实践研究. 武汉：华中师范大学硕士学位论文.
吴卫平，卢艳霞. 2004. 化学教学中认知策略的培养. 天中学刊，19(2)：75-77.
吴文侃. 1999. 比较教学论. 北京：人民教育出版社.
吴鑫德. 2006. 高中生化学问题解决思维策略训练的研究. 重庆：西南大学博士学位论文.
吴永军. 2004. 新课程备课新思维. 北京：教育科学出版社.
吴中英，吴晓林. 2004. 发现化学之美 感悟科学魅力. 化学教育，25(2)：16-19.
夏洛特·布勒，等. 人本主义心理学导论. 陈宝铠译. 北京：华夏出版社.
夏志清，王向锋，李金霞. 2007. 从心理学角度谈化学陈述性知识的记忆策略. 内江科技，6：17-18.
熊言林. 2004. 化学实验设计的思路和策略. 实验教学与仪器，21(10)：20-22.
休漠. 1984. 人性论. 关文运译. 北京：商务印书馆.
徐斌艳. 1994. 从德国的开放式教学看素质教育的落实. 外国教育资料，4：57-60.
徐斌艳. 2001. 愿望活动的内部机制对教学的启示. 全球教育展望，5：21-23.
徐辉. 2003. 关于新课程改革中教学问题的观察与思考——兼论小学数学算法优化与多样化的关系. 课程·教材·教法，10：11-14.
徐学福，宋乃庆. 2001. 20世纪探究教学理论的发展及启示. 西南师范大学学报(人文社会科学版)，4：92.
徐学福. 宋乃庆. 2008. 教学设计. 重庆：重庆出版社.
徐学福. 2002. 科学探究与探究教学. 课程·教材·教法，12：24-27.
徐英俊. 2001. 教学设计. 北京：教育科学出版社.
徐照仙. 2003. 化学学习有效迁移策略谈. 南阳师范学院学报(自然科学版)，2(9)：118-120.
徐中舒. 1989. 甲骨文字典. 成都：四川辞书出版社.
许凤势. 2006. 高中化学教学中培养学生情感态度与价值观的研究与实践. 济南：山东师范大学硕士学位论文.
许金声. 1988. 走向人格新大陆：健康人格的探索. 北京：中国工人出版社.
雅斯贝尔斯. 1991. 什么是教育. 邹进译. 北京：三联书店
严忠义. 2009. 浅谈化学教师专业化发展. 中学化学教学参考，6：9-10.
阎立泽，等. 2004. 化学教学论. 北京：科学出版社.
杨进喜. 2009. 融入社会生活 感悟化学魅力. 中学生数理化(高一版)，Z1：172-173.
杨九俊. 2008. 新课程三维目标：理解与落实. 教育研究，9：40-46.
杨开城. 2001. 对教学设计理论的几种机械理解及其分析. 中国电化教育，4：6-10.
杨开富. 2011. 记忆化学知识之我见. 科学咨询，2：85.
杨亚莉. 2009. 浅议化学教学中元认知能力的培养策略. 世界华商经济年鉴·科学教育家，9：216-218.
尹锋. 2004. 程序性知识的认知策略及在教学中的应用. 发明与创新，9：28-29.
于晓燕，杨承印. 2005. 化学教学中关注学生的学习风格. 中学化学教学参考，6：24-26.
余文森. 2007. 个体知识与公共知识——课程变革的知识基础研究. 北京：教育科学出版社.
喻平. 2006. 如何评课：数学教学过程层面的透视. 中学数学教学参考，8：4-5.
喻平. 2007. 教师的认识信念系统及其对教学的影响. 教师教育研究，4：18-22.
约翰·杜威. 1990. 民主主义与教育. 王承绪译. 北京：人民教育出版社.
曾德琪. 2003. 罗杰斯的人本主义教育思想探索. 四川师范大学学报(社会科学版)，1：43-48.
曾茂林，罗刚. 2001. 对策略性知识的理解及教学初探. 宜宾学院学报，4：65-67.
张爱珠. 2006. 教学目标的内涵理解和文字表述上的误区及修正——来自第一批小学新课改试验区的反思. 辽宁教育研究，7：51-54.
张大均. 2004. 教育心理学. 北京：人民教育出版社.
张福涛. 2005. 高中化学新课程课堂教学模式转变的策略. 化学教育，S1：71-74.

张广祥. 2007. 教学贵在探索——对两堂课改示范课的思考. 上海中学数学,6:1.
张桂春. 2002. 激进建构主义教学思想研究. 上海:华东师范大学博士学位论文.
张华. 1999. 体验课程论——一种整体主义的课程观(下). 教育理论与实践,12:39-45.
张华. 2000. 课程与教学论. 上海:上海教育出版社.
张华. 2005. 杜威研究性学习的思想与实践(上). 当代教育科学,22:9-13.
张健. 2011. 新课程与传统课程背景下的教学机智比较. 基础教育研究,1:19-20.
张进辅,等. 2006. 青少年价值观的特点:构想与分析. 北京:新华出版社.
张经童. 2007. 情感态度与价值观目标在化学教学中的落实. 现代教育科学:普教研究,2: 50-51.
张克龙,苏香妹. 2004. 借助化学实验教学培养学生科学探究能力的策略. 教学仪器与实验:中学版,3:15-17.
张莉. 2010. 认知心理学知识分类理论对学校心理素质教育的启示. 池州学院学报,3: 106-108.
张丽英. 2008. 营造良好课堂氛围 引导学生快乐学习. 科学大众(科学教育),5:115.
张庆林,杨东. 2002. 高效率教学. 北京:人民教育出版社.
张庆林,赵玉芳. 2006. 心理发展与教育. 重庆:重庆出版社.
张诗亚. 2003. 惑论——教学过程中认知发展突变论. 重庆:西南师范大学出版社.
张淑梅. 2004. 历史教学中的发散型思维与聚合型思维. 辽宁经济职业技术学院学报,1: 58-59.
张淑显. 2004. 论三维教学目标的实现策略. 当代教育科学,3:29-30.
张祖忻,朱纯,胡颂华. 1992. 教学设计——基本原理和方法. 上海:上海外语教育出版社.
章志光. 1984. 心理学. 北京:人民教育出版社.
赵立. 2007. 浅谈化学新课程教学中的“四化”策略. 化学教学,3:21-23.
赵伶俐,陈秋敏. 2003. 课堂教学技术与艺术. 重庆:西南师范大学出版社.
赵燕. 2007. 化学课堂教学中“子问题”的设计. 现代中小学教育,11:48-50.
赵中建. 1999. 全球教育发展的历史轨迹——国际教育大会 60 年建议书. 北京:教育科学出版社.
赵中建. 2003. 全球教育发展的研究热点——90 年代来自联合国教科文组织的报告(修订版). 北京:教育科学出版社.
郑长龙. 2005. 高中化学课程标准与教学大纲对比分析:高中化学. 长春:东北师范大学出版社.
郑金洲. 2006. 教学方法应用指导. 上海:华东师范大学出版社.
郑文樾. 1991. 乌申斯基教育文选. 张佩珍,冯天向,郑文樾译. 北京:人民教育出版社.
郑毓信. 2001. 数学教育哲学. 成都:四川教育出版社.
支欣. 2009. 化学课的导课艺术. 江西教育:综合版,7:93.
中国百科大辞典编撰委员会. 1987. 中国大百科全书·哲学卷. 北京:中国大百科全书出版社.
中国百科大辞典编撰委员会. 2005. 中国百科大辞典. 北京:中国大百科全书出版社.
中华人民共和国教育部. 2001. 全日制义务教育化学课程标准(实验稿). 北京:北京师范大学出版社.
中华人民共和国教育部. 2003. 普通高中化学课程标准(实验稿). 北京:人民教育出版社.
中华人民共和国教育部. 2004. 普通高中课程标准实验教科书化学必修二. 北京:人民教育出版社.
中华人民共和国教育部. 2004. 普通高中课程标准实验教科书化学必修一. 北京:人民教育出版社.
钟启泉,崔允漷,张华. 2001. 为了中华民族的复兴,为了每位学生的发展:《基础教育课程改革纲要(试行)》解读. 上海:华东师范大学出版社.
钟启泉,姜美玲. 2004. 新课程背景下教学改革的价值取向及路径. 教育研究,8:32.
钟启泉,汪霞,王文静. 2008. 课程与教学论. 上海:华东师范大学出版社.
钟启泉. 1996. 知识论研究与课程开发. 外国教育资料,2:8-15.
钟启泉. 1999. 人格教育:基本美德的养成——新世纪“基础学校”的构图(之九). 上海教育,4:17-18.
钟启泉. 1999. 素质教育与课程教学改革. 教育研究,5:46-49.
钟启泉. 2000. “学校知识”与课程标准. 教育研究,21(11):50-54.
钟启泉. 2006. 新课程面临的挑战与反思. 校长阅刊,12:23-27.

钟启泉. 2006. 知识隐喻与教学转型. 教育研究，5：21-26.
钟启泉. 2007. 课程的逻辑. 上海：华东师范大学出版社.
钟启泉. 2007. “有效教学”研究的价值. 教育研究，6：31.
钟启泉. 2008. 教育的挑战. 上海：华东师范大学出版社.
钟启泉. 2008. 新课程背景下学科教学的若干认识问题. 教育发展研究，Z4：7-10.
周冲. 2005. 多元智能理论视野下的化学教学策略研究. 武汉：华中师范大学硕士学位论文.
周加仙. 2004. 基于脑的教育研究：反思与对策. 上海：华东师范大学博士学位论文.
周天泽，胡定熙. 2004. 化学和科学精神的弘扬. 化学教育，2：13-15.
周卫东. 2005. 合理利用近因效应和首因效应 提高学习效率. 校长阅刊，Z2：150.
周小山，严先元. 2005. 新课程的教学设计思路与教学模式. 成都：四川大学出版社.
朱德全，宋乃庆. 2007. 教育统计与测评技术. 重庆：西南师范大学出版社.
朱德全，张家琼. 2007. 论教学逻辑. 教育研究，28(11)：47-52.
朱德全. 2002. 处方教学设计原理. 重庆：西南师范大学出版社.
朱德全. 2006. 基于问题解决的处方教学设计. 高等教育研究，27(5)：83-88.
朱德全. 2006. 教学系统对话机制的生成与教学设计. 教育研究，10：70-74.
朱军. 2006. 开启学生说的心闸. 语文教学与研究：综合天地，12：122.
祝贵才. 2011. 提高教学机智应变能力的途径. 内蒙古教育：基教版，7：60.
祝怀新. 2002. 环境教育论. 北京：中国环境科学出版社.
庄小璐. 2011. 化学教学课堂中的教学机智. 化学教与学，5：47-48.
Airasian P W. 2007. 课堂评估：理论与实践. 徐士强，等译. 上海：华东师范大学出版社.
Ozman H A，Craver S M. 2006. 教育的哲学基础. 7 版. 石中英，等译. 北京：中国轻工业出版社.
Morrison G R，Ross S M，Kemp J E. 2007. 设计有效教学. 4 版. 严玉萍译. 北京：中国轻工业出版社.
Sternberg R J，Williams W M. 2003. 教育心理学. 张厚粲译. 北京：中国轻工业出版社.
Sternberg R J. 2006. 认知心理学. 杨炳均，等译. 北京：中国轻工业出版社.
Wolfe P. 2005. 脑的功能：将研究结果应用于课堂实践. 北京师范大学“认知神经科学与学习”国家重点实验室，脑科学与教育应用研究中心译. 北京：中国轻工业出版社.
Apple M W. 1996. Making curriculum problematic. The Review of Education，2(1)：57-58.
Brown J S，Collins A，Duguid P. 1998. Situated cognition and the culture of learning. Educational Researcher，18(1)：32-42.
Caine R N，Caine G. 1991. Making Connections：Teaching and the Human Brain. Alexandria，VA：Association for Supervision and Curriculum Development.
Foucault M. 1972. The Archaeology of Knowledge. London：Tavistock Publications.
Fullan M. 2000. The return of large-scale reform. Journal of Educational Change，1(1)：1-23.
Gagne R M，et al. 1994. Principles of Instructional Design. Wadsworth Publishing Co. Inc.
Hofer B K，Pintrich P R. 1997. The development of epistemological theories：beliefs about knowledge and knowing and their relation to learning. Review of Educational Research，67(1)：88-140.
Husen T，Postlethwaite T N. 1994. The International Encyclopedia of Education. 2nd ed. Oxford：Pergamon Press.
Jensen E. 1998. Teaching With the Brain in Mind. Alexandria，VA：Association for Supervision and Curriculum Development.
Maxwell J. 1995. Integrating Quantitative and Qualitative Research Design. Cambridge，Us：Harvard Graduate School of Education.
Merrill M D. 2002. The first principles of instruction. Educational Technology Research and Development，50(3)：43-59.

Polanyi M. 1957. The Study of Man. London: Routledge & Kegan Paul.

Reigeluth C M. 1983. Instructional Design Theories and Models: An Overview of Their Current Status. Hillsdale, NJ: Lawrence Erlbaum Associates.

Riding R J, Rayner S G. 2000. International Perspectives on Individual Differences. Stamford, CT: Ablex Publishing Corporation.

Rogers C R. 1980. A Way of Being. Boston: Houghton Mifflin Company.

Rogers C R. 1983. Freedom to Learn for the 80's. Columbus: Charles E. Merrill Publishing Company.

Singley M K, Anderson J R. 1989. The Transfer of Cognitive Skill. Boston: Harvard University Press.

Smith P L, Ragan T J. 1993. Instructional Design. New York: Macmillan Publishing Company.

Tennyson R D, Rasch M. 1988. Linking cognitive learning theory to instructional prescriptions. Instructional Science, 17: 369-385.

Wilen W W, Kindsvatter R. 2000. Dynamics of Effective Teaching. Addison Wesley Longman Inc.

Westwater A, Wolf P. 2000. The brain-compatible curriculum. Educational Leadership, 58(3): 50.